UI的创作乐趣 创意APP元素设计实战

曹天佑　肖荣光　佟伟峰　编著

清華大学出版社
北　京

内容简介

本书是一本专门介绍使用 Photoshop 设计制作 UI 界面及各元素的图书。

本书共分为 9 章，包括初识 UI 设计、选取与填充在 UI 中的应用、画笔与形状在 UI 中的应用、图层在 UI 中的应用、扁平化风格案例实战、精致按钮的设计实战、写实风格图标制作实战、控件制作实战、界面设计实战等内容。通过每章案例的逐一讲解，使读者由浅入深地了解使用 Photoshop 设计制作 UI 界面及各元素的整体设计思路和制作过程。本书将 UI 界面及各元素设计的相关理论与实例操作相结合，不仅能使读者学到专业的理论知识，而且能使读者掌握实际应用技能，从而全面掌握 UI 界面设计及各元素的设计。

本书不仅适合 UI 界面的设计爱好者，以及准备从事 UI 界面设计的人员，也适合 Photoshop 的使用者，包括平面设计师、网页设计师等相关人员参考使用；同时也可作为相关培训机构及学校的辅助教材。

图书在版编目 (CIP) 数据

UI 的创作乐趣：创意 APP 元素设计实战 / 曹天佑，肖荣光，佟伟峰编著 . —北京：清华大学出版社，2023.6

ISBN 978-7-302-63358-7

Ⅰ . ① U… Ⅱ . ①曹… ②肖… ③佟… Ⅲ . ①图像处理软件－程序设计 Ⅳ . ① TP391.413

中国国家版本馆 CIP 数据核字 (2023) 第 064262 号

责任编辑：韩宜波
封面设计：钱　诚
版式设计：方加青
责任校对：么丽娟
责任印制：朱雨萌

出版发行：清华大学出版社
网　　址：http://www.tup.com.cn，http://www.wqbook.com
地　　址：北京清华大学学研大厦 A 座　　邮　　编：100084
社 总 机：010-83470000　　邮　　购：010-62786544
投稿与读者服务：010-62776969，c-service@tup.tsinghua.edu.cn
质 量 反 馈：010-62772015，zhiliang@tup.tsinghua.edu.cn
印 装 者：涿州汇美亿浓印刷有限公司
经　　销：全国新华书店
开　　本：185mm×260mm　　印　　张：15　　字　　数：357 千字
版　　次：2023 年 6 月第 1 版　　印　　次：2023 年 6 月第 1 次印刷
定　　价：79.80 元

产品编号：066759-01

前　言

随着手机和移动设备的飞速普及，以设备作为媒体的APP，在市场上也得到了迅速的发展与壮大。目前，以各种APP作为工作对象的UI设计师成了人才市场上炙手可热的职业。

本书内容

本书是一本专门介绍使用Photoshop设计制作UI界面及各元素的图书。本书共分为9章。第1章，帮助读者了解UI界面设计相关知识，以及在进入专业的UI设计领域之前需要掌握的相关基础知识。第2章，主要介绍进行UI元素设计时选取与填充的相关知识。第3章，通过理论知识与案例制作的结合，逐一讲解UI设计中用到的画笔与形状。第4章，通过案例的制作，了解图层在制作UI时的重要性。第5章，介绍UI界面中扁平化风格的图标及界面制作。通过理论知识与案例制作的结合，逐一讲解UI设计中最常见的扁平化风格的元素设计。第6章，通过对UI界面设计中的各种按钮进行制作，帮助读者掌握使用软件的相关知识。第7章，以写实风格的图标进行案例式的实战讲解，让大家能够以最快的方式掌握设计技能。第8章，主要讲解UI设计中的界面组成元素中的小控件如何进行设计与制作，界面中的小控件元素可以是按钮、导航、拖动条、滑块、旋钮等元素。第9章，介绍APP完整界面的设计。不同类型的APP，其界面设计基础和风格均有不同；本章通过UI界面的多个案例进行讲解，通过完整界面的制作来综合运用前面各章知识，帮助读者进一步巩固所学知识，并能将理论应用到实际工作中。

本书特色

1. 理论结合实际，全面掌握专业知识

本书将UI界面设计及各元素设计的相关理论与实例操作相结合，不仅能使读者学到专业的理论知识，而且能使读者掌握实际应用技能，从而全面掌握UI界面设计及各元素的设计。

2. 案例全面丰富，实际操作灵活应用

本书中的案例涉及UI中的界面元素设计，如图标设计、小控件元素设计、旋钮设计、登录框设计等；最后几章介绍了完整的UI设计，将前面所学知识应用到实践中。

3. 章首理论支持，通过案例进行理论实践相结合

每章章首设置了章节对应的理论知识，讲解了UI界面及各元素设计中的行业知识，可帮助读者拓展UI的相关知识。每个案例除了介绍相关内容的知识，还介绍了本案例在设计时运用的色彩方面的知识。

4. 视频教学，轻松快速学习

本书配备资源包括书中所有案例的素材、源文件、视频教学以及PPT课件，可通过扫描右侧的二维码，推送到自己的邮箱下载获取。读者可以通过案例及素材与视频教学相结合的方式，像看电影一样轻松掌握每个案例的制作过程。

本书创建团队

本书由曹天佑、肖荣光、佟伟峰编著，其中，牡丹江技师学院的曹天佑老师负责编写第1、2

章，共计67千字；牡丹江技师学院的肖荣光老师负责编写第3、4章，共计61千字；牡丹江技师学院的佟伟峰老师负责编写第5、6章，共计106千字。参加编写的其他人员还有张朝君、蒋薇、关智、王红蕾、陆沁、王秋燕、吴国新、时延辉、刘冬美、刘绍婕、尚彤、张叔阳、刘爱华、葛久平、殷晓锋、谷鹏、胡渤、赵崳、张猛、齐新、王海鹏、刘爱华、张杰、周荥、周莉、金雨、陆鑫、刘智梅、陈美容、付强、王君赫、潘磊、曹培军、曹培强等。

由于编者水平有限，书中又难免存在疏漏和不妥之处，敬请广大读者批评指正。

编　者

目　录

第1章　初识UI设计 ······ 1

第2章　选取与填充在UI中的应用 ······ 15

第 3 章 画笔与形状在 UI 中的应用 …… 45

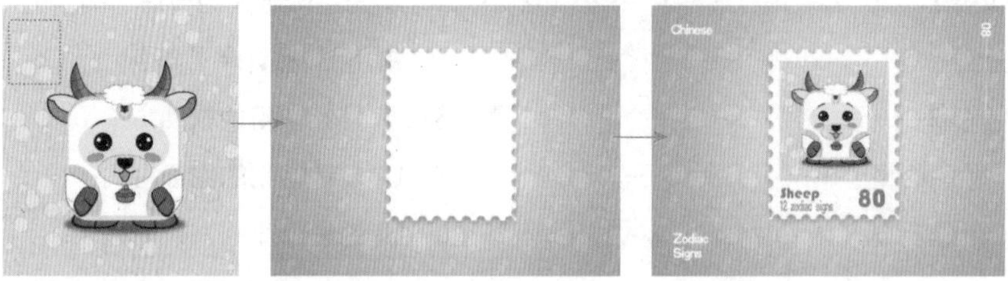

第 4 章 图层在 UI 中的应用 …… 62

第 5 章 扁平化风格案例实战 …… 85

第 6 章 精致按钮的设计实战 ······ 119

第 7 章 写实风格图标制作实战 ······ 155

第8章 控件制作实战 187

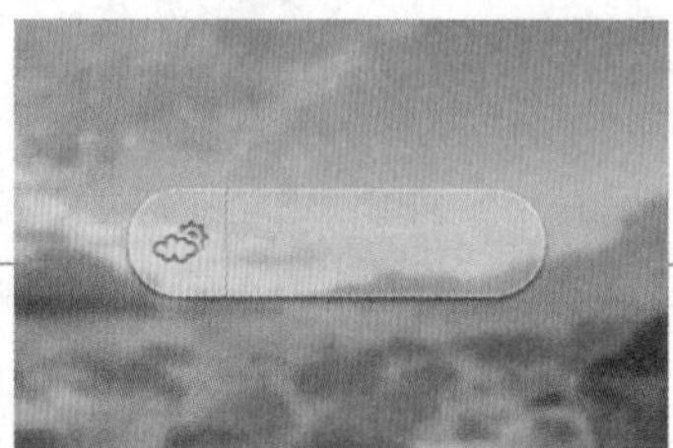

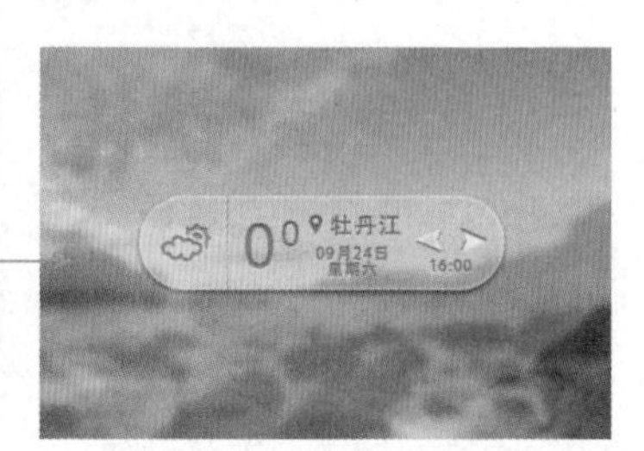

第9章 界面设计实战 207

第1章
初识 UI 设计

本章重点：

- 认识 UI
- UI 的分类
- UI 的色彩基础
- 不同色彩给人的心理影响
- 常用 UI 设计单位解析
- UI 设计常用的软件
- UI 设计常用的图像格式
- UI 的设计原则
- 学习 UI 设计需要具备的 5 项能力
- 优秀作品欣赏

本章主要详解 UI 设计的相关知识。在进入专业的 UI 设计领域之前需要掌握相关的基础知识，通过对不同的名词进行剖析，在短时间内理解专业名词的含义，从而为以后的设计之路打下坚实的基础。常见的 UI 如图 1-1 所示。

图 1-1

1.1 认识 UI

UI（user interface）即用户界面，UI 设计是指对软件的人机交互、操作逻辑、界面美观的整体设计。它是系统和用户之间进行交互和信息交换的媒介，实现了信息的内部形式与人类可以接受形式之间的转换。好的 UI 设计不仅要让软件变得有个性、有品位，还要让软件的操作变得舒适、简单、自由，充分体现软件的定位和特点。UI 设计大体上由图形界面设计（graphical user interface design）、交互设计（interaction design）和用户研究（user study）构成。

1. 图形界面设计

图形界面是指采用图形方式显示的用户操作界面。完美的图形界面对于用户来说在视觉效果上的感受将会十分明显，它能够向用户展示功能、模块、媒体等信息，如图 1-2 所示。

图 1-2

在国内，通常人们提起的视觉设计师是指设置图形界面的设计师，一般情况下从事此类行业的设计师要么是经过了专业的美术培训，或者是有一定的专业背景或者是相关的其他从事设计行业的人员。

2. 交互设计

交互设计在于定义人造物的行为方式（人工制品在特定场景下的反应方式）相关的界面。交互设计的出发点在于研究人和物交流的过程中，人的心理模式和行为模式，并在此研究的基础上，设计出可提供的交互方式，以满足人对使用人工物的需求。交互设计是设计方法，而界面设计是交互设计的自然结果。

交互设计师要对相关领域，以及潜在用户进行研究，设计人造物的行为，并从有用、可用及易用性等方面来评估设计质量。

3. 用户研究

同软件开发测试一样，UI 设计中也会有用户测试，该项工作的主要内容是测试交互设计的合理性以及图形设计的美观性。一款应用经过交互设计、图形界面设计等工作之后需要进行最终的用户测试才可以上线，此项工作尤为重要，通过测试可以发现应用中某些地方的不足，或者不合理性。

1.2 UI 的分类

UI 界面在设计时根据界面的具体内容可以分为以下几类。

1. 环境性界面

环境性 UI 界面包含的内容非常广泛，涵盖政治、经济、文化、娱乐、科技、民族和宗教等领域。

2. 功能性界面

功能性 UI 界面是最常见的网页类型，它的主要目的是展示各种商品和服务的特性及功能，以吸引用户消费。我们常见的各种购物 UI 界面和各个公司的 UI 界面都属于功能性界面。

3. 情感性界面

情感性界面并不是指 UI 内容，而是指界面通过配色和版式构建出强烈的情感氛围，引起浏览者的认同和共鸣，从而达到预期目的的一种表现手法。

好的 UI 设计能充分体现产品的定位和符合目标用户群的喜好，让界面在达到设计创新的同时更有实用性。目前 UI 设计的范畴主要包括 App 图标、网页界面、电脑系统界面、平板电脑界面、手机界面、家电类微型液晶屏界面、车载设备界面、可穿戴设备等几个方面，如图 1-3 所示。

图 1-3

1.3 UI 的色彩基础

UI 设计与其他的设计一样也十分注重色彩的搭配。要想为界面搭配出专业的色彩，给人一种高端、上档次的感觉就需要对色彩基础知识有所了解。

1.3.1 颜色的概念

树叶为什么是绿色的？树叶中的叶绿素大量吸收红光和蓝光，而对绿光吸收最少，大部分绿光被反射出来进入人眼，人看到的就是绿色。

“绿色物体”反射绿光，吸收其他色光，因此看上去是绿色；“白色物体”反射所有色光，因此看上去是白色。颜色其实是一个非常主观的概念，不同动物的视觉系统不同，看到的颜色就会不一样。比如，蛇眼不仅能察觉可见光，而且还能感应红外线，因此蛇眼看到的颜色就与人眼不同。

1.3.2 色彩三要素

视觉所感知的一切色彩形象，都具有明度、色相和饱和度（纯度）三种性质，这三种性质是色彩最基本的构成元素。

1. 明度

明度是指色彩的明暗程度。在无彩色中，明度最高的色为白色，明度最低的色为黑色，中间存在一个从亮到暗的灰色系列，如图 1-4 所示。在有彩色中，任何一种纯度色都有自己的明度特征。例如，黄色为明度最高的色，处于光谱的中心位置；紫色为明度最低的颜色，处于光谱的边缘。一个彩色物体表面的光反射率越大，对视觉刺激的程度越大，看上去就越亮，这一颜色的明度就越高，如图 1-5 所示。

提示：在 UI 设计中明度的应用主要为展示使用同一颜色时不同明暗的界面效果。

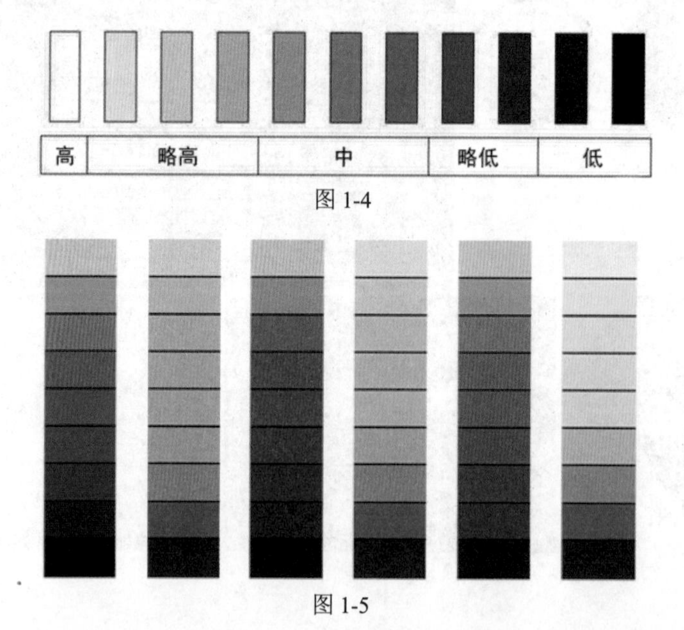

图 1-4

图 1-5

2. 色相

色相是指色彩的相貌。在可见光谱上，人的视觉能感受到红、橙、黄、绿、蓝、紫这些不同特征的色彩，人们给这些可以相互区别的色彩定义名称，当我们称呼到其中某一色彩的名称时，就会有一个特定的色彩印象，这就是色相的概念。正是由于色彩具有这种具体相貌的特征，我们才能感受到一个五彩缤纷的世界。

如果说明度是色彩隐秘的骨骼，那么色相就是色彩外表的华美肌肤。色相体现着色彩外向的性格，是色彩的灵魂。

最初的基本色相为：红、橙、黄、绿、蓝、紫。在各色中间加插一两个中间色，其头尾色相，按光谱顺序为：红紫、红、红橙、橙、黄橙、黄、黄绿、绿、蓝绿、蓝、蓝紫、紫。在相邻的两个基本色相中间再加一个中间色，可制出十二个基本色相，如图 1-6 所示。这十二个色相的彩调变化，在光谱色感上是均匀的。如果进一步再找出其中间色，便可以得到二十四个色相，如图 1-7 所示。

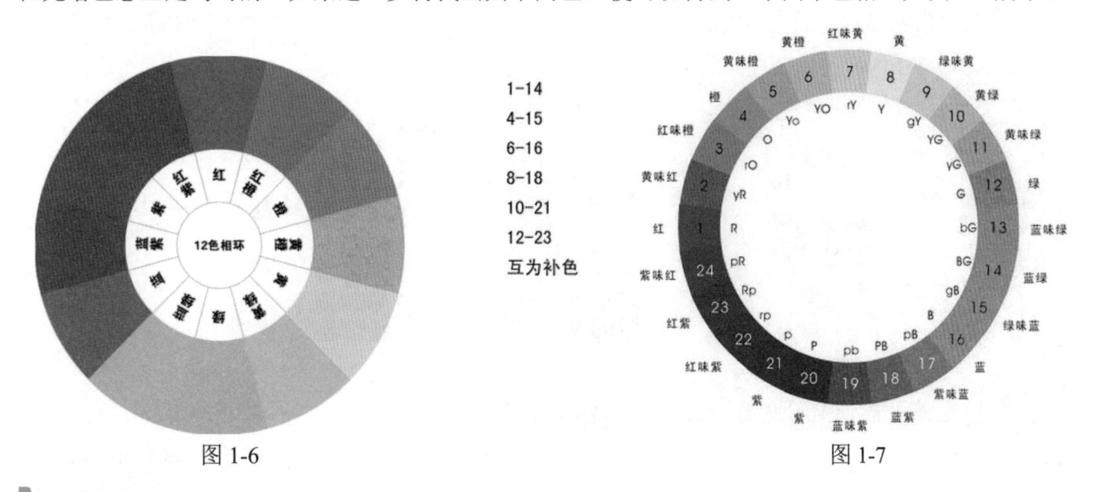

图 1-6　　　　图 1-7

3. 饱和度

饱和度是指色彩的鲜艳程度，它取决于一处颜色的波长单一程度。我们的视觉能辨认出的有色相感的色，都具有一定程度的鲜艳度。比如，当红色混入了白色时，虽然仍旧具有红色相的特征，但它的鲜艳度降低了，明度提高了，成为淡红色；当它混入了黑色时，鲜艳度降低了，明度变暗了，成为暗红色；当它混入了与红色明度相似的中性灰时，它的明度没有改变，但饱和度降低了，成为灰红色。图 1-8 所示为饱和度色标。

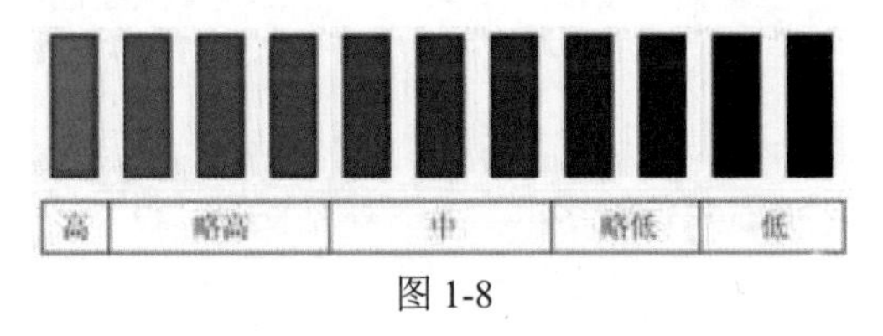

图 1-8

1.3.3　色彩的混合

了解如何创建颜色以及如何将颜色相互关联，可让您在 Photoshop 中更有效地工作。只有您对基本颜色理论进行了了解，才能将作品生成一致的效果，而不是偶然获得某种效果。在对颜色进行创建的过程中，大家可以依据加色原色（RGB）、减色原色（CMYK）和色轮来完成最终效果。

加色原色是指三种色光（红色、蓝色和绿色），当按照不同的组合将这三种色光添加在一起时，可以生成可见色谱中的所有颜色。添加等量的红色、蓝色和绿色可以生成白色；完全缺少红色、蓝色和绿色将生成黑色。计算机的显示器是使用加色原色来创建颜色的设备，如图 1-9 所示。

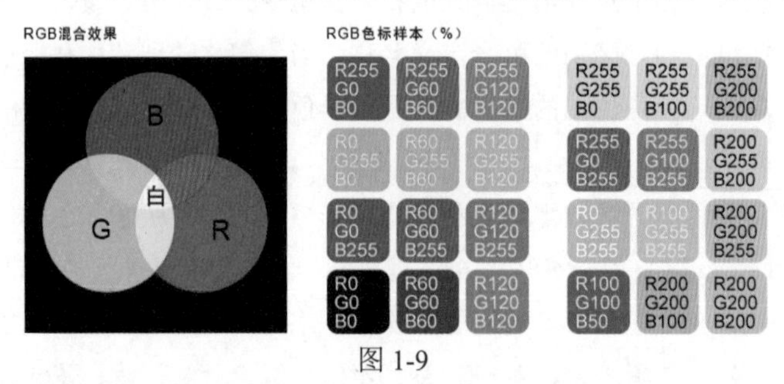

图 1-9

减色原色是指当按照不同的组合将一些颜料添加在一起时，可以创建一个色谱。与显示器不同，打印机使用减色原色（青色、洋红色、黄色和黑色颜料）并通过减色混合来生成颜色。使用“减色”这个术语是因为这些原色都是纯色，将它们混合在一起后生成的颜色都是原色的不纯版本。例如，橙色是通过将洋红色和黄色进行减色混合创建的，如图 1-10 所示。

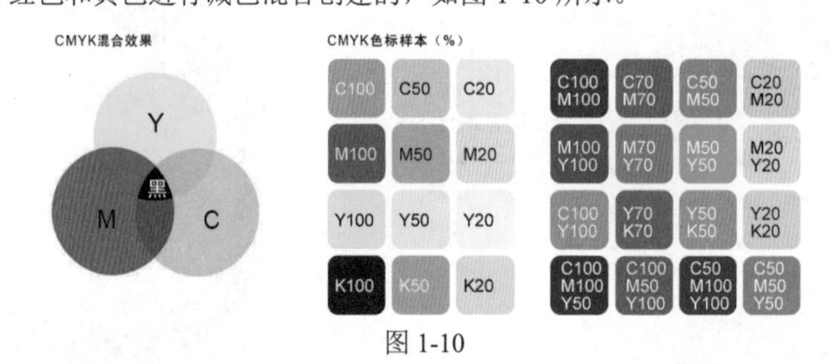

图 1-10

如果您是第一次调整颜色分量，在处理色彩平衡时手里有一个标准色轮图表就会很有帮助。可以使用色轮来预测一个颜色分量中的更改如何影响其他颜色，并了解这些更改如何在 RGB 和 CMYK 颜色模型之间转换。

例如，通过增加色轮中相反颜色的数量，可以减少图像中某一颜色的数量；反之亦然。在标准色轮上，处于相对位置的颜色称为补色。同样，通过调整色轮中两个相邻的颜色，甚至将两个相邻的色彩调整为其相反的颜色，可以增加或减少一种颜色。

在 CMYK 图像中，可以通过减少洋红色数量或增加其互补色的数量来减淡洋红色。洋红色的互补色为绿色（在色轮上位于洋红色的相对位置）。在 RGB 图像中，可以通过删除红色和蓝色或通过添加绿色来减少洋红色。所有这些调整都会得到一个包含较少洋红色的整体色彩平衡，如图 1-11 所示。

三原色，即 RGB 颜色模式主要运用到电子设备中，比如电视和电脑，但是在传统摄影中也有应用。在电子时代之前，基于人类对颜色的感知，RGB 颜色模型已经有了坚实的理论支撑，如图 1-12 所示。

在美术上把红色、黄色、蓝色定义为色彩三原色，但是品红色加适量黄色可以调出大红色（红 =M100+Y100），而大红色却无法调出品红色；青色加适量品红色可以得到蓝色（蓝 =C100+M100），而蓝色加绿色得到的却是不鲜艳的青色。用黄色、品红色、青色三色能调配出更多的颜色，而且纯正并鲜艳。用青色加黄色调出的绿色（绿 =Y100+C100）更加纯正与鲜艳，而蓝色加黄色调出的绿色却较为灰暗；品红色加青色调出的紫色是很纯正的（紫 =C20+M80），而大红色加蓝色只能得到灰紫色；等等。此外，从调配其他颜色的情况来看，都是以黄色、品红色、青色为其原色，色彩更为丰富、色光更为纯正而鲜艳（在3ds Max中，三原色为：红色、黄色、蓝色），如图1-13所示。

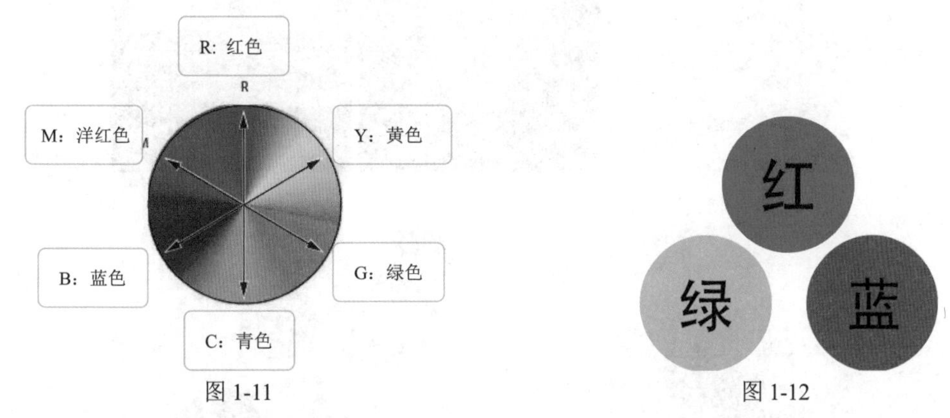

图1-11　　图1-12

二次色：在RGB颜色模式中，红色+绿色变为黄色、红色+蓝色变为紫色、蓝色+绿色变为青色；在绘画中三原色的二次色为红色+黄色变为橙色、黄色+蓝色变为绿色、蓝色+红色变为紫色，如图1-14所示。

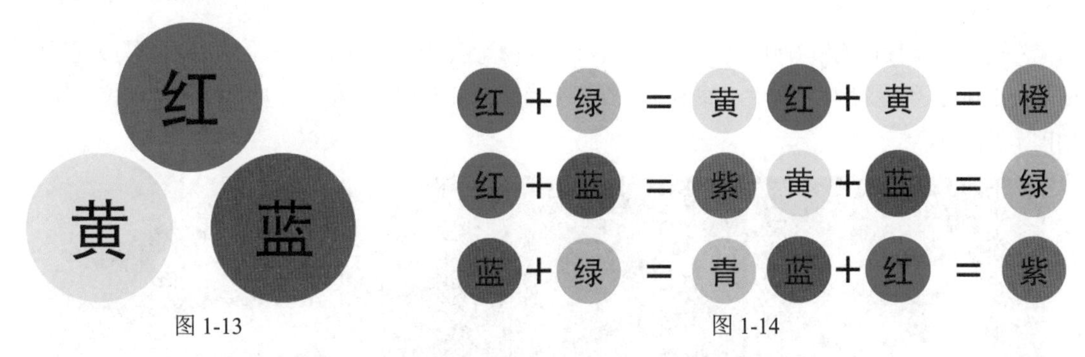

图1-13　　图1-14

1.3.4　色彩的分类

色彩主要分为两大类：无彩色和有彩色。无彩色是指黑色、白色和灰色等中性色；有彩色是指红色、绿色、蓝色、青色、洋红色和黄色等具有“色相”属性的颜色。

1. 无彩色

无彩色是指黑色、白色，以及这两种颜色混合而成的各种深浅不同的灰色，如图1-15所示。

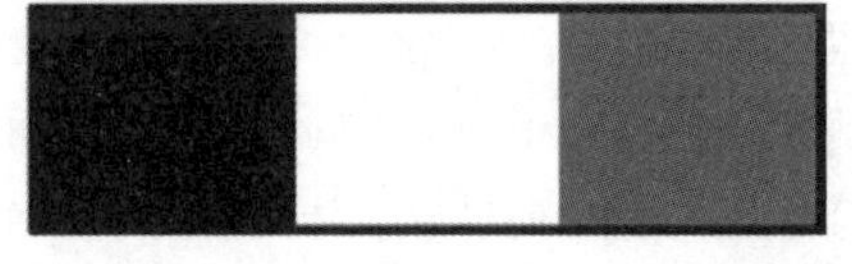

图1-15

无彩色不具备“色相”属性，因此也就无所谓饱和度。从严格意义上讲，无彩色只是不同明度的具体体现。

无彩色虽然不像有彩色那样多姿多彩、引人注目，但在设计中却有着无可取代的地位。因为中性色可以和任何有彩色完美地搭配在一起，所以常被用于衔接和过渡多种“跳跃”的颜色。而且在日常生活中，我们所看到的颜色都多多少少包含一些中性色的成分，所以才会呈现如此丰富多彩的视觉效果。无彩色UI界面如图1-16所示。

图 1-16

2. 有彩色

有彩色是指我们能够看到的所有色彩，包括各种原色、原色之间的混合，以及原色与无彩色之间的混合所生成的颜色。有彩色中的任何一种颜色都具备完整的“色相”“饱和度”和“明度”属性，如图 1-17 所示。

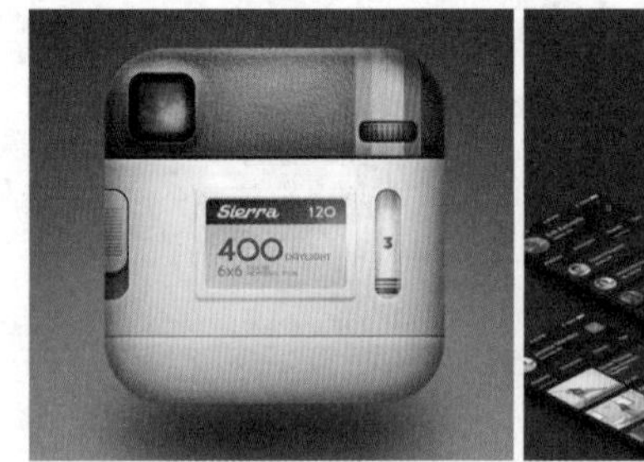

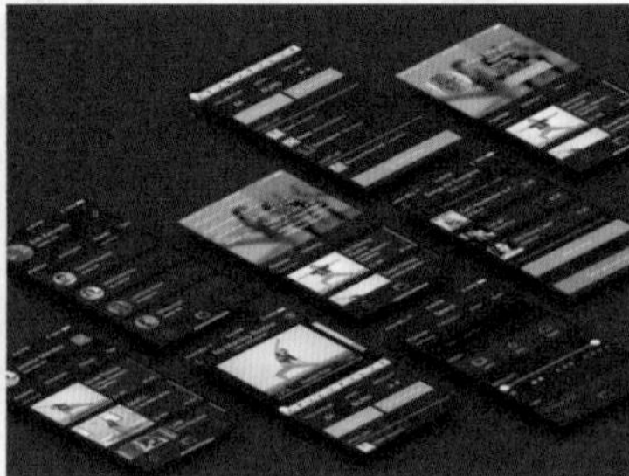

图 1-17

1.4 不同色彩给人的心理影响

色彩有各种各样的心理效果和情感效果，会带给人各种各样的感受和遐想，根据个人的视觉感、个人审美、个人经验、生活环境、性格等的不同而不同。日常生活中的一些色彩，视觉效果比较明显，比如，看见绿色，会联想到树叶、草坪的形象；看见蓝色，会联想到海洋、水的形象。不管是看见某种色彩或是听见某种色彩名称的时候，心中都会自动地描绘出这种色彩给我们的感受，如开心、悲伤、回忆等，这就是色彩的心理反应。

红色给人热情、兴奋、勇敢、危险等感觉。

橙色给人热情、勇敢、活泼的感觉。

黄色给人温暖、快乐、轻松的感觉。

绿色给人健康、新鲜、和平的感觉。

青色给人清爽、寒冷、冷静的感觉。

蓝色给人孤立、认真、严肃、忧郁的感觉。

紫色给人高贵、忧郁的感觉。

黑色给人神秘、阴郁、不安的感觉。

白色给人纯洁、正义、平等的感觉。

灰色给人朴素、模糊、抑郁、忧郁的感觉。

以上这些对色彩的印象是指在大范围的人群中普遍认同的结果，但并不代表所有人都会按照上述说法产生完全相同的感受。由于不同的国家、地区、宗教、性别、年龄等因素的差异，即使是同一种色彩，也会有完全不同的解读。在设计时应该综合考虑多方面因素，以避免造成不必要的误解。

1.5 常用 UI 设计单位解析

在 UI 设计中，单位的应用非常关键，下面了解常用单位的使用。

1. 英寸

英寸是长度单位。从电脑的屏幕到电视机再到各类多媒体设备的屏幕大小通常是指屏幕对角的长度。手持移动设备、手机等屏幕也沿用了这个概念。

2. 分辨率

分辨率是指屏幕物理像素的总和，用屏幕宽乘以屏幕高的像素数来表示，比如笔记本电脑的分辨率为 1366px×768px，液晶电视的分辨率为 1200px×1080px，手机的分辨率为 480px×800px、640px×960px 等。

3. 网点密度

网点密度是指屏幕物理面积内所包含的像素数，以 DPI（每英寸像素点数或像素 / 英寸）为单位来计量。DPI 越高，显示的画面质量就越精细。在手机 UI 设计时，DPI 要与手机相匹配，因为低分辨率的手机无法满足高 DPI 图片对手机硬件的要求，显示效果十分糟糕，所以在设计过程中就涉及一个全新的名词——屏幕密度。

4. 屏幕密度

以安装了 Android 操作系统的手机为例，主要有如下几种屏幕密度。

iDPI（低密度）：120 像素 / 英寸

mDPI（中密度）：160 像素 / 英寸

hDPI（高密度）：240 像素 / 英寸

xhDPI（超高密度）：320 像素 / 英寸

1.6 UI 设计常用的软件

UI 设计中常用的软件有 Adobe 公司的 Photoshop 、Illustrator、After Effects，Corel 公司的 CorelDRAW 等，其中以 Photoshop 和 Illustrator 最为常用。

1. Photoshop

Photoshop 是美国 Adobe 公司旗下最常用的图像处理软件之一，是集图像扫描、编辑修改、图像制作、广告创意、图像输入与输出于一体的图形图像处理软件，深受广大平面设计人员和电脑美术爱好者的喜爱。Photoshop 软件一直是图像处理领域的巨无霸，在出版印刷、广告设计、美术创意、图像编辑等领域得到了极为广泛的应用。

Photoshop 的专长在于图像处理，而不是图形创作。图像处理是对已有的位图图像进行编辑加工处理以及运用一些特殊效果，其重点在于对图像的处理加工；图形创作是按照自己的构思创意，使用矢量图形来设计图形，这类软件主要有 Adobe 公司的另一个著名软件 Illustrator 和 Macromedia 公司的 Freehand 软件，不过 Freehand 软件快要淡出历史舞台了。

平面设计是 Photoshop 应用最为广泛的领域，无论是我们正在阅读的图书封面，还是在大街上看到的招贴、海报，这些具有丰富图像的平面印刷品，基本上都需要使用 Photoshop 对图像进行处理。

2. Illustrator

Illustrator 是美国 Adobe 公司推出的专业矢量绘图工具，是一款应用于出版、多媒体和在线图像的工业标准矢量插画软件，是广告、印刷、出版和 Web 领域首屈一指的图形设计公司，同时也是世界上第二大桌面软件公司。无论是生产印刷出版线稿的设计者和专业插画师、创作多媒体图像的艺术家，还是互联网页或在线内容的制作者，都发现 Illustrator 不仅是一款艺术产品工具，而且适合大部分小型项目的设计及大型复杂项目的设计。

3. After Effects

After Effects（AE）是 Adobe 公司开发的一款视频剪辑及设计软件，主要用于高端视频特效系统的专业特效合成。它借鉴了许多优秀软件的成功之处，将视频特效合成上升到了新的高度：Photoshop 中图层的引入，使 AE 可以对多层的合成图像进行控制，从而制作出天衣无缝的合成效果；关键帧、路径的引入，使我们对控制高级的二维动画游刃有余；高效的视频处理系统，确保了高质量视频的输出；令人眼花缭乱的特技系统使 AE 能实现使用者的一切创意；AE 同样保留了 Adobe 优秀的软件兼容性。在 UI 设计中 AE 软件主要用于为 UI 界面添加动态效果。

4. CorelDRAW

CorelDRAW Graphics Suite 是一款由世界顶尖软件公司之一的加拿大 Corel 公司开发的图形、图像软件，是集矢量图形设计、矢量动画、页面设计、网站制作、位图编辑、印刷排版、文字编辑处理和图形高品质输出于一体的平面设计软件，深受广大平面设计人员的喜爱，目前主要应用于广告制作、图书出版等行业。功能与其类似的软件有 Illustrator、Freehand。

CorelDRAW 是一套屡获殊荣的图形、图像组合编辑软件，它包含两个绘图应用程序：一个用于矢量图及页面设计；一个用于图像编辑。这套绘图软件组合带给用户强大的交互式工具，使用户可以创作出多种富于动感的特殊效果及点阵图像即时效果，而且是通过简单的操作中就能得到实现，并且不会丢失当前的工作。通过 CorelDRAW 的全方位的设计及网页功能可以融合到用户现有的设计方案中，灵活性十足。

CorelDRAW 非凡的设计能力广泛地应用于商标设计、标志制作、模型绘制、插图描画、排版及分色输出等诸多领域。其被喜爱的程度可用事实说明：用于商业设计和美术设计的个人计算机（PC）上几乎都安装了 CorelDRAW，同时它的排版功能也十分强大。但是它与 Photoshop、Illustrator 不是同一家公司的软件，因此在软件操作上互通性稍差。

1.7 UI 设计常用的图像格式

UI 设计常用的图像格式有以下几种。

1. JPEG：JPEG 格式是一种位图文件格式，JPEG 的缩写是 JPG。JPEG 几乎不同于当前使用的任何一种数字压缩方法，它无法重建原始图像。由于 JPEG 优异的品质和杰出的表现，因此应用非常广泛，特别是在网络和光盘读物上。目前，各类浏览器均支持 JPEG 这种图像格式。JPEG 格式的文件尺寸较小、下载速度快，使得 Web 页有可能以较短的下载时间提供大量美观的图像，JPEG 同时也就顺理成章地成为网络上最受欢迎的图像格式，但是不支持透明背景。

2. GIF：GIF（Graphics Interchange Format，图像互换格式）是 CompuServe 公司在 1987 年开发的图像文件格式。GIF 文件的数据，是一种基于 LZW 算法的连续色调的无损压缩格式；其压缩率一般为 50%，它不属于任何应用程序。目前几乎所有相关软件都支持它，公共领域有大量的软件在使用 GIF 图像文件。GIF 图像文件的数据是经过压缩的，而且是采用了可变长度等压缩算法。GIF 格式的另一个特点是其在一个 GIF 文件中可以存放多幅彩色图像，如果把存放于一个文件中的多幅图像数据逐幅读出并显示到屏幕上，就可构成一种最简单的动画。GIF 格式自 1987 年由 CompuServe 公司引进后，因其体积小但成像相对清晰，特别适合于初期慢速的互联网，因此大受欢迎。其支持透明背景显示，可以以动态形式存在，因此在制作动态图像时会用到这种格式。

3. PNG：PNG（Portable Network Graphic Format，可移植网络图形格式）名称来源于非官方的“PNG’ s Not GIF”，是一种位图文件（bitmap file）存储格式，读成“ping”。作为图像文件存储格式，其目的是试图替代 GIF 和 TIFF 文件格式，同时增加一些 GIF 文件格式所不具备的特性。PNG 用来存储灰度图像时，灰度图像的深度可多达 16 位；存储彩色图像时，彩色图像的深度可多达 48 位；并且还可存储多达 16 位的 α 通道数据。PNG 使用从 LZ77 派生的无损数据压缩算法，一般应用于 JAVA 程序，或网页或 S60 程序，是因为 PNG 压缩比高，生成的文件容量小。PNG 是一种在网页设计中常用的格式并且支持透明样式显示，对于相同图像而言，与其他两种格式相比，其体积稍大。图 1-18 所示为 3 种不同图像格式的显示效果。

图 1-18

1.8 UI 的设计原则

UI 设计是一种系统化的设计工程，看似简单，其实不然，在这种“设计工程”中一定要按照设计原则进行设计。UI 的设计原则主要有以下几点。

1. 简易性

在整个 UI 设计的过程中一定要注意设计的简易性，界面的设计一定要简洁、易用且好用，让用户便于使用、便于了解，并能最大限度地减少选择性的错误。

2. 一致性

一款成功的应用软件应该拥有一个优秀的界面，这也是所有优秀界面应该具备的特点。应用界面的应用内容必须清晰一致，风格与实际应用内容相同，所以在整个设计过程中应保持一致性。

3. 提升用户的熟知度

用户在第一时间内接触到界面时必须是之前所接触到或者已掌握的知识，新的应用绝对不应超出一般常识，比如，无论是拟物化的写实图标设计还是扁平化的界面设计都要以用户所掌握的知识为基准。

4. 可控性

可控性在设计过程中具有先决性，在设计之初就要考虑到用户想要做什么、需要做什么，而此时在设计中就要加入相应的操控提示。

5. 记性负担最小化

一定要科学地分配应用中的功能说明，力求操作最简化，从人脑的思维模式出发，不要打破传统的思维方式，不要给用户增加思维负担。

6. 从用户的角度考虑

想用户所想，思用户所思，研究用户的行为，考虑用户会如何去做，因为大多数用户是不具备专业知识的，他们往往只习惯于从自身的行为习惯出发进行思考和操作，在设计的过程中，设计师要把自己当作用户，以用户的切身体会去设计。

7. 顺序性

一款应用软件应该在功能上按一定规律进行排列，一方面可以让用户在极短的时间内找到自己需要的功能，另一方面可以让用户产生直观的简洁易用的感受。

8. 安全性

任何应用在用户进行自由操作时，他所作出的这些动作都应该是可逆的，比如，在用户作出一个不恰当或者错误的操作时应当有警示信息提示。

9. 灵活性

快速、高效率及高满意度在用户看来都是人性化的体验，在设计过程中需要尽可能地考虑到特殊用户群体的操作体验，如残疾人、色盲者、语言障碍者等。这一点可以在IOS操作系统上得到最直观的感受。

1.9 学习UI设计需要具备的5项能力

想要成为一名合格的UI设计师，对于此专业的各项能力就要有一些了解。学习UI设计需要掌握的能力主要有以下几点。

1. 图形造型能力

例如，要画一个三角形图标，不仅需要画出一个“三角形”的形态，而且要符合造型审美原则。

2. 图形表现能力

画的这个三角形不仅要有“三角形”的造型，还要有质感，如水晶通透的质感、金属材质的质感等。

3. 色彩表现能力

怎么为“三角形图标”进行色彩配色，例如，选择渐变邻近色，还是选择对比色搭配起来配色。

4. 终端规范能力

把“三角形图标”设计好之后，放在界面中，需要注意哪些问题。例如，界面的最小可单击范围为48px×48px，那么就要注意“三角形图标”的尺寸不能小于这个尺寸。

5. 终端界面能力

当图标小元素设计完之后，放在整个界面中，要注意优先级排序，以及界面与界面之间的逻辑关系。

1.10 优秀作品欣赏

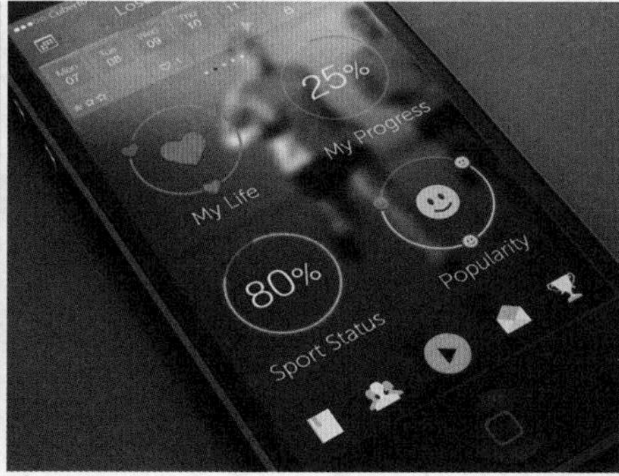

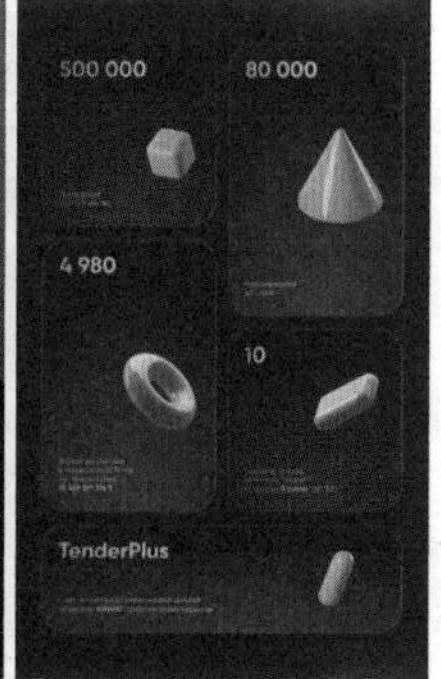

用户登录
用户名：
密 码：
注 册
登 录
康达盈创
医药管理系统
行车辅助
乐乐户外
登录系统
用户名：
密 码：
登 录
注 册
正在播放
许冠杰专辑
天才白痴梦
下一首
● 打雀英雄传
SCHOOL BUS
Tokyo
9°C
Copenhagen
-3°C
ADELE
Rolling in the Deep

第 2 章 选取与填充在 UI 中的应用

本章重点：

- 了解选取与填充
- 使用矩形选区制作公司 APP 图标
- 使用渐变工具制作金属旋钮控件
- 使用矩形工具和椭圆选区制作拖动条
- 使用钢笔工具绘制卡通图标
- 使用油漆桶工具制作票据界面
- 优秀作品欣赏

2

本章主要讲解 UI 元素设计使用中的选区与填充，从最基础的绘制和填充来完成一些较常用形状的 UI 元素图形，对各种基本的 UI 组件、按钮和图标进行实战式的讲解。基本形状包括矩形、圆形、多边形和自定义形状等，通过 Photoshop 中的选区或路径等，可以非常轻松地对基本形状进行绘制，再结合不同类型的填充、描边，能够非常快捷地完成一些比较基础的 UI 元素制作；除了制作以外，还可以对软件中对应的工具进行相关的学习。

2.1 了解选取与填充

本章对 UI 的设计制作使用的是 Photoshop 软件，首先要对该软件中的选区和填充进行简单的讲解。

2.1.1 选区的应用

Photoshop 软件中最基本的选择与选区抠图的使用，内容涉及选区、路径等方面的内容。

1. 选区的创建

Photoshop 中的选区不但可以进行创建，还可以为现有的图像进行局部抠图。Photoshop 中最基本的选区创建，可以是规则选区的创建、不规则选区的创建以及根据像素颜色范围创建选区。

创建规则的几何选区，可以通过选框工具组中的工具绘制出矩形选区、椭圆选区以及包含一个像素的行与列选区。以矩形选区作为例，在“工具箱”中选择（矩形选框工具）后，在空白文档或图像上选择起始点按住鼠标向对角处拖动，松开鼠标即可创建一个矩形选区。过程如图 2-1 所示。

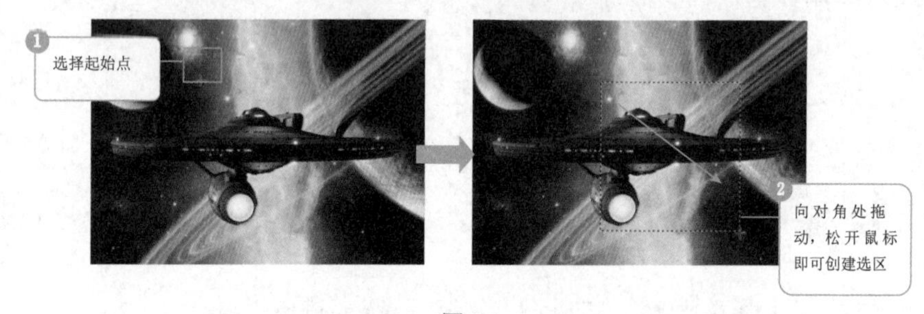

图 2-1

技巧：绘制矩形选区的同时按住 Shift 键，可以绘制出正方形选区。（椭圆选框工具）的绘制与使用方法与（矩形选框工具）类似。绘制椭圆选区的同时按住 Shift 键，可以绘制出正圆选区；选择起始点后，按住 Alt 键可以以起始点为中心向外创建椭圆选区；选择起始点后，按住 Alt+Shift 键可以以起始点为中心向外创建正圆选区。

创建不规则选区主要表现为随意性，该选区不受几何形状的局限，创建时可以使用鼠标随意地拖动，或单击来完成选区的创建。用来创建该选区的工具被集中放在套索工具组内。

使用（套索工具）可以在图像中随意创建任意形状的选择区域。（套索工具）通常用来创建不太精细的选区，这正符合套索工具操作灵活、使用简单的特点。默认状态下，（套索工具）会自动出现在该组中的显示状态，在工具箱中可以直接选取。使用该工具创建选区的方法非常简单，就像手中拿着铅笔绘画一样，在图像上选择一点后，按下鼠标左键在图像中任意绘制，当终点与起始点相交时松开鼠标，即可创建一个封闭选区，如图 2-2 所示。

技巧：使用（套索工具）创建选区的过程中，如果起始点与终点不相交时就松开鼠标，那么起始点会与终点自动封闭创建选区。

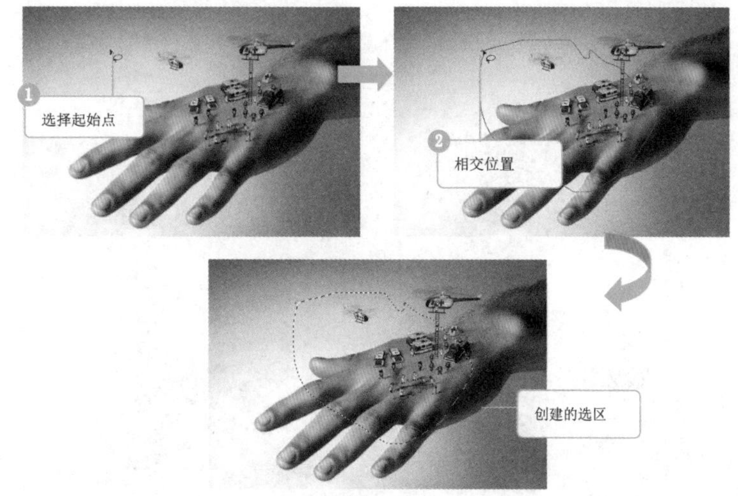

图 2-2

使用（多边形套索工具）可以在当前的文档中创建不规则的多边形选区。创建选区的方法也非常简单：在不同位置上单击鼠标，即可将两点以直线的形式连接，起始点与终点相交时单击即可得到选区。（多边形套索工具）通常用来创建较为精确的选区。根据图像的特点选择一点后单击鼠标左键，拖动鼠标到另一点后，再单击鼠标左键，沿图像中海星的边缘依次创建选取点，直到最后终点与起始点相交时，双击鼠标即可创建多边形选区，如图 2-3 所示。

图 2-3

技巧：使用（多边形套索工具）绘制选区时，按住 Shift 键可沿水平、垂直或与之成 45°角的方向绘制选区；在终点没有与起始点重叠时，双击鼠标或按住 Ctrl 键的同时单击鼠标即可创建封闭选区。

使用（磁性套索工具）可以在图像中自动捕捉具有反差颜色的图像边缘，并以此来创建选区。此工具常用于背景复杂但边缘对比度较强烈的图像。创建选区的方法也非常简单：在图像中选择起始点后沿边缘拖动即可自动创建选区。根据图像反差的特点选择一点后单击鼠标左键，沿边缘拖动鼠标，直到最后终点与始起点相交时，双击鼠标即可创建多边形选区，如图 2-4 所示。

技巧：使用（磁性套索工具）创建选区时，单击鼠标也可以创建矩形标记点，用来确定精确的选区；按 Delete 键或 Backspace 键，可按照顺序撤销矩形标记点；按 Esc 键，可消除未完成的选区。

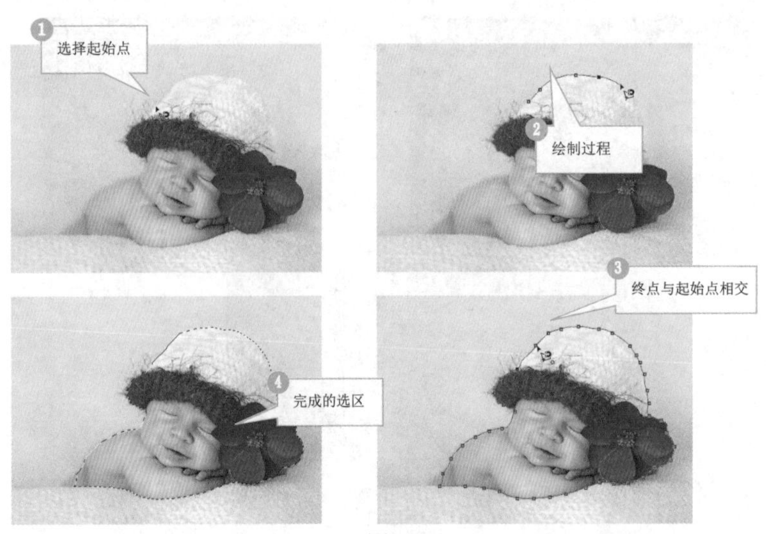

图 2-4

> **技巧**：使用（磁性套索工具）创建选区的过程中，在某一点上只要按住 Alt 键可以将（磁性套索工具）变为（多边形套索工具）；在边缘处单击创建选区，松开 Alt 键，会将（多边形套索工具）恢复成（磁性套索工具）。

根据像素颜色范围创建选区，在 Photoshop 中能够通过计算而自动形成的一个或多个选区的工具被集中在魔棒工具组内。

使用（魔棒工具）能选取图像中颜色相同或相近的像素，像素之间可以是连续的，也可以是不连续的。创建选区的方法非常简单，只要在图像中某个颜色像素上单击，系统便会自动生成以该选取点为样本的选区，如图 2-5 所示。

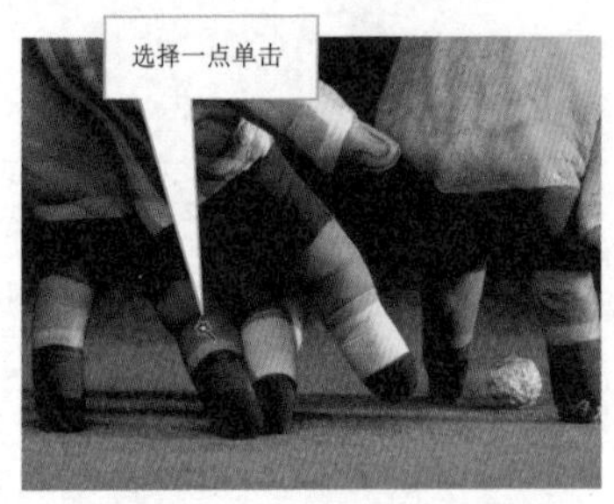

图 2-5

使用（快速选择工具）可以在图像中快速对需要选取的部分建立选区，使用方法非常简单，只要选择该工具后，在图像中拖动鼠标指针即可在鼠标指针经过的地方创建选区，如图 2-6 所示。

图 2-6

提示：如果要选取较小的图像时，可以将画笔直径按照图像的大小进行适当的调整，这样选取得更加精确。

使用（对象选择工具）时，只要将鼠标指针悬停在图像中想要选取的位置单击，就可以在需要的区域自动创建选区，如图 2-7 所示。

图 2-7

2. 路径的创建

Photoshop 中的路径是指在文档中使用钢笔工具或形状工具创建的贝塞尔曲线轮廓，路径可以是直线、曲线或者是封闭的形状轮廓，多用于自行创建的矢量图像或对图像的某个区域进行精确抠图。路径不能打印输出，只能存放于“路径”面板中，如图 2-8 所示。

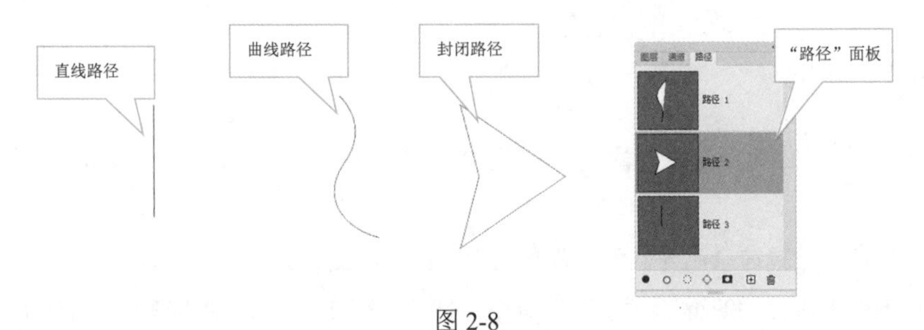

图 2-8

在绘制的路径中包括直线路径、曲线路径和封闭路径。本节以（钢笔工具）为讲解对象，具体的创建方法如下。

操作步骤

步骤 01 新建一个空白文档，选择（钢笔工具）后，在页面中选择起始点单击，将鼠标指针移动到另一点后再单击，得到如图 2-9 所示的直线路径。按 Enter 键，直线路径绘制完毕。

步骤 02 新建一个空白文档，选择（钢笔工具）后，在页面中选择起始点单击，将鼠标指针移动到另一点后按下鼠标拖动，得到如图2-10所示的曲线路径后松开鼠标。按Enter键，曲线路径绘制完毕。

图 2-9　　图 2-10

步骤 03 新建一个空白文档，选择（钢笔工具）后，在页面中选择起始点单击，将鼠标指针移动到另一点后按下鼠标拖动，松开鼠标后将鼠标指针移动到起始点单击，得到如图 2-11 所示的封闭路径。按 Enter 键封闭路径绘制完毕。

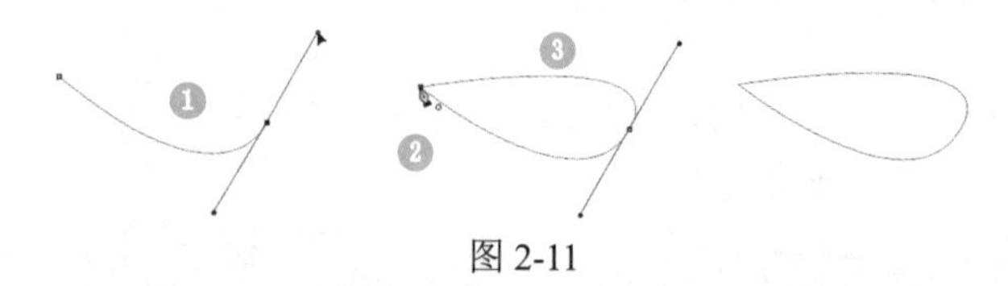

图 2-11

提示：使用（钢笔工具）不单是为了创建路径，当需要对边缘平滑的对象进行抠图时，（钢笔工具）将是一个非常不错的抠图工具。创建封闭路径后，按 Ctrl+Enter 组合键就可以将封闭路径转换成选区。

2.1.2 填充的应用

在 Photoshop 中可以填充单色、渐变色或图案等，也可以以描边的形式展现填充。

1. 通过命令进行填充

创建选区后，通过“填充”命令可以为创建的选区填充前景色、背景色、图案等。填充选区的方法如下。

操作步骤

步骤 01 新建一个空白文件，使用（椭圆选框工具）在文件中绘制一个椭圆选区，如图 2-12 所示。

步骤 02 在工具箱中设置前景色为蓝色、背景色为绿色，如图 2-13 所示。

步骤 03 在菜单栏中执行“编辑”|“填充”命令，打开如图 2-14 所示的“填充”对话框。

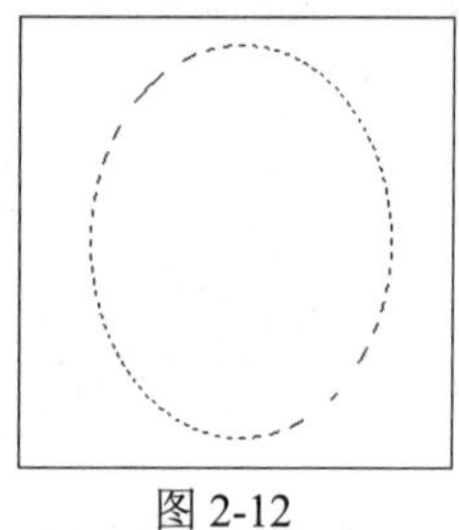

图 2-12

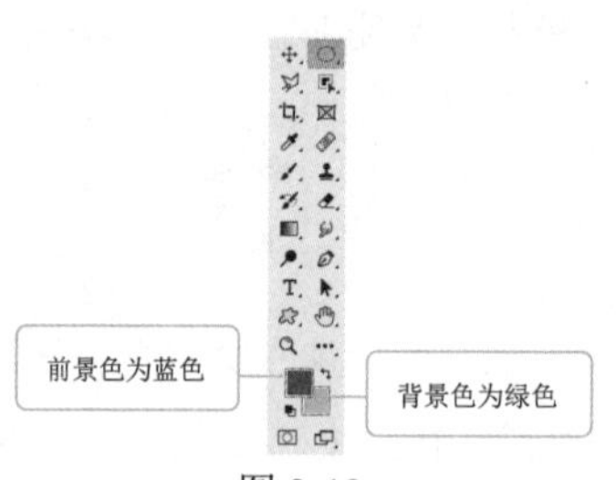

图 2-13

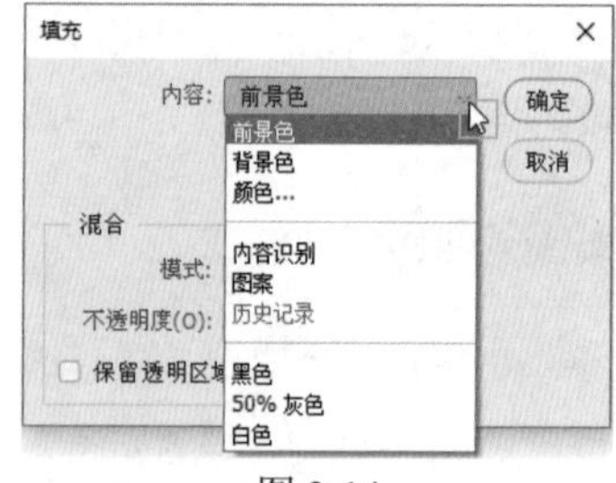

图 2-14

步骤 04 在“内容”下拉列表中分别选择“前景色”、“背景色”和“50% 灰色”，单击“确定”按钮，得到如图 2-15 和图 2-16 所示的效果。

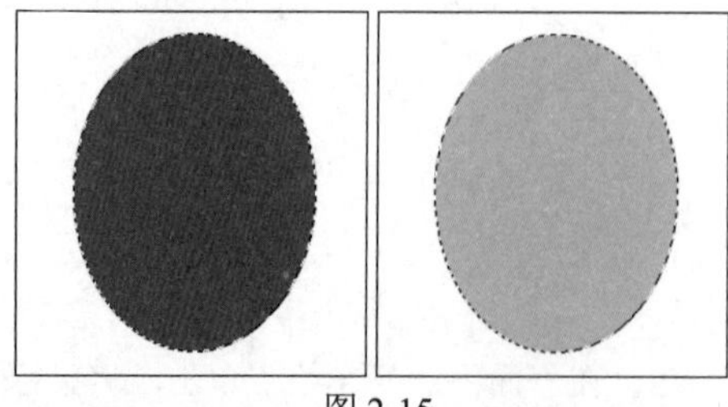

图 2-15

图 2-16

> **技巧**：在图层中或选区内填充时，按 Alt+Delete 组合键可以快速填充前景色，按 Ctrl+Delete 组合键可以快速填充背景色。选择“颜色”后，会弹出“拾色器”对话框，从中可以选择任意单色进行填充。

步骤 05 选择“图案”后，“填充”对话框会变成对应图案的功能效果，在“自定图案”下拉列表中选择一个图案后，单击“确定”按钮即可进行填充，如图 2-17 所示。

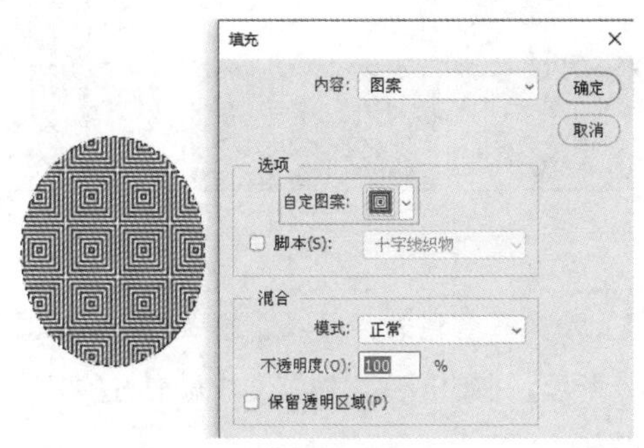

图 2-17

步骤 06 选择图案后，选中“脚本”复选框，在右侧的下拉列表中选择一种脚本，这里我们选择的是“砖形填充”，单击“确定”按钮，弹出“砖形填充”对话框，设置完各个参数后，再单击“确定”按钮，完成图案的填充，如图 2-18 所示。

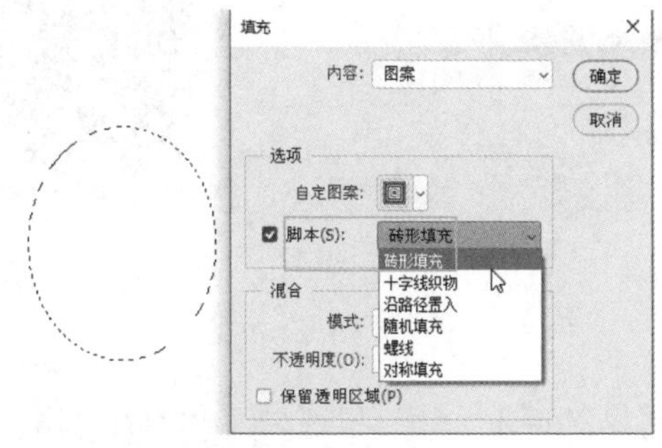

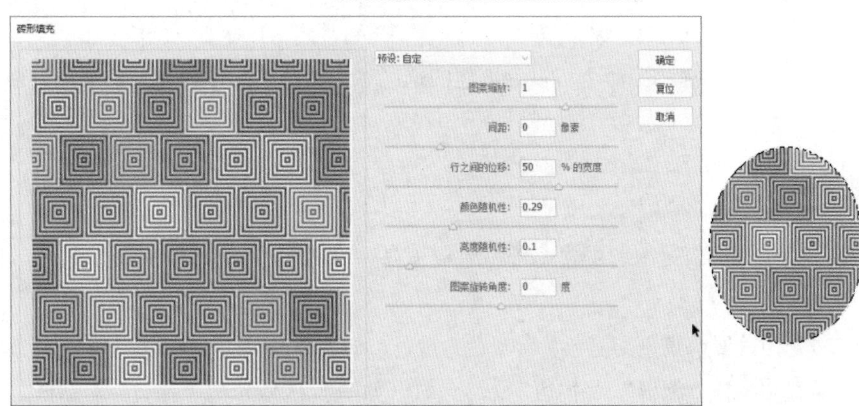

图 2-18

2. 渐变填充

在 Photoshop 中能够填充渐变色的工具只有▣（渐变工具）。使用▣（渐变工具）可以在图像中或选区内填充一个渐变的颜色，可以是一种颜色渐变到另一种颜色；也可以是多个颜色之间的相互渐变；还可以是从一种颜色渐变到透明或从透明渐变到一种颜色。渐变样式千变万化，大体可分为五大类，包括线性渐变、径向渐变、角度渐变、对称渐变和菱形渐变。▣（渐变工具）通常用在制作绚丽渐变背景、编辑图层蒙版等方面。

▣（渐变工具）的使用方法非常简单，在已经创建的选区内从一点拖动鼠标指针到另一点，松开鼠标即可填充渐变色，如图 2-19 所示。

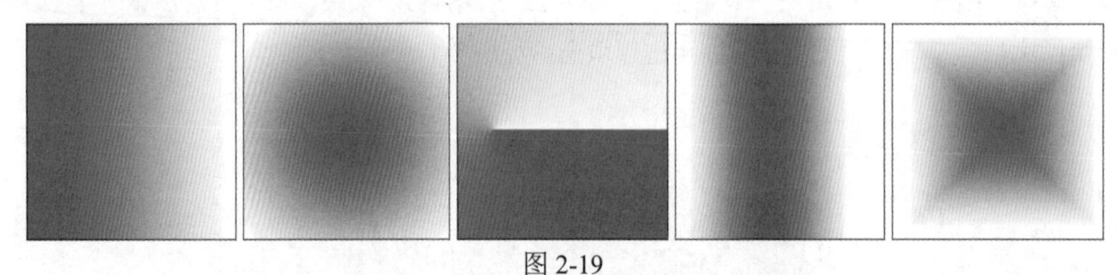

图 2-19

> **提示：使用▣（渐变工具）填充渐变色时，可以通过“渐变编辑器”自定义色标的颜色来填充多种渐变色，如图 2-20 所示。在“渐变编辑器”中设置好的渐变颜色，可以通过单击“新建”按钮，将其添加到“渐变拾色器”中。**

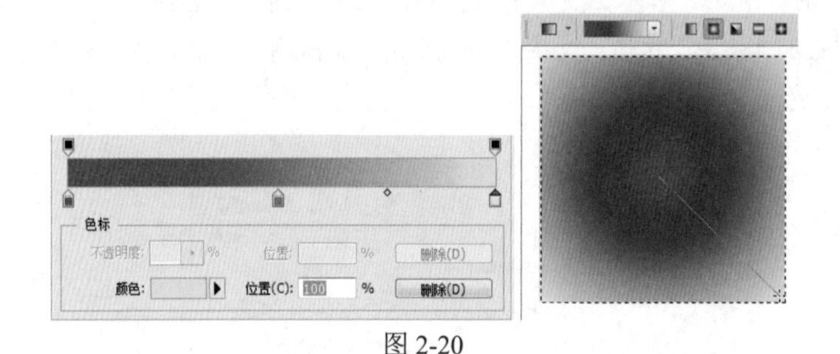

图 2-20

3. 选区描边

对于已经创建的选区我们可以对其进行描边处理，描边时只能使用“描边”命令对选区边缘按照设定的颜色、宽度和位置进行描边填充。

创建选区后，通过“描边”命令可以为创建的选区建立内部、居中或居外的描边。描边选区的方法如下。

操作步骤

步骤 01 新建一个空白文件，使用◯（椭圆选框工具）在文件中绘制一个椭圆选区，如图 2-21 所示。

步骤 02 在工具箱中设置前景色为蓝色、背景色为绿色，如图 2-22 所示。

步骤 03 在菜单栏中执行“编辑”|“描边”命令，打开如图 2-23 所示的“描边”对话框。

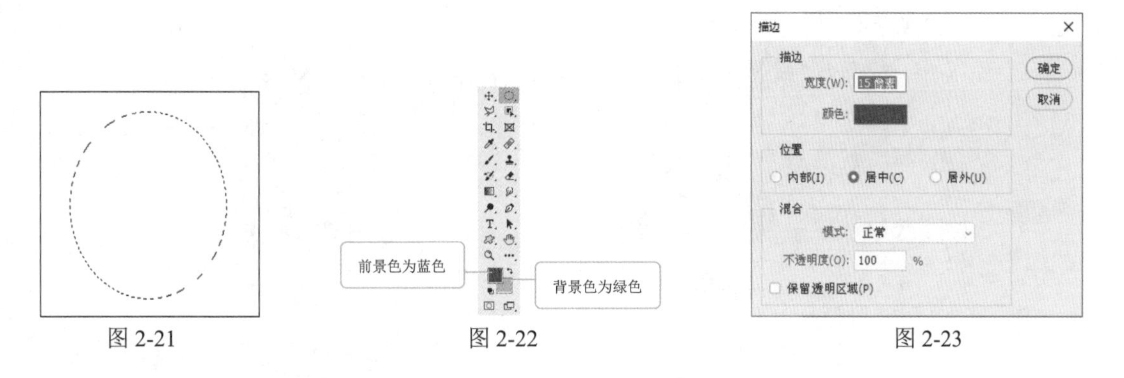

图 2-21　　图 2-22　　图 2-23

提示：通常情况下，在“描边”对话框中的描边颜色与工具箱中的前景色相同。

步骤 04 在“位置”选项组中分别选择“内部”“居中”和“居外”，单击“确定”按钮，得到如图 2-24～图 2-26 所示的效果。

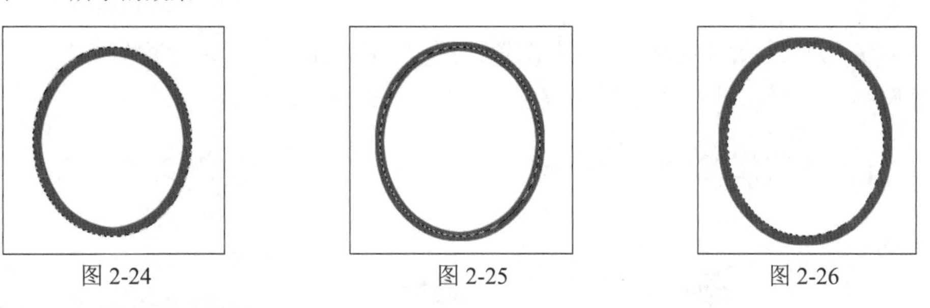
图 2-24　　图 2-25　　图 2-26

4. 使用形状进行填充与描边

在 Photoshop 中可以通过相应的工具直接在页面中绘制矩形、椭圆形、多边形等几何图形，对应的工具包括（矩形工具）、（三角形工具）、（椭圆工具）、（多边形工具）和（自定形状工具），绘制效果如图 2-27 所示。

图 2-27

填充像素、路径与形状在创建的过程中都是通过钢笔工具或形状工具来创建的，三者的区别是填充像素可以认为是使用选区工具绘制选区后，再以前景色填充，如果不新建图层，那么使用填充像素填充的区域会直接出现在当前图层中，此时其是不能被单独编辑的，填充像素不会自动生成新图层，如图 2-28 所示。

图 2-28

> **提示：“填充像素”属性只有使用形状工具时，才可以被激活，使用钢笔工具时该属性处于不可用状态。**

形状表现的是绘制的矢量图以蒙版的形式出现在“图层”面板中。绘制形状时系统会自动创建一个形状图层，形状可以参与打印输出和添加图层样式，如图 2-29 所示。

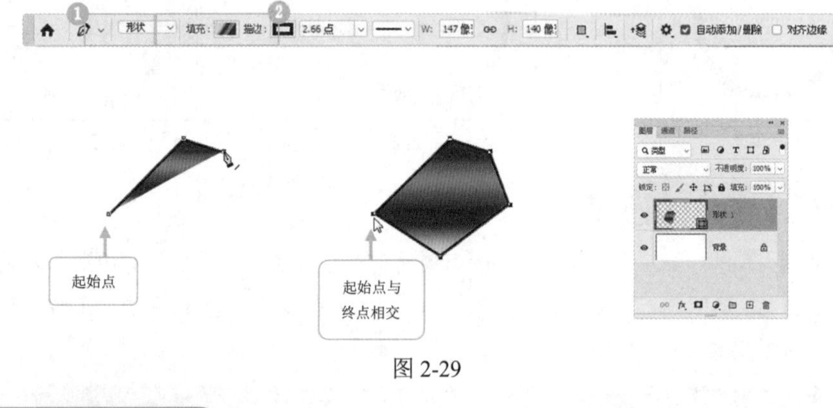

图 2-29

5. 使用油漆桶进行填充

使用（油漆桶工具）可以将图层、选区或与打开的图像颜色相近的区域填充前景色或者图案，可以是连续的，也可以是分开的。（油漆桶工具）常用于快速对图像进行前景色或图案填充。

（油漆桶工具）的使用方法非常简单，只要使用该工具在图像上单击就可以填充前景色或图案，如图 2-30 所示。

图 2-30

2.2 使用矩形选区制作公司 APP 图标

实例目的

- 掌握创建矩形选区并为其填充颜色。
- 设置选区并为其添加渐变叠加和投影图层样式，使其看起来更加具有立体感。

设计思路及流程

根据公司的要求，设计制作出符合整体界面的单个 APP 图标，做成圆角会让图标与背景看起来更加融合，边角不会太突兀，根据公司主题要求在类似色中找到更适合的颜色搭配。本 APP 图标针对的是老年保健行业，所以在设计制作时以暖色调的渐变作为背景，加上文字与图案的结合，使 APP 图标看起来更加整体化，不会显得分散。具体流程如图 2-31 所示。

图 2-31

配色信息

本 APP 图标设计针对的是老年保健行业，所以在配色时以夕阳作为主线，色彩应用时使用的是黄色和橘色的渐变，圆角矩形上的文字，以白色作为 APP 的突出色，可以使文字与背景之间的对比更加强烈一些。配色信息如图 2-32 所示。

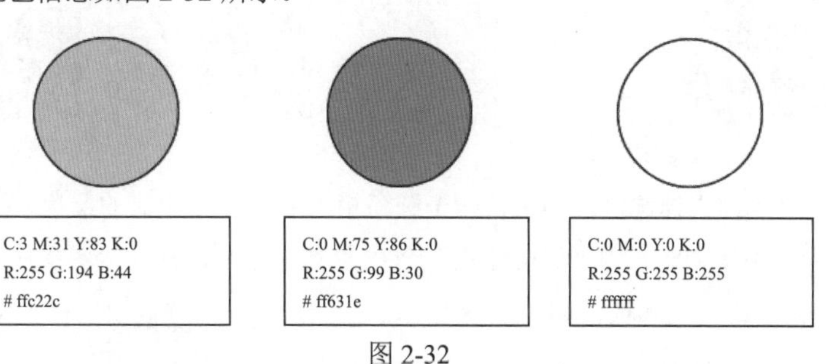

图 2-32

技术要点

- 使用矩形选框工具绘制矩形选区
- 使用“平滑”命令将矩形选区调整为圆角效果
- 使用渐变工具填充渐变色，添加“投影”图层样式
- 输入文字，使用“填充”命令填充图案

文件路径：**源文件 \ 第 2 章 ** 使用矩形选区制作公司 APP 图标 .psd
视频路径：**视频 \ 第 2 章 ** 使用矩形选区制作公司 APP 图标 .mp4

操作步骤

步骤 01 启动 Photoshop，执行菜单栏中的“文件”|“新建”命令，新建一个宽度与高度都为 500 像素的矩形空白文档，使用 （矩形选框工具）在文档中绘制一个正方形选区，如图 2-33 所示。

步骤 02 执行菜单栏中的“选择”|“修改”|“平滑”命令，打开“平滑选区”对话框，设置“取样半径”为 15 像素，单击“确定”按钮，此时会将矩形选区的 4 个角变成圆角，如图 2-34 所示。

图 2-33

图 2-34

步骤 03 选区调整完毕后新建一个“图层 1”图层，将前景色设置为黄色、背景色设置为橘红色，使用 （渐变工具）在选区中间位置向边缘处拖曳，为其填充一个从前景色到背景色的径向渐变，如图 2-35 所示。此渐变色正好是暖色调的类似色，填充后会让背景看起来过渡得非常自然。

步骤 04 执行菜单栏中的“选择”|“变换选区”命令，调出变化框后，拖曳控制点将选区缩小，如图 2-36 所示。

步骤 05 按 Enter 键完成变换，新建一个“图层 2”图层，再次使用 （渐变工具）在选区中间位置向边缘处拖曳，为其填充一个从前景色到背景色的径向渐变，此时拖曳的长度要短一些，如此会使两个填充之间出现较大的色差，如图 2-37 所示。

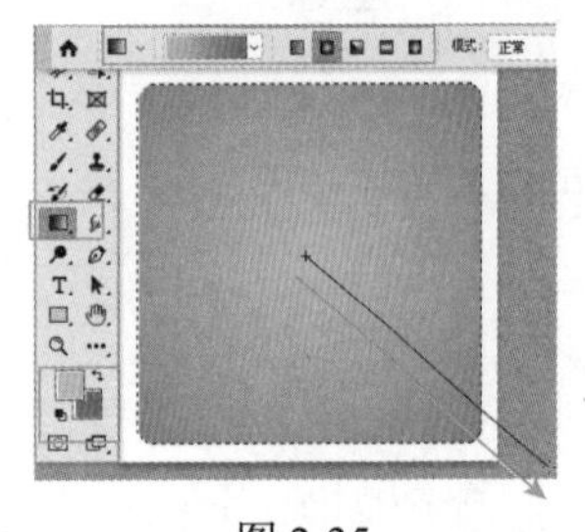

图 2-35

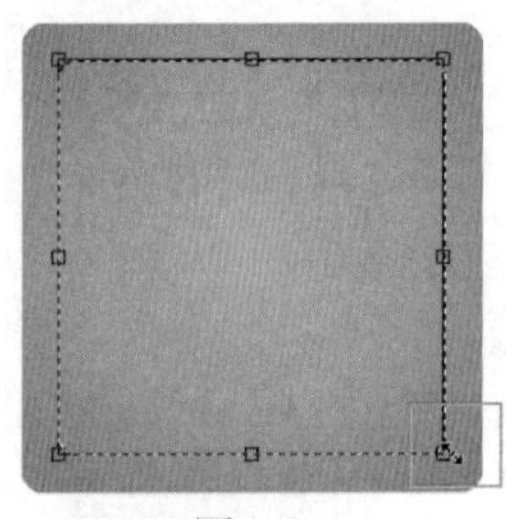

图 2-36

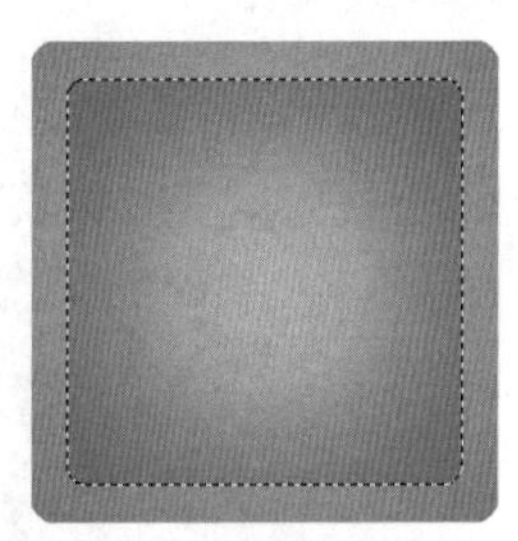

图 2-37

步骤 06 按 Ctrl+D 组合键去掉选区，为了让两个圆角矩形之间有更明显的层次，我们为其添加一个内阴影。执行菜单栏中的“图层”|“图层样式”|“内阴影”命令，打开“图层样式”对话框，在右侧的面板中设置“内阴影”的参数，如图 2-38 所示。

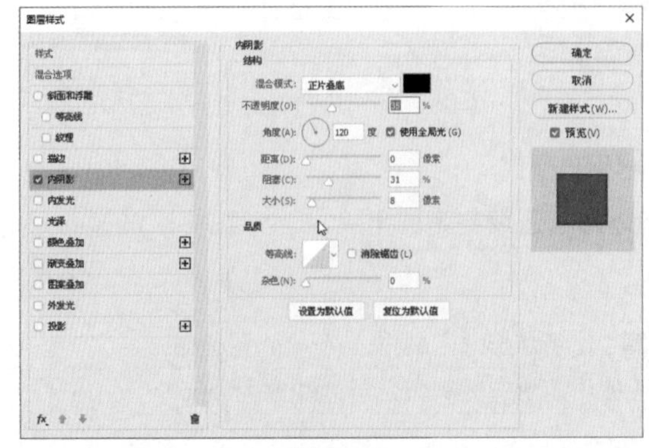

图 2-38

步骤 07 设置完毕，单击“确定”按钮，效果如图 2-39 所示。

步骤 08 使用 T（横排文字工具）在圆角矩形上输入白色文字“夕”，执行菜单栏中的“图层 | 创建剪贴蒙版”命令，此时效果如图 2-40 所示。

图 2-39

图 2-40

技巧：在“图层”面板中两个图层之间按住 Alt 键，此时光标会变成形状，单击即可转换上面的图层为剪贴蒙版图层，如图 2-41 所示。在剪贴蒙版的图层间单击，光标会变成形状，单击可以取消剪贴蒙版设置。

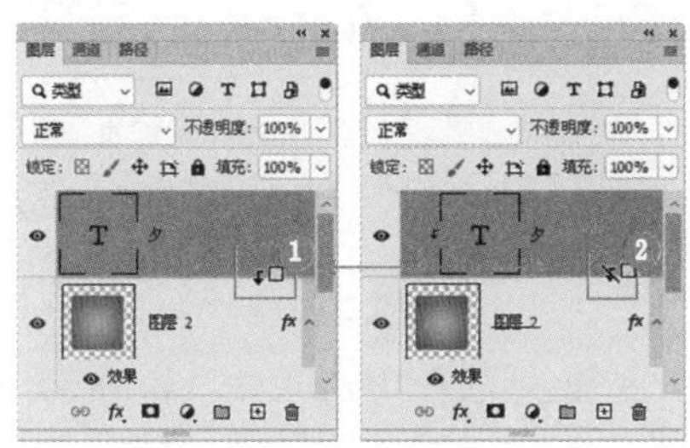

图 2-41

步骤 09 执行菜单栏中的“图层”|“图层样式”|“投影”命令，打开“图层样式”对话框，在右侧的面板中设置“投影”的参数，如图 2-42 所示。

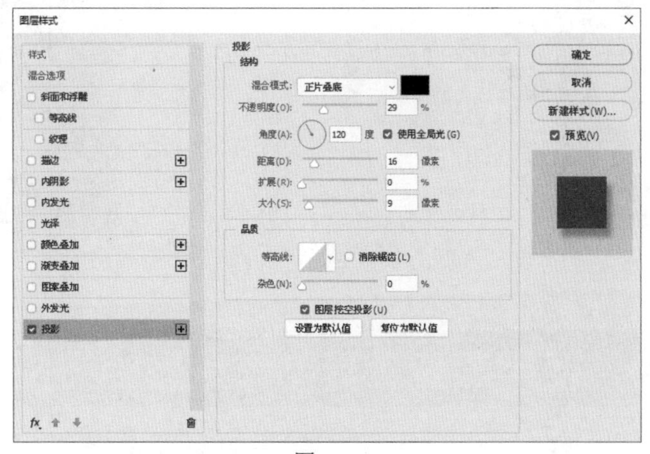

图 2-42

步骤 10 设置完毕，单击“确定”按钮，效果如图 2-43 所示。

步骤 11 按住 Ctrl 键单击文字图层的缩览图，调出文字的选区，新建一个“图层 3”图层，效果如图 2-44 所示。

步骤 12 执行菜单栏中的“编辑”|“填充”命令，打开“填充”对话框，设置“内容”为“图案”，在“自定图案”中选择“树叶图案纸”，选中“脚本”复选框，选择“砖形填充”，单击“确定”按钮，

打开“砖形填充”对话框，其中的参数设置如图 2-45 所示。

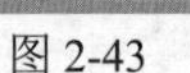

图 2-43

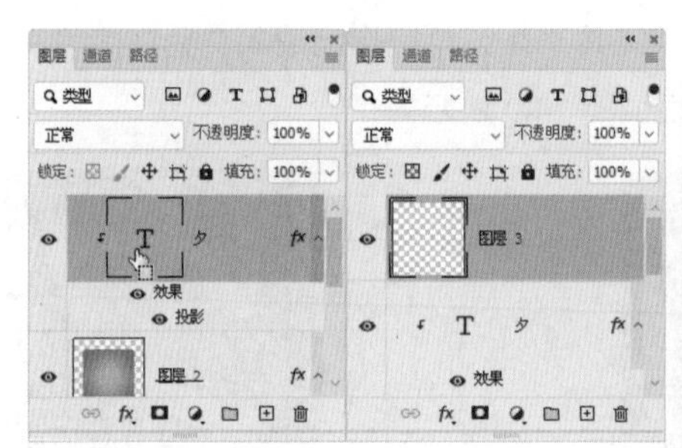

图 2-44

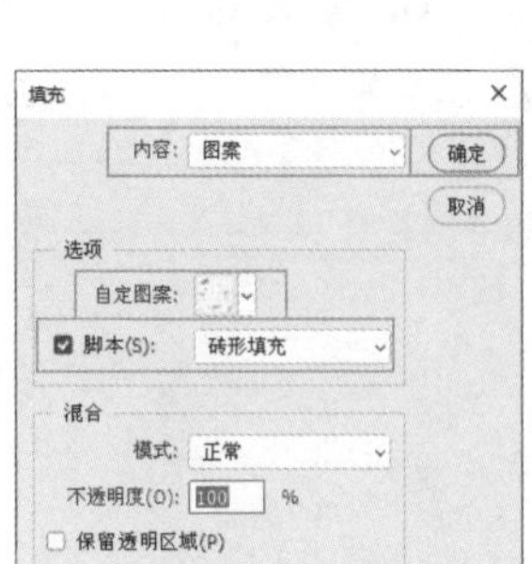

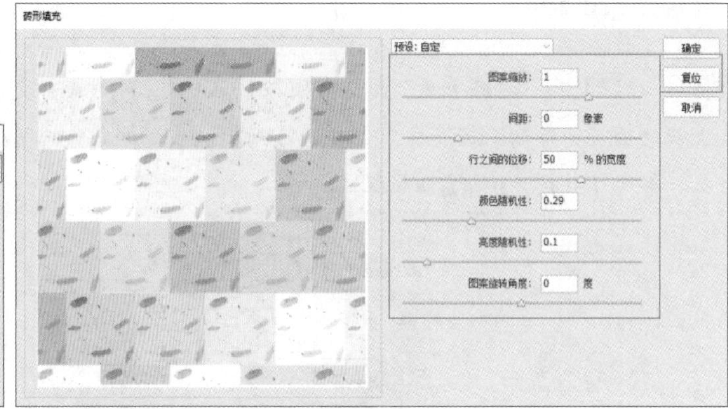

图 2-45

步骤 13 设置完毕，单击“确定”按钮，设置“不透明度”为 38%，如图 2-46 所示。

步骤 14 按 Ctrl+D 组合键去掉选区，执行菜单栏中的“图层”|“创建剪贴蒙版”命令，至此本案例制作完毕，效果如图 2-47 所示。

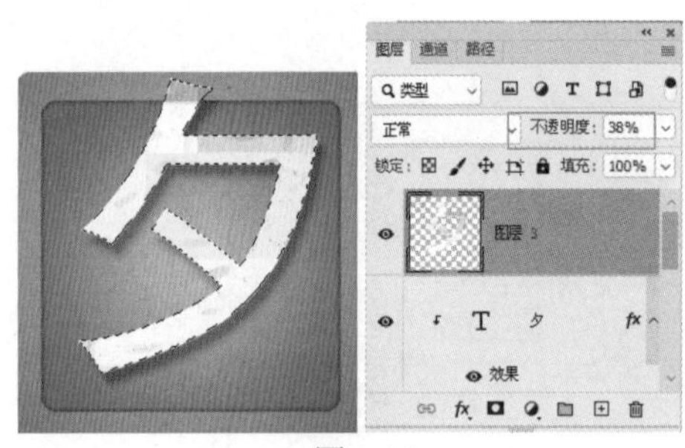

图 2-46

图 2-47

2.3 使用渐变工具制作金属旋钮控件

实例目的

- 掌握渐变工具填充选区及背景。
- 掌握椭圆、正圆、矩形的绘制并为其添加图层样式。

设计思路及流程

旋钮控件最常见的就是由金属材质和塑料材质构成，本例是制作一个金属旋钮控件。在平面软件UI 设计中，如果想展现金属质感效果，最好就是通过渐变的颜色变化来制作出金属材质效果。能够直接表现出渐变效果的方法可以是渐变工具，也可以是渐变叠加图层样式。渐变工具后期改变时不太方便，所以我们最先考虑渐变叠加图层样式，这样就可以随时进行更改。制作时为了体现金属旋钮以渐变色作为背景，绘制正圆后添加描边、渐变叠加和投影图层样式，产生金属质感后，为了看起来更加接近金属，为其应用“添加杂色”滤镜，通过混合模式使其更加具有真实感。具体流程如图 2-48 所示。

图 2-48

配色信息

本次制作的金属旋钮，以无色彩渐变来体现金属材质，在无色彩中加入一些蓝色信息，可以让金属质感更加突出。配色信息如图 2-49 所示。

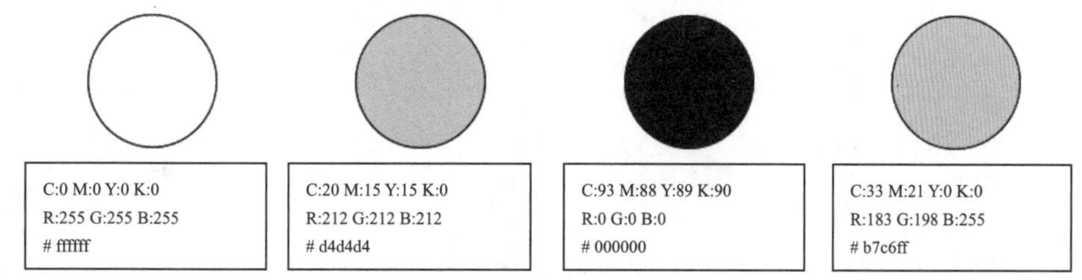

图 2-49

技术要点

- 使用渐变工具填充径向渐变色
- 使用椭圆工具绘制正圆
- 添加“投影”“渐变叠加”“描边”图层样式
- 应用“添加杂色”滤镜
- 设置混合模式
- 绘制矩形

文件路径：**源文件 \ 第 2 章 ** 使用渐变工具制作金属旋钮控件 .psd

视频路径：**视频 \ 第 2 章 ** 使用渐变工具制作金属旋钮控件 .mp4

操作步骤

步骤 01 启动 Photoshop，执行菜单栏中的“文件”|“新建”命令，新建一个“宽度”为 800 像素、“高度”为 600 像素的空白文档，使用▣（渐变工具）在文档中心位置向边缘拖曳，为其填充一个“从白色到浅灰色”的径向渐变，如图 2-50 所示。

步骤 02 使用◎（椭圆工具）在文档中绘制一个草绿色的正圆形状，如图 2-51 所示。

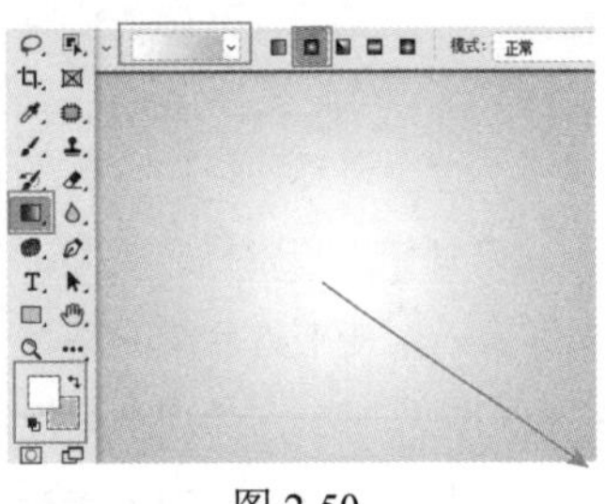

图 2-50

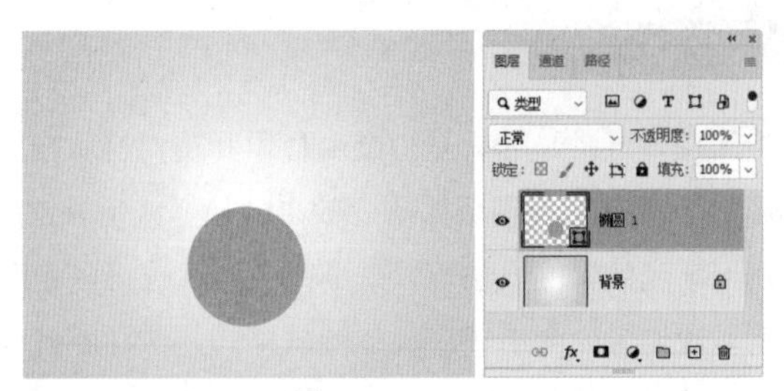

图 2-51

提示：这里绘制正圆时的颜色不重要，因为要使用“渐变叠加”图层样式，这里的颜色无论是什么颜色都会被“渐变叠加”图层样式遮盖。

步骤 03 执行菜单栏中的“图层”|“图层样式”|“混合选项”命令，打开“图层样式”对话框，在左侧的列表框中分别选中“描边”“渐变叠加”和“投影”复选框，其中的参数设置如图 2-52 所示。

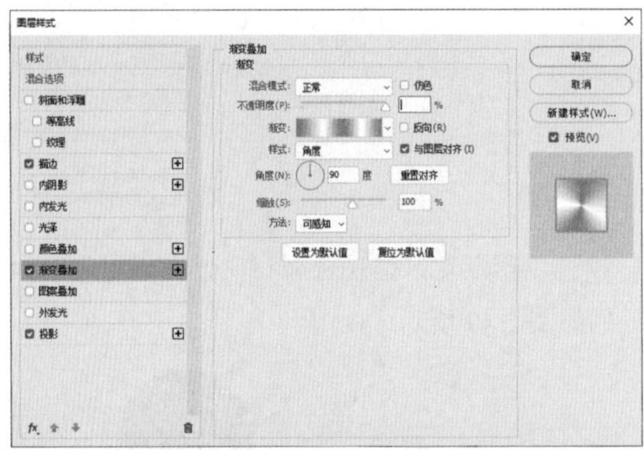

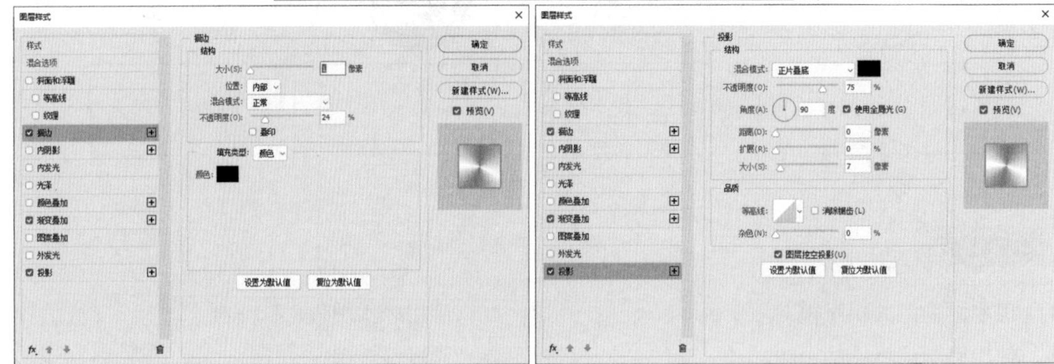

图 2-52

步骤 04 设置完毕，单击“确定”按钮，效果如图 2-53 所示。

步骤 05 复制一个“椭圆 1”图层，得到一个“椭圆 1 拷贝”图层，删除图层样式后，按 Ctrl+T 组合键调出变换框，拖曳控制点将其缩小，效果如图 2-54 所示。

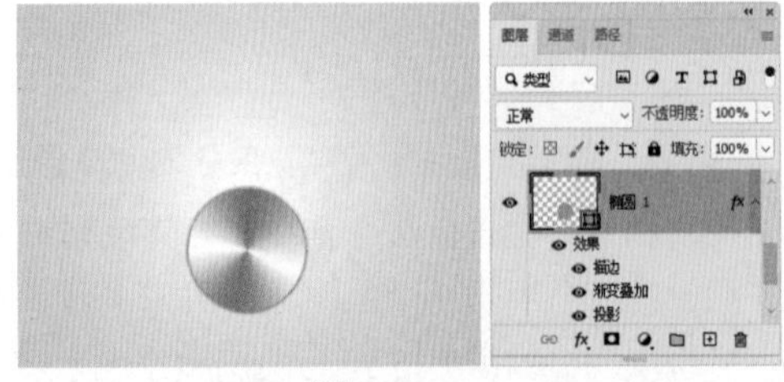

图 2-53

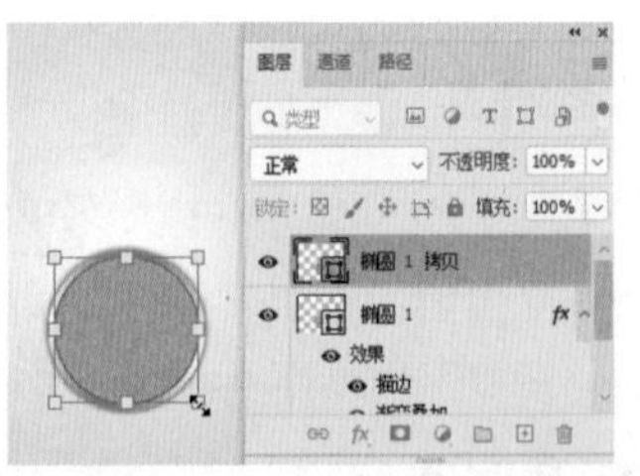

图 2-54

步骤 06 按 Enter 键完成变换，执行菜单栏中的“图层”|“图层样式”|“混合选项”命令，打开“图层样式”对话框，在左侧的列表框中分别选中“描边”和“渐变叠加”复选框，其中的参数设置如图 2-55 所示。

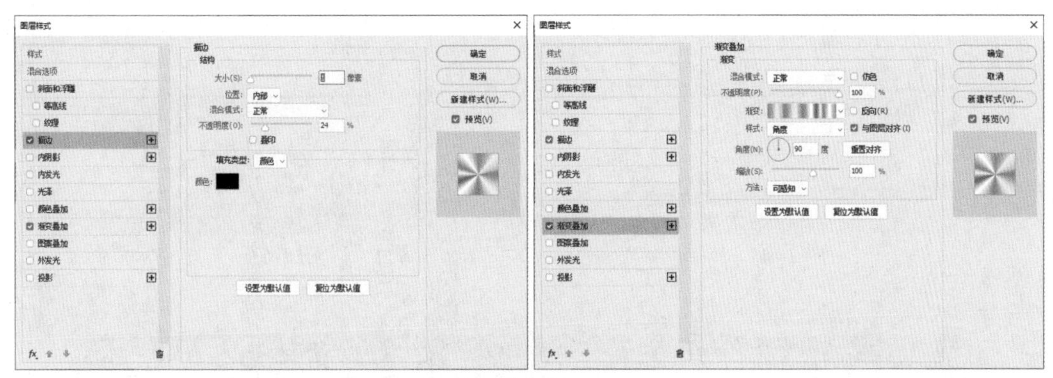

图 2-55

步骤 07 设置完毕，单击“确定”按钮，效果如图 2-56 所示。

步骤 08 为了让金属更有质感，我们要为其添加一些金属杂色，使其看起来更加完美。按住 Ctrl 键单击“椭圆 1 拷贝”图层的缩览图，调出选区后，新建一个图层，将前景色设置为墨绿色，按 Alt+Delete 组合键为其填充前景色，效果如图 2-57 所示。

步骤 09 执行菜单栏中的“滤镜”|“杂色”|“添加杂色”命令，打开“添加杂色”对话框，其中的参数设置如图 2-58 所示。

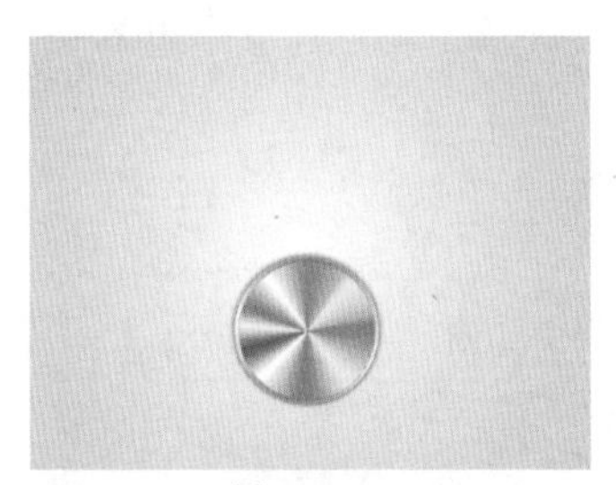

图 2-56

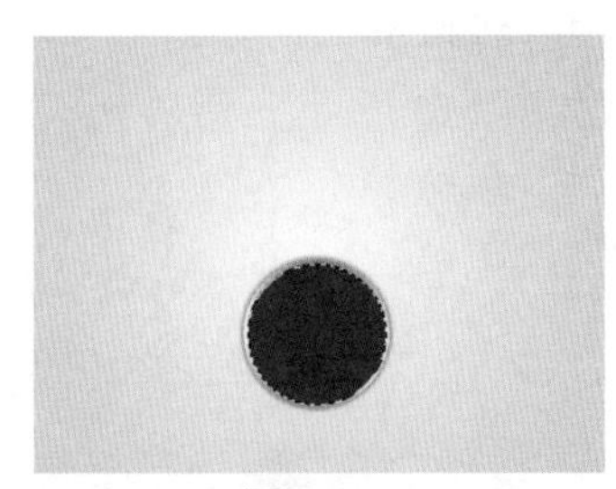

图 2-57

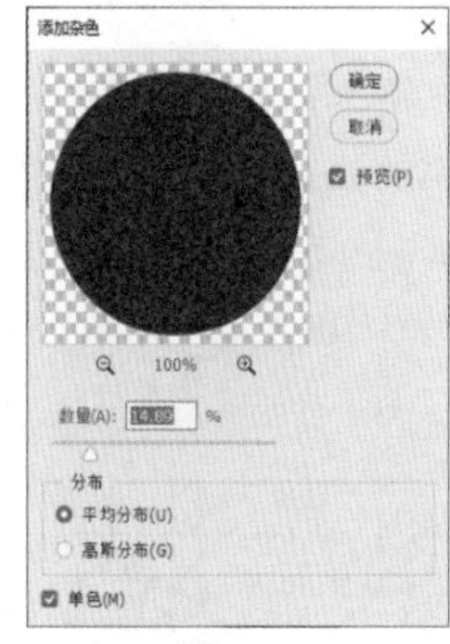

图 2-58

步骤 10 设置完毕，单击“确定”按钮，按 Ctrl+D 组合键去掉选区，设置“混合模式”为“滤色”，此时金属质感制作完毕，如图 2-59 所示。

步骤 11 使用（椭圆工具），在金属正圆上方绘制一个草绿色椭圆，如图 2-60 所示。

图 2-59

图 2-60

步骤 12 新建一个图层，使用（椭圆工具）和（矩形工具）绘制一个墨绿色矩形条和两个正圆，如图 2-61 所示。

步骤 13 使用 T（横排文字工具）在小正圆的上方输入文字，至此本案例制作完毕，效果如图 2-62 所示。

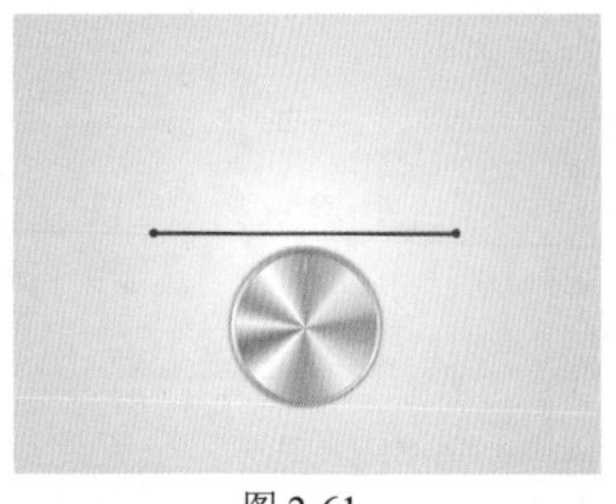

图 2-61

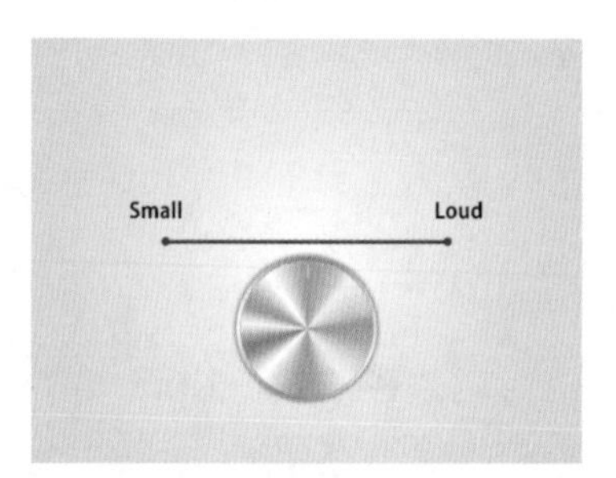

图 2-62

2.4 使用矩形工具和椭圆选区制作拖动条

实例目的

- 了解椭圆选框工具、椭圆工具的使用。
- 了解矩形工具的使用。

设计思路及流程

本案例的思路是利用打开的素材中的各个图形来配套制作拖动条效果，充分利用背景，在中间靠上的位置绘制一个椭圆选区并填充颜色作为拖动条的一部分，绘制一个正圆，通过添加图层样式将其制作出金属质感。具体流程如图 2-63 所示。

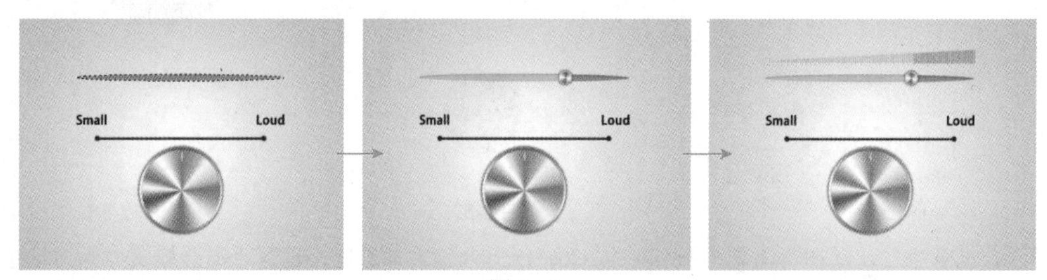

图 2-63

配色信息

本次制作的是金属旋钮上面的拖动条，在无色彩背景中加入绿色、黑色、白色和灰色，配色信息如图 2-64 所示。

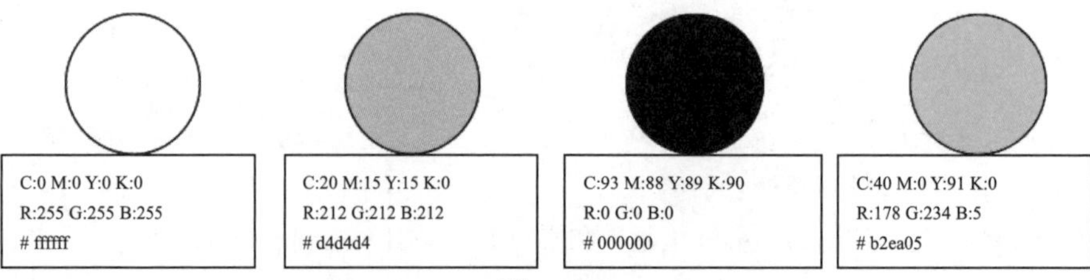

图 2-64

技术要点

- 使用椭圆选框工具绘制选区并进行颜色填充
- 复制椭圆并改变颜色
- 使用椭圆工具绘制正圆
- 添加“内阴影”“渐变叠加”“描边”“投影”图层样式
- 使用矩形工具绘制矩形条，通过变换进行连续复制

素材路径：**素材 \ 第 2 章 ** 拖动条背景 .psd
文件路径：**源文件 \ 第 2 章 ** 使用矩形工具和椭圆选区制作拖动条 .psd
视频路径：**视频 \ 第 2 章 ** 使用矩形工具和椭圆选区制作拖动条 .mp4

操作步骤

步骤 01 打开 Photoshop，执行菜单栏中的“文件”|“打开”命令，打开“拖动条背景 .psd”素材，如图 2-65 所示。

步骤 02 新建一个“图层 3”图层，使用 (椭圆选框工具）在文档中间靠上的区域绘制一个椭圆选区，将其填充为灰色，如图 2-66 所示。

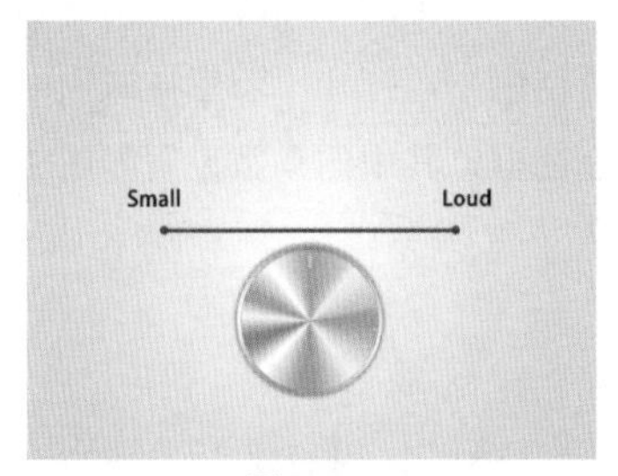

图 2-65

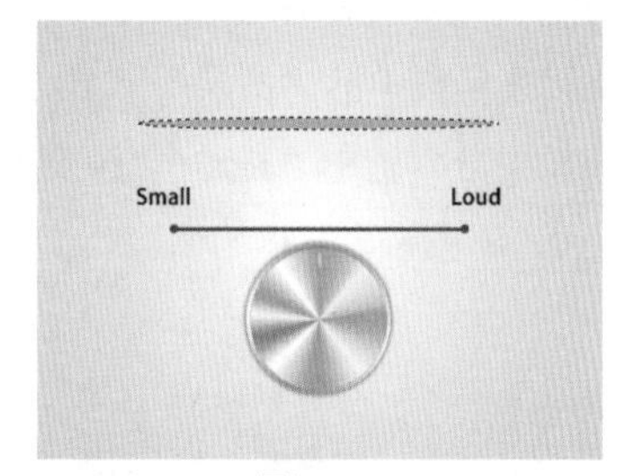

图 2-66

步骤 03 执行菜单栏中的“图层”|“图层样式”|“内阴影”命令，打开“图层样式”对话框，在右侧的面板中设置“内阴影”的参数如图 2-67 所示。

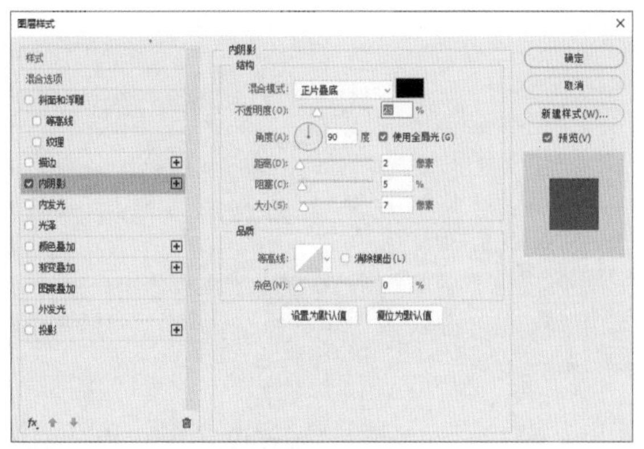

图 2-67

步骤 04 设置完毕单击“确定”按钮，效果如图 2-68 所示。

步骤 05 复制“图层 3”图层，得到一个“图层 3 拷贝”图层，将选区填充为“草绿色”，效果如图 2-69 所示。

步骤 06 按 Ctrl+D 组合键去掉选区，使用 （椭圆选框工具）在右侧绘制一个椭圆选区，按 Delete 键清除选区内容，效果如图 2-70 所示。

步骤 07 按 Ctrl+D 组合键去掉选区，使用 （椭圆工具）绘制一个灰色正圆，效果如图 2-71 所示。

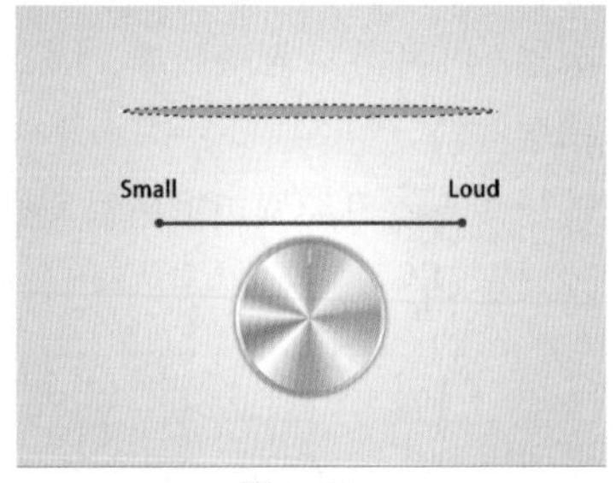

图 2-68

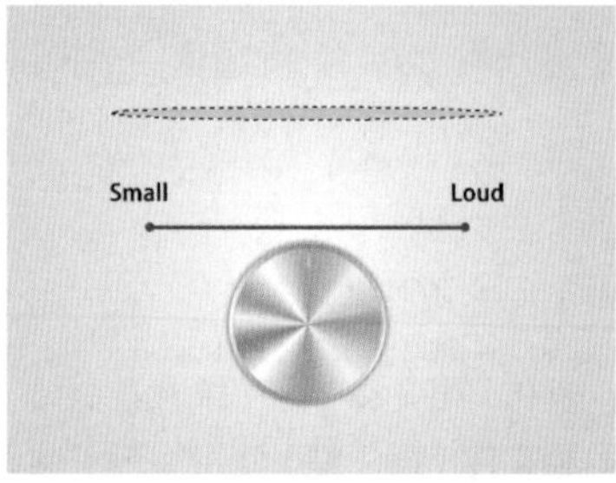

图 2-69

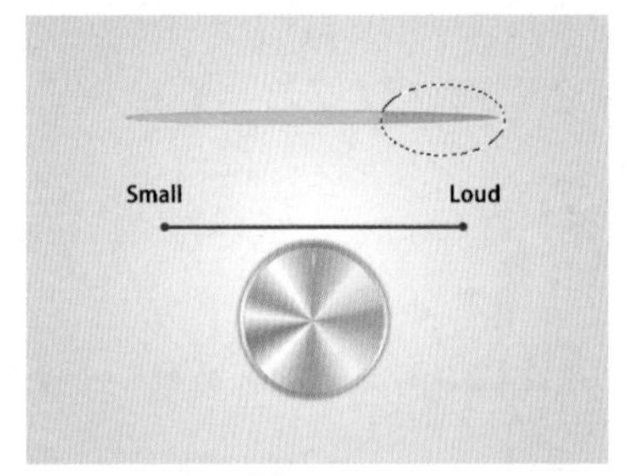

图 2-70

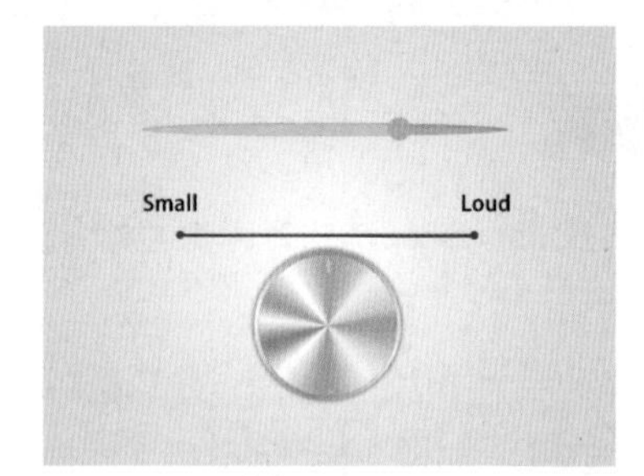

图 2-71

步骤 08 执行菜单栏中的“图层”|“图层样式”|“混合选项”命令，打开“图层样式”对话框，在左侧的列表框中分别选中“描边”“渐变叠加”和“投影”复选框，其中的参数设置如图 2-72 所示。

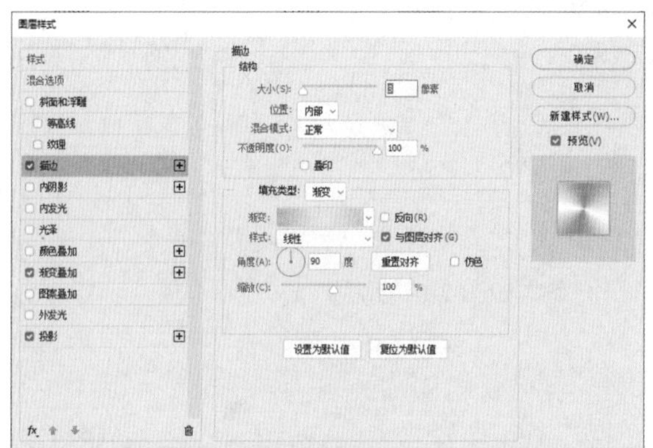

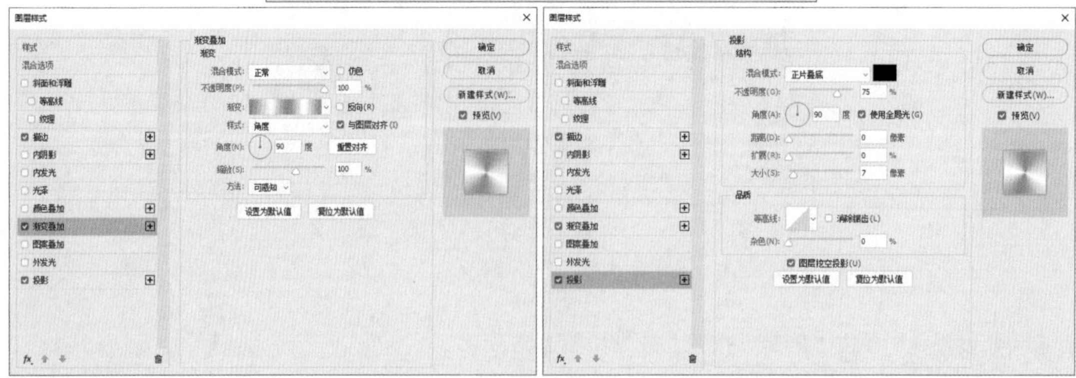

图 2-72

步骤 09 设置完毕，单击“确定”按钮，效果如图 2-73 所示。

步骤 10 新建一个“图层 6”图层，使用 （矩形工具）绘制灰色矩形，效果如图 2-74 所示。

步骤 11 复制“图层 6”图层，得到一个“图层 6 拷贝”图层，按 Ctrl+T 组合键调出变换框后，按向右箭头键 3 次，如图 2-75 所示。

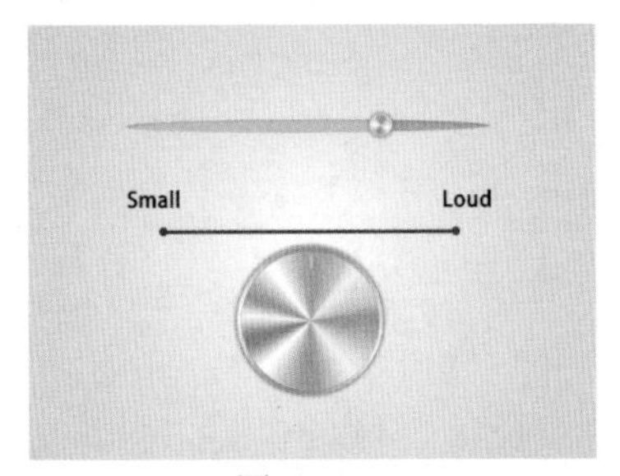

图 2-73

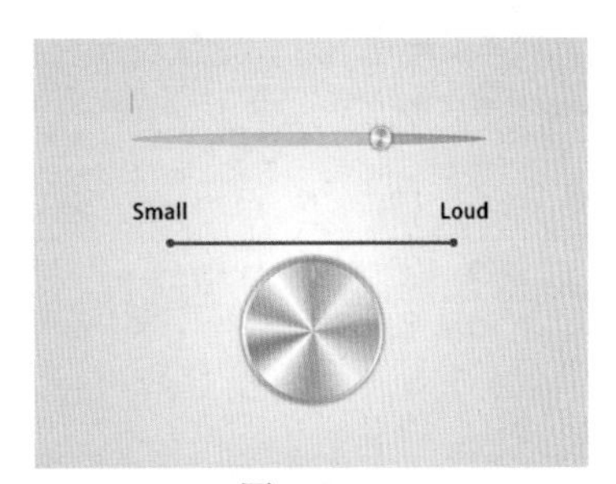

图 2-74

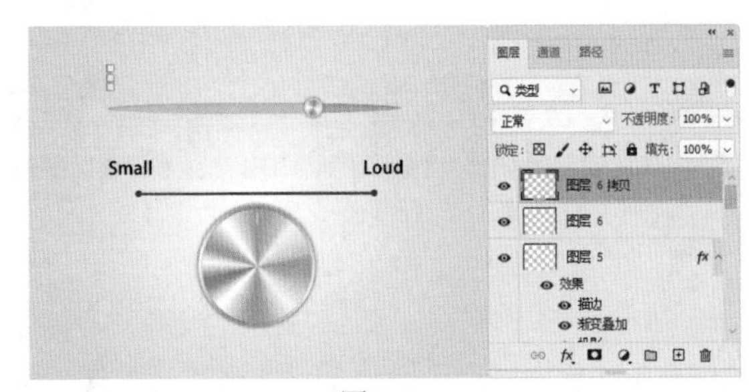

图 2-75

步骤 12 按 Enter 键完成变换，再按 Ctrl+Shift+Alt+T 组合键数次，直到复制到最右侧为止，效果如图 2-76 所示。

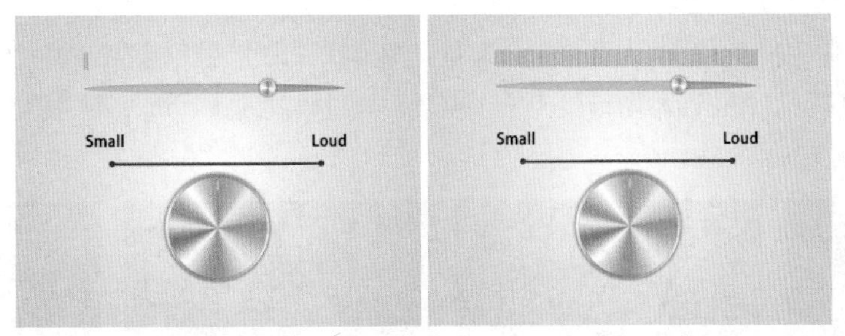

图 2-76

步骤 13 使用 (多边形套索工具) 在合并后的图像上创建一个封闭选区，按 Delete 键删除选区内容，效果如图 2-77 所示。

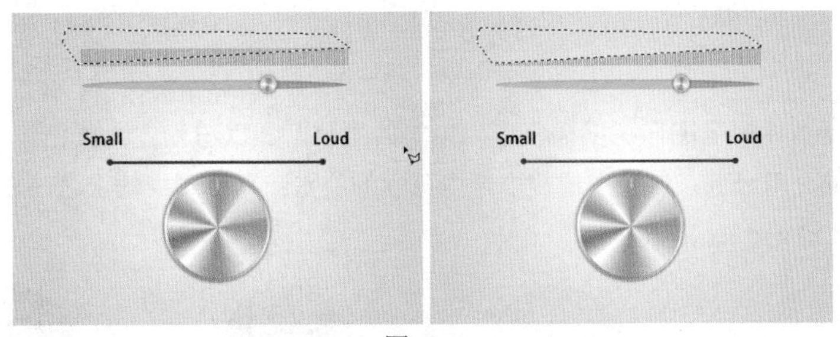

图 2-77

步骤 14 按住 Ctrl 键单击“图层 6”图层的缩览图，调出选区后，新建一个“图层 7”图层，将其填充为绿色，效果如图 2-78 所示。

步骤 15 按 Ctrl+D 组合键去掉选区，使用 （矩形选框工具）绘制一个矩形选区，按 Delete 键清除选区内容，效果如图 2-79 所示。

步骤 16 按 Ctrl+D 组合键去掉选区，使用 （横排文字工具）输入文字，至此本案例制作完毕，效果如图 2-80 所示。

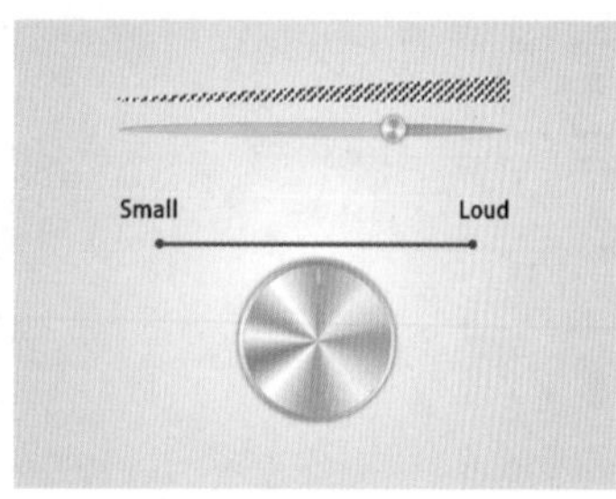

图 2-78

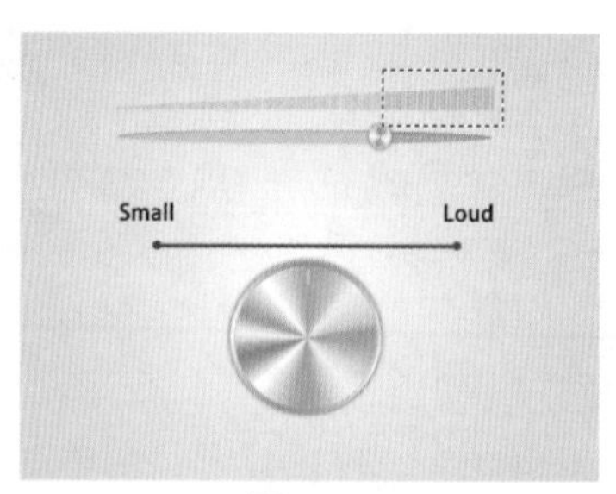

图 2-79

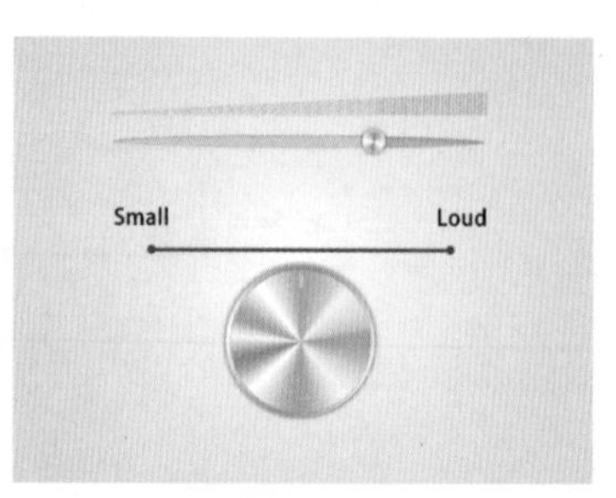

图 2-80

2.5 使用钢笔工具绘制卡通图标

实例目的

- 了解钢笔工具的使用。
- 了解直线工具的使用。
- 了解弯度钢笔工具的使用。

设计思路及流程

本案例的思路是以深灰色作为背景色，通过正圆形状作为卡通铅笔图标的背景，绘制透视铅笔图标后放置到正圆上，将正圆与图标融为一个整体，通过绘制线条、填充不同颜色完成整个卡通图标的绘制。具体流程如图 2-81 所示。

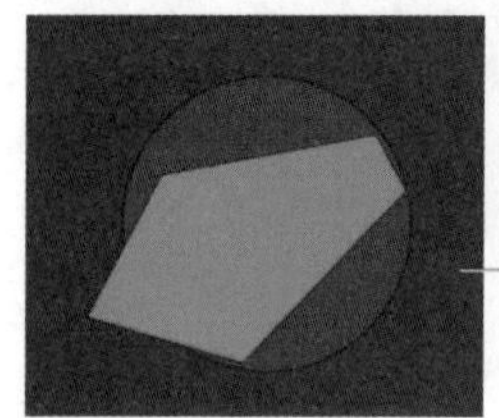
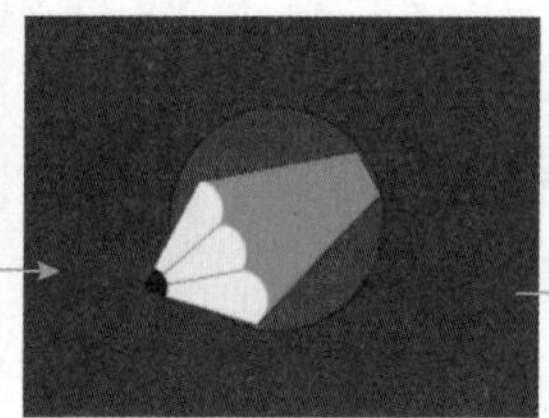
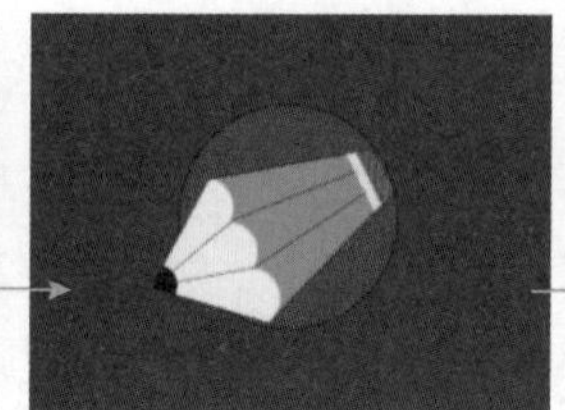

图 2-81

配色信息

本次制作的是卡通铅笔图标，以橘色作为铅笔的主色，加以粉色、乳黄色作为铅笔的辅助色，衬托铅笔的正圆部分用绿色，以此来展现卡通多色彩的特点；无色彩中的灰色、白色作为背景色和点缀色。配色信息如图 2-82 所示。

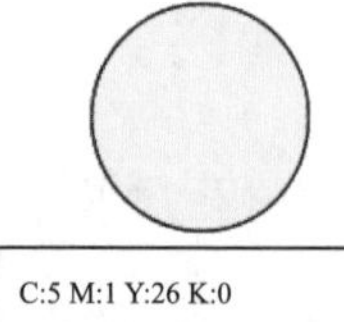

C:5 M:1 Y:26 K:0
R:250 G:249 B:207
faf9cf

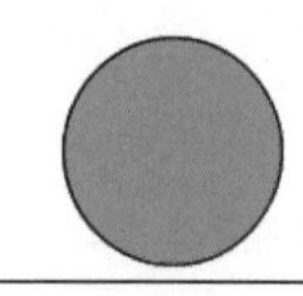

C:7 M:54 Y:91 K:0
R:240 G:144 B:0
f09014

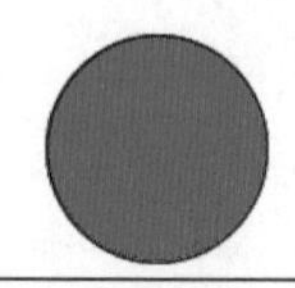

C:0 M:90 Y:50 K:0
R:255 G:44 B:89
ff2c59

C:73 M:51 Y:100 K:13
R:83 G:106 B:12
536a0c

图 2-82

技术要点

- 新建文档，填充颜色与渐变色
- 使用钢笔工具绘制图形、填充颜色
- 绘制正圆和多边形图像
- 调出选区反选后清除选区内容
- 使用直线工具绘制黑色直线
- 填充渐变色

文件路径：**源文件 \ 第 2 章** \ 使用钢笔工具绘制卡通图标 .psd
视频路径：**视频 \ 第 2 章** \ 使用钢笔工具绘制卡通图标 .mp4

操作步骤

步骤 01 启动 Photoshop，新建一个 800 像素 ×600 像素的空白文档，将其填充为深灰色，使用 （椭圆工具）在文档中心绘制一个正圆形状，设置“填充”为绿色、“描边”为黑色，设置描边宽度为 1 像素，如图 2-83 所示。

步骤 02 使用 （钢笔工具）在正圆上面绘制一个封闭形状，设置“填充”为橘色、“描边”为黑色，设置描边宽度为 1 点，如图 2-84 所示。

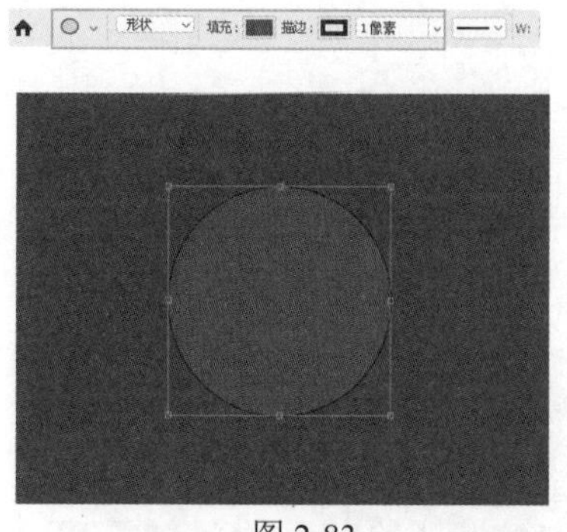

图 2-83

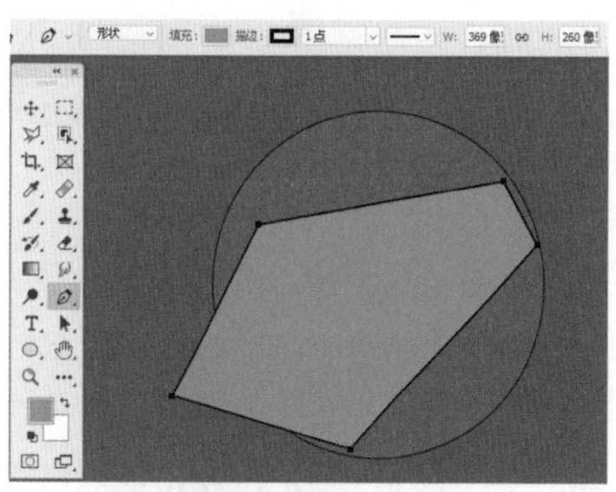

图 2-84

步骤 03 使用 （弯度钢笔工具）在封闭形状的右上角处的锚点两侧单击，为其添加 4 个锚点，使用 （弯度钢笔工具）在中间的锚点上向内拖曳，将其调整成圆弧状，如图 2-85 所示。

步骤 04 使用同样的方法将右下角调整成圆弧状，效果如图 2-86 所示。

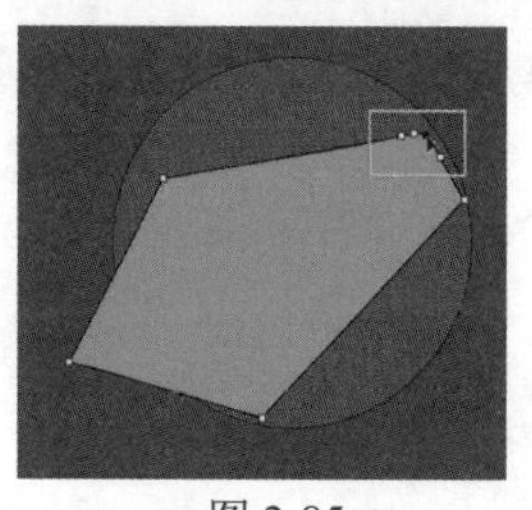
图 2-85

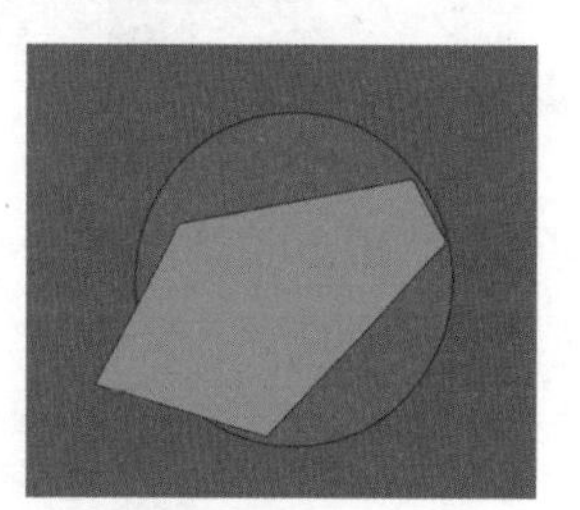
图 2-86

步骤 05 新建一个图层组，在组内新建一个“图层 1”图层，使用 （椭圆工具）绘制一个乳黄色的正圆，复制两个正圆后调整位置，效果如图 2-87 所示。

步骤 06 新建一个“图层 2”图层，使用 （多边形套索工具）创建一个封闭选区，将其填充为乳黄色，效果如图 2-88 所示。

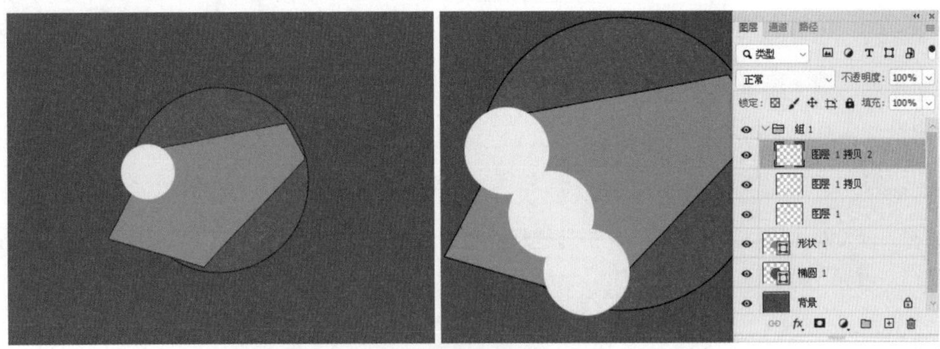

图 2-87

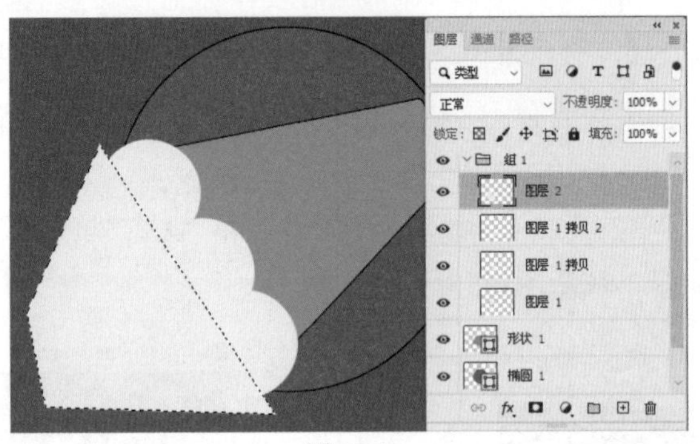

图 2-88

步骤 07 按住 Ctrl 键单击“形状 1”图层的缩览图，调出选区后，按 Ctrl+Shift+I 组合键，将选区反选，按 Delete 键清除选区内部，效果如图 2-89 所示。

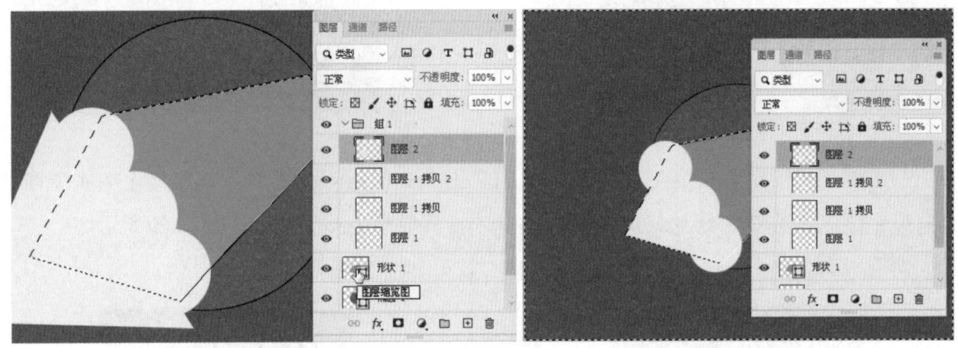

图 2-89

步骤 08 分别选择“图层 1”图层、“图层 1 拷贝 2”图层，按 Delete 键清除选区内部，效果如图 2-90 所示。

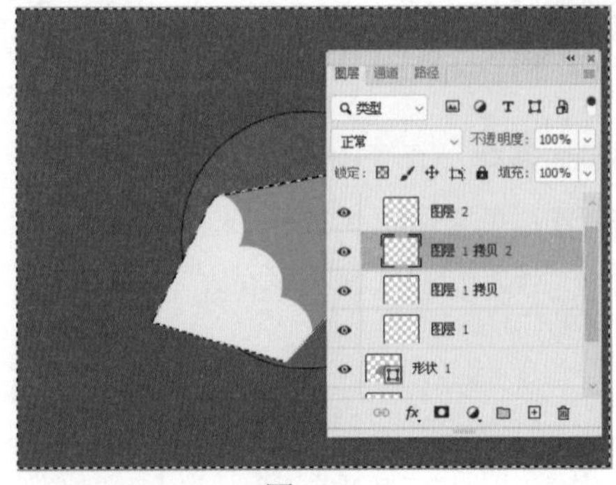

图 2-90

步骤 09 按 Ctrl+D 组合键去掉选区，新建一个“图层 3”图层，使用 （椭圆工具）绘制一个黑色正圆，按住 Ctrl 键单击“形状 1”图层的缩览图，调出选区后，按 Ctrl+Shift+I 组合键，将选区反选，按 Delete 键清除选区内部，按 Ctrl+D 组合键去掉选区，效果如图 2-91 所示。

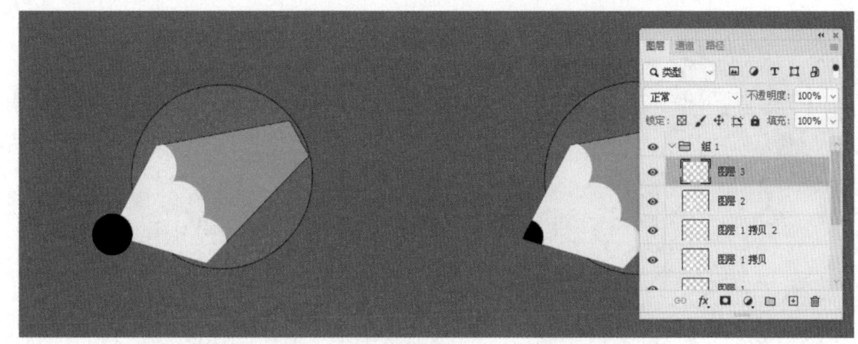

图 2-91

步骤 10 新建一个“图层 4”图层，使用 （直线工具）绘制两条宽度为 1 像素的黑色线条，效果如图 2-92 所示。

步骤 11 新建组 2，在组内并新建一个“图层 5”图层，使用 （直线工具）绘制两条宽度为 1 像素的黑色线条，效果如图 2-93 所示。

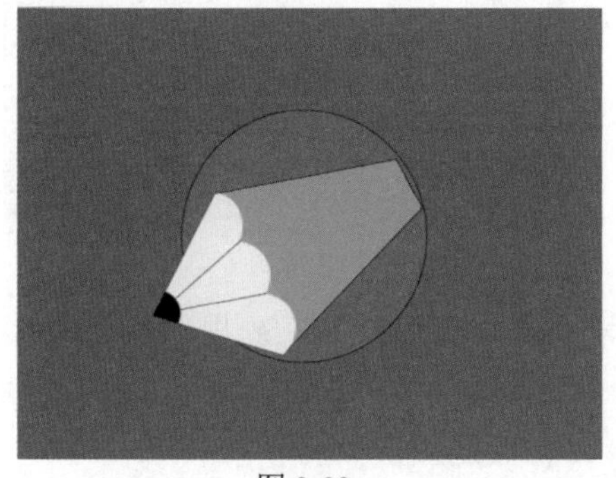
图 2-92

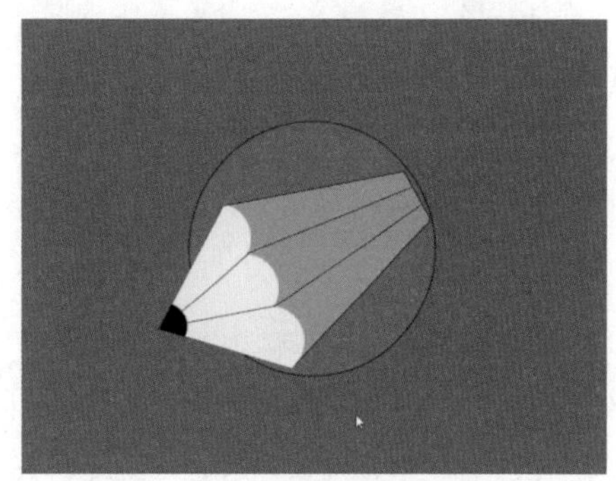
图 2-93

步骤 12 使用 （多边形套索工具）创建一个封闭选区，将其填充为白色，按住 Ctrl 键单击“形状 1”图层的缩览图，调出选区后，按 Ctrl+Shift+I 组合键，将选区反选，按 Delete 键清除选区内部，效果如图 2-94 所示。

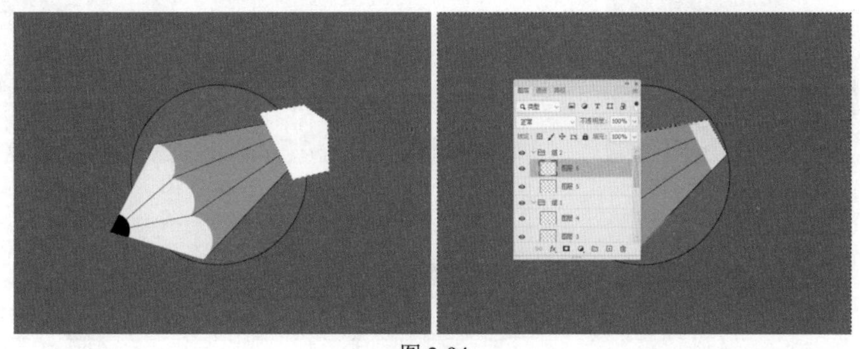
图 2-94

步骤 13 按 Ctrl+D 组合键去掉选区，使用同样的方法制作一个粉色的图像，如图 2-95 所示。

步骤 14 选择 （魔棒工具），在属性栏中设置“容差”为 65，选中“对所有图层取样”复选框和“连续”复选框，在铅笔上单击调出选区，如图 2-96 所示。

步骤 15 新建一个图层，使用▣（渐变工具）为选区填充从黑色到透明的线性渐变，效果如图 2-97 所示。

步骤 16 按 Ctrl+D 组合键去掉选区，使用同样的方法为下面的区域创建选区后填充渐变色，效果如图 2-98 所示。

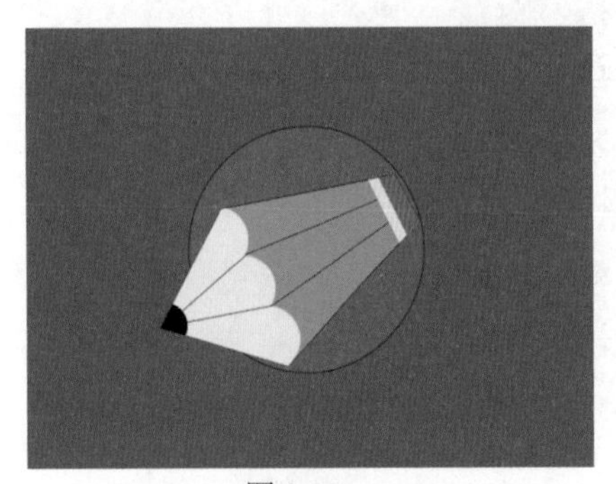

图 2-95

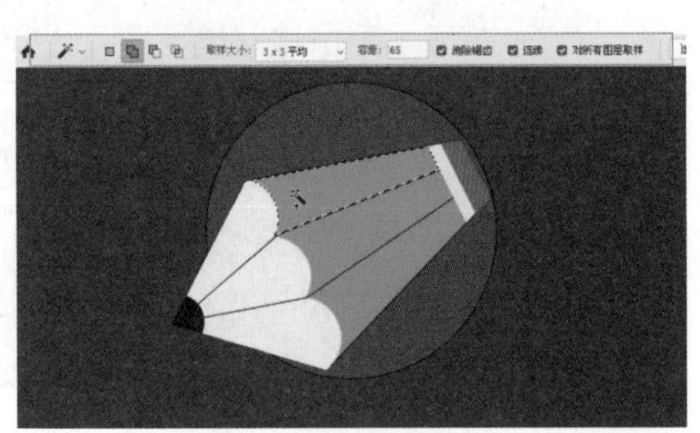

图 2-96

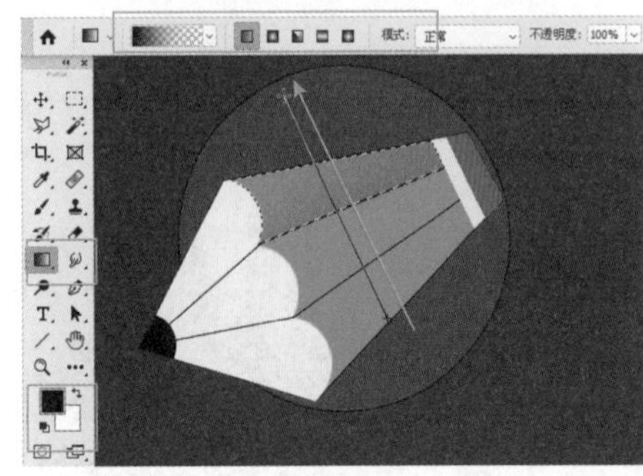

图 2-97

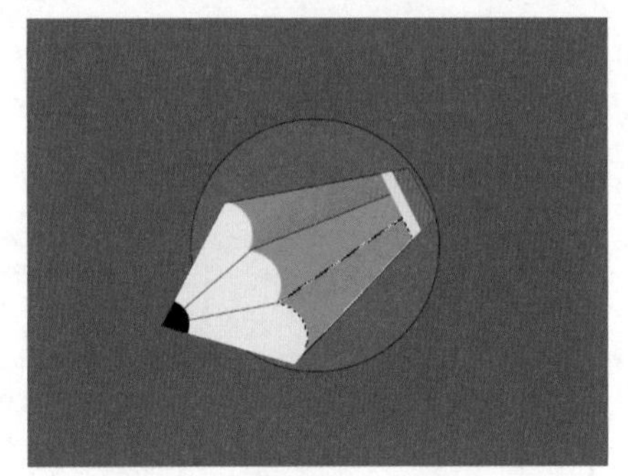

图 2-98

步骤 17 按 Ctrl+D 组合键去掉选区，在“椭圆 1”图层的上方新建一个图层，使用▣（多边形套索工具）创建一个选区，使用▣（渐变工具）为选区填充从黑色到透明的线性渐变，效果如图 2-99 所示。

步骤 18 按 Ctrl+D 组合键去掉选区，至此本案例制作完毕，效果如图 2-100 所示。

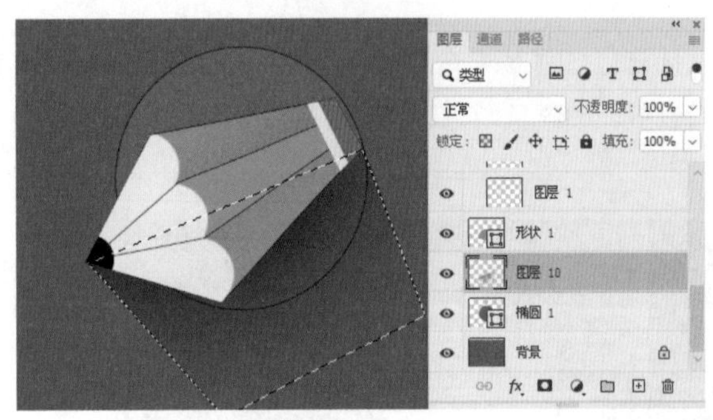

图 2-99

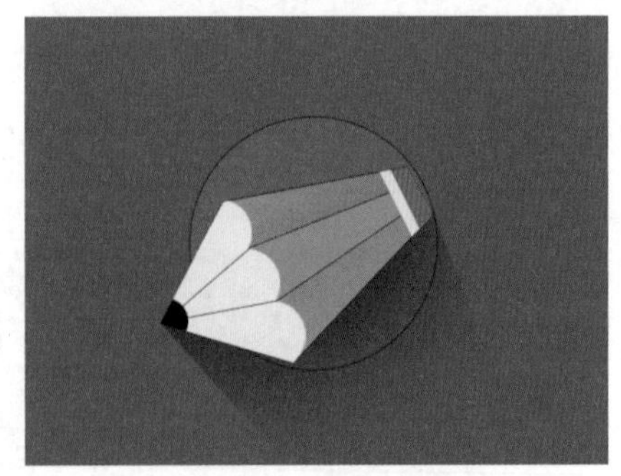

图 2-100

2.6 使用油漆桶工具制作票据界面

实例目的

- 了解油漆桶工具的使用。

- 了解使用矩形工具绘制圆角的方法。

设计思路及流程

本案例设计思路是按照矩形区块将界面进行划分，使用油漆桶工具填充图案、设置混合模式，使图像与背景融合得更加贴切；将矩形调整成圆角，使按钮看起来不是太死板；之后，根据界面布局文字，使整个界面的各个功能得以展现。具体流程如图 2-101 所示。

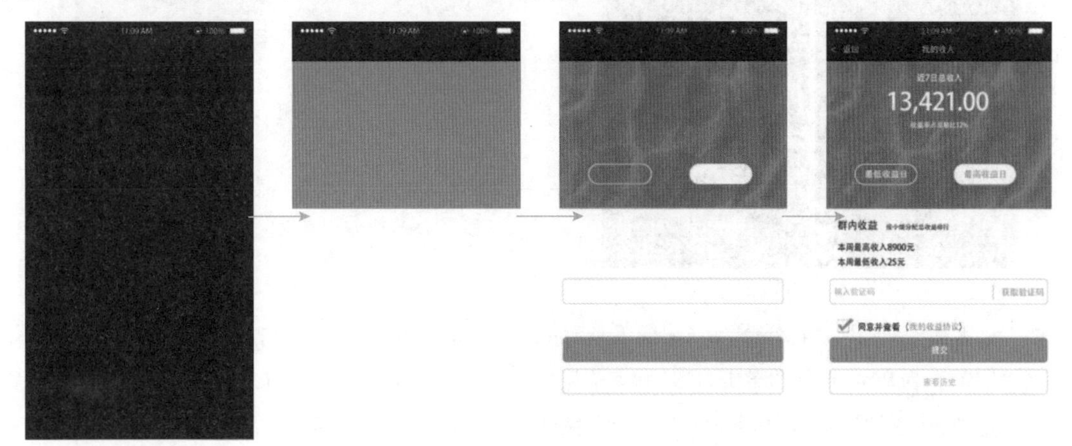

图 2-101

配色信息

本次制作的票据界面，以黑白色的区域块作为背景，用橘红色作为辅助色和点缀色，从配色中可以非常清晰地看到无色彩可以与任何一种有色彩进行配色。配色信息如图 2-102 所示。

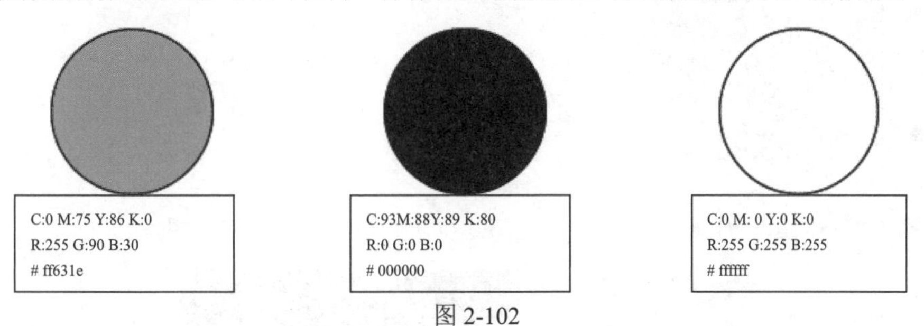

图 2-102

技术要点

- 新建文档，填充颜色，移入素材
- 设置“混合模式”与“不透明度”
- 绘制矩形与圆角矩形
- 绘制自定义形状图形并输入文字
- 使用油漆桶工具填充局部区域

素材路径：**素材 \ 第 2 章 ** 状态图标 .png
文件路径：**源文件 \ 第 2 章 ** 使用油漆桶工具制作票据界面 .psd
视频路径：**视频 \ 第 2 章 ** 使用油漆桶工具制作票据界面 .mp4

操作步骤

步骤 01 启动 Photoshop，新建一个 640 像素 ×1136 像素的空白文档，将其填充为黑色，打开附带的“状态图标 .png”素材，使用 (移动工具）将图标文档中的图像拖曳到新建文档中，将其调整到顶部，如图 2-103 所示。

步骤 02 新建图层，使用 (矩形工具）绘制不同颜色、不同大小的矩形，如图 2-104 所示。

图 2-103　　　　图 2-104

步骤 03 新建一个图层，选择 (油漆桶工具)，设置填充为“图案”，在下拉列表中选择“水 - 沙”，设置“容差”为 20，选中“连续的”“所有图层”复选框，在新建图层中单击为其填充图案，图案会被填充到新建图层中，范围是卜一图层中图像的区域。效果如图 2-105 所示。

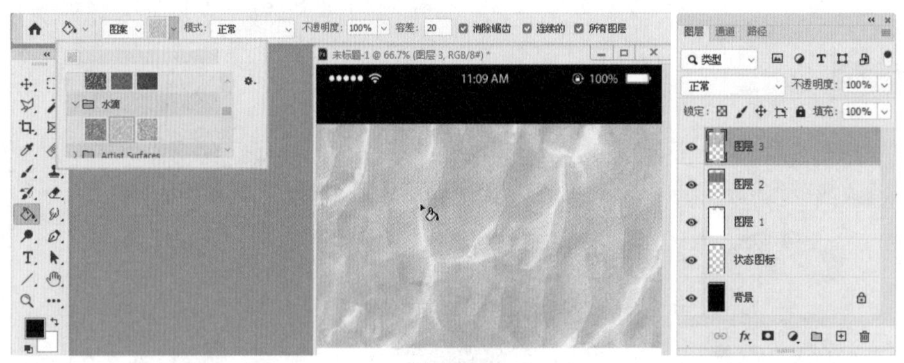

图 2-105

步骤04 设置“混合模式”为“正片叠底”、“不透明度”为50%，效果如图2-106所示。

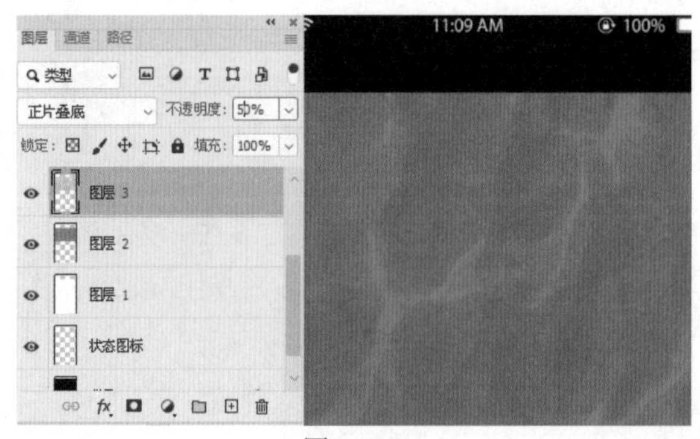

图 2-106

步骤 05 选择 (矩形工具)，设置“工具模式”为“形状”，设置“填充”为“无”、“描边颜色”为白色，“描边宽度”为 2 像素、“圆角值”为 15 像素，在文档中绘制圆角矩形，效果如图 2-107 所示。

步骤 06 复制“矩形 1”图层，得到一个“矩形 1 拷贝”图层，在属性栏中设置“填充”为白色，效果如图 2-108 所示。

步骤 07 执行菜单栏中的“图层”|“图层样式”|“投影”命令，打开“图层样式”对话框，在右侧的面板中设置“投影”的参数如图 2-109 所示。

步骤 08 设置完毕单击“确定”按钮，效果如图 2-110 所示。

步骤 09 使用同样的方法绘制另外的几个圆角矩形，效果如图 2-111 所示。

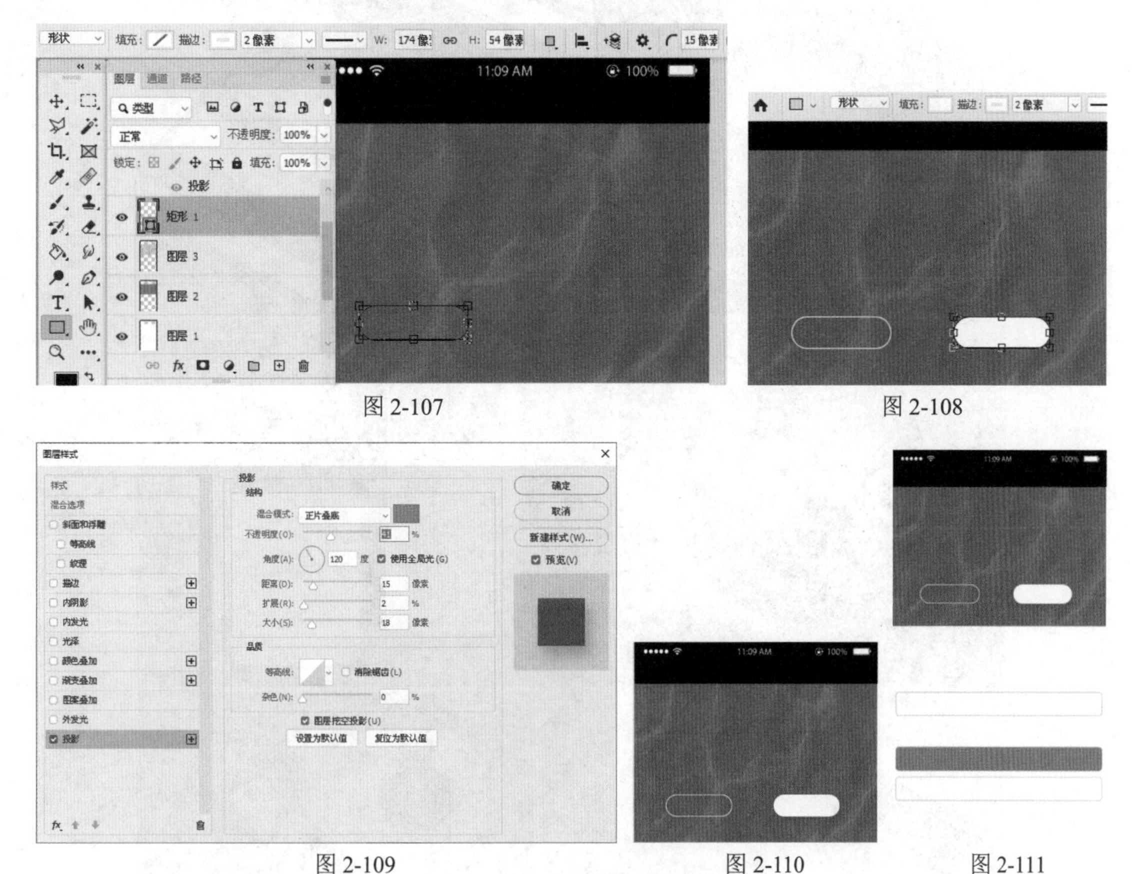

图 2-107　　图 2-108

图 2-109　　图 2-110　　图 2-111

步骤 10 将前景色设置为橘色，选择（自定形状工具），在“形状”选择器中选择“选择复选框”，在文档中绘制自定义形状，效果如图 2-112 所示。

步骤 11 使用 T（横排文字工具）输入对应的文字，效果如图 2-113 所示。

步骤 12 使用（直线工具）在文字“获取验证码”的前面绘制一条灰色的竖线，至此本案例制作完毕，效果如图 2-114 所示。

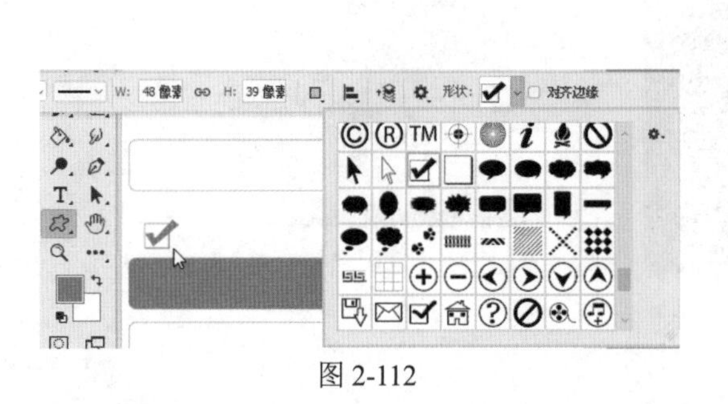

图 2-112

图 2-113

图 2-114

2.7 优秀作品欣赏

BUSTER KEATON
FRIENDS
FAMILY
BUSTER KEATON
Let's head over to the Rainbow...
JOHN WAYNE
Who is James and where are you...
MARLENE DIETRICH
Going out with James tonight...
easy
Payment
VISA
Public service
Electricity
Water
Gas
Heating
Home
History
Parking

第3章 画笔与形状在UI中的应用

本章重点：

- 了解画笔与形状
- 设置画笔制作邮票图标
- 通过自定义形状制作微信图标
- 使用多边形工具制作简易图标
- 优秀作品欣赏

3

本章主要从UI元素设计使用中的画笔与形状进行讲解。画笔工具在使用时千变万化，只有将画笔以及画笔设置面板了解清楚，才能将画笔运用得如鱼得水；使用不同的形状可以制作出非常个性化的UI作品，自定义形状与多边形工具能够满足不同形状的UI制作。

3.1 了解画笔与形状

本章对UI的设计制作使用的是Photoshop软件，制作的案例与画笔和形状有关，下面对Photoshop软件中的画笔和形状进行简单的讲解。

3.1.1 画笔的应用

在Photoshop软件中，使用（画笔工具）可以将预设的笔尖图案直接绘制到当前的图像中，也可以将其绘制到新建的图层内。（画笔工具）一般用在绘制预设画笔笔尖图案或绘制不太精确的线条。

画笔工具的使用方法与现实中的画笔较相似，只要选择相应的画笔笔触后，在文档中按下鼠标进行拖动，指针经过的位置便是绘制区域，被绘制的笔触颜色以前景色为准，如图3-1所示。

图3-1

技巧：使用（画笔工具）绘制线条时，按住Shift键可以以水平、垂直的方式绘制直线。

选择（画笔工具）后，属性栏会变成该工具对应的选项设置，如图3-2所示。

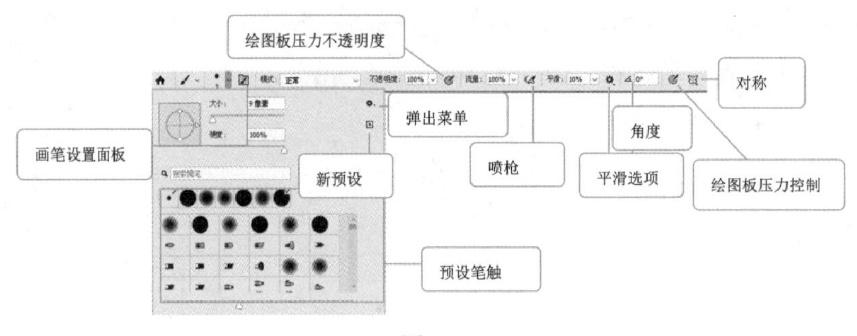

图3-2

其中各项的含义如下。

- 大小：用来设置画笔的大小。
- 硬度：用来设置画笔的柔和度。数值越小，画笔边缘越柔和。取值范围为1%～100%。
- 弹出菜单：单击可以打开下拉菜单，从中可以对画笔拾色器进行更好的管理，比如替换画笔预设等。
- 新预设：可以将当前调整的画笔添加到画笔预设中进行储存。
- 模式：用来设置绘制画笔与背景图像的混合模式。此处的混合模式与图层中的混合模式原理是一致的。
- 不透明度：用来设置绘制画笔的透明程度。

- 绘图板压力不透明度：此功能需要连接数位板后才能真正使用，是指通过在绘图板上的画笔压力来自动调节不透明度。
- 流量：用来设置画笔绘制时的流动速率。数值越大，越浓；数值越小，越淡。

> **技巧**：在使用（画笔工具）绘制或编辑图像时，设置不同的不透明度或流量时产生的效果也是不同的。图 3-3 所示为不透明度与流量的对比。

- 喷枪：单击喷枪按钮后，使用画笔工具在绘制图案时将具有喷枪功能。
- 平滑：控制画笔绘制时的平滑程度。
- 平滑选项：设置平滑的不同类型，包括拉绳模式、描边补齐、补齐描边末端、调整缩放。
- 角度：控制绘制画笔时的绘制角度。
- 对称：设置绘制画笔时的对称方式。
- 绘图板压力控制：连接数位板后画笔与绘图板直接自动按照使用力度的大小产生压力。
- 画笔设置面板：单击该按钮后，系统会自动打开如图 3-4 所示的“画笔设置”面板，从中可以对选取的笔触进行更精确的设置。

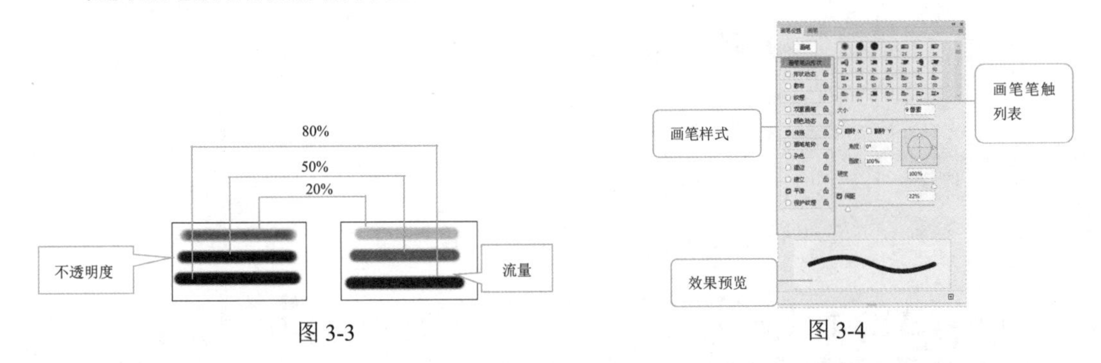

图 3-3　图 3-4

> **技巧**：如果想载入自己下载的新画笔，只要在“画笔拾色器”中单击（弹出菜单）按钮，在下拉列表中选择“导入画笔”命令，之后找到新画笔路径就可以将其载入了。

> **技巧**：要想把自己喜欢的图案定义成画笔，需要执行菜单栏中的“编辑”|“定义画笔预设”命令，可以打开“画笔名称”对话框，设置“名称”后，单击“确定”按钮，就可以将此图案定义成画笔笔触了。

提示：如果只想将打开图像中的某个部位定义为画笔，那么只要在该部位周围创建选区即可。

3.1.2　画笔设置面板

在使用（画笔工具）进行绘画时，有时在绘制时会对其进行设置，这样可以更加完美地绘制画笔笔触，相应的设置可以在“画笔设置”面板中完成。

1. 画笔笔尖形状

选择“画笔笔尖形状”列表中的选项后，面板中会出现画笔笔尖形状对应的参数值（见图 3-4）。其中各项的含义如下。

- 画笔样式：用来显示对画笔的调整选项。
- 效果预览：用来对设置的笔触进行预览。
- 大小：用来设置画笔笔尖主直径。
- 翻转 X、Y 轴：将画笔笔尖沿 X、Y 轴的方向进行翻转，如图 3-5 所示。

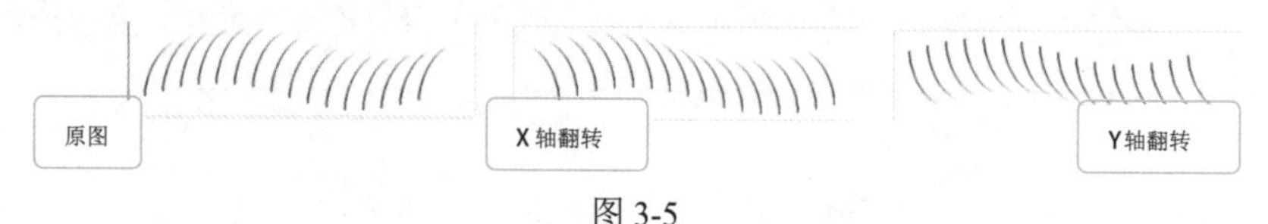

图 3-5

- 角度：用来设置画笔笔尖沿水平方向的角度。
- 圆度：用来设置画笔笔尖的长短轴的比例。当圆度值为 100% 时，画笔笔尖为圆形；当圆度值为 0 时，画笔笔尖为线性；介于两者之间时，画笔笔尖为椭圆形。
- 硬度：用来设置画笔笔尖硬度中心的大小。数值越大，画笔笔尖边缘越清晰。取值范围为 0～100%。
- 间距：用来设置画笔笔尖之间的距离。数值越大，画笔笔尖之间的距离就越大。取值范围为 1%～1000%，如图 3-6 所示。

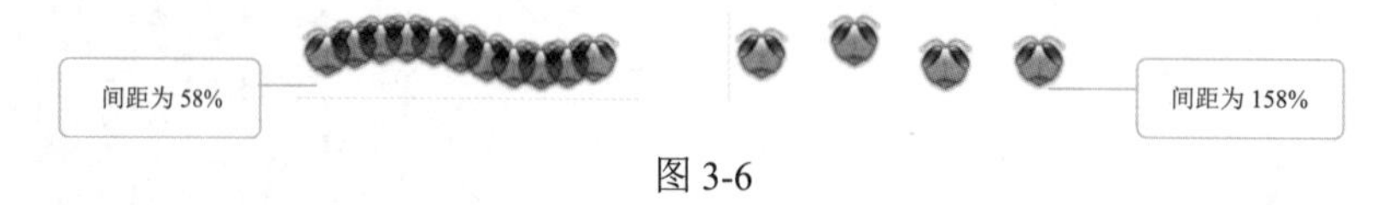

图 3-6

2. 形状动态

选择该选项后，面板中会出现形状动态对应的参数值，如图 3-7 所示。

图 3-7

其中的各项含义如下。

- 大小抖动：用来设置画笔笔尖大小之间变化的随机性。数值越大，变化越明显。
- 大小抖动控制：在下拉菜单中可以选择改变画笔笔尖大小的变化方式。
  - 关：不控制画笔笔尖的大小变化。
  - 渐隐：可指定数量的步长在初始直径和最小直径之间渐隐画笔笔迹的大小。每个步长等于画笔笔尖的一个笔尖。取值范围为 1～9999。图 3-8 所示分别为渐隐步长为 5 和渐隐步长为 8 时的效果。

图 3-8

  - 钢笔压力、钢笔斜度和光轮笔：基于钢笔压力、钢笔斜度、钢笔拇指轮位置来改变初始直径和最小直径之间画笔笔尖的大小。这几项只有安装了数位板或感压笔时才可以产生效果。
- 最小直径：指定当启用“大小抖动”或“控制”时画笔笔尖可以缩放的最小百分比。可通过输入数值或使用拖动滑块来改变百分比。数值越大，变化越小。
- 倾斜缩放比例：在“大小抖动”中的“控制”下拉菜单中选择“钢笔斜度”选项后，此项才可以使用。可通过输入数值或使用拖动滑块来改变百分比。

- 角度抖动：设置画笔笔尖随机角度的改变方式，如图 3-9 所示。

图 3-9

- 角度抖动控制：在下拉菜单中可以选择设置角度的动态控制。
  - 关：不控制画笔笔尖的角度变化。
  - 渐隐：可按指定数量的步长在 0°～360° 渐隐画笔笔尖角度。图 3-10 所示为从左到右分别为渐隐步长为 1、3、6 时的效果。

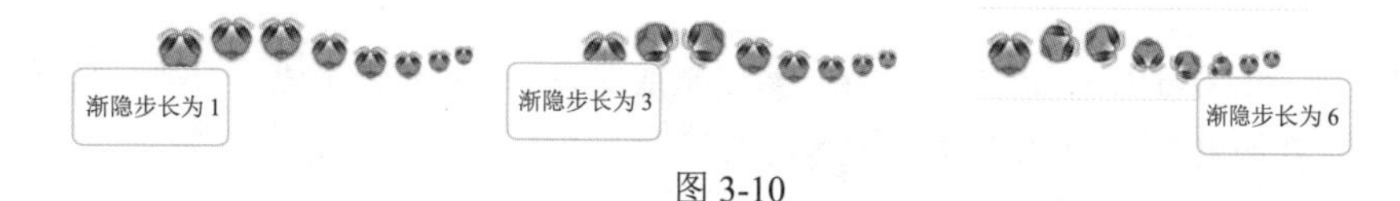

图 3-10

  - 钢笔压力、钢笔斜度、光轮笔和旋转：基于钢笔压力、钢笔斜度、钢笔拇指轮位置或钢笔的旋转在 0°～360° 改变画笔笔尖角度。这几项只有安装了数位板或感压笔时才可以产生效果。
  - 初始方向：使画笔笔尖的角度基于画笔描边的初始方向。
  - 方向：使画笔笔尖的角度基于画笔描边的方向。
- 圆度抖动：用来设定画笔笔尖的圆度在描边中的改变方式，如图 3-11 所示。

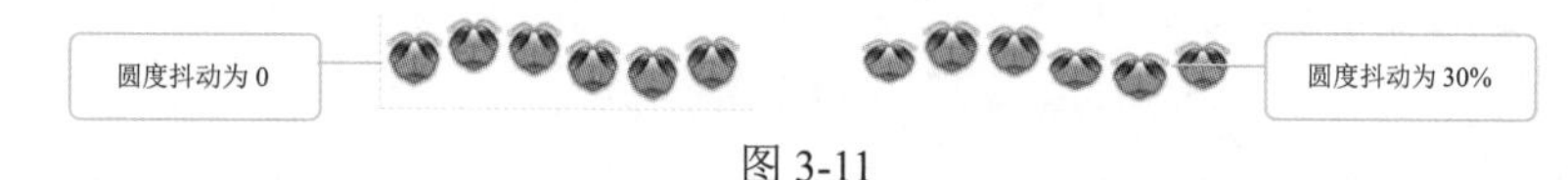

图 3-11

- 圆度抖动控制：在下拉菜单中可以选择设置画笔笔尖圆度的变化。
  - 关：不控制画笔笔尖的圆度变化。
  - 渐隐：可按指定数量的步长在 100% 和“最小圆度”值之间渐隐画笔笔尖的圆度。图 3-12 所示分别为渐隐步长为 1 和渐隐步长为 10 的效果。

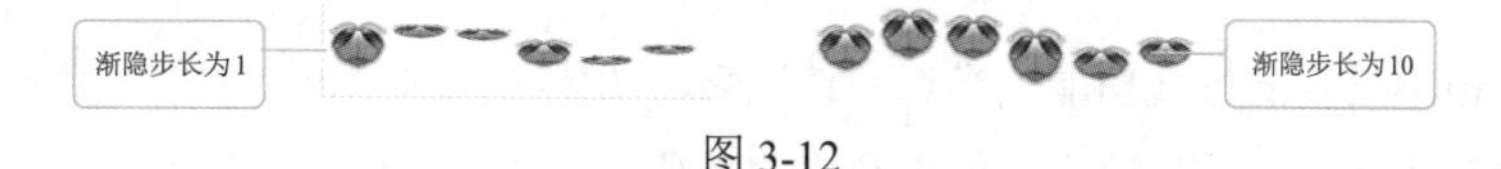

图 3-12

  - 钢笔压力、钢笔斜度、光轮笔和旋转：基于钢笔压力、钢笔斜度、钢笔拇指轮位置或钢笔的旋转在 100% 和“最小圆度”值之间改变画笔笔尖圆度。这几项只有安装了数位板或感压笔时才可以产生效果。
- 最小圆度：用来设置“圆度抖动”或“圆度控制”启用时画笔笔尖的最小圆度。

“画笔”面板中的其他可设置选项，只要在“画笔样式”选项中选择相应的选项，就可以在右面的参数设置区对其进行调整。如图 3-13～图 3-17 所示的图像分别为散布、纹理、双重画笔、颜色动态和传递的部分演示效果。

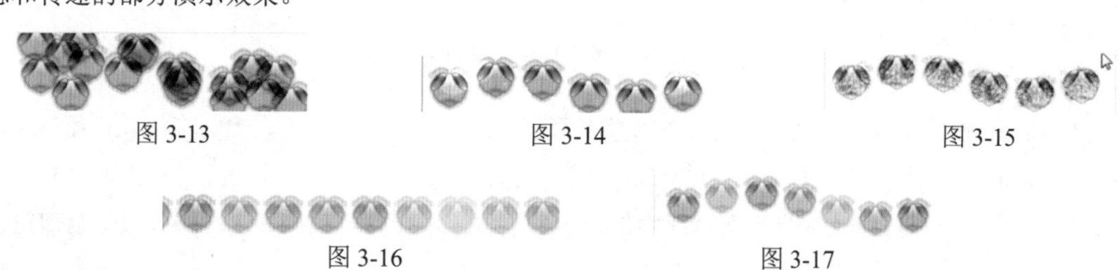

图 3-13　图 3-14　图 3-15

图 3-16　图 3-17

3. 杂色

使用“杂色”选项可以为画笔笔尖添加随机性的杂色效果。

4. 湿边

使用“湿边”选项可以沿画笔描边的边缘增大油彩量，从而创建水彩效果。

5. 建立

使用“建立”选项可以对图像应用进行渐变色调，以模拟传统的喷枪手法。

6. 平滑

使用“平滑”选项可以在画笔描边中产生较平滑的曲线。当使用光笔进行快速绘画时，此选项最有效。但是，在描边渲染中可能会导致轻微的滞后。

7. 保护纹理

使用“保护纹理”选项可以对所有具有纹理的画笔预设应用相同的图案和比例。选择此选项后，在使用多个纹理画笔笔尖绘画时，可以模拟出一致的画布纹理。

8. 实时笔尖画笔预览

使用绘画工具时，会显示预览笔触效果。

3.1.3 铅笔工具

（铅笔工具）的使用方法与（画笔工具）大致相同。该工具能够真实地模拟使用铅笔绘制的曲线，使用铅笔绘制的图像边缘较硬且有棱角。

选择（铅笔工具）后，属性栏会变成该工具对应的选项设置，如图 3-18 所示。

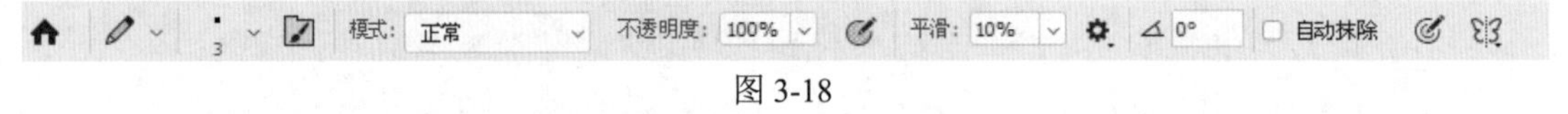

图 3-18

自动抹除是铅笔工具的特殊功能。当选中该项后，如果在与前景色一致的颜色区域拖动鼠标指针时，所拖动的痕迹将以背景色填充；如果在与前景色不一致的颜色区域拖动鼠标指针时，所拖动的痕迹将以前景色填充，如图 3-19 所示。

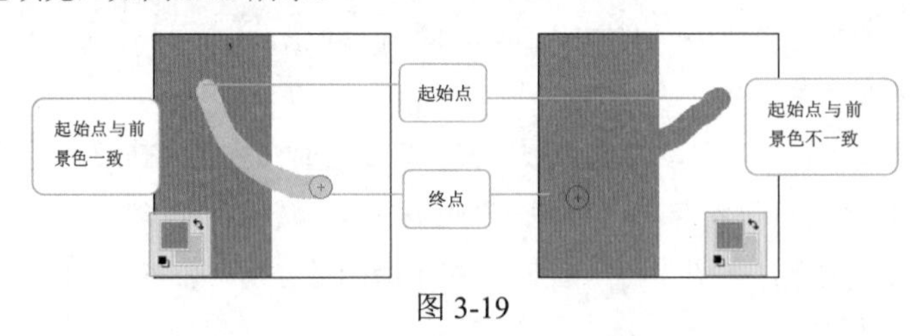

图 3-19

3.1.4 多边形与星形的创建

Photoshop 软件中可以通过相应的工具直接在页面中绘制矩形、椭圆形、多边形等几何图形，对应的工具被放置到（矩形工具）组中。（矩形工具）、（椭圆工具）、（三角形工具）的使用方法非常简单，选择该工具后在页面中选择起始点按住鼠标向对角处拖动，松开鼠标后即可创建矩形、椭圆形和三角形。

使用◎（多边形工具）可以绘制正多边形或星形，可以创建形状图层、路径和以像素进行填充的多边形图形。

◎（多边形工具）的使用方法是：在属性栏中设置“边数”“星形比例”，绘制时的起始点为多边形的中心，终点为多边形的一个顶点，如图 3-20 所示。

星形比例小于 100% 时，绘制的多边形就是星形，如图 3-21 所示。

图 3-20

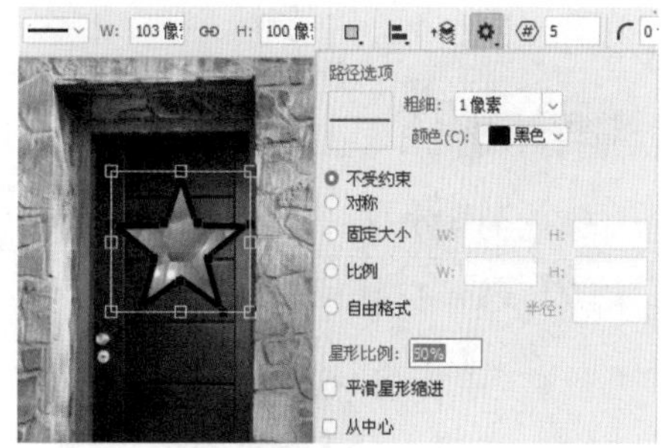

图 3-21

3.1.5　自定义形状的创建

使用▣（自定形状工具）可以绘制出在“形状拾色器”中选择的预设图案。

选择▣（自定形状工具）后，属性栏中会显示针对该工具的一些属性设置，如图 3-22 所示。其中，形状拾色器中包含系统自定预设的所有图案，选择相应的图案，使用▣（自定形状工具）便可以在页面中绘制，如图 3-23 所示。

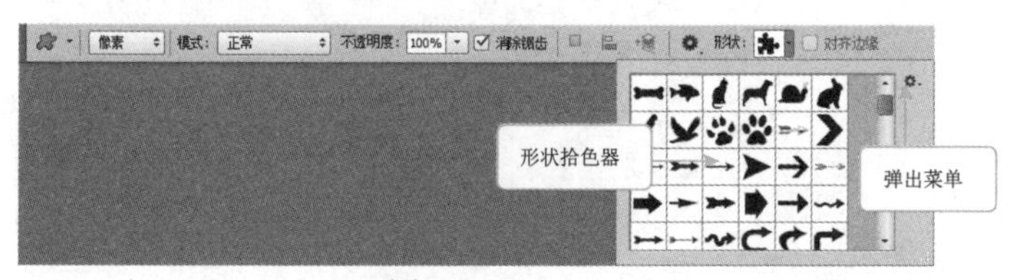

图 3-22

图 3-23

3.2　设置画笔制作邮票图标

实例目的

- 了解画笔的使用。
- 了解设置画笔面板的使用。

设计思路及流程

本次的 UI 设计是以邮票作为设计主题，设计时要将邮票的特点体现出来。了解本次设计的内容后，要根据 UI 与邮票相结合的特点制作一款 UI 图标。要想制作出符合中国特色的邮票，就要找到一个只有中国才有的内容，12 生肖就是一个非常好的思路，选择一个卡通的生肖吉祥物，将其放置到具有邮票特质的 UI 中就能完成本案例的制作，符合邮票的文字以及对整体界面的文字修饰可以让作品更加具有吸引力。具体流程如图 3-24 所示。

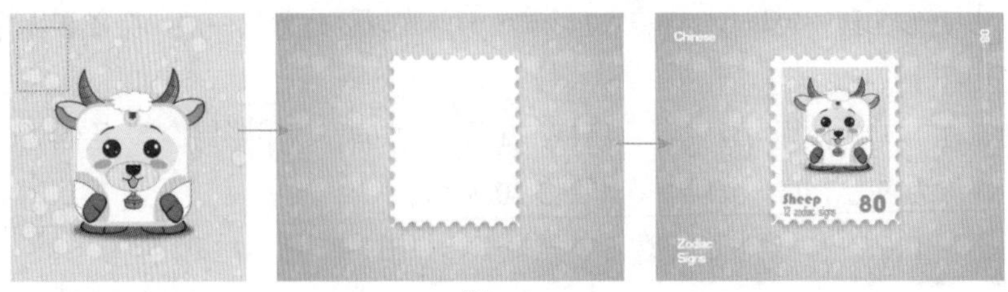

图 3-24

配色信息

本次的 APP 图标设计是针对卡通生肖邮票的，所以在配色时要根据素材中的颜色来制作 UI 作品的整体，在素材中吸取白色、粉色、橘色。配色信息如图 3-25 所示。

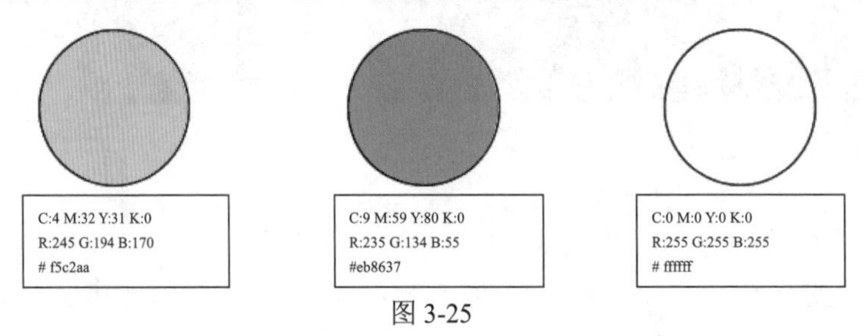

图 3-25

技术要点

- 打开素材创建选区后定义图案
- 填充图案
- 设置画笔面板
- 输入文字

素材路径：**素材 \ 第 3 章** \ 生肖羊 .jpg
文件路径：**源文件 \ 第 3 章** \ 设置画笔制作邮票图标 .psd
视频路径：**视频 \ 第 3 章** \ 设置画笔制作邮票图标 .mp4

操作步骤

步骤 01 启动 Photoshop，执行菜单栏中的"文件"|"新建"命令或按 Ctrl+N 组合键，新建一个"宽度"为 800 像素、"高度"为 600 像素的矩形空白文档，使用 （渐变工具）填充一个"从白色到橘红色"的径向渐变。执行菜单栏中的"文件" | "打开"命令或按 Ctrl+O 组合键，打开附带的"生肖羊 .jpg"素材，如图 3-26 所示。

步骤 02 下面我们将素材中的局部定义成图案。使用 （矩形选框工具），在打开的素材左上角处绘制一个矩形选区，如图 3-27 所示。

图 3-26

图 3-27

步骤 03 选区创建完毕后，执行菜单栏中的“编辑”|“定义图案”命令，打开“图案名称”对话框，设置“名称”为“图案 11”，如图 3-28 所示。

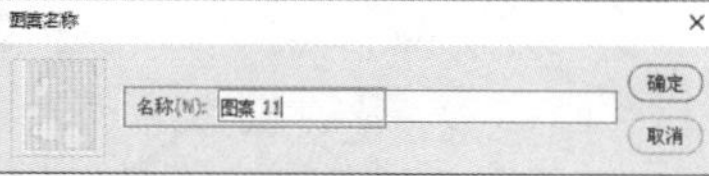

图 3-28

步骤 04 设置完毕，单击“确定”按钮，选择新建的文档，执行菜单栏中的“图层”|“新建填充图层”|“图案”命令，打开“图案填充”对话框，选择刚才定义的图案，其他参数设置如图 3-29 所示。

步骤 05 设置完毕，单击“确定”按钮，设置“不透明度”为 51%，效果如图 3-30 所示。

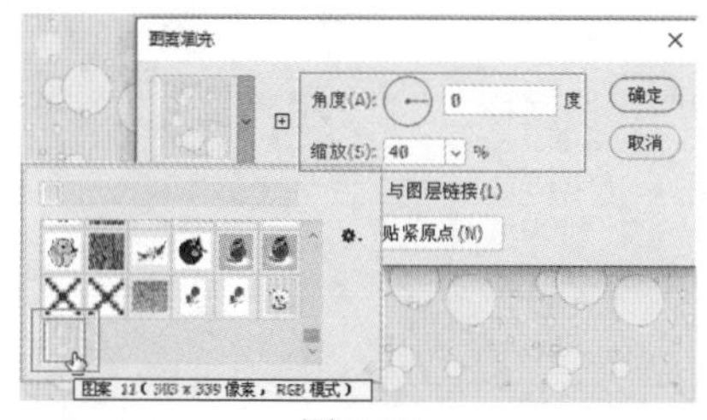

图 3-29

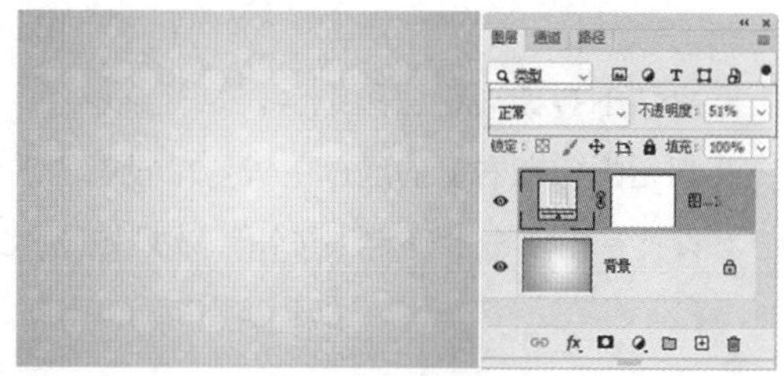

图 3-30

步骤 06 新建一个图层，使用（矩形选框工具）绘制一个矩形选区，将其填充为白色，如图 3-31 所示。

步骤 07 打开“路径”面板，单击（从选区生成工作路径）按钮，将绘制的选区转换成工作路径，效果如图 3-32 所示。

图 3-31

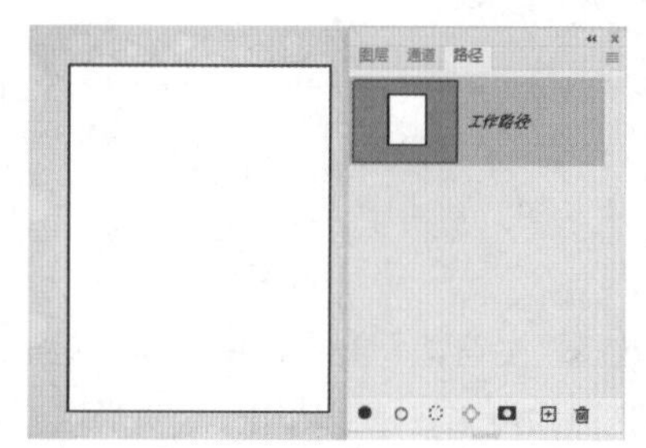

图 3-32

步骤 08 新建一个图层，选择（画笔工具）后，按 F5 键打开“画笔设置”面板，其中的参数设置如图 3-33 所示。

步骤 09 单击（画笔描边路径）按钮，使用画笔为路径进行描边，效果如图 3-34 所示。

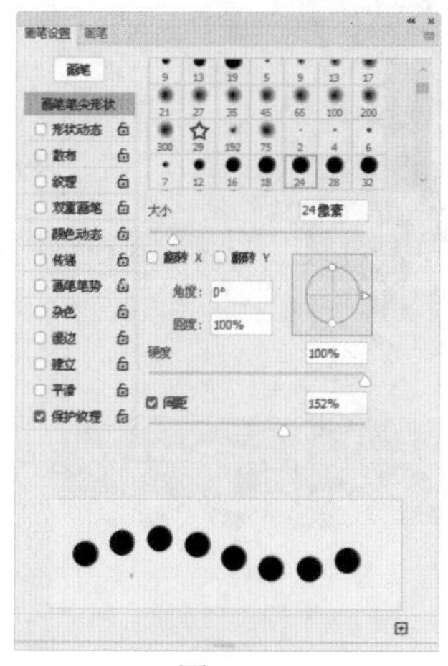

图 3-33

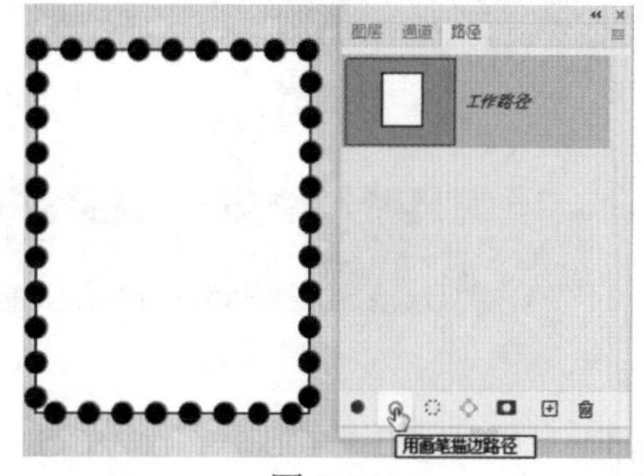

图 3-34

步骤 10 按住 Ctrl 键单击“图层 2”图层的缩览图，调出选区后，隐藏“图层 2”图层，选择“图层 1”图层，按 Delete 键清除选区内容，效果如图 3-35 所示。

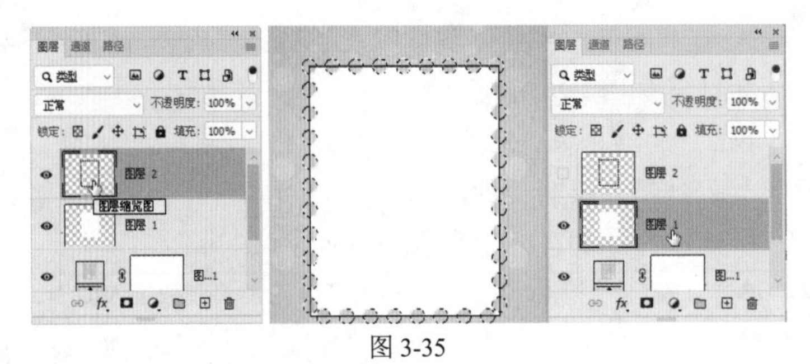

图 3-35

步骤 11 按 Ctrl+D 组合键去掉选区，执行菜单栏中的“图层”|“图层样式”|“投影”命令，打开“图层样式”对话框，在右侧的面板中设置“投影”的参数如图 3-36 所示。

步骤 12 设置完毕单击“确定”按钮，效果如图 3-37 所示。

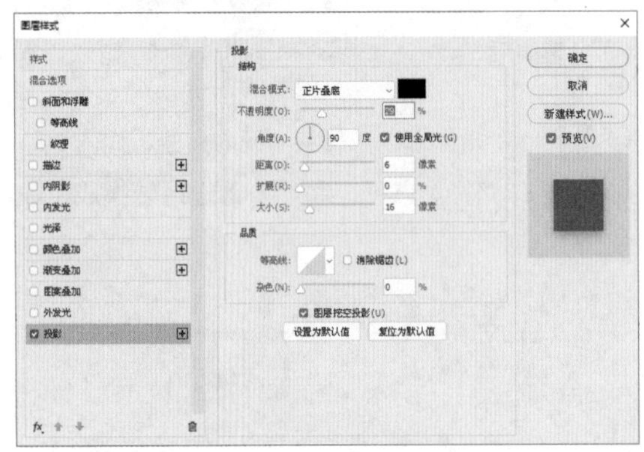

图 3-36

图 3-37

步骤 13 选择“生肖羊”文档，使用▢（矩形选框工具）将中间的羊选取，使用✥（移动工具）将选区内的图像拖曳到新建文档中，效果如图 3-38 所示。

步骤 14 在文档中输入合适的文字，在右上角的文字下方绘制一条直线，将其作为修饰，至此本案例制作完毕，效果如图 3-39 所示。

图 3-38

图 3-39

3.3 通过自定义形状制作微信图标

实例目的

- 掌握自定形状工具的使用。
- 创建图层。

设计思路及流程

微信图标大家每天都会看到，本案例就为大家设计制作一个微信图标，一大一小的两个会话形状，非常贴切地展现了对话的特性。在“自定义形状”拾色器中可以找到会话图形，添加正圆小眼睛，让会话图形更加具有拟人化。具体流程如图 3-40 所示。

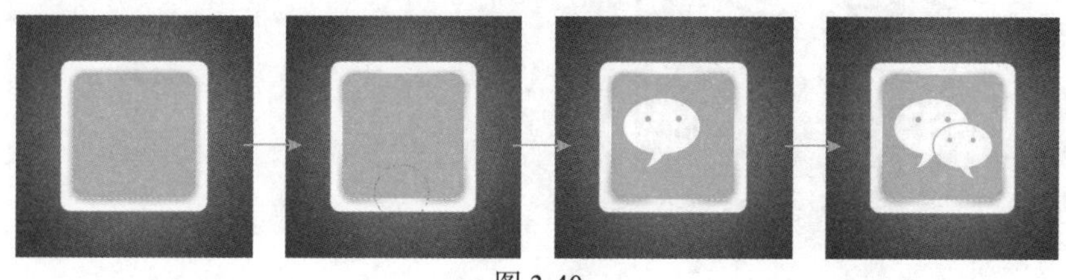

图 3-40

配色信息

微信图标的配色为绿色和白色，具体配色信息如图 3-41 所示。

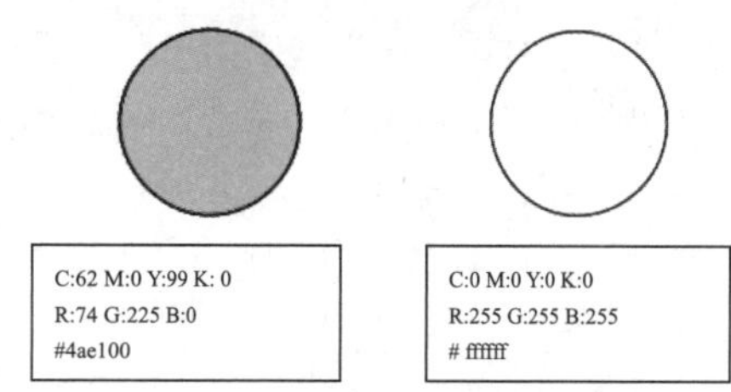

图 3-41

技术要点

- 使用渐变工具填充径向渐变色
- 使用矩形工具绘制圆角矩形
- 添加“投影”图层样式创建图层
- 绘制自定义形状和正圆

文件路径：**源文件 \ 第 3 章** \ 通过自定义形状制作微信图标 .psd
视频路径：**视频 \ 第 3 章** \ 通过自定义形状制作微信图标 .mp4

操作步骤

步骤 01 启动 Photoshop，执行菜单栏中的“文件”|“新建”命令，新建一个“宽度”为 600 像素、“高度”为 600 像素的空白文档，使用（渐变工具）从文档中心位置向边缘拖曳，为其填充一个“从灰色到深灰色”的径向渐变，如图 3-42 所示。

步骤 02 使用（矩形工具）在文档中绘制一个白色的圆角矩形，设置“圆角值”为 25 像素，如图 3-43 所示。

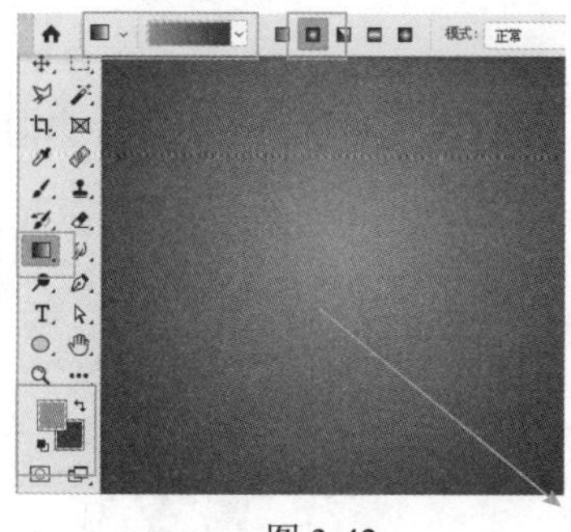

图 3-42

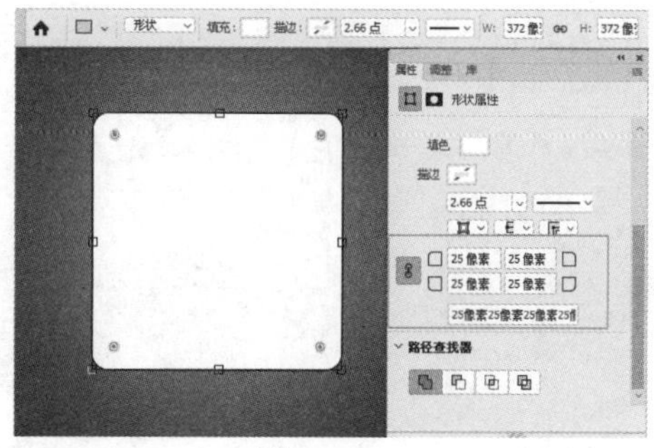

图 3-43

提示：使用（矩形工具）绘制形状时，可以直接通过设置属性栏中的“圆角值”来绘制圆角矩形，也可以通过在“属性”面板中改变“圆角值”来调整圆角矩形的形状。

步骤 03 使用▢（矩形工具）在白色圆角矩形上面绘制一个绿色的圆角矩形，设置“圆角值”为 30 像素，如图 3-44 所示。

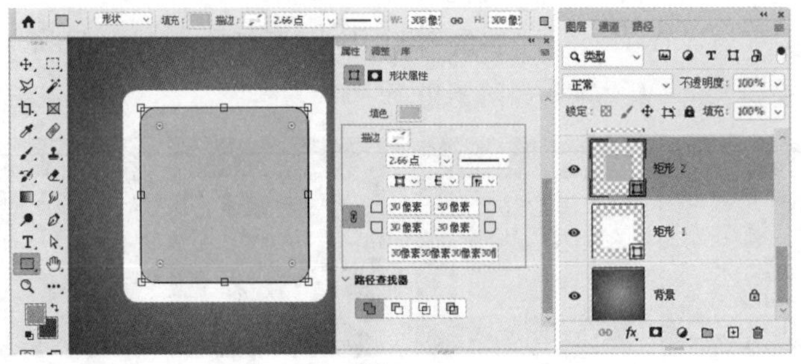

图 3-44

步骤 04 执行菜单栏中的“图层”|“图层样式”|“投影”命令，打开“图层样式”对话框，在右侧的面板中设置“投影”的参数如图 3-45 所示。

步骤 05 设置完毕单击“确定”按钮，效果如图 3-46 所示。

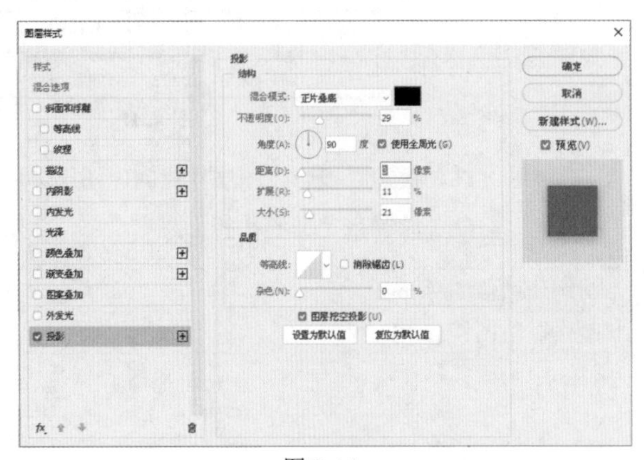

图 3-45

图 3-46

步骤 06 将绿色的圆角矩形的 4 个角做成上翘的效果。执行菜单栏中的“图层”|“图层样式”|“创建图层”命令，将之前的投影单独创建成一个图层，如图 3-47 所示。

步骤 07 选择“矩形 2”的投影图层，使用◯（椭圆选框工具）在左侧边上绘制一个“羽化”为 25 像素的正圆选区，按 Delete 键清除选区内容，效果如图 3-48 所示。

步骤 08 移动选区到另外 3 条边上，按 Delete 键清除选区内容，效果如图 3-49 所示。

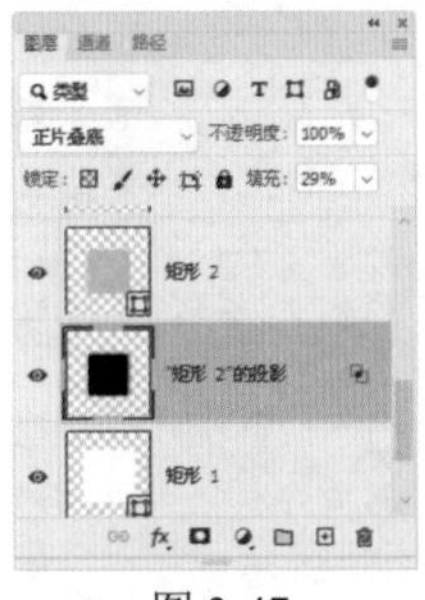

图 3-47

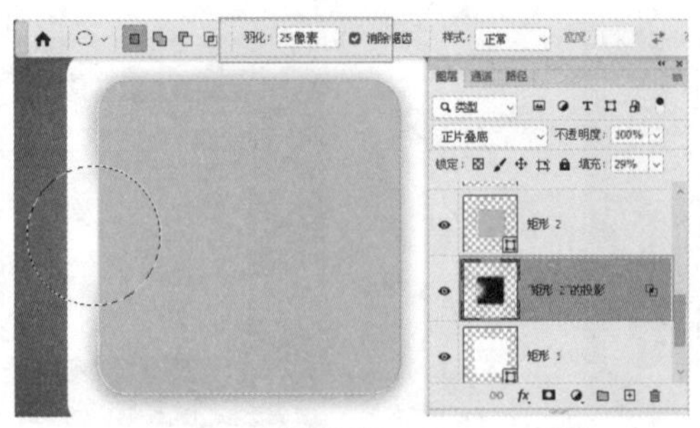

图 3-48

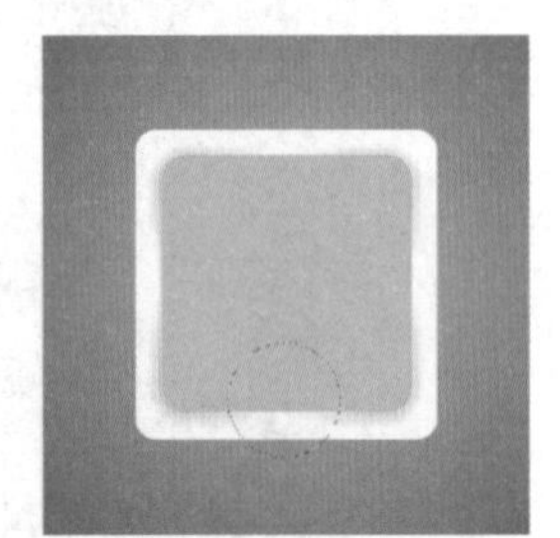

图 3-49

技巧：创建选区后，在属性栏中单击“新选区”按钮，之后可以通过拖曳的方式将选区改变位置；创建选区后，使用▶（移动工具）拖曳选区会将选区内的图像一同移动。

步骤 09 按 Ctrl+D 键去掉选区，新建一个“图层 1”图层，选择 （自定形状工具），在属性栏中的“自定形状”拾色器中选择“会话 1”，在绿色圆角矩形上绘制一个白色“会话 1”像素图形，如图 3-50 所示。

步骤 10 新建一个图层，使用 （椭圆工具）绘制两个绿色的正圆，将其作为“会话 1”图形上面的眼睛，如图 3-51 所示。

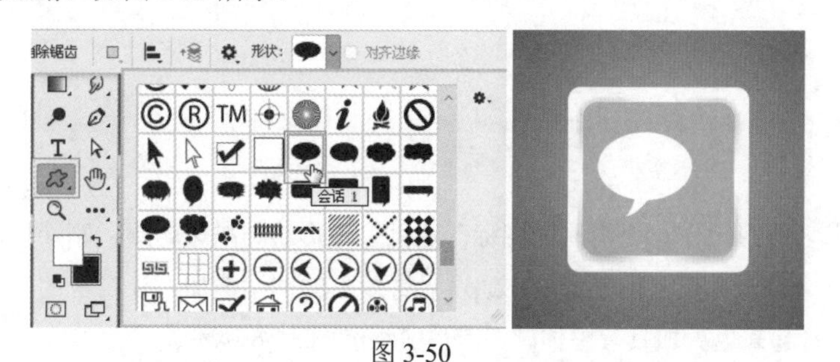

图 3-50

图 3-51

步骤 11 在“图层”面板中，将“图层 1”图层、“图层 2”图层和“图层 2 拷贝”图层一同选取，按 Ctrl+Alt+E 键得到一个合并后的图层，如图 3-52 所示。

步骤 12 执行菜单栏中的“编辑”|“变换”|“水平翻转”命令，按 Ctrl+T 组合键调出变换框，拖动控制点将其缩小，效果如图 3-53 所示。

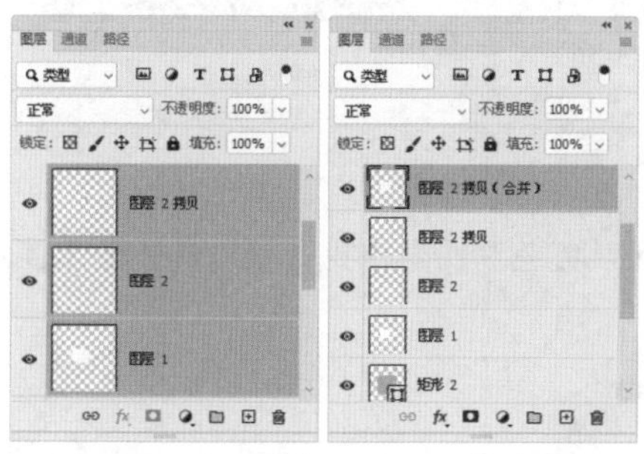

图 3-52

图 3-53

步骤 13 按 Enter 键完成变换，执行菜单栏中的“图层”|“图层样式”|“描边”命令，打开“图层样式”对话框，在右侧的面板中设置“描边”的参数如图 3-54 所示。

步骤 14 设置完毕单击“确定”按钮，至此本案例制作完毕，效果如图 3-55 所示。

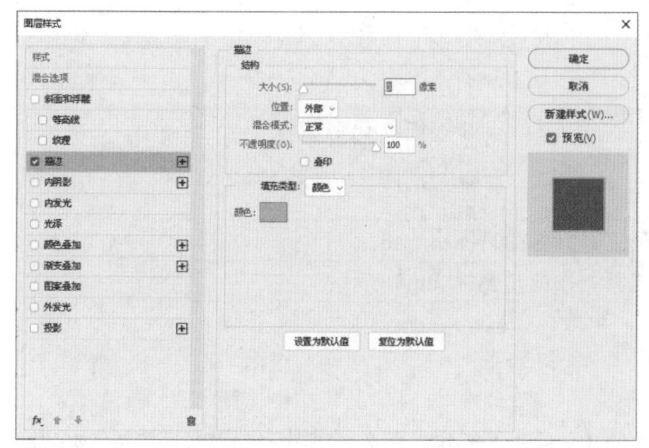

图 3-54

图 3-55

3.4 使用多边形工具制作简易图标

实例目的

- 了解多边形工具的使用。
- 了解矩形工具的使用。

设计思路及流程

本案例的思路是利用矩形和多边形制作一个简易的图标。通过多边形绘制描边轮廓，删除局部区域后，会让剩余的多边形看起来像一个反写的字母 C，通过设置矩形的图案叠加，让白色的多边形更加具有对比性，使整个图标看起来也更加具有整体感。具体流程如图 3-56 所示。

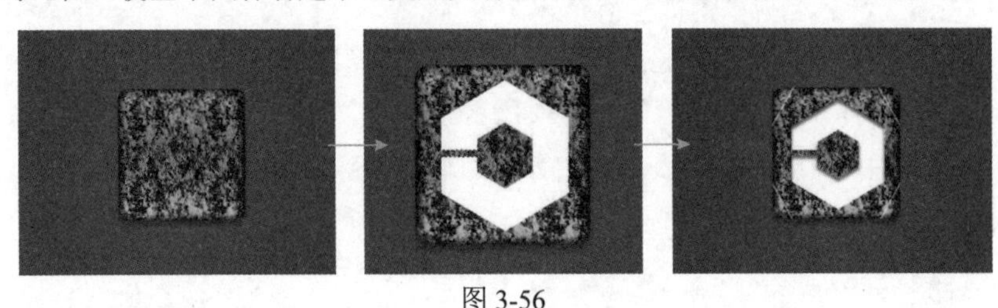

图 3-56

配色信息

本次制作的多边形图标，以白色作为标识区，蓝色和图案作为背景，具体配色信息如图 3-57 所示。

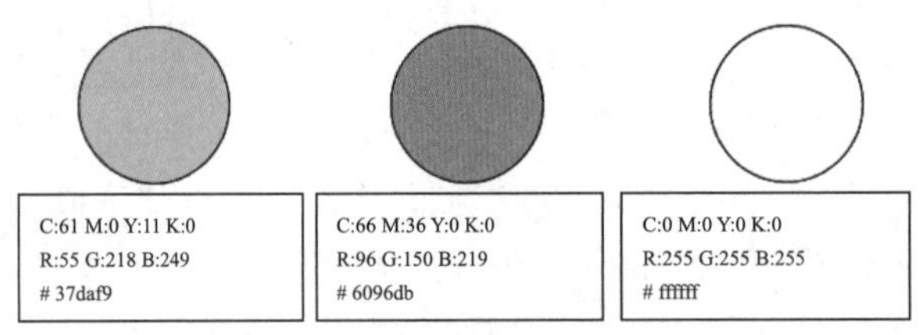

图 3-57

技术要点

- 绘制矩形，设置图层样式
- 绘制多边形，设置轮廓
- 栅格化形状
- 清除多边形轮廓局部

文件路径：**源文件 \ 第 3 章 ** 使用多边形工具制作简易图标 .psd
视频路径：**视频 \ 第 3 章 ** 使用多边形工具制作简易图标 .mp4

操作步骤

步骤 01 启动 Photoshop，执行菜单栏中的“文件”|“新建”命令，新建一个“宽度”为 800 像素、“高度”为 600 像素的空白文档，使用 （渐变工具）从文档中心位置向边缘拖曳，为其填充一个“从灰色到深灰色”的径向渐变，如图 3-58 所示。

步骤 02 使用 （矩形工具）在文档的中间位置绘制一个“圆角值”为 25 像素的圆角矩形，设置“填充”为“渐变”，为其选择“蓝色 _17”，设置“描边”为“无”，如图 3-59 所示。

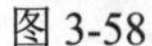
图 3-58

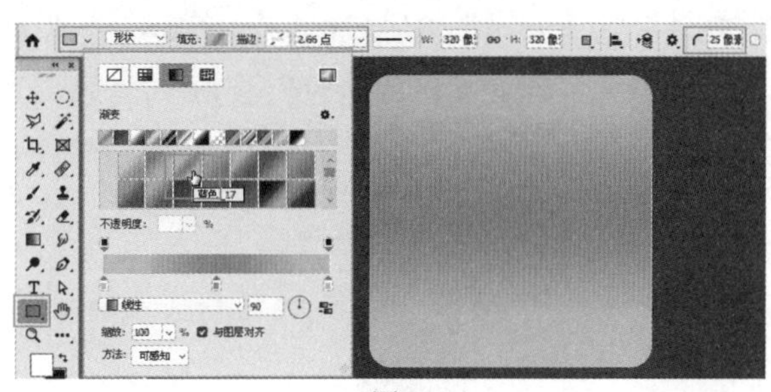

图 3-59

步骤 03 执行菜单栏中的“图层”|“混合选项”命令，打开“图层样式”对话框，在左侧的列表框中分别选中“内发光”“图案叠加”和“投影”复选框，其中的参数设置如图 3-60 所示。

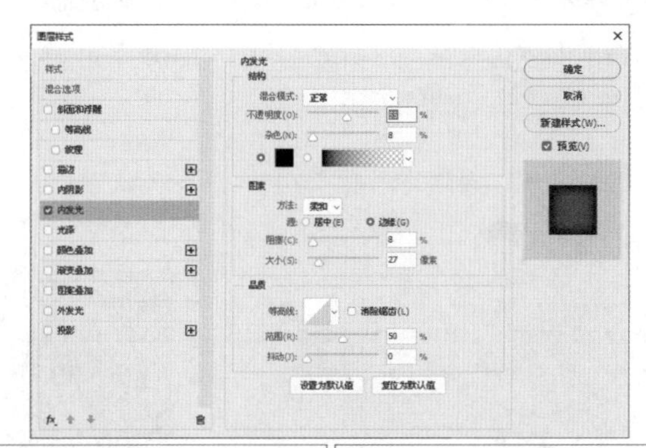

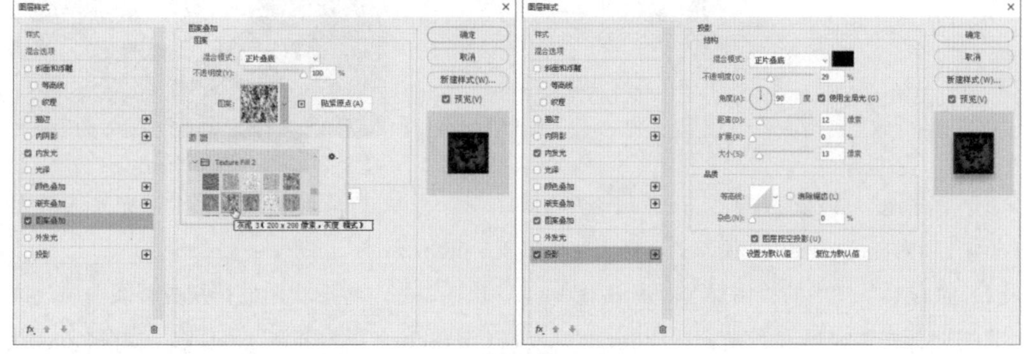

图 3-60

步骤 04 设置完毕单击“确定”按钮，效果如图 3-61 所示。

步骤 05 使用 （多边形工具）在圆角矩形上面绘制一个六边形形状，设置“填充”为“无”、“描边颜色”为白色、“描边宽度”为 50 点，效果如图 3-62 所示。

图 3-61

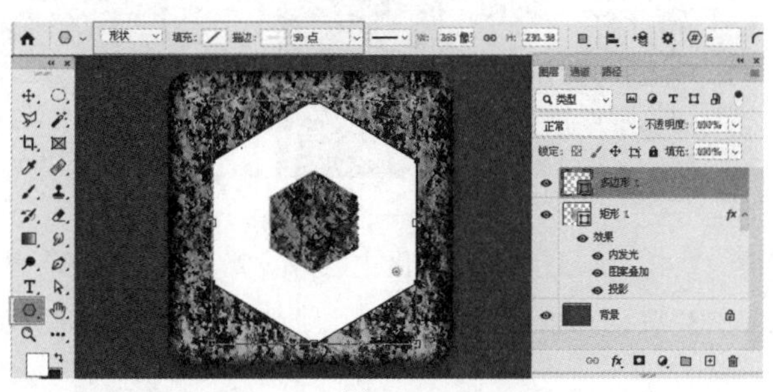

图 3-62

步骤 06 执行菜单栏中的“图层”|“栅格化”|“形状”命令，将形状图层转换成普通图层，如图 3-63 所示。

步骤 07 使用（矩形选框工具）绘制一个矩形选区，按 Delete 键清除选区内容，效果如图 3-64 所示。

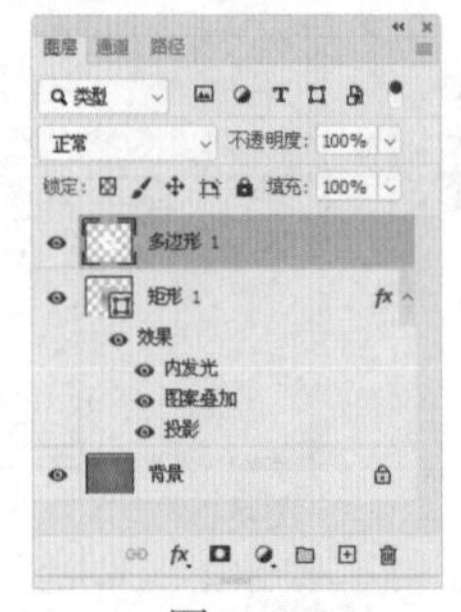

图 3-63

图 3-64

步骤 08 按 Ctrl+D 组合键去掉选区，执行菜单栏中的“图层”|“图层样式”|“内阴影”命令，打开“图层样式”对话框，在右侧的面板中设置“内阴影”的参数如图 3-65 所示。

步骤 09 设置完毕单击“确定”按钮，效果如图 3-66 所示。

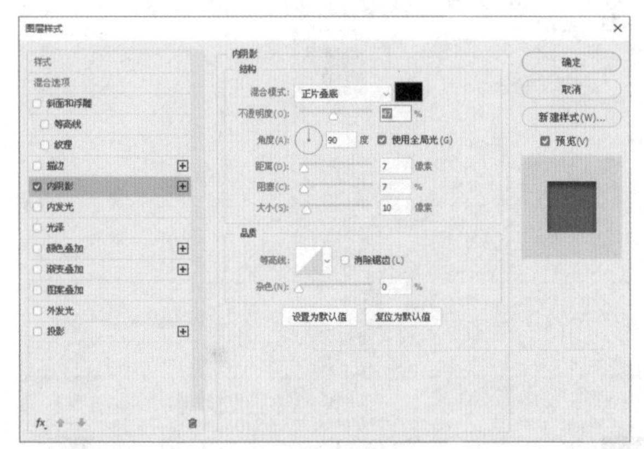

图 3-65

图 3-66

步骤 10 使用（多边形工具）在圆角矩形上面绘制一个六边形形状，设置“填充”为“无”、“描边颜色”为白色、“描边宽度”为 3 点，效果如图 3-67 所示。

步骤 11 执行菜单栏中的“图层”|“栅格化”|“形状”命令，将形状图层转换成普通图层，按住 Ctrl 键单击“矩形 1”图层的缩览图，调出选区后，按 Ctrl+Shift+I 组合键将选区反选，如图 3-68 所示。

图 3-67

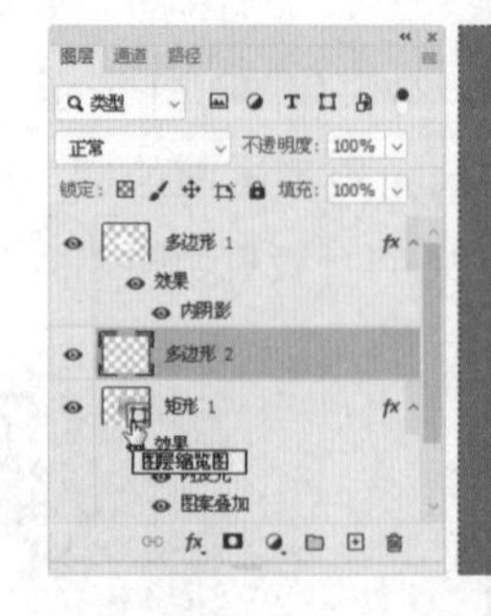

图 3-68

步骤 12 按 Delete 键删除选区内容，设置“不透明度”为 63%，效果如图 3-69 所示。

步骤 13 按 Ctrl+D 键去掉选区，至此本案例制作完毕，效果如图 3-70 所示。

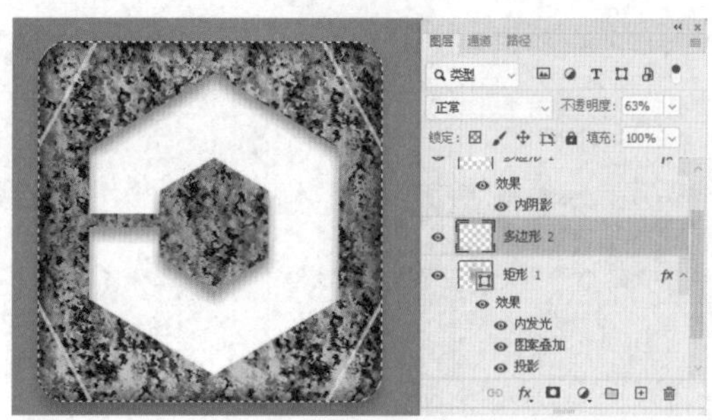

图 3-69

图 3-70

3.5 优秀作品欣赏

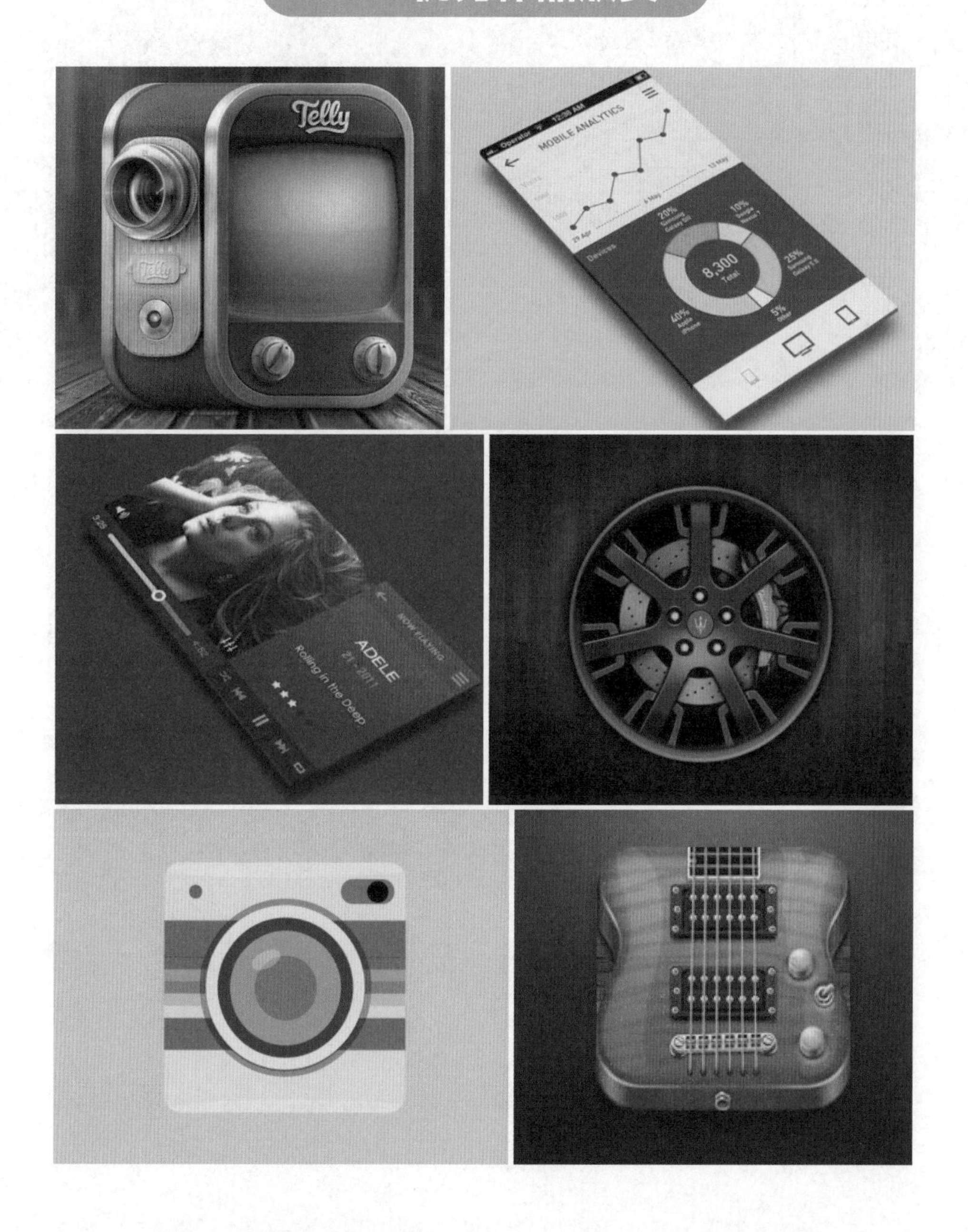

第 4 章
图层在 UI 中的应用

本章重点：

- 认识图层
- 调整图层凸显局部图标
- 使用图层样式制作水晶风格图标
- 使用图层蒙版制作图标倒影
- 使用剪贴蒙版合成提示窗口
- 使用操控变形制作图形图标
- 优秀作品欣赏

4

本章主要从 UI 元素设计使用中的图层进行讲解。应用软件进行设计时，无论是哪个行业，只要用到 Photoshop 就会涉及图层，UI 设计中也不例外，大到界面的设计，小到图标的制作，各个方面都会有图层的参与。

4.1 认识图层

Photoshop中使用最为频繁的一项工作就是对图层进行操作。通过建立图层，在各个图层中分别编辑图像中的各个元素，可以产生既富有层次，又彼此关联的整体图像效果。

4.1.1 什么是图层

每一个图层都由许多像素组成，而图层又通过上下叠加的方式来组成整个图像。比如，每一个图层就好像一个透明的“玻璃”，而图层内容就画在这些“玻璃”上，如果“玻璃”上什么都没有，这就是个完全透明的空图层，当各“玻璃”上有图像时，自上而下地俯视所有图层，从而形成图像显示效果。对图层的编辑可以通过菜单或面板来完成。“图层”被存放在“图层”面板中，其中包含当前图层、文字图层、背景图层、智能对象图层等。执行菜单栏中的“窗口”|“图层”命令，即可打开“图层”面板，“图层”面板中所包含的内容如图4-1所示。

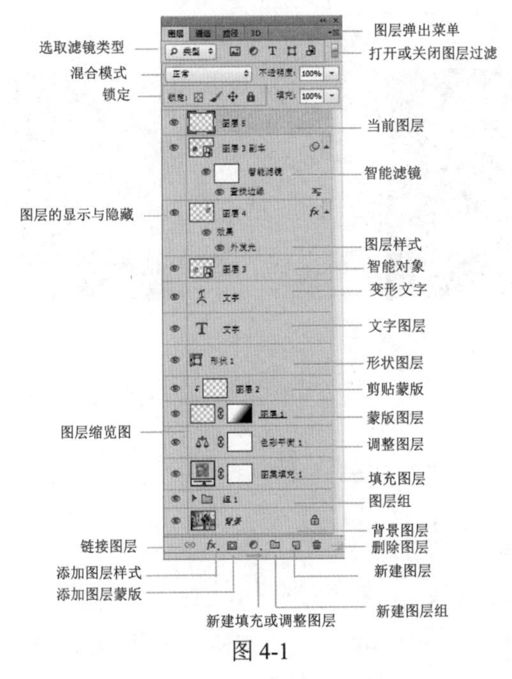

图4-1

其中各项的含义如下。

- 图层弹出菜单：单击此按钮可弹出“图层”面板的编辑菜单，用于在图层中的编辑操作。
- 选取滤镜类型：用来对多图层文档中的特色图层进行快速显示。在下拉列表中包含类型、名称、效果、模式、属性和颜色。选择某选项后，在右侧会出现与之对应的选项，例如，选择“类型”时，在右侧会出现显示调整图层内容、显示文字图层、显示路径等。
- 打开或关闭图层过滤：单击滑块到上面时激活快速选择图层功能；滑块到下面时会关闭此功能，使面板恢复老版本图层面板的功能。
- 混合模式：用来设置当前图层中图像与下面图层中图像的混合效果。
- 不透明度：用来设置当前图层的透明程度。
- 锁定：包含锁定透明像素、锁定图像像素、锁定位置和锁定全部。
- 图层的显示与隐藏：单击即可将图层在显示与隐藏之间转换。

- 图层缩览图：用来显示“图层”面板中可以编辑的各种图层。
- 链接图层：可以将选中的多个图层进行链接。
- 添加图层样式：单击此按钮可弹出“图层样式”下拉列表，在其中可以选择相应的样式到图层中。
- 添加图层蒙版：单击此按钮可为当前图层创建一个蒙版。
- 新建填充或调整图层：单击此按钮在下拉列表中可以选择相应的填充或调整命令，之后会在“调整”面板中进行进一步的编辑。
- 新建图层组：单击此按钮会在“图层”面板新建一个用于放置图层的组。
- 新建图层：单击此按钮会在“图层”面板新建一个空白图层。
- 删除图层：单击此按钮可以将当前图层从“图层”面板中删除。

4.1.2 图层的原理

图层与图层之间并不是完全的白纸与白纸的重合，图层的工作原理类似于在印刷上使用的一张张重叠在一起的醋酸纤维纸，透过图层中透明或半透明的区域，可以看到下一图层相应区域的内容，如图 4-2 所示。

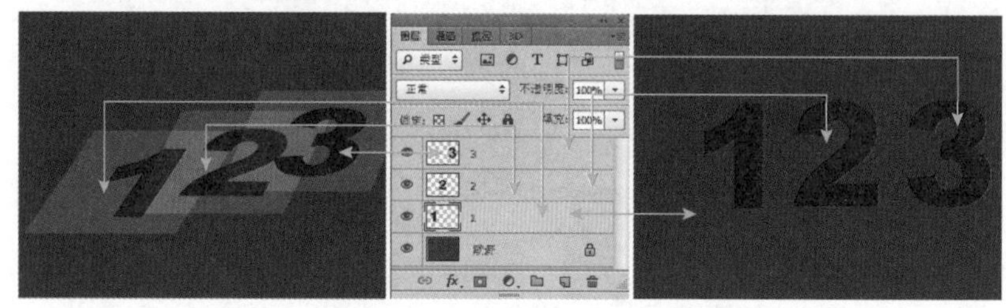

图 4-2

4.1.3 快速显示图层内容

Photoshop 为大家在“图层”面板中提供了对于多图层进行选择的快速显示相应图层内容的选项。

类型

在“图层”面板中将快速显示图层设置为“类型”后，在后面会出现“过滤像素图层”“过滤调整图层”“过滤文本图层”“过滤路径图层”“过滤智能对象”，当单击对应的图标后，在图层面板中会只显示过滤后的图层。图 4-3 所示为单击“过滤像素图层”后显示的图层面板，图 4-4 所示为单击“过滤调整图层”后显示的图层面板。

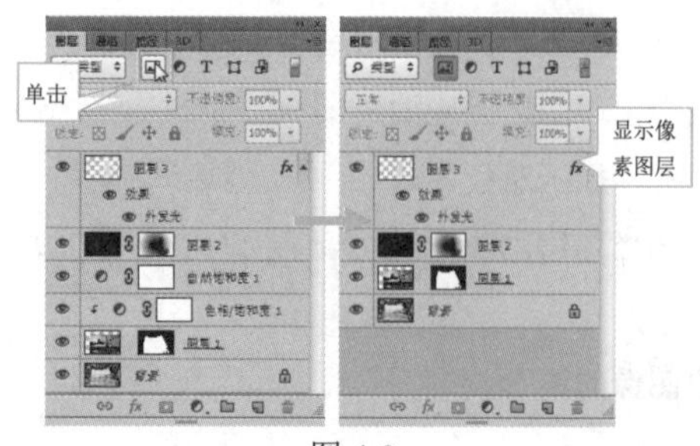

图 4-3

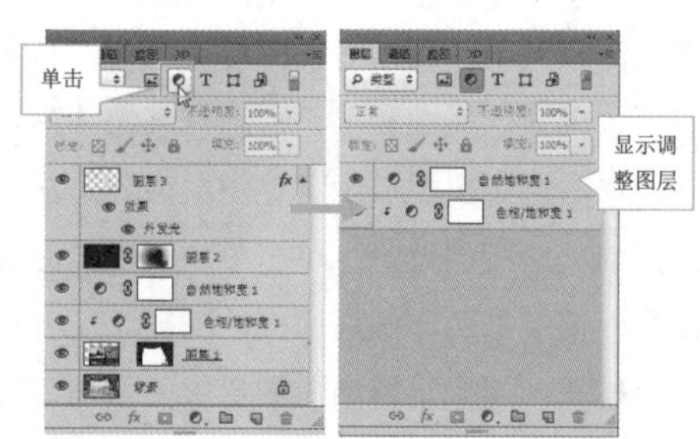

图 4-4

名称

在“图层”面板中将快速显示图层设置为“名称”后，在后面会出现与之对应的文本框，输入相应的文字后，会在面板中显示有中文名称的图层，例如，输入“图层”，此时面板中会显示存在“图层”文字的所有图层，如图 4-5 所示。

效果

在“图层”面板中将快速显示图层设置为“效果”后，在后面会出现与之对应的图层样式下拉列表，如图 4-6 所示；选择不同的图层样式，会快速过滤显示样式图层，如图 4-7 所示。

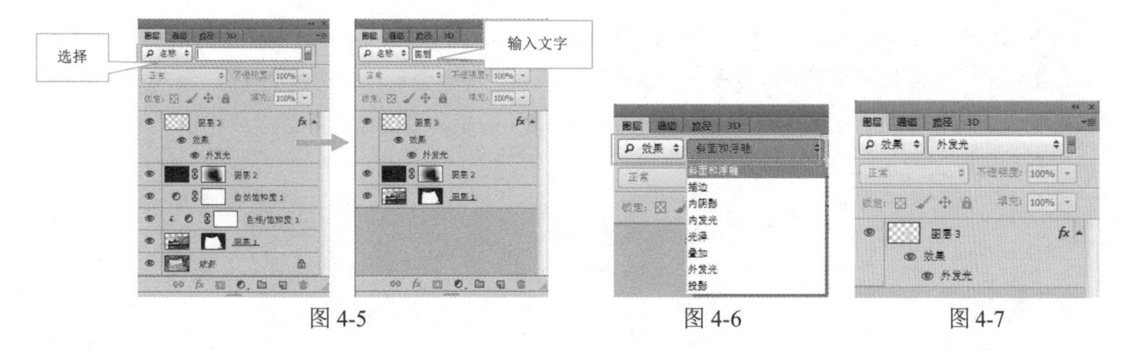

图 4-5　　图 4-6　　图 4-7

模式

在“图层”面板中将快速显示图层设置为“模式”后，在后面会出现与之对应的混合模式下拉列表，如图 4-8 所示，选择不同的混合模式，会快速过滤显示该模式的图层。

属性

在“图层”面板中将快速显示图层设置为“属性”后，在后面会出现与之对应的属性模式下拉列表，例如，选择“图层蒙版”后，在“图层”面板中会只显示带有蒙版的图层，如图 4-9 所示。

颜色

在“图层”面板中将快速显示图层设置为“颜色”后，在后面会出现与之对应的图层颜色下拉列表，如图 4-10 所示。选择相应颜色后，在“图层”面板中会只显示该颜色的图层。

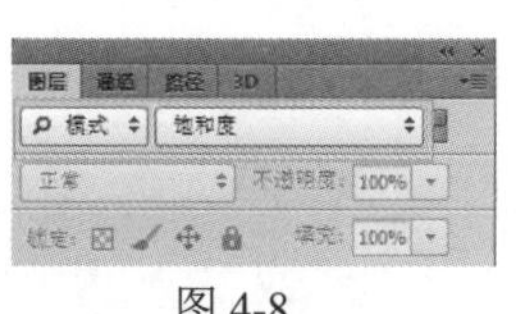

图 4-8

图 4-9

图 4-10

锁定快速查找功能

在“图层”面板中单击“锁定快速查找功能”按钮，当变为▯图标时，表示取消快速查找图层功能；当变为▮图标时，表示启用快速查找图层功能。

4.2 调整图层凸显局部图标

实例目的

- 了解调整图层的使用。
- 掌握为图层添加图层样式的方法。

设计思路及流程

本次的 UI 设计是制作一个汽车挡位的图标，通过添加图层样式，使挡位图形更加具有立体感，5 个数字和一个 R 代表 5 个前进挡和一个倒车挡，用其中的一个有颜色的区域代表当前使用的挡位，在视觉上，可以非常分明地体现出来，为使数字和后面的主体更加贴合，数字应用了“球面化”滤镜。具体流程如图 4-11 所示。

图 4-11

配色信息

本次的 APP 图标设计主要体现有色彩与无色彩之间的对比，有色彩体现的是“青色”，无色彩体现的是“黑色、白色、灰色”，配色信息如图 4-12 所示。

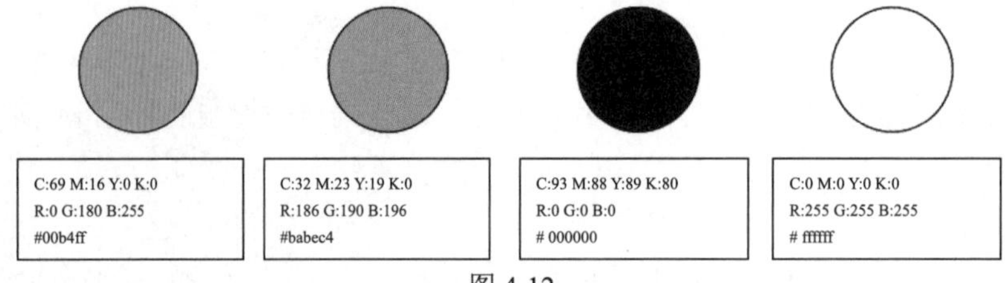

图 4-12

技术要点

- 新建文档，填充渐变色
- 绘制正圆，添加图层样式
- 应用“球面化”滤镜
- 选择“黑白”命令调整图层

文件路径：**源文件 \ 第 4 章 ** 调整图层凸显局部图标 .psd
视频路径：**视频 \ 第 4 章 ** 调整图层凸显局部图标 .mp4

操作步骤

步骤 01 启动 Photoshop，执行菜单栏中的“文件”|“新建”命令或按 Ctrl+N 组合键，新建一个“宽度”为 800 像素、“高度”为 600 像素的矩形空白文档，使用 （渐变工具）填充一个“从淡灰色到灰色”的径向渐变，如图 4-13 所示。

步骤 02 使用 （椭圆工具）在页面中间位置绘制一个白色的正圆，如图 4-14 所示。

图 4-13

图 4-14

步骤 03 执行菜单栏中的"图层"|"图层样式"|"混合选项"命令，打开"图层样式"对话框，在左侧的列表框中分别选中"描边""渐变叠加"和"投影"复选框，其中的参数设置如图 4-15 所示。

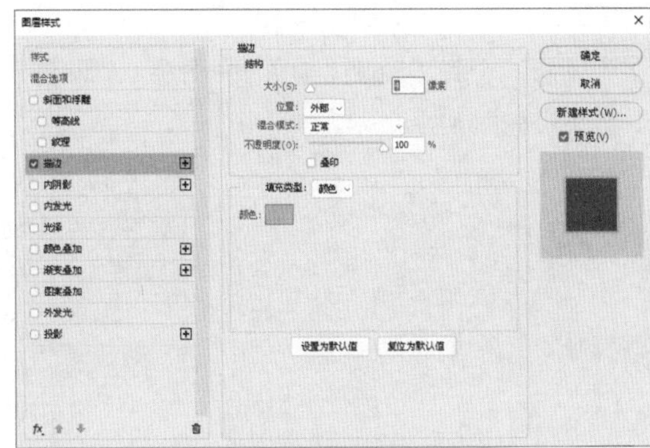

图 4-15

步骤 04 设置完毕单击"确定"按钮，效果如图 4-16 所示。

步骤 05 复制"椭圆 1"图层，得到"椭圆 1 拷贝"图层，删除图层样式后，按 Ctrl+T 组合键调出变化框，拖动控制点将其缩小，如图 4-17 所示。

图 4-16

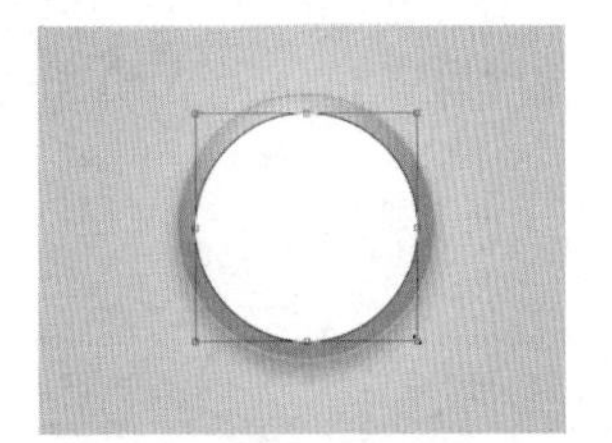

图 4-17

步骤 06 按 Enter 键完成变换，执行菜单栏中的"图层"|"图层样式"|"混合选项"命令，打开"图层样式"对话框，在左侧的列表框中分别选中"描边"和"渐变叠加"复选框，其中的参数设置如图 4-18 所示。

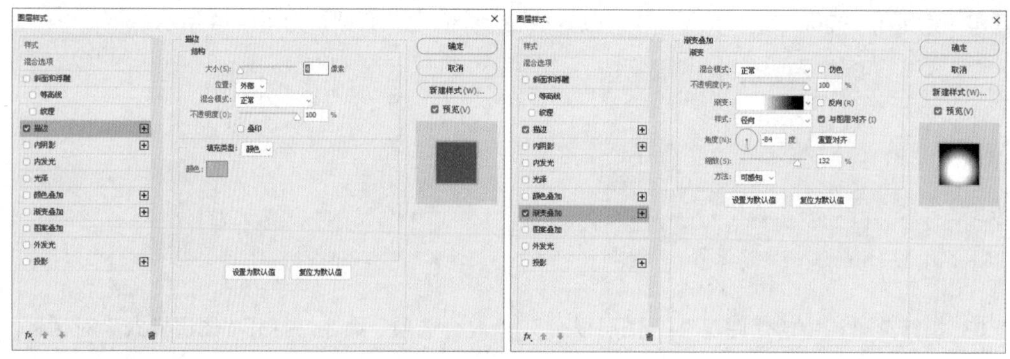

图 4-18

步骤 07 设置完毕，单击“确定”按钮，效果如图 4-19 所示。

步骤 08 复制“椭圆 1 拷贝”图层，得到“椭圆 1 拷贝 2”图层，删除图层样式后，按 Ctrl+T 键调出变化框，拖动控制点将其缩小，如图 4-20 所示。

图 4-19

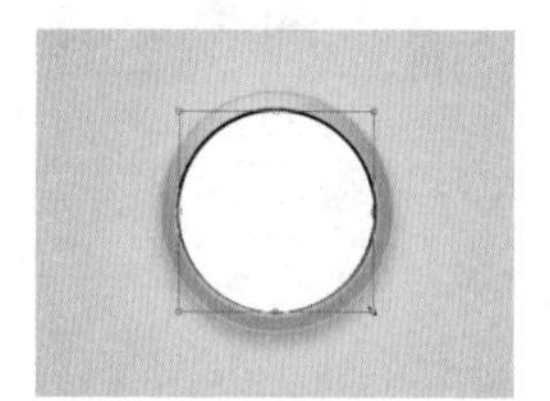

图 4-20

步骤 09 按 Enter 键完成变换，执行菜单栏中的“图层”|“图层样式”|“混合选项”命令，打开“图层样式”对话框，在左侧的列表框中分别选中“内发光”和“渐变叠加”复选框，其中的参数设置如图 4-21 所示。

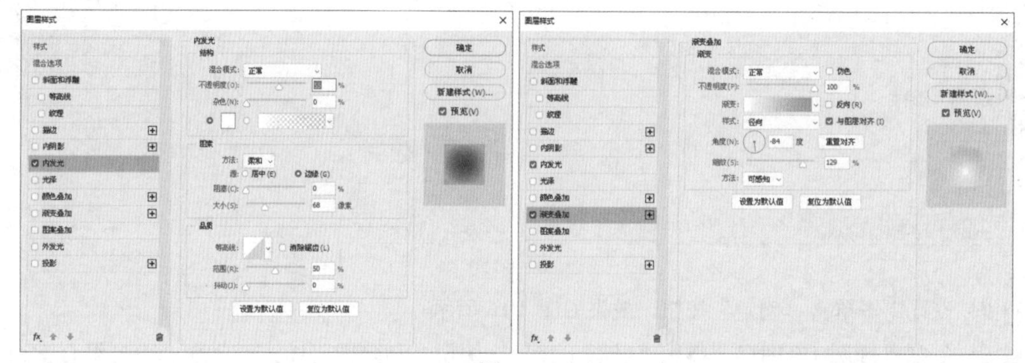

图 4-21

步骤 10 设置完毕，单击“确定”按钮，效果如图 4-22 所示。

步骤 11 新建一个“图层 1”图层，使用（椭圆选框工具）绘制一个椭圆选区，如图 4-23 所示。

图 4-22

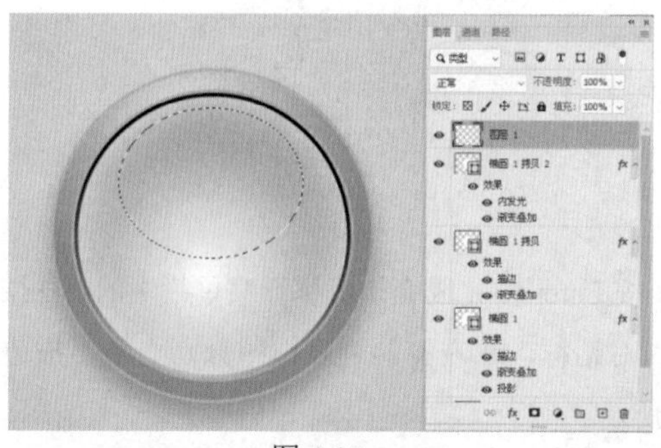

图 4-23

步骤 12 使用（渐变工具）从上向下拖曳鼠标，为选区填充“从白色到透明”的线性渐变，如图 4-24 所示。

步骤 13 按 Ctrl+D 组合键去掉选区，设置“不透明度”为 64%，效果如图 4-25 所示。

图 4-24

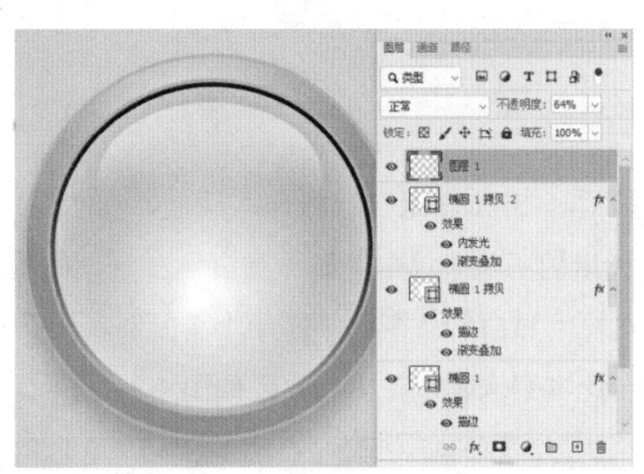

图 4-25

步骤 14 新建组 1，使用（横排文字工具）输入青色文字，设置组 1 的“混合模式”为“线性加深”，效果如图 4-26 所示。

步骤 15 在组 1 中新建“图层 2”图层，使用（直线工具）绘制青色线条，效果如图 4-27 所示。

图 4-26

图 4-27

步骤 16 选择组 1，按 Ctrl+E 组合键，将图层组合并为一个图层，按住 Ctrl 键单击“椭圆 1 拷贝 2”图层的缩览图，调出该图层的选区，如图 4-28 所示。

步骤 17 执行菜单栏中的“滤镜”|“扭曲”|“球面化”命令，打开“球面化”对话框，其中的参数设置如图 4-29 所示。

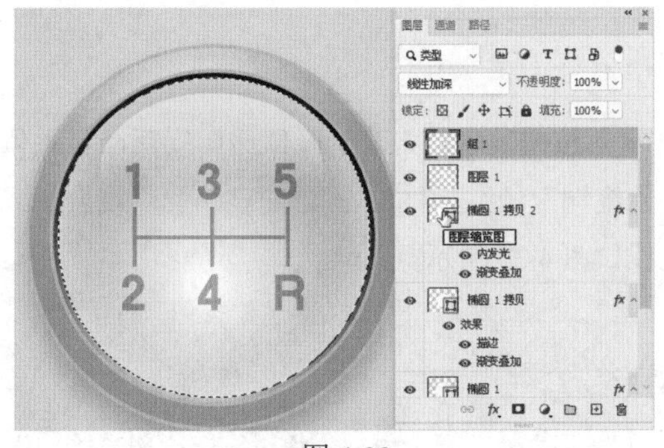

图 4-28

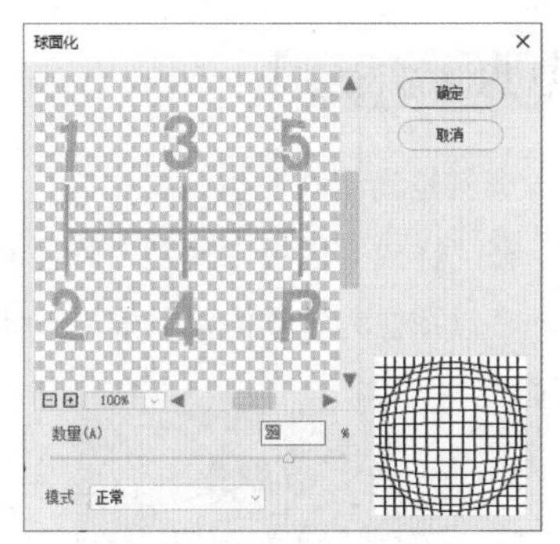

图 4-29

步骤 18 设置完毕单击“确定”按钮，如图 4-30 所示。

步骤 19 按 Ctrl+D 组合键去掉选区，使用（椭圆选框工具）在数字 3 上绘制一个正圆选区，如图 4-31 所示。

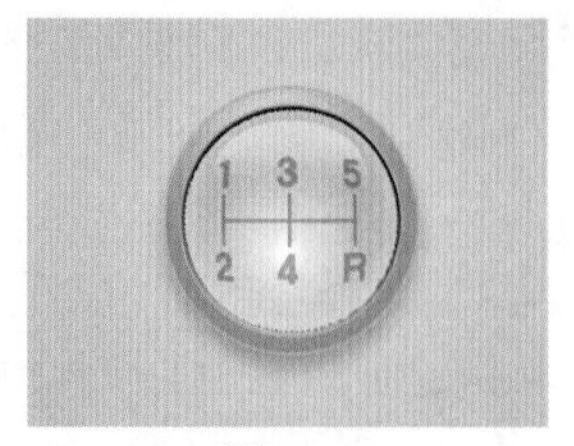

图 4-30

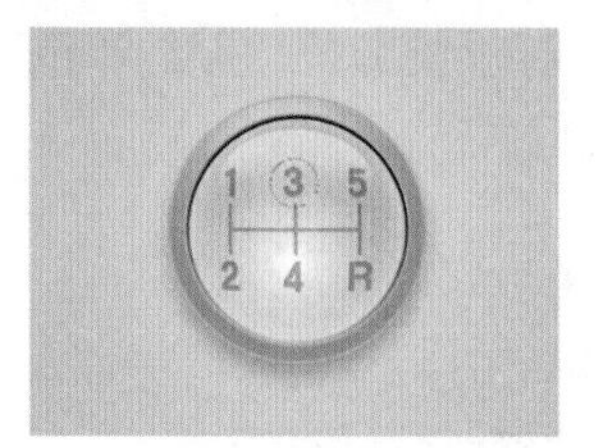

图 4-31

步骤 20 按 Ctrl+Shift+I 组合键将选区反选，在“图层”面板中单击 ◕（创建新的填充或调整图层）按钮，在弹出的下拉菜单中选择“黑白”命令，如图 4-32 所示。

步骤 21 选择“黑白”命令后，打开“黑白”属性面板，其中的参数设置如图 4-33 所示。

步骤 22 至此本案例制作完毕，效果如图 4-34 所示。

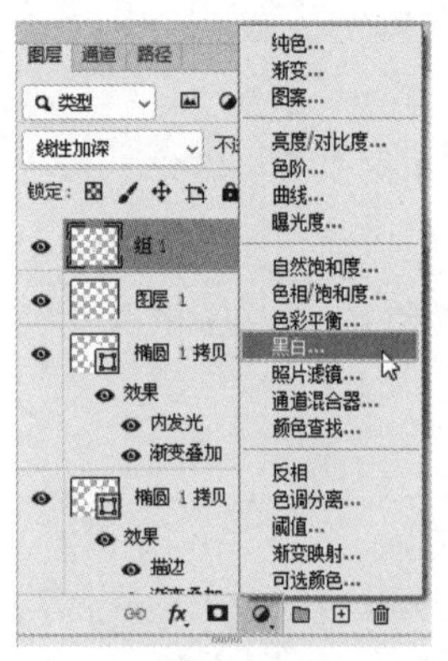

图 4-32

图 4-33

图 4-34

4.3 使用图层样式制作水晶风格图标

实例目的

- 掌握为图层添加样式的方法。
- 复制图层。

设计思路及流程

本案例是为了在图像素材中制作出一个局部水晶按钮效果，将背景降低透明度后凸显主体圆形按钮，在“样式”面板中找到“蓝色凝胶和中性色炮铜”，通过调整“不透明度”和“混合模式”制作出一个以图像为背景的水晶效果按钮。具体流程如图 4-35 所示。

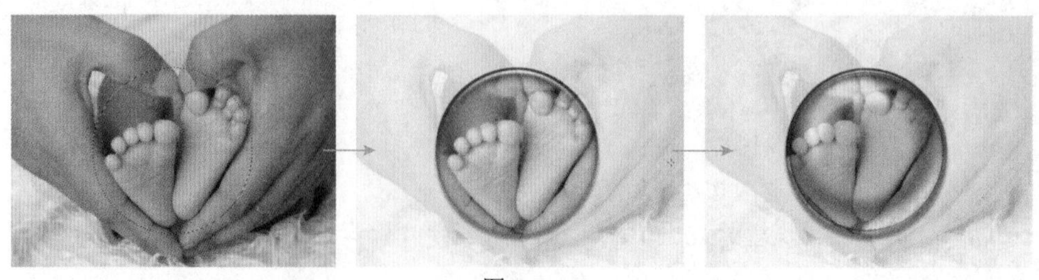

图 4-35

配色信息

本案例是在图像素材中制作按钮，按钮最后的水晶效果颜色以原图的颜色搭配蓝色，降低原图的不透明度时，以白色作为调整色。具体配色信息如图 4-36 所示。

C:84 M:71 Y:12 K: 0
R:60 G:85 B:159
#3c559f

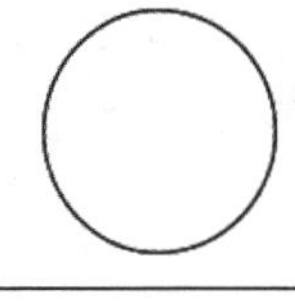

C:0 M:0 Y:0 K:0
R:255 G:255 B:255
ffffff

图 4-36

技术要点

- 将素材移入新建文档
- 使用椭圆选框工具绘制正圆选区
- 复制选区内容
- 在“样式”面板中添加图层样式
- 设置“混合模式”与“不透明度”

素材路径：**素材 \ 第 4 章** \ 小脚丫 .jpg
文件路径：**源文件 \ 第 4 章** \ 使用图层样式制作水晶风格图标 .psd
视频路径：**视频 \ 第 4 章** \ 使用图层样式制作水晶风格图标 .mp4

操作步骤

步骤 01 启动 Photoshop，执行菜单栏中的“文件”|“新建”命令或按 Ctrl+N 组合键，新建一个“宽度”为 800 像素、“高度”为 600 像素的空白文档，再执行菜单栏中的“文件”|“打开”命令或按 Ctrl+O 组合键，打开附带的“小脚丫 .jpg”素材，将打开的素材拖曳到新建文档中，如图 4-37 所示。

步骤 02 使用（椭圆选框工具）在文档中小脚丫处绘制一个正圆选区，如图 4-38 所示。

步骤 03 按 Ctrl+C 键复制选区内容，再按 Ctrl+V 组合键粘贴选区内容，会得到一个“图层 2”图层，将“图层 1”图层的“不透明度”设置为 22%，如图 4-39 所示。

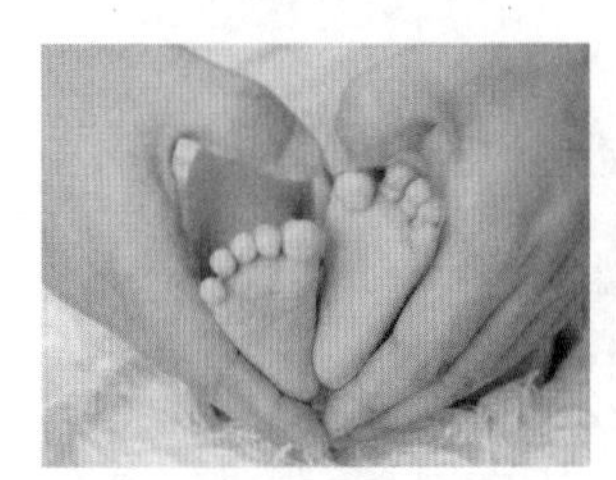

图 4-37

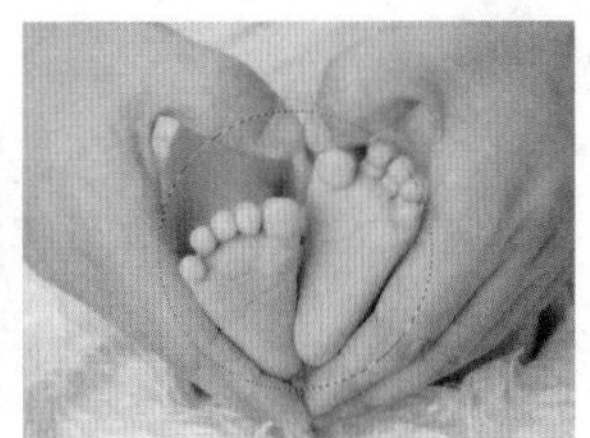

图 4-38

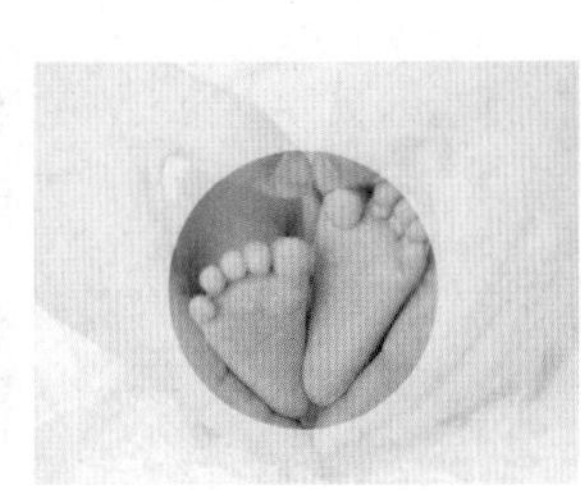

图 4-39

步骤 04 选择“图层 2”图层，执行菜单栏中的“图层”|“图层样式”|“投影”命令，打开“图层样式”对话框，在右侧的面板中设置“投影”的参数如图 4-40 所示。

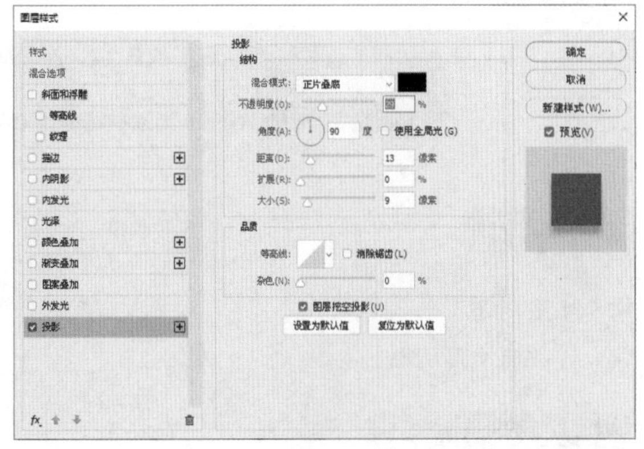

图 4-40

步骤 05 设置完毕单击“确定”按钮，效果如图 4-41 所示。

步骤 06 复制“图层 2”图层，得到一个“图层 2 拷贝”图层，执行菜单栏中的“窗口”|“样式”命令，打开“样式”面板，选择“Web 样式 | 蓝色凝胶”，效果如图 4-42 所示。

步骤 07 设置“混合模式”为“柔光”，效果如图 4-43 所示。

步骤 08 复制“图层 2 拷贝”图层，得到“图层 2 拷贝 2”图层，之后在“样式”面板中选择“中性色炮铜”，效果如图 4-44 所示。

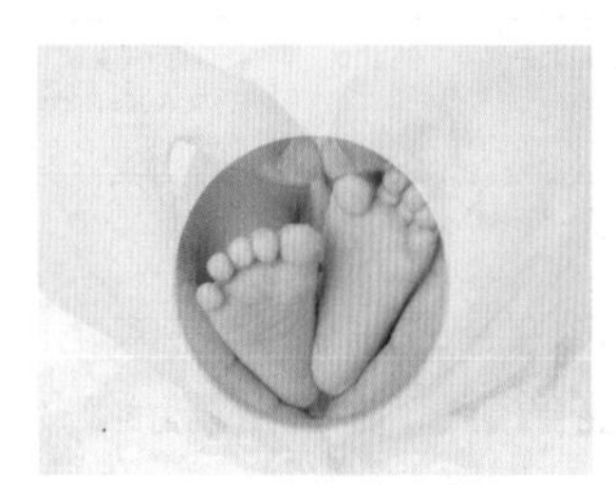

图 4-41

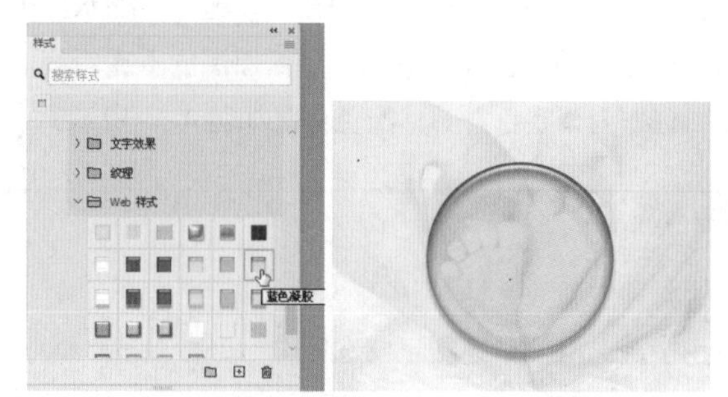

图 4-42

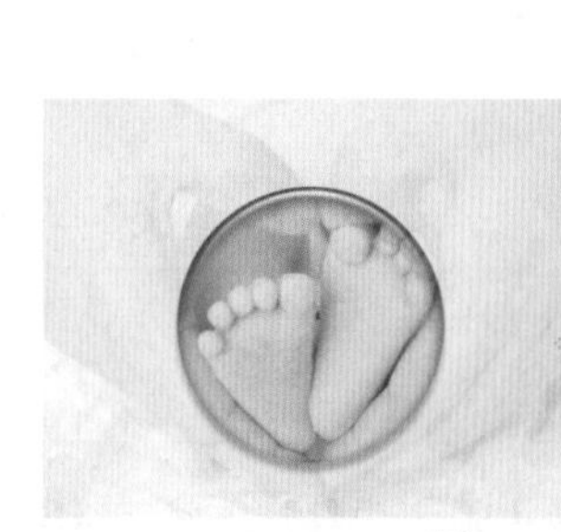

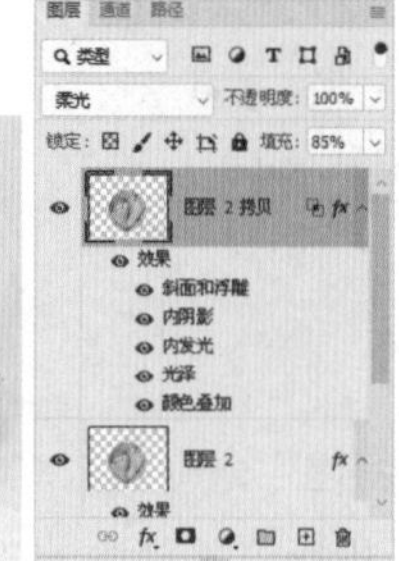

图 4-43

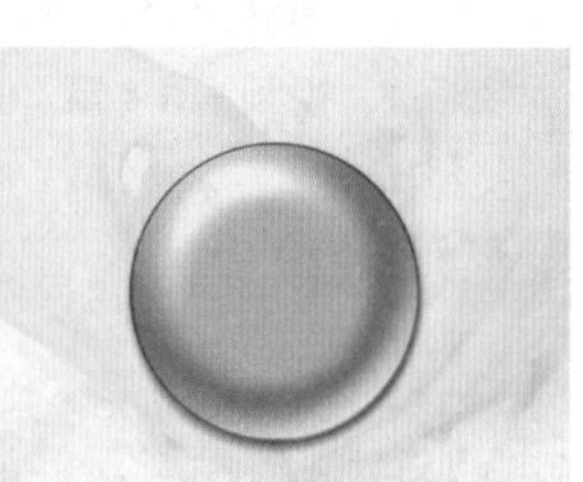

图 4-44

步骤 09 设置“混合模式”为“划分”、“不透明度”为 67%，如图 4-45 所示。

步骤 10 至此本案例制作完毕，效果如图 4-46 所示。

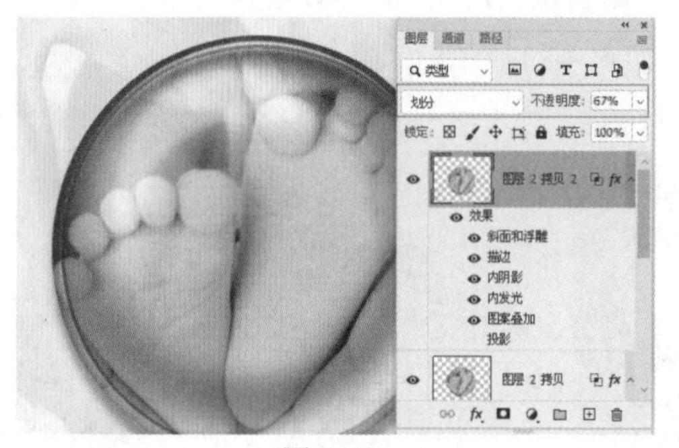

图 4-45

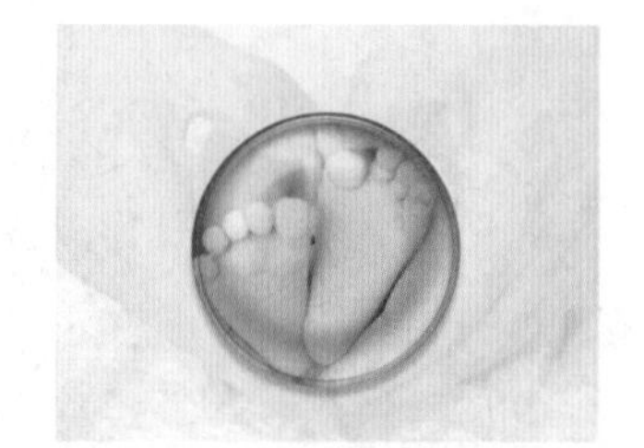

图 4-46

4.4 使用图层蒙版制作图标倒影

实例目的

- 了解渐变工具编辑蒙版。
- 了解画笔描边路径。

设计思路及流程

本案例思路是设计一款健身的 APP 图标。与以往的圆形和矩形不同，本案例以一面锦旗的外形作为图标的整体形状，通过颜色的层级来展现图标的背景区域的立体感，用一个运动小人作为 APP 的标识，为了让 APP 看起来更加具有立体效果，为其添加了一个倒影和阴影。具体流程如图 4-47 所示。

图 4-47

配色信息

本次制作的 APP 是以运动作为主题的，因此用绿色来体现年轻的活力，加上白色的小人会使整个 APP 对比效果更加明显，以灰色、蓝灰色创建的渐变色作为背景色，以绿色和白色作为 APP 区域的主色。具体配色信息如图 4-48 所示。

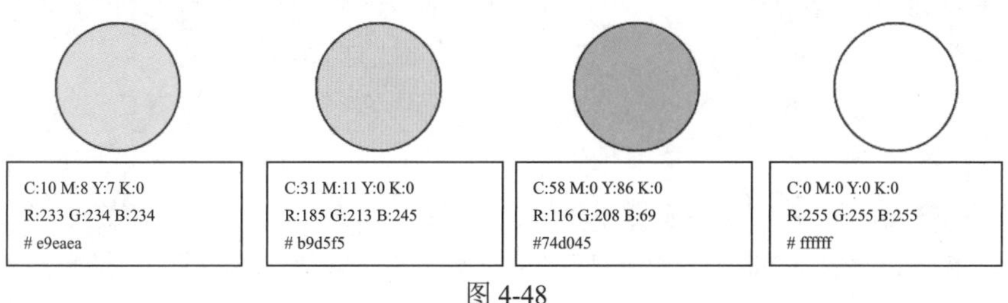

图 4-48

技术要点

- 新建文档，填充渐变色
- 绘制封闭形状
- 添加图层样式
- 使用画笔描边路径
- 使用合并图层添加图层蒙版
- 使用渐变工具编辑图层蒙版

素材路径：**素材 \ 第 4 章** \ 运动小人 .png
文件路径：**源文件 \ 第 4 章** \ 使用图层蒙版制作图标倒影 .psd
视频路径：**视频 \ 第 4 章** \ 使用图层蒙版制作图标倒影 .mp4

操作步骤

步骤 01 启动 Photoshop，执行菜单栏中的“文件”|“新建”命令，新建一个“宽度”为 800 像素、“高度”为 600 像素的空白文档，使用（渐变工具）从文档中心位置向边缘拖曳，为其填充一个“从灰色到蓝灰色”的径向渐变，如图 4-49 所示。

图 4-49

步骤 02 使用（矩形工具）在文档中绘制一个白色矩形，在“属性”面板中设置顶部两个角的“圆角值”为“30 像素”、底部两个角的“圆角值”为“0 像素”，效果如图 4-50 所示。

步骤 03 执行菜单栏中的“图层”|“图层样式”|“渐变叠加”命令，打开“图层样式”对话框，在右侧的面板中设置“渐变叠加”的参数如图 4-51 所示。

步骤 04 设置完毕单击“确定”按钮，效果如图 4-52 所示。

步骤 05 使用 （钢笔工具）在圆角矩形上绘制一个封闭的形状，效果如图 4-53 所示。

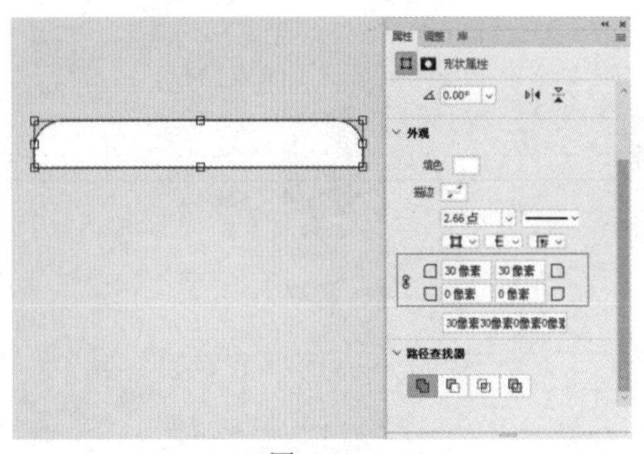

图 4-50

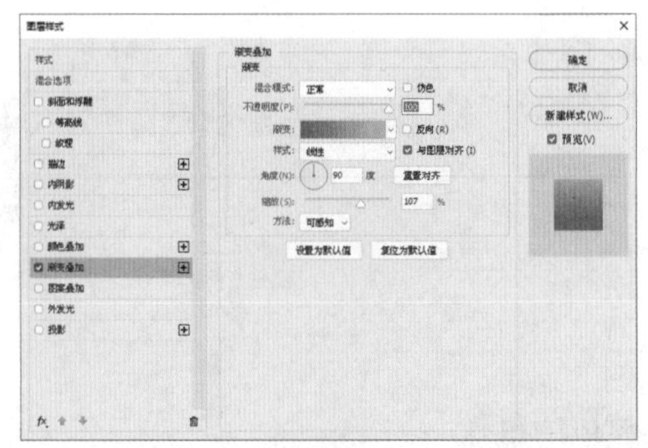

图 4-51

图 4-52

图 4-53

步骤 06 将形状填充设置为白色，执行菜单栏中的“图层” | “图层样式” | “描边”命令，打开“图层样式”对话框，在右侧的面板中设置“描边”的参数如图 4-54 所示。

步骤 07 设置完毕，单击“确定”按钮，效果如图 4-55 所示。

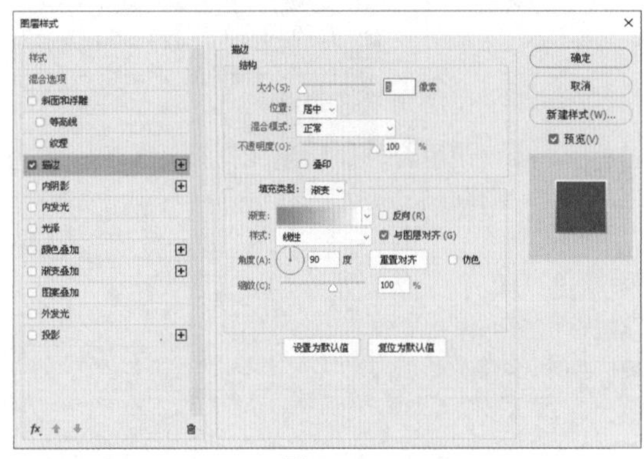

图 4-54

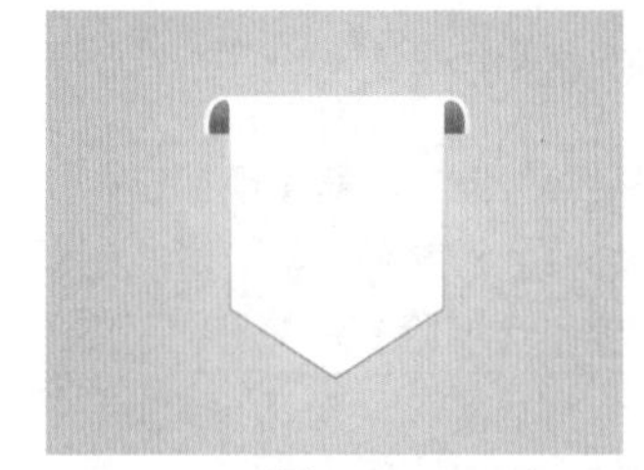

图 4-55

步骤 08 新建一个图层，使用 （钢笔工具）绘制一个黑色的封闭形状，如图 4-56 所示。

提示：在现有形状的图层中，再次绘制形状时，如果先设置填充色，会将原来的形状也进行改色，想要不冲突的最好办法是新建一个图层，再进行绘制和设置。

步骤 09 选择“矩形 1”图层，右击，在弹出的菜单中选择“拷贝图层样式”，再选择“形状 2”图层，右击，在弹出的菜单中选择“粘贴图层样式”，如图 4-57 所示。

步骤 10 粘贴图层样式后，效果如图 4-58 所示。

步骤 11 新建一个“图层 1”图层，使用 （钢笔工具）绘制一个封闭的路径，如图 4-59 所示。

步骤 12 将前景色设置为白色，选择 （画笔工具），按 F5 键打开“画笔设置”面板，其中的参数设置如图 4-60 所示。

步骤 13 在“路径”面板中单击 ○（画笔描边路径）按钮，效果如图 4-61 所示。

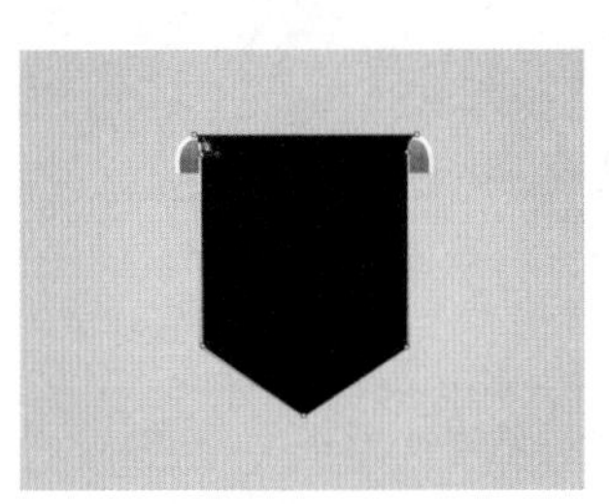

图 4-56

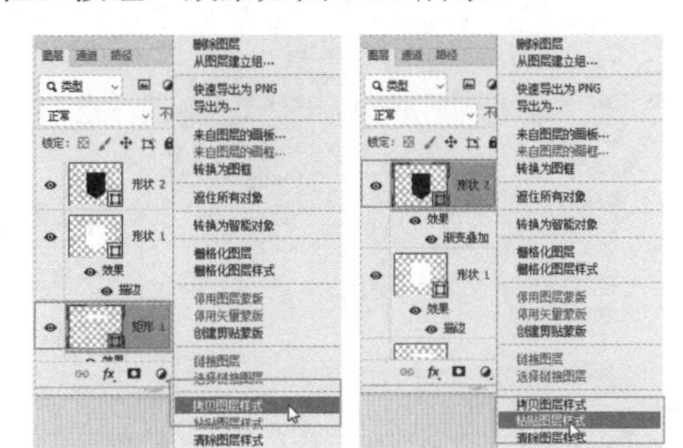

图 4-57

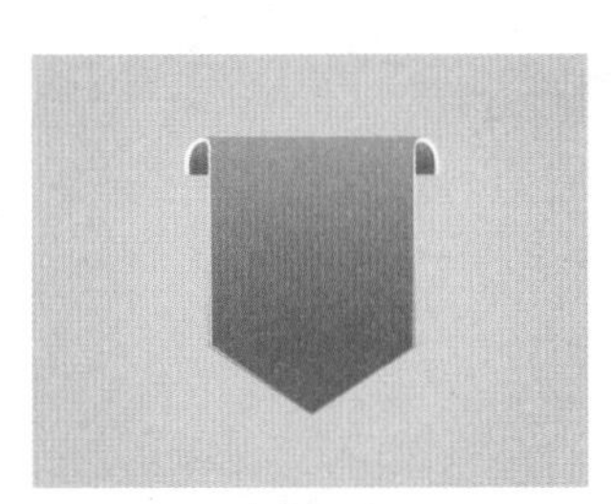

图 4-58

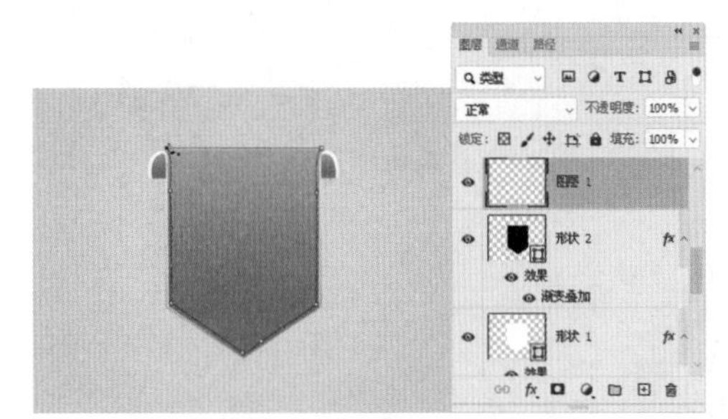

图 4-59

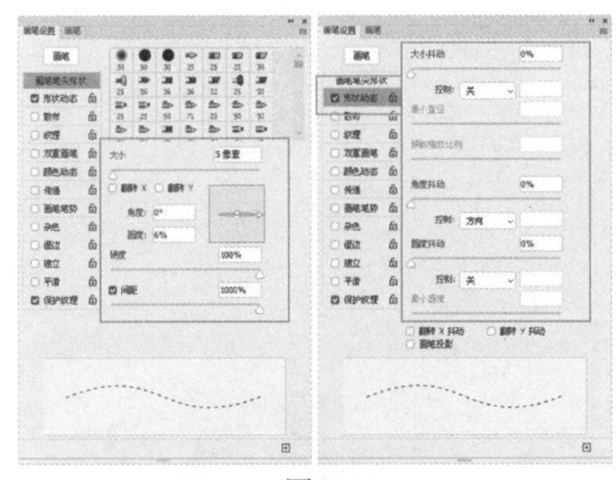

图 4-60

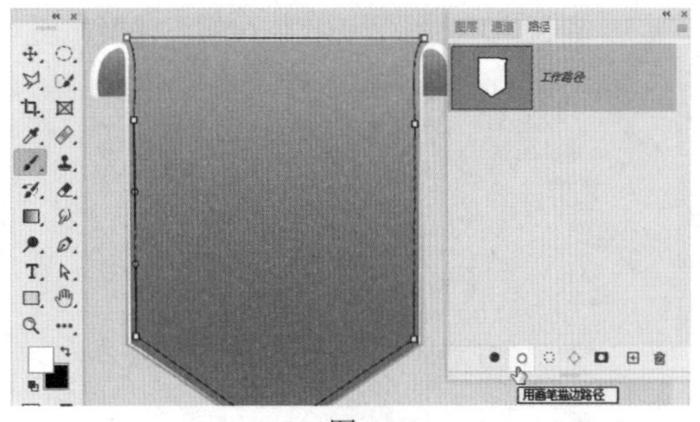

图 4-61

步骤 14 在“路径”面板中的空白处单击隐藏路径，按住 Ctrl 键单击“形状 2”图层的缩览图，调出选区后，按 Ctrl+Shift+I 组合键将选区反选，按 Delete 键清除选区内容，效果如图 4-62 所示。

步骤 15 按 Ctrl+D 组合键去掉选区，执行菜单栏中的“文件”|“打开”命令或按 Ctrl+O 组合键，打开附带的“运动小人 .png”素材，如图 4-63 所示。

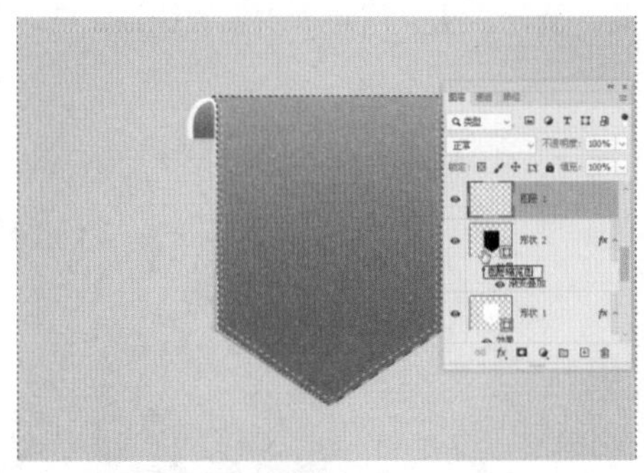

图 4-62

图 4-63

步骤 16 使用 ✥（移动工具）将素材中的人物拖曳到新建文档中，执行菜单栏中的“图像”|“调

整”|“反相”命令，将黑色转换成白色，效果如图 4-64 所示。

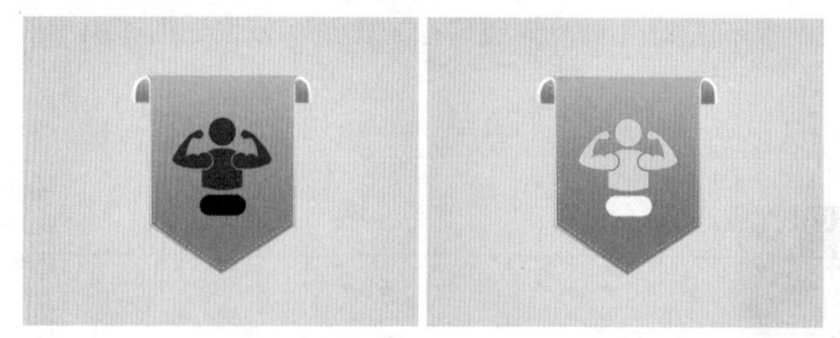

图 4-64

步骤 17 设置“混合模式”为“颜色减淡”，“不透明度”为 65%，效果如图 4-65 所示。

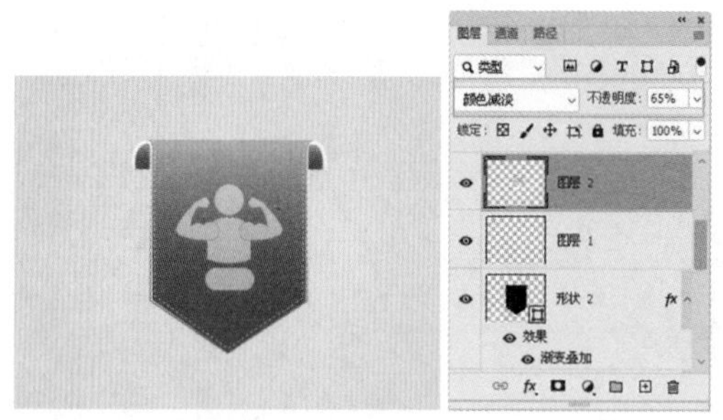

图 4-65

步骤 18 执行菜单栏中的“图层”|“图层样式”|“投影”命令，打开“图层样式”对话框，在右侧的面板中设置“投影”的参数如图 4-66 所示。

步骤 19 设置完毕单击“确定”按钮，效果如图 4-67 所示。

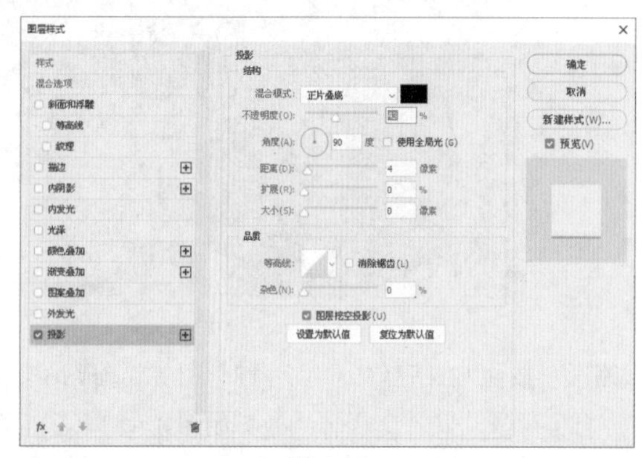

图 4-66

图 4-67

步骤 20 在“背景”图层的上方新建一个图层，使用▭（矩形选框工具）绘制一个矩形选区，如图 4-68 所示。

步骤 21 将前景色设置为黑色，使用▣（渐变工具）填充“从黑色到透明”的线性渐变，如图 4-69 所示。

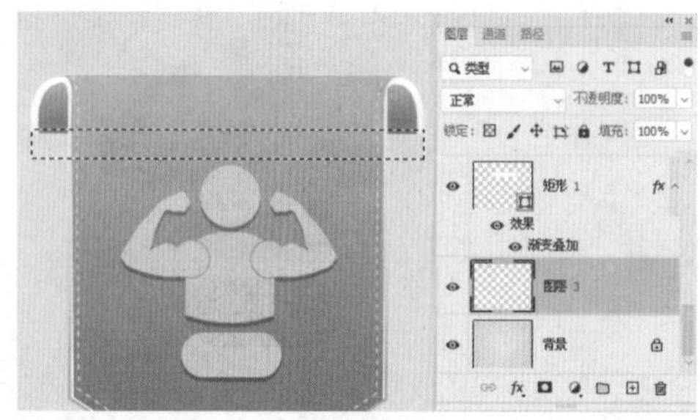

图 4-68

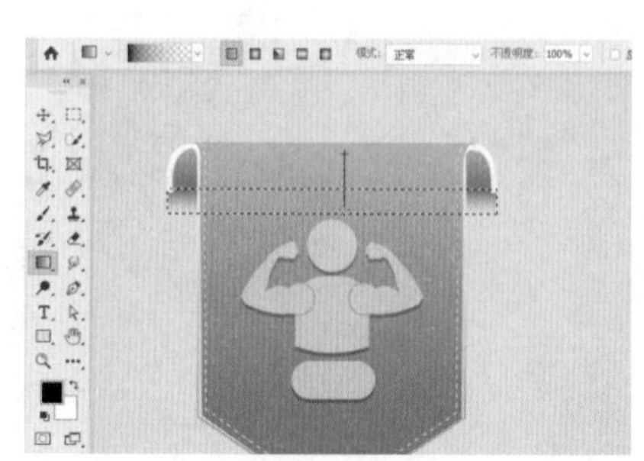

图 4-69

图 4-70

步骤 22 按 Ctrl+D 组合键去掉选区，执行菜单栏中的“编辑”|“变换”|“透视”命令，调出变换框后，拖动底部控制点调整透视效果，如图 4-70 所示。

步骤 23 调整完毕按 Enter 键完成变换，复制“图层 3”图层，得到一个“图层 3 拷贝”图层，按 Ctrl+T 组合键调出变换框，拖动控制点将其调短，如图 4-71 所示。

步骤 24 按 Enter 键完成变换，执行菜单栏中的“滤镜”|“模糊”|“高斯模糊”命令，打开“高斯模糊”对话框，其中的参数设置如图 4-72 所示。

步骤 25 设置完毕单击“确定”按钮，效果如图 4-73 所示。

图 4-71

图 4-72

图 4-73

步骤 26 选择除“背景”图层外的所有图层，按 Ctrl+Alt+E 组合键，得到一个合并后的图层，隐藏除“背景”图层和合并后的所有图层，效果如图 4-74 所示。

步骤 27 按 Ctrl+T 组合键调出变换框，拖动控制点将其缩小，按 Enter 键完成变换，复制一个合并图层，执行菜单栏中的“编辑”|“变换”|“垂直翻转”命令，将翻转后的图像向下移动，效果如图 4-75 所示。

步骤 28 在“图层”面板中单击 （添加图层蒙版）按钮，为“图层 2（合并）拷贝”图层添加一个图层蒙版，使用 （渐变工具）在蒙版中从下向上填充“从黑色到白色”的线性渐变，如图 4-76 所示。

图 4-74

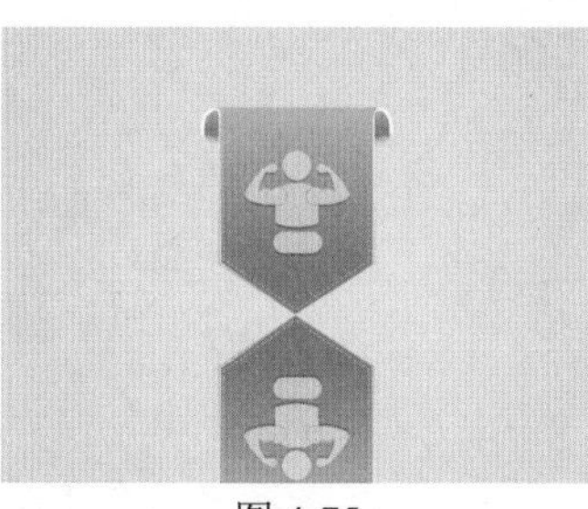
图 4-75

图 4-76

步骤 29 新建一个图层，使用 （椭圆工具）绘制一个黑色椭圆形，如图 4-77 所示。

步骤 30 执行菜单栏中的“滤镜”|“模糊”|“高斯模糊”命令，打开“高斯模糊”对话框，设置“半径”为 3 像素，设置完毕，单击“确定”按钮，设置“不透明度”为 38%，至此本案例制作完毕，效果如图 4-78 所示。

图 4-77

图 4-78

4.5 使用剪贴蒙版合成提示窗口

实例目的

- 了解矩形工具的使用。
- 了解剪贴蒙版的使用。

设计思路及流程

本案例是在打开的文档中绘制不同颜色的圆角矩形和矩形，用圆角矩形作为窗口的主体，目的是让整个窗口看起来更加圆润，加上圆角矩形的按钮使提示窗口变得更加完整，通过文字让窗口的功能更加明显。具体流程如图 4-79 所示。

图 4-79

配色信息

本次制作的 APP 是以提示窗口作为主体，因此用红色来集中注意力，同时用红色与乳黄色相配合，会使提示窗口更加醒目。具体配色信息如图 4-80 所示。

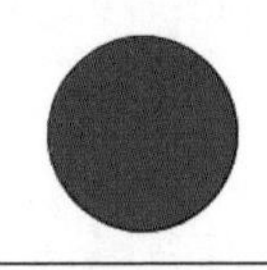

C:38 M:100 Y:100 K:4
R:178 G:13 B:13
b20d0d

C:27 M:90 Y:61 K:0
R:200 G:56 B:79
c8384f

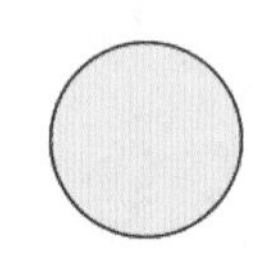

C:4 M:9 Y:13 K:0
R:248 G:237 B:225
f8ede1

图 4-80

技术要点

- 打开素材
- 绘制矩形，设置“圆角”值
- 添加图层样式
- 绘制多边形，创建剪贴蒙版

素材路径：**素材 \ 第 4 章** \ 窗口背景 .png
文件路径：**源文件 \ 第 4 章** \ 使用剪贴蒙版合成提示窗口 .psd
视频路径：**视频 \ 第 4 章** \ 使用剪贴蒙版合成提示窗口 .mp4

操作步骤

步骤 01 打开 Photoshop，执行菜单栏中的“文件”|“打开”命令，打开附带的“窗口背景 .png”素材，如图 4-81 所示。

步骤 02 使用▭（矩形工具）在文档的中间位置绘制一个“半径”为 15 像素的淡红色圆角矩形，如图 4-82 所示。

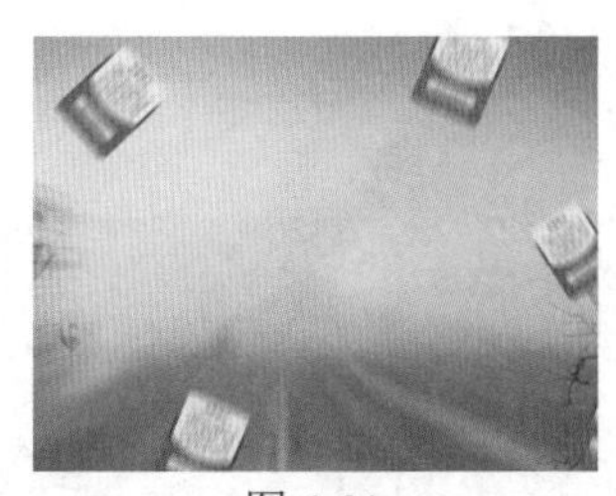

图 4-81

图 4-82

步骤 03 复制一个矩形 1 图层，将“填充”设置为铁红色，按 Ctrl+T 组合键调出变换框，拖动控制点将其缩小，效果如图 4-83 所示。

图 4-83

步骤 04 按 Enter 键完成变换，使用▭（矩形工具）绘制一个铁红色矩形，在“属性”面板中设置底部的两个角为 20 像素，如图 4-84 所示。

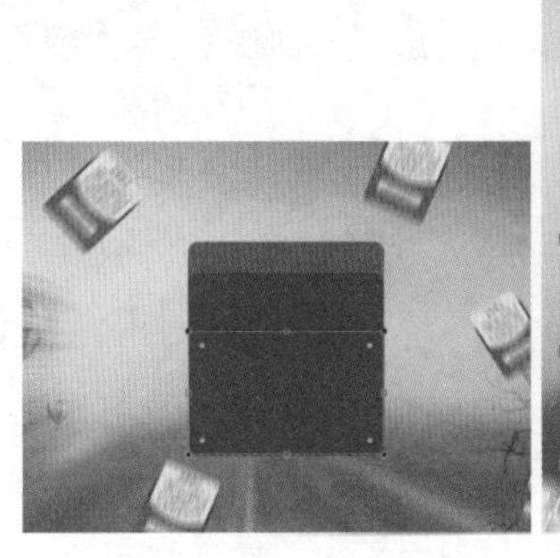

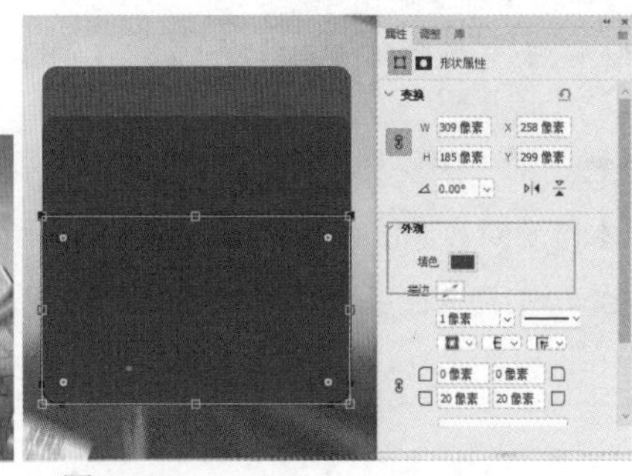

图 4-84

技巧：使用▭（矩形工具）绘制形状后，可以通过“属性”面板再次调整圆角大小。

步骤 05 使用✒（添加锚点工具）在矩形的顶部中间位置单击，为其添加一个锚点，向下拖曳锚点，将直线变为圆弧，效果如图 4-85 所示。

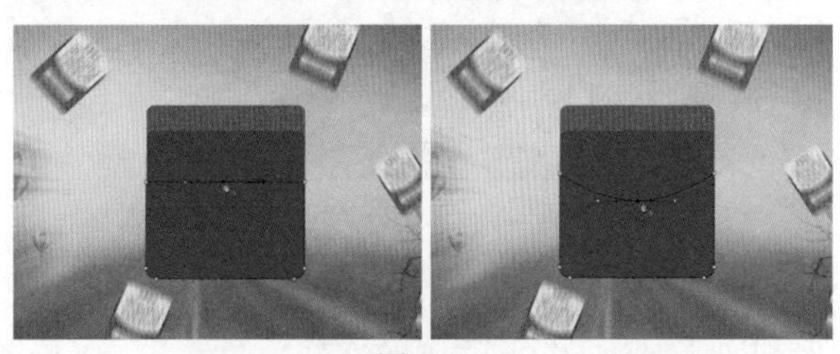

图 4-85

步骤 06 执行菜单栏中的“图层”|“图层样

式”|“投影”命令，打开“图层样式”对话框，在右侧的面板中设置“投影”的参数如图 4-86 所示。

步骤 07 设置完毕单击“确定”按钮，效果如图 4-87 所示。

步骤 08 复制矩形，将其调整为淡红色，去掉“矩形 1 拷贝”图层的图层样式，效果如图 4-88 所示。

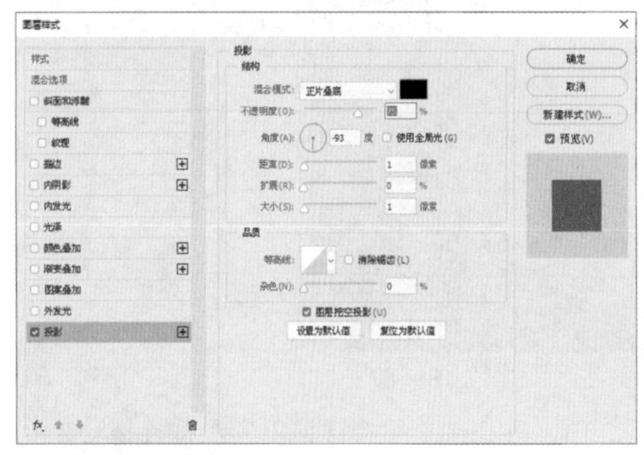

图 4-86

图 4-87

图 4-88

技巧：要想去掉当前图层中的图层样式，只要选择图层后，执行菜单栏中的“图层”|“图层样式”|“清除图层样式”命令，或者在图层上右击，在弹出的菜单中选择“清除图层样式”命令。

步骤 09 使用（矩形工具）在“矩形 2”图层的下方绘制一个淡黄色圆角矩形，效果如图 4-89 所示。

步骤 10 使用（多边形工具）在“矩形 1 拷贝”图层的上方绘制一个六边形，效果如图 4-90 所示。

图 4-89

图 4-90

步骤 11 执行菜单栏中的“图层”|“创建剪贴蒙版”命令，创建剪贴蒙版后设置“不透明度”为 15%，复制两个副本移动到其他位置，效果如图 4-91 所示。

步骤 12 使用（矩形工具）在最顶层绘制一个小一点的矩形，将“圆角值”设置为 30 像素，效果如图 4-92 所示。

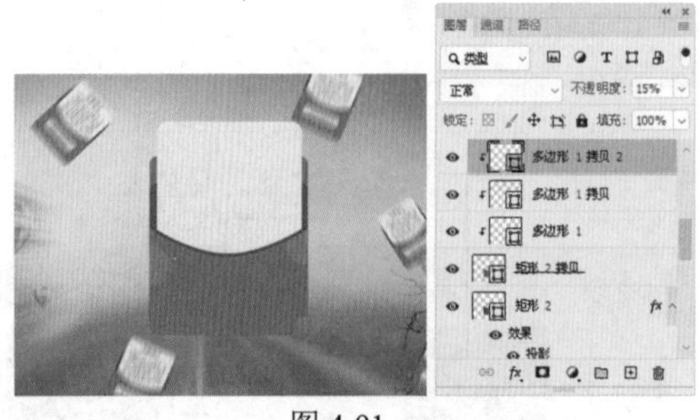

图 4-91

图 4-92

步骤 13 执行菜单栏中的“图层”|“图层样式”|“混合选项”命令，打开“图层样式”对话框，在左侧的列表框中分别选中“内发光”“外发光”复选框，其中的参数设置如图 4-93 所示。

步骤 14 设置完毕，单击“确定”按钮，效果如图 4-94 所示。

步骤 15 选择最底层的矩形，执行菜单栏中的“图层”|“图层样式”|“外发光”命令，打开“图层样式”对话框，在右侧的面板中设置“外发光”的参数如图 4-95 所示。

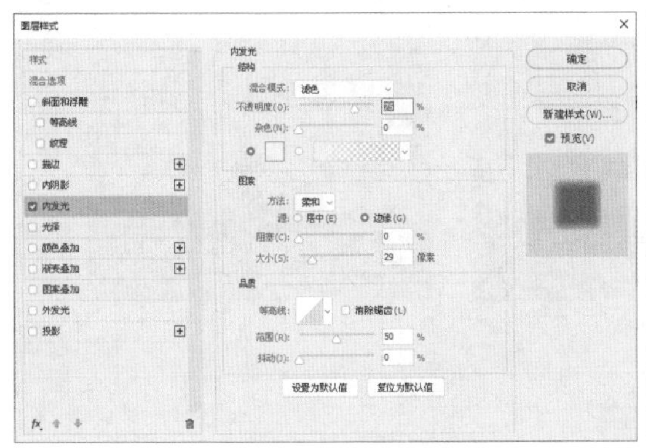

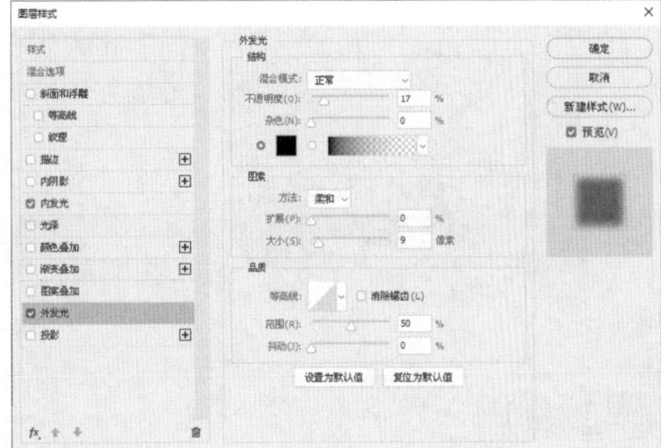

图 4-93

图 4-94

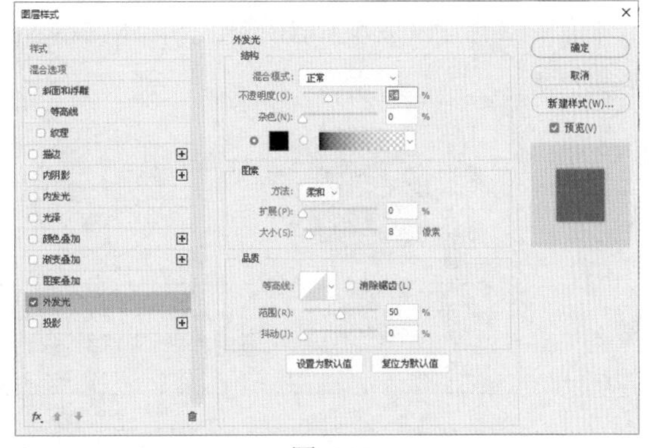

图 4-95

步骤 16 设置完毕单击“确定”按钮，效果如图 4-96 所示。

步骤 17 使用 T（横排文字工具）在制作的图形上输入合适的文本，至此本案例制作完毕，效果如图 4-97 所示。

图 4-96

图 4-97

4.6 使用操控变形制作图形图标

实例目的

- 了解操控变形命令的使用。
- 了解 3D 绘制球体的使用。

设计思路及流程

本案例设计的 APP 是在一个球体上制作出水晶效果，将辣椒通过操控变形添加到水晶球体上，让整个 APP 看起来就像一个水晶球呈现的辣椒画面。具体流程如图 4-98 所示。

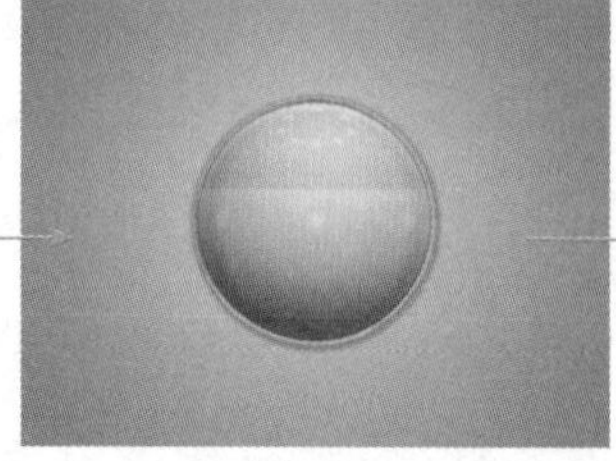

图 4-98

配色信息

本次制作的 APP 是以球形水晶作为主体，整体背景是淡灰色到灰色的径向渐变，为了让主体与背景有一个色彩对比，以移入辣椒的颜色作为水晶球的主色，这里我们使用了青绿色。具体配色信息如图 4-99 所示。

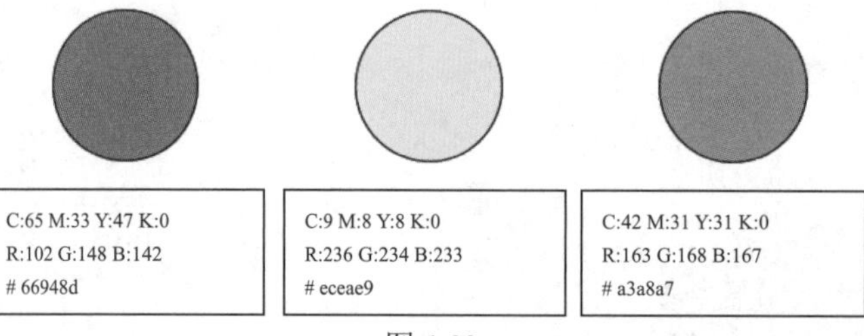

图 4-99

技术要点

- 新建文档，填充渐变色
- 绘制 3D 球体并将其栅格化
- 在“样式”面板中添加图层样式
- 对灰色球体应用“色相 / 饱和度”进行色调调整
- 移入素材，应用“操控变形”命令

素材路径：**素材 \ 第 4 章 ** 辣椒 .png
文件路径：**源文件 \ 第 4 章 ** 使用操控变形制作图形图标 .psd
视频路径：**视频 \ 第 4 章 ** 使用操控变形制作图形图标 .mp4

操作步骤

步骤 01 启动 Photoshop，执行菜单栏中的“文件”|“新建”命令或按 Ctrl+N 组合键，新建一个“宽度”为 800 像素、“高度”为 600 像素的矩形空白文档，使用 (渐变工具）填充一个“从淡灰色到灰色”的径向渐变，如图 4-100 所示。

步骤 02 新建一个“图层 1”图层，执行菜单栏中的“3D”|“从图层新建网格”|“网格预设”|“球体”命令，制作一个球体，如图 4-101 所示。

步骤 03 执行菜单栏中的“图层”|“栅格化”|“3D”命令，将图层转换成普通图层，如图 4-102 所示。

图 4-100

图 4-101

图 4-102

步骤 04 使用◯（椭圆选框工具）在球体上绘制一个正圆选区，按 Ctrl+Shift+I 组合键，将选区反选，按 Delete 键删除选区内容，如图 4-103 所示。

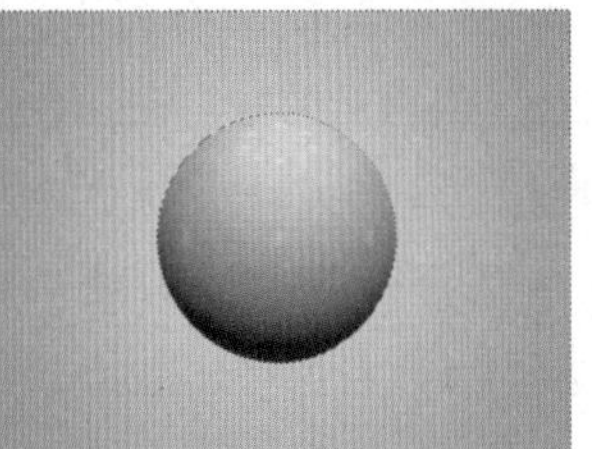

图 4-103

步骤 05 按 Ctrl+D 组合键去掉选区，执行菜单栏中的“窗口”|“样式”命令，打开“样式”面板，在面板中选择“旧版样式及其他”|“2019 样式”|“玻璃”|“磨砂”，效果如图 4-104 所示。

步骤 06 在“图层”面板中单击 ◐（创建新的填充或调整图层）按钮，在弹出的下拉菜单中选择“色相 / 饱和度”命令，打开“色相 / 饱和度”属性面板，其中的参数设置如图 4-105 所示。

图 4-104

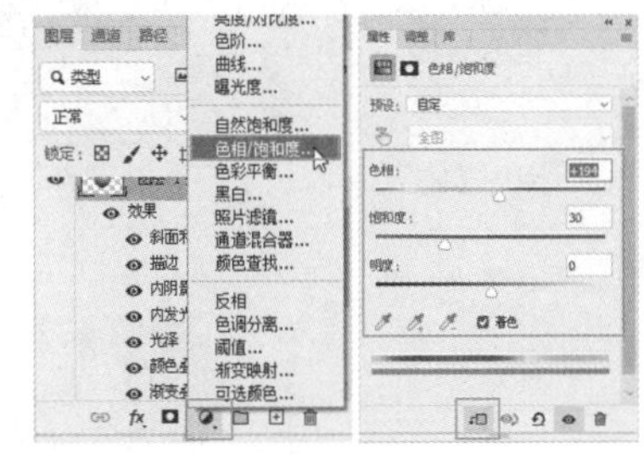

图 4-105

步骤 07 设置完毕，效果如图 4-106 所示。

步骤 08 执行菜单栏中的“文件”|“打开”命令，打开附带的“辣椒 .png”素材，使用 ▣（对象选择工具）在辣椒上单击，为辣椒创建选区，如图 4-107 所示。

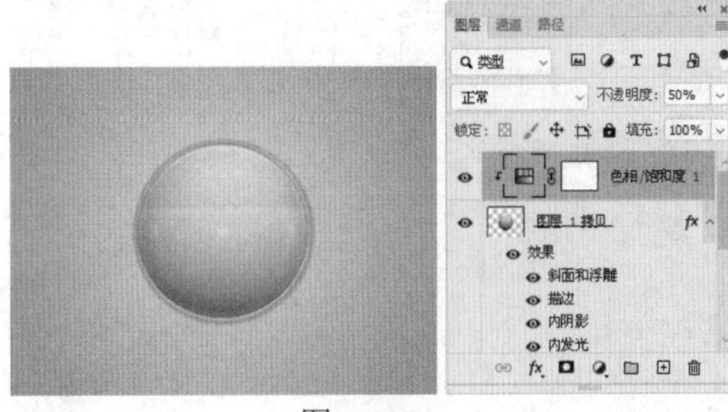

图 4-106

图 4-107

步骤 09 使用 ✥（移动工具）将选区内的图像拖曳到新建的文档中，执行菜单栏中的“编辑”|“操控变形”命令，如图 4-108 所示。

步骤 10 拖动最底部的控制点将辣椒调整成弯曲效果，如图 4-109 所示。

步骤 11 按 Enter 键完成操控变形，按 Ctrl+T 组合键调出变换框，拖动控制点将其缩小，如图 4-110 所示。

图 4-108

图 4-109

步骤 12 按 Enter 键完成变换，在辣椒所在图层的下方新建一个图层，使用（椭圆选框工具）绘制一个椭圆选区后，将其填充为黑色，如图 4-111 所示。

步骤 13 按 Ctrl+D 组合键去掉选区，执行菜单栏中的“滤镜”|“模糊”|“高斯模糊”命令，打开“高斯模糊”对话框，设置“半径”为 3 像素，如图 4-112 所示。

步骤 14 设置完毕，单击“确定”按钮，设置“不透明度”为 39%，至此本案例制作完毕，效果如图 4-113 所示。

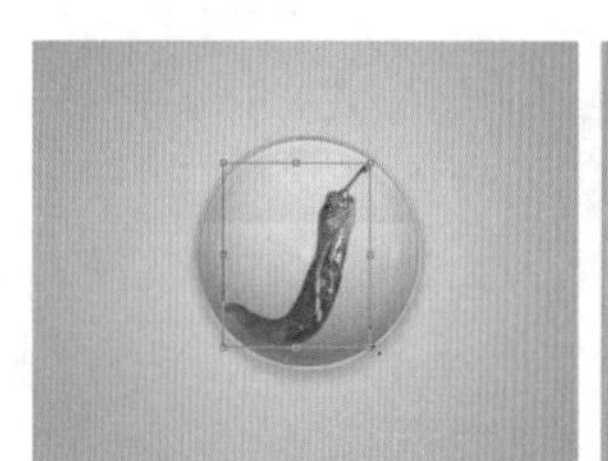

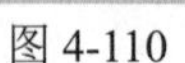

图 4-110

图 4-111

图 4-112

图 4-113

4.7 优秀作品欣赏

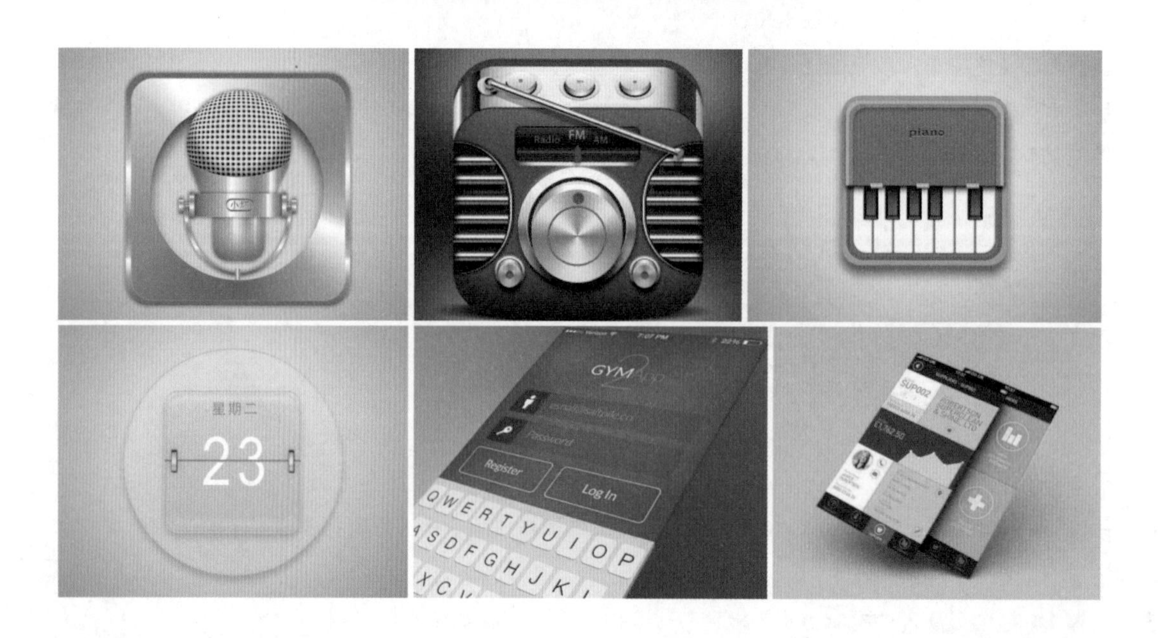

第 5 章 扁平化风格案例实战

本章重点：

- 了解扁平化设计
- 实战案例——扁平化风格铅笔图标
- 实战案例——扁平化风格钢笔图标
- 实战案例——扁平化风格扳手图标
- 实战案例——扁平化风格生肖鼠图标
- 实战案例——扁平化风格邮箱界面
- 实战案例——扁平化风格音乐播放器界面
- 实战案例——扁平化风格天气预报控件
- 实战案例——扁平化风格超市小票
- 优秀作品欣赏

5

本章主要从 UI 设计中的扁平化风格进行实战讲解。扁平化设计也称为简约设计、极简设计，主要特点是去除掉 UI 设计中的各种特效的添加和装饰，设计时不会出现渐变、3D、纹理等效果元素，主要体现设计中的极简、强调抽象、符号化等特色。扁平化设计与拟物化设计形成鲜明的对比。扁平化设计不仅界面美观、简洁，而且大大地降低了运行的功效，延长了待机时间，提高了运算速度。本章从图标、UI 控件、简洁界面等方面进行案例式的实战讲解，让大家能够以最快的方式掌握扁平化设计技能。

5.1 了解扁平化设计

5.1.1 扁平化设计是什么

扁平化是近几年UI设计发展的一个趋势，作为一名从事UI设计的工作者，扁平化设计是必须要掌握的一项技能。

扁平化是一种二维形态，其核心是去掉冗余的装饰效果，也就是化繁为简，把一个事物尽可能用最简洁的方式表现出来。但简洁不等于简单。如果拟物化是西方的油画，注重的是写实，那扁平化就更像中国风的水墨画，注重的是写意。尤其在移动设备上，能尽可能多地在较小的屏幕空间展示内容而不显得臃肿，使人产生干净整洁的感觉。

首先，扁平化的界面通常使用鲜艳、明亮的色块进行设计。形态方面，以圆形、矩形等简单几何形态为主，界面按钮和选项更少。扁平化风格中设计元素的减少，使色彩的使用更加规范，字体标准更加统一，使其形态与整体更加协调，因此，更加容易形成统一的模式，使整个界面简洁大方、充满现代感，呈现极简主义的设计理念。

其次，扁平化的界面提升系统效率，降低设计成本。拟物化风格在细节处理上占用大量数据，数据量的增加势必提升系统占用空间，降低运算速度。而扁平化风格由于设计元素、色彩的减少，摒弃了过多的装饰，提高人机交互过程中的效率，减少了系统功耗，提高了运算速度，延长了待机时间。

最后，减少体验者使用过程的心理负担。随着硬件设备性能的不断提升，体验者的操作内容和范围也不断增加，拟物化界面的点触样式更容易造成使用过程中的不便，增加体验者的心理负担。而扁平化设计的模糊触控范围点触区域，使体验者在使用过程中更加自如。

作为手机领域风向标的苹果手机在iOS8以后使用了扁平化设计，随着更多Apple产品的出现，扁平化设计已经成为UI类设计的大方向。如Windows、Mac OS、iOS、Android等操作系统的设计已经向“扁平化设计”发展。

5.1.2 扁平化风格设计的优点和缺点

扁平化风格的确立，可以引领大批的设计者跟随，从而可以丰富多方面的设计内容。任何事物都有优点和缺点，扁平化风格与拟物化风格在设计中属于两极化的存在。

扁平化风格设计的优点

扁平化风格能够快速地在设计界拥有一席之地并广泛流行，这绝非偶然，其优点是有目共睹的。

- 降低移动设备的硬件需求，运行时速度更快，能耗低，可以延长设备待机时间，增加工作效率。
- 无论是图标还是界面，都能够更快地与使用者达成共识，减少应用误区。
- 减少了装饰效果的加持，界面简单、线条明确，设计时不用考虑多个尺寸，可以在多种设备中完美地展现，大大地增加了适应性。
- 界面简洁便于更改，设计与开发会变得更加容易。
- 简约而不简单，清晰的色彩脉络更容易使人产生共鸣，缓解视觉疲劳。

扁平化风格设计的缺点

任何事物都有一个适应过程，对于不适应扁平化风格的人群来说，其缺点还是有的。

- 直观界面过于单调，在非移动设备上让浏览者看起来没有质感。
- 设计过于简约，对于初次接触的人来说不懂它的具体含义，需要对其进行学习才能了解，因此会增加一些学习成本和时间。
- 内容过于单调，减少了人们对它的兴趣。因此，会流失一些潜在人群，造成不必要的损失。

5.1.3 扁平化风格的设计原则

了解扁平化风格设计的优点和缺点之后，要想在扁平化风格设计方面有更好的操作和技巧，就需要对其进一步地深化掌握。扁平化风格设计虽然简单，但也需要特别的技巧，否则整个设计会由于过于简单缺乏吸引力，不能给浏览者留下深刻的印象。哪种设计风格都不是万能的，不能强行将一种设计风格应用到不适合的地方，否则会起到相反的作用。在运用扁平化风格进行设计时要遵循以下设计原则。

去特效化

通过对扁平化风格设计的了解，我们知道扁平化是放弃一切装饰效果，如阴影、透视、纹理、渐变等能做出 3D 效果的元素一概不用。扁平化完全属于二次元世界，属于极简设计，所有的元素的边界都干净利落，没有任何羽化、渐变或者阴影。尤其在手机上，屏幕的限制使得这一风格在用户体验上更有优势，更少的按钮和选项使得界面干净整齐，使用起来格外简单，如图 5-1 所示。

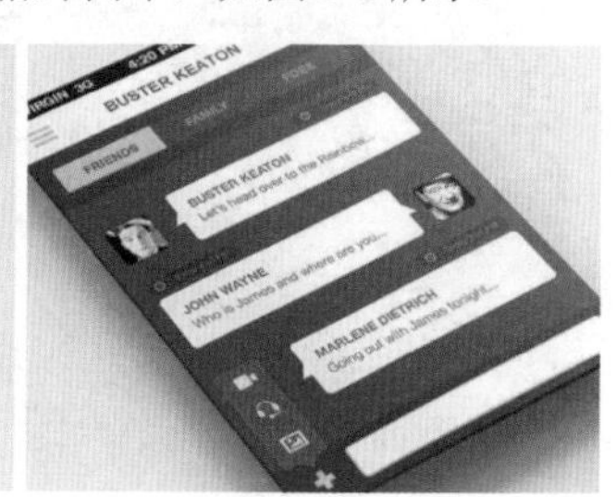

图 5-1

简洁界面元素

扁平化风格设计通常采用许多简单的用户界面元素，在按钮、导航、菜单、控件等设计中多使用极简风格的几何元素。设计师坚持使用简单的矩形或圆形，尽量避免圆角，使其尽量突出外形。对于相同的几何元素，可以用不同色调进行区分，如图 5-2 所示。

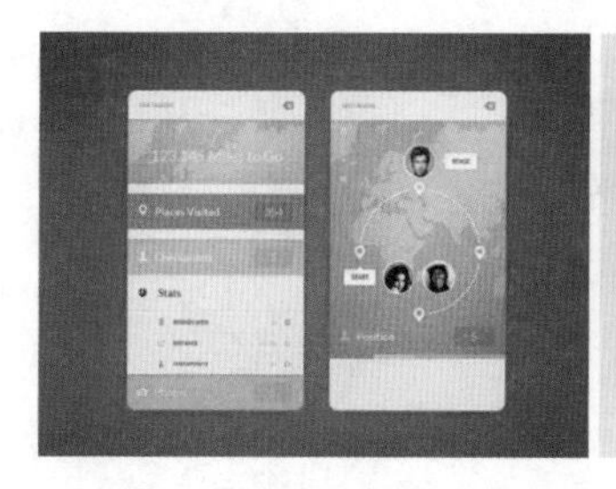
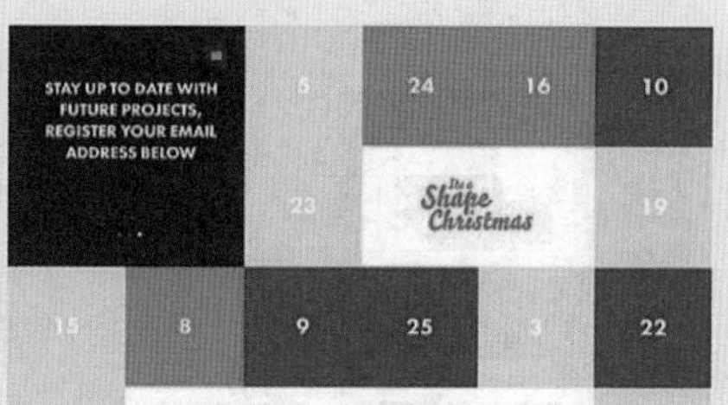

图 5-2

强化版式设计

扁平化设计使用特别简单的元素，版式就成了很重要的一环，版式好坏直接影响视觉效果，甚至可能间接影响用户体验。版式与文字的相辅相成能让整体效果看起来更加具有视觉性和统一性，设计时切记注重图片的大小与文字的大小，文字不要添加过多的修饰，以避免出现伪扁平化效果，语言和内容要简洁精练，图形或文字都可以以对比的形式进行版式设计，如颜色对比、大小对比、形状对比、字体对比等。强化版式设计如图 5-3 所示。

图 5-3

强化颜色搭配

打开扁平化风格设计作品时，最先映入眼帘的元素就是配色。扁平化风格设计通常采用比其他风格的设计更明亮、更炫丽的颜色，在配色中会以多色彩的形式进行加入，颜色类型以不同的纯色作为各区域的配色，以此来避免整个界面在视觉上的过于平淡。在颜色的选择上，设计者要多使用复古色浅橙色、紫色、绿色、蓝色等。强化颜色搭配如图 5-4 所示。

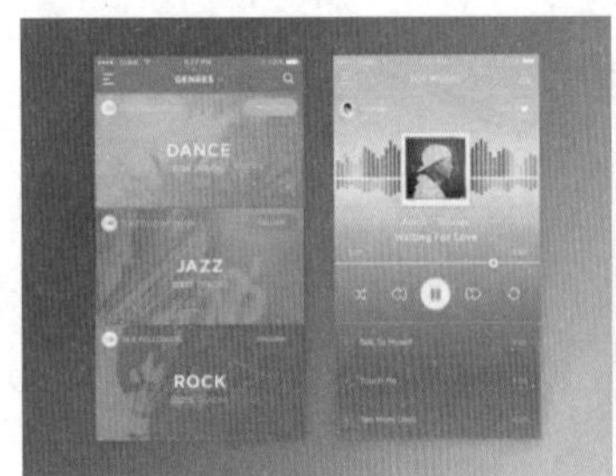

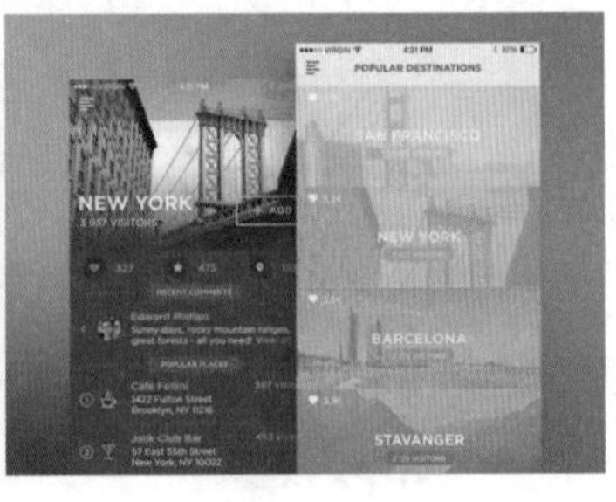

图 5-4

统一风格

扁平化风格设计，在设计中尽量简化自己的设计方案，避免不必要的元素出现在设计中。对于出现的图形或文字，可以将其做到形状统一、位置统一、字体统一等。统一风格不是扁平化风格设计所特有的要求，在 UI 设计中如果风格不统一，会让浏览者有一种无从下手的感觉，完全失去界面间的交互吸引。统一风格如图 5-5 所示。

图 5-5

5.2 实战案例——扁平化风格铅笔图标

实例目的

- 了解多边形工具的使用。
- 了解如何为图形添加图层样式。

设计思路及流程

本次的 UI 设计是制作一个扁平化风格的铅笔正面视图图标，通过绘制六边形来凸显铅笔的正面形状，调整“圆角值”和“星形比例”是为了展现削铅笔后的边缘效果，添加图层样式是展现削铅笔后的内部效果，中间的黑点代表笔芯。具体流程如图 5-6 所示。

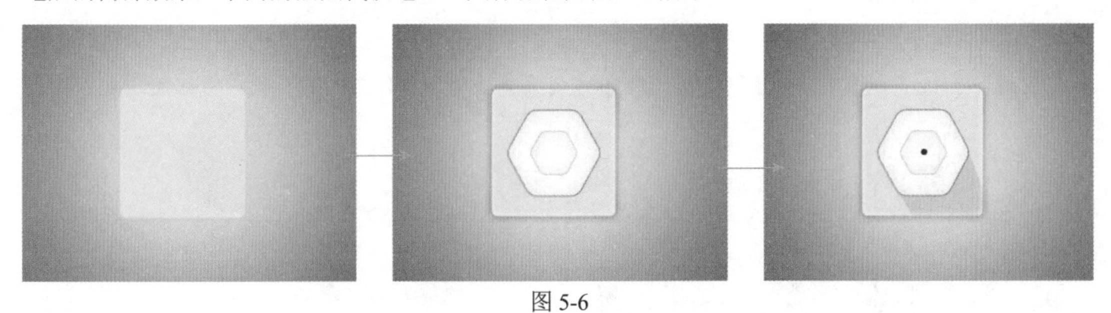

图 5-6

配色信息

本案例是铅笔被削后的正面视图，配色时主要以笔尖为黑色、笔身为绿色、削笔后笔身的颜色为黄色和白色，配色信息如图 5-7 所示。

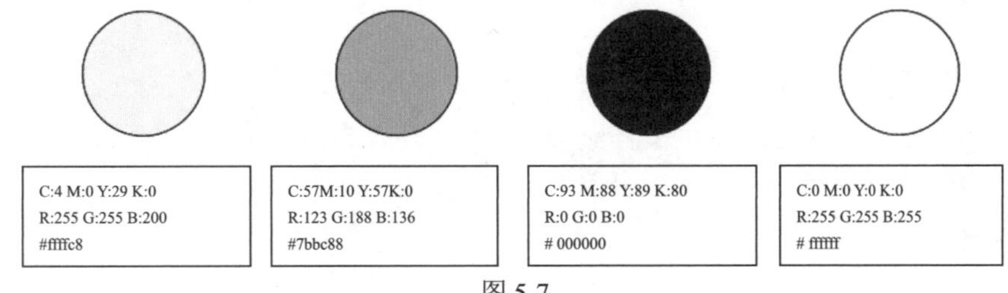

图 5-7

技术要点

- 新建文档填充渐变色
- 绘制矩形，设置“圆角值”后添加图层样式
- 绘制多边形，设置“圆角值”和“星形比例”
- 绘制选区、填充黑色，创建剪贴蒙版

文件路径：**源文件 \ 第 5 章 ** 实战案例——扁平化风格铅笔图标 .psd
视频路径：**视频 \ 第 5 章 ** 实战案例——扁平化风格铅笔图标 .mp4

操作步骤

步骤 01 启动 Photoshop，执行菜单栏中的“文件”|“新建”命令或按 Ctrl+N 组合键，新建一个“宽度”

为 800 像素、“高度”为 600 像素的矩形空白文档，设置前景色（R:172 G:253 B:244）、背景色（R:105 G:153 B:145），使用（渐变工具）填充一个“从前景色到背景色”的径向渐变，如图 5-8 所示。

步骤 02 使用（矩形工具）在页面中间位置绘制一个前景色的矩形，设置“圆角值”为 15 像素，如图 5-9 所示。

图 5-8

图 5-9

步骤 03 执行菜单栏中的“图层”|“图层样式”|“混合选项”命令，打开“图层样式”对话框，在左侧的列表框中分别选中“描边”“内发光”和“外发光”复选框，其中的参数设置如图 5-10 所示。

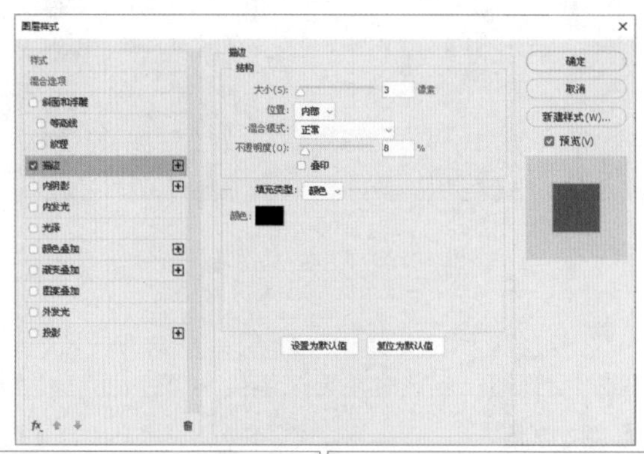

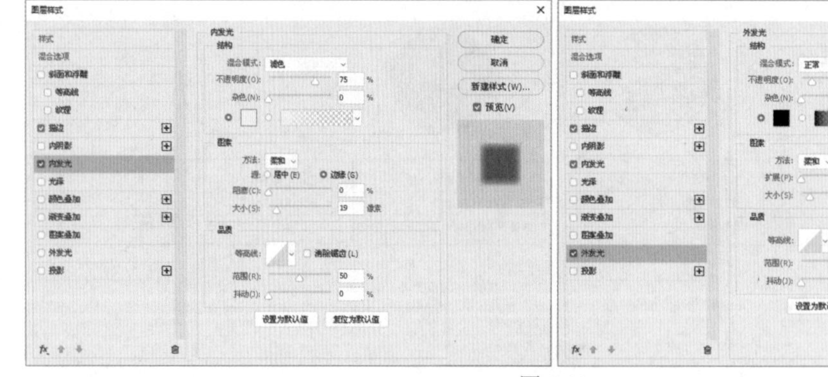

图 5-10

步骤 04 设置完毕，单击“确定”按钮，效果如图 5-11 所示。

步骤 05 使用（多边形工具）在圆角矩形上面绘制一个白色的六边形，设置“圆角值”为 31 像素，效果如图 5-12 所示。

步骤 06 执行菜单栏中的“图层”|“图层样式”|“混合选项”命令，打开“图层样式”对话框，在左侧的列表框中分别选中“描边”和“内发光”复选框，其中的参数设置如图 5-13 所示。

步骤 07 设置完毕单击“确定”按钮，效果如图 5-14 所示。

步骤 08 复制“多边形 1”图层，得到一个“多边形 1 拷贝”图层，删除图层样式后，设置“圆角值”为 19.58 像素、“星形比例”为 98%，效果如图 5-15 所示。

图 5-11

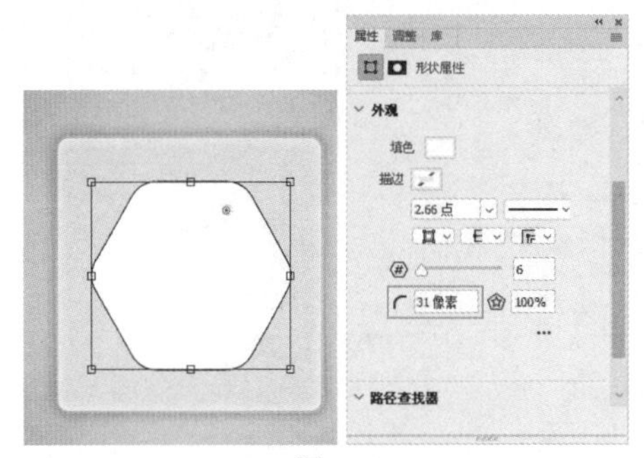

图 5-12

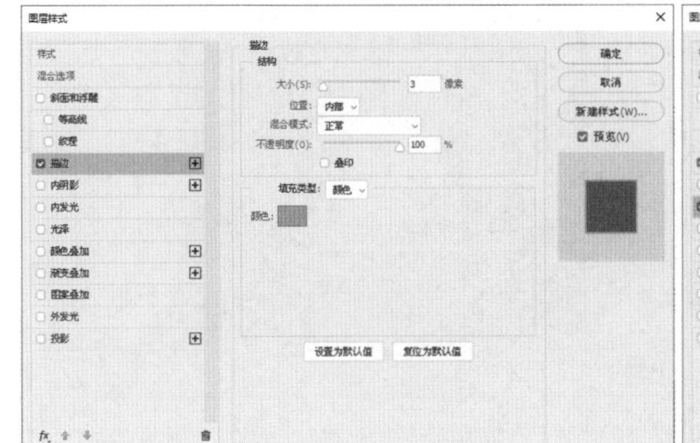

图 5-13

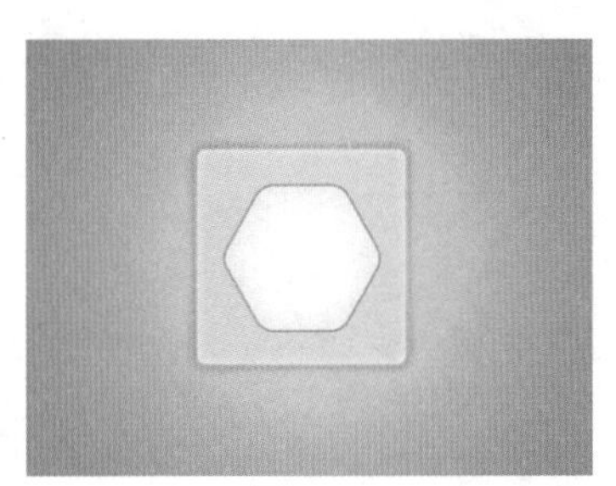

图 5-14

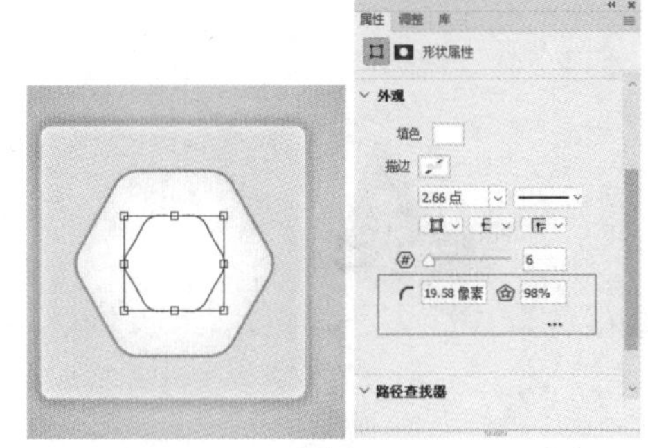

图 5-15

技巧：设置星形比例的数值越小，多边形越接近星形。

步骤 09 执行菜单栏中的“图层”|“图层样式”|“混合选项”命令，打开“图层样式”对话框，在左侧的列表框中分别选中“描边”“内发光”复选框，其中的参数设置如图 5-16 所示。

步骤 10 设置完毕单击“确定”按钮，效果如图 5-17 所示。

步骤 11 使用（椭圆工具）在中间位置绘制一个黑色正圆，如图 5-18 所示。

步骤 12 在“矩形 1”图层上方新建一个图层，使用（多边形套索工具）绘制一个封闭选区，将选区填充为黑色，如图 5-19 所示。

步骤 13 按 Ctrl+D 组合键去掉选区，设置“不透明度”为 17%，执行菜单栏中的“图层”|“创建剪贴蒙版”命令，至此本案例制作完毕，效果如图 5-20 所示。

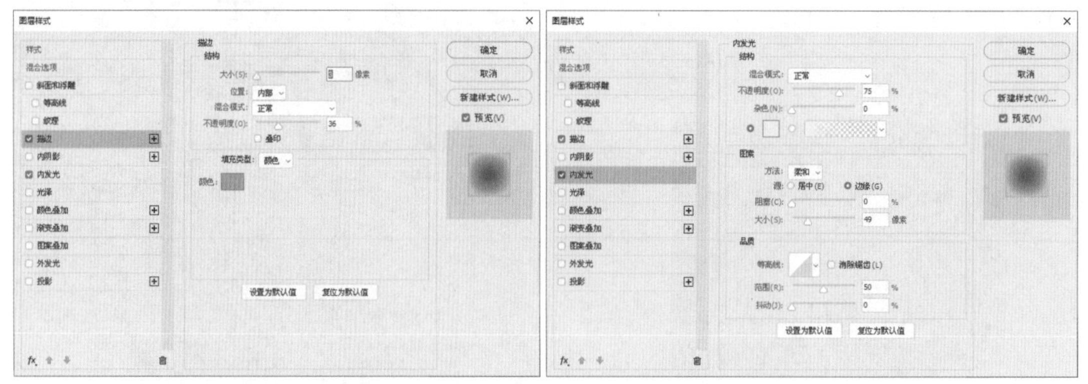

图 5-16

图 5-17

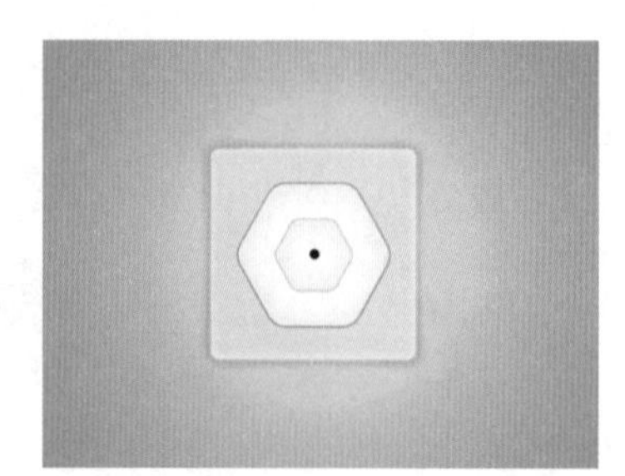

图 5-18

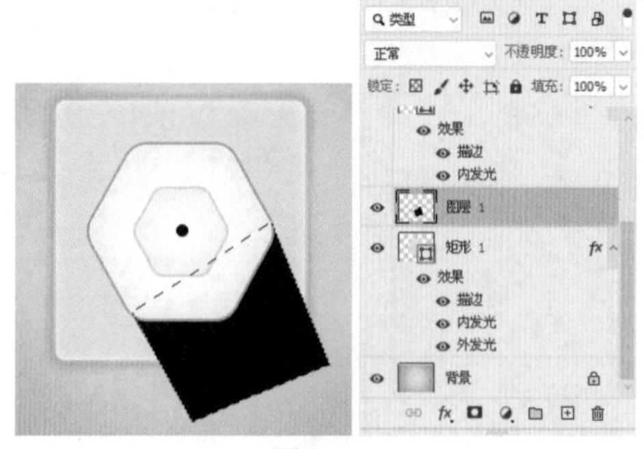

图 5-19

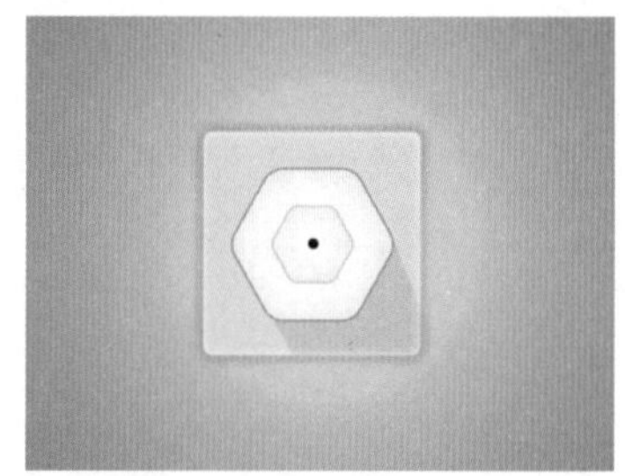

图 5-20

5.3 实战案例——扁平化风格钢笔图标

实例目的

- 掌握五边形的绘制方法。
- 掌握调整五边形形状的方法。

设计思路及流程

本案例的 APP 图标是扁平化风格钢笔图标，设计时以钢笔笔尖作为设计目标，通过五边形、直线、正圆和矩形组成一个钢笔笔尖的扁平图标，使其看起来像一个正在书写的钢笔笔尖。具体的制作流程如图 5-21 所示。

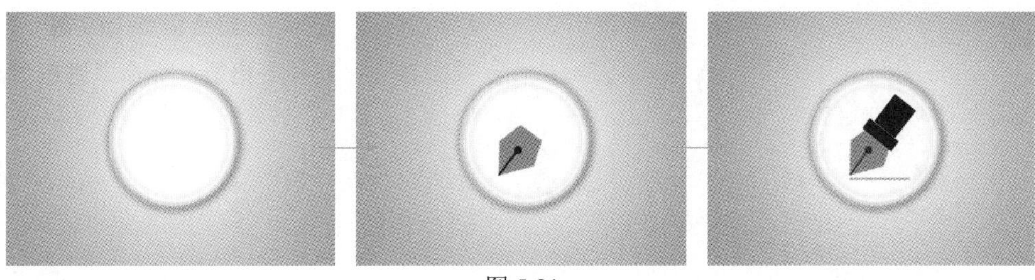

图 5-21

配色信息

本案例是一款钢笔笔尖的图标，主要以无色彩作为笔尖的配色，使其能够与任何的背景色相搭配。具体配色信息如图 5-22 所示。

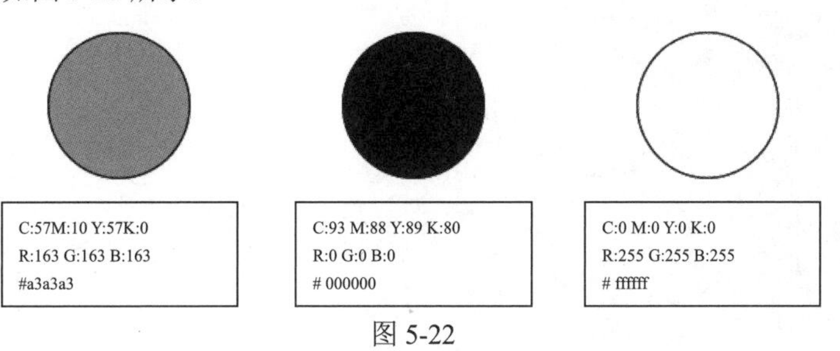

图 5-22

技术要点

- 新建文档填充渐变色
- 添加图层样式
- 绘制五边形并调整形状
- 设置矩形

文件路径：**源文件 \ 第 5 章** \ 实战案例——扁平化风格钢笔图标 .psd
视频路径：**视频 \ 第 5 章** \ 实战案例——扁平化风格钢笔图标 .mp4

操作步骤

步骤 01 启动 Photoshop，执行菜单栏中的“文件” | “新建”命令或按 Ctrl+N 组合键，新建一个“宽度”为 800 像素、“高度”为 600 像素的空白文档，使用（渐变工具）填充一个“从浅灰色到灰色”的径向渐变，如图 5-23 所示。

步骤 02 使用（椭圆工具）在文档中绘制一个白色正圆，如图 5-24 所示。

图 5-23

图 5-24

步骤 03 执行菜单栏中的“图层” | “图层样式” | “混合选项”命令，打开“图层样式”对话框，在左侧的列表框中分别选中“斜面和浮雕”“内发光”和“投影”复选框，其中的参数设置如图 5-25 所示。

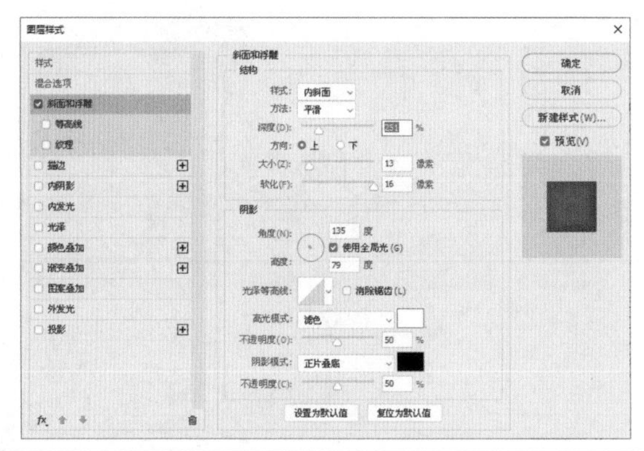

图 5-25

步骤 04 设置完毕，单击“确定”按钮，效果如图 5-26 所示。

步骤 05 使用 (多边形工具）在正圆上面绘制一个灰色的五边形，效果如图 5-27 所示。

步骤 06 使用 (直接选择工具）选择左下角的锚点，将其进行拖曳，效果如图 5-28 所示。

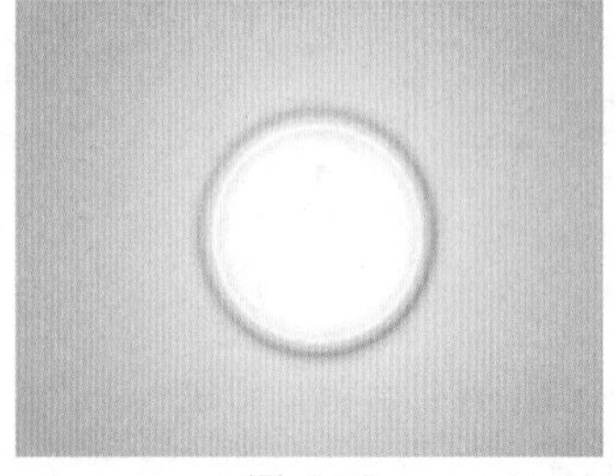

图 5-26

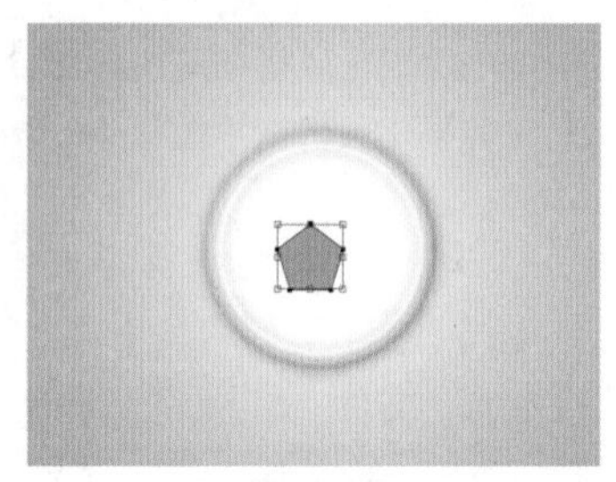

图 5-27

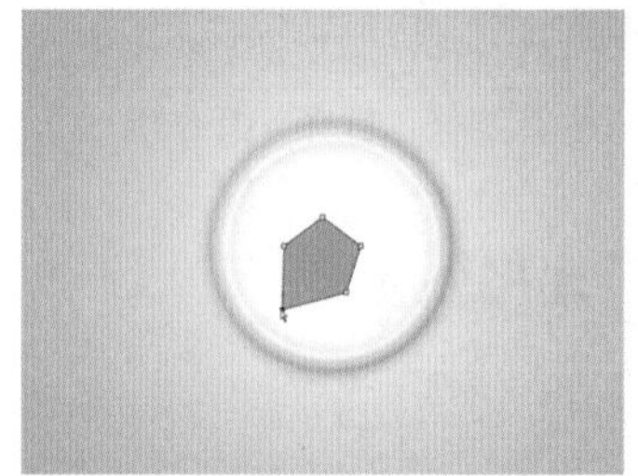

图 5-28

步骤 07 新建一个图层，使用 (椭圆工具）和 (直线工具）在五边形上绘制一个黑色正圆和一条黑色直线，将“不透明度”设置为 54%，效果如图 5-29 所示。

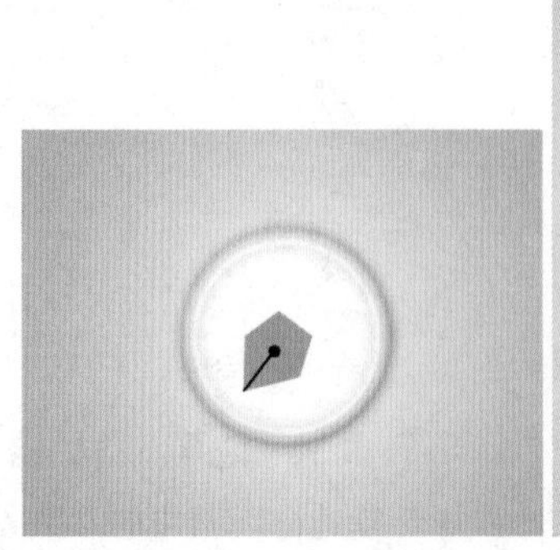

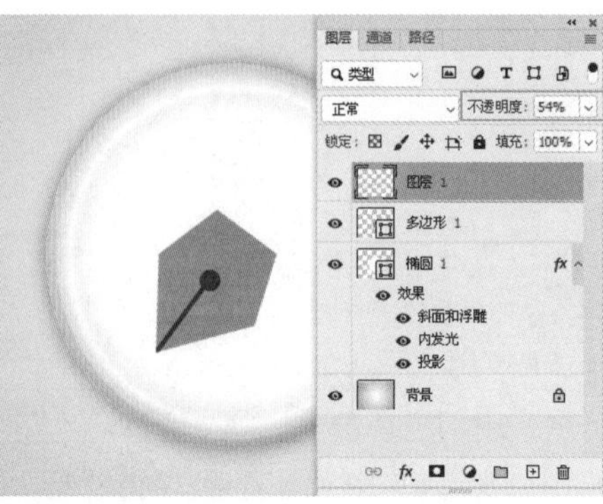

图 5-29

> **技巧**：使用“形状工具”绘制图形时，当“工具模式”选择“像素”时，可以将两个图形绘制到同一图层中。

步骤 08 使用▣（矩形工具）在五边形的右上角处绘制两个黑色矩形，设置“圆角值”为 2 像素，效果如图 5-30 所示。

> **技巧**：使用“形状工具”绘制图形时，当“工具模式”选择“形状”时，绘制后的图形可以在“属性”面板中重新进行设置更改。

步骤 09 使用▣（矩形工具）在五边形的底部绘制一个灰色的矩形，设置“圆角值”为“3 像素”，至此本案例制作完毕，效果如图 5-31 所示。

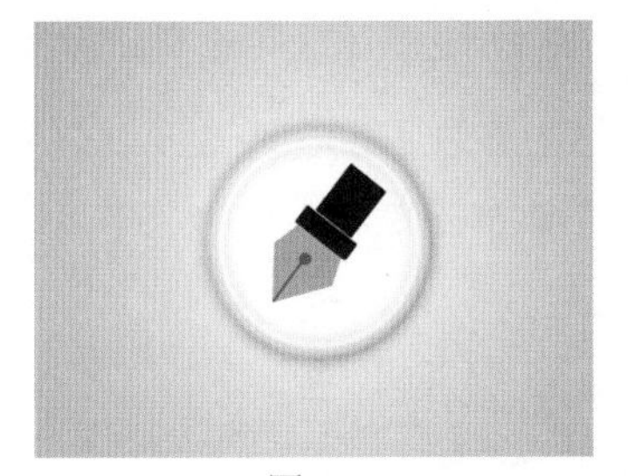

图 5-30

图 5-31

5.4 实战案例——扁平化风格扳手图标

实例目的

- 了解调出多边形选区清除内容的使用方法。
- 了解设置多边形描边宽度的方法。

设计思路及流程

本案例的思路是设计一款扁平化风格扳手图标，在正圆的基础上删除六边形选区内容，再将剩余部分结合矩形和多边形描边制作出扳手的图标效果，背景部分利用调整图层制作出视觉立体效果的投影。具体制作流程如图 5-32 所示。

图 5-32

配色信息

本次制作的APP图标是一款扁平化风格扳手图标，应用的颜色是黑色，与背景的灰色和白色渐变形成相融合的一体效果。具体配色信息如图5-33所示。

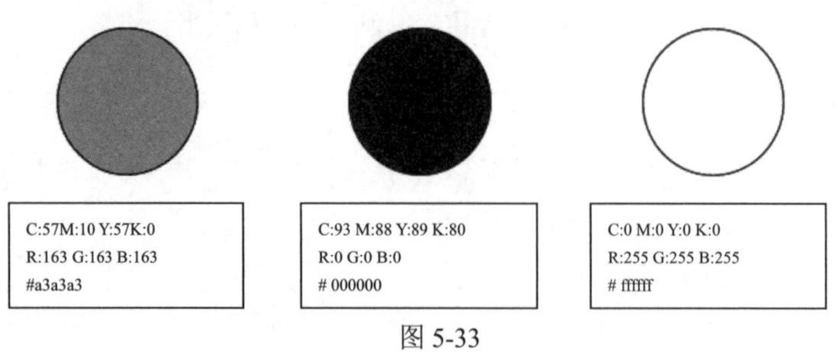

图5-33

技术要点

- 新建文档，填充颜色
- 绘制正圆和六边形
- 调出图层选区并清除选区内容
- 设置多边形填充和描边
- 创建调整图层

文件路径：**源文件\第5章**实战案例——扁平化风格扳手图标.psd
视频路径：**视频\第5章**实战案例——扁平化风格扳手图标.mp4

操作步骤

步骤01 启动Photoshop，执行菜单栏中的“文件”|“新建”命令，新建一个“宽度”为800像素、“高度”为600像素的空白文档，将其填充为灰色，如图5-34所示。

步骤02 使用（矩形工具）在文档中绘制一个矩形，在“属性”面板中设置“圆角值”为15像素，在属性栏中设置“填充”为渐变色，设置渐变色为“从白色到灰色”的径向渐变，效果如图5-35所示。

图5-34　　图5-35

步骤03 新建一个图层组，在组1中新建一个“图层1”图层，使用（椭圆工具）绘制一个黑色正圆，如图5-36所示。

步骤04 使用（多边形工具）绘制一个六边形，如图5-37所示。

步骤05 按住Ctrl键的同时单击“多边形1”图层的缩览图，调出选区后，在“图层1”图层中按Delete键清除选区内容，隐藏“多边形1”图层，效果如图5-38所示。

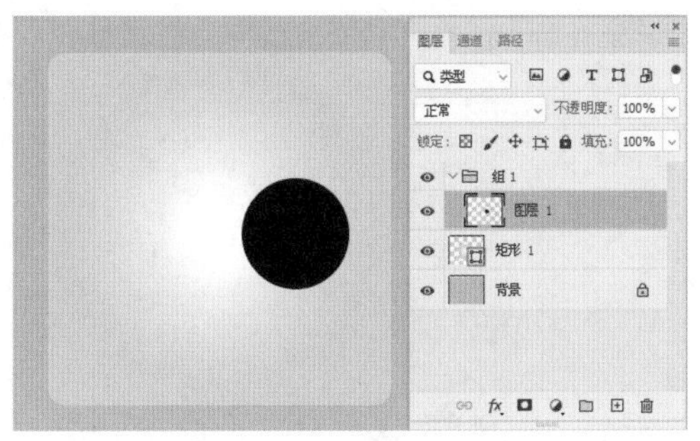

图 5-36

图 5-37

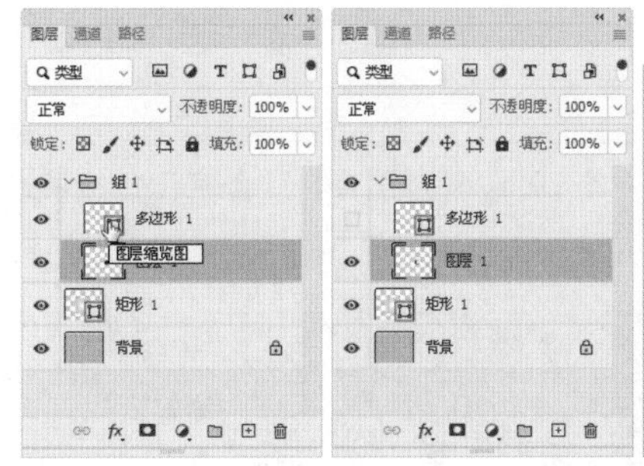

图 5-38

步骤 06 按 Ctrl+D 组合键去掉选区，复制“图层 1”图层，得到一个“图层 1 拷贝”图层，执行菜单栏中的“编辑”|“变换”|“水平翻转”命令，将翻转后的图形向左移动，如图 5-39 所示。

步骤 07 新建一个图层，使用（矩形工具）绘制一个黑色矩形，效果如图 5-40 所示。

图 5-39

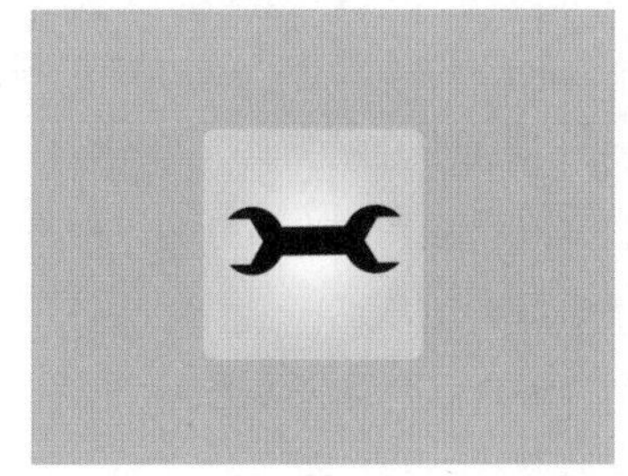

图 5-40

步骤 08 显示“多边形 1”图层，设置“填充”为“无”、“描边颜色”为黑色、“描边宽度”为 7.43 点，如图 5-41 所示。

步骤 09 选择“组 1”，按 Ctrl+T 组合键调出变换框，拖动控制的点，将其进行旋转，如图 5-42 所示。

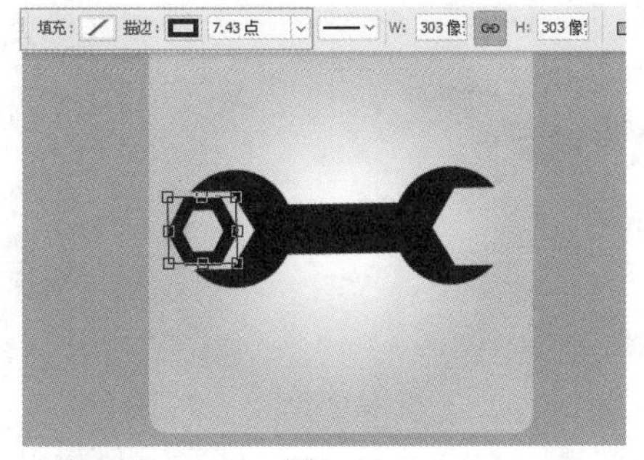

图 5-41

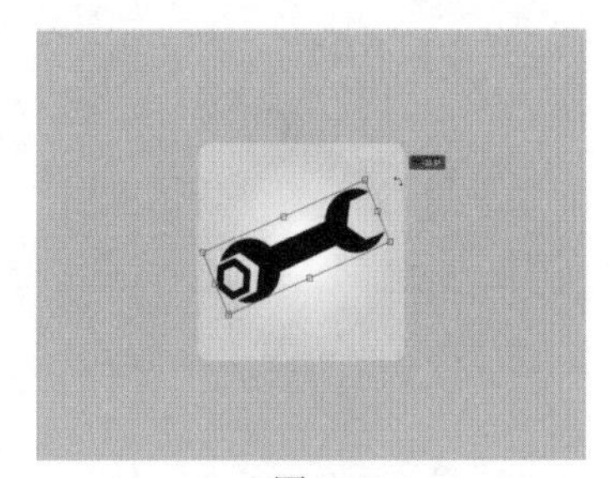

图 5-42

步骤 10 按 Enter 键完成变换，新建一个图层，使用（椭圆工具）绘制黑色椭圆，效果如图 5-43 所示。

步骤 11 执行菜单栏中的“滤镜”|“模糊”|“高斯模糊”命令，打开“高斯模糊”对话框，设置“半径”为 3 像素，如图 5-44 所示。

图 5-43

图 5-44

步骤 12 设置完毕，单击“确定”按钮，复制一个副本，按 Ctrl+T 组合键调出变换框后，拖动控制点将其缩短，如图 5-45 所示。

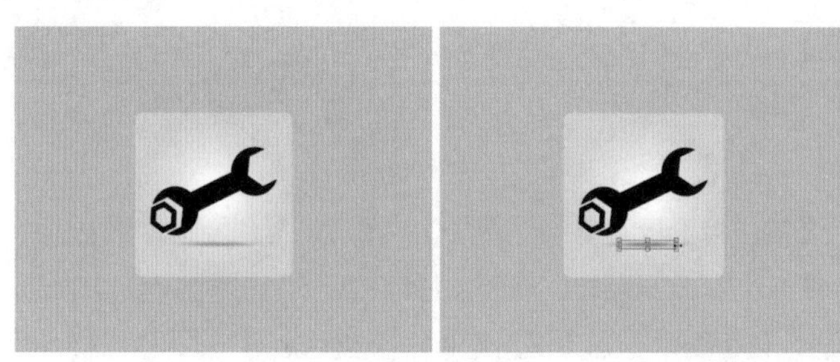

图 5-45

步骤 13 按 Enter 键完成变换。下面制作圆角矩形中的投影部分。使用（多边形套索工具）绘制一个“羽化”为 3 像素的封闭选区，在背景图层上方新建一个图层，将其填充为深灰色，效果如图 5-46 所示。

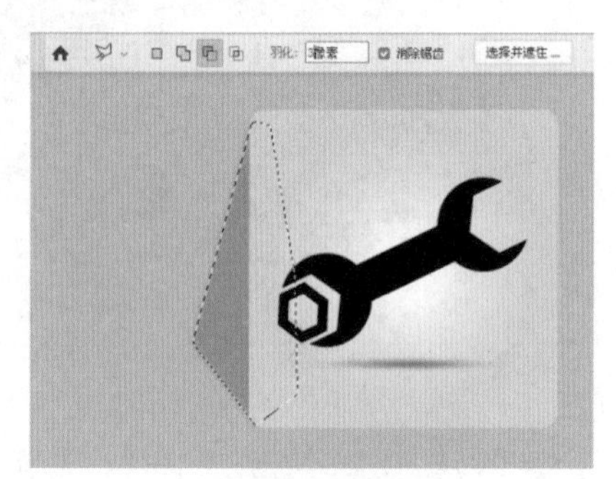

图 5-46

步骤 14 按 Ctrl+D 组合键去掉选区，使用（矩形选框工具）绘制一个矩形选区，执行菜单栏中的“图层”|“新建调整图层”|“亮度”|“对比度”命令，打开“亮度 / 对比度”属性面板，其中的参数设置如图 5-47 所示。

图 5-47

步骤 15 将“图层 4”图层和“亮度 / 对比度”调整图层一同选取，按 Ctrl+Alt+E 组合键得到一个合并后的图层，执行菜单栏中的“编辑”|“变换”|“水平翻转”命令，将翻转后的图形向右移动，如图 5-48 所示。

步骤 16 在最底层新建一个图层，使用（矩形选框工具）绘制一个“羽化”为 3 像素的矩形选区，将选区填充为深灰色，按 Ctrl+D 组合键去掉选区。至此本案例制作完毕，效果如图 5-49 所示。

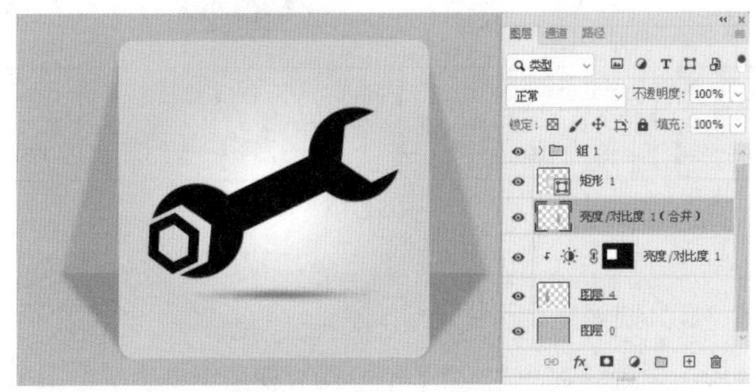

图 5-48

图 5-49

5.5 实战案例——扁平化风格生肖鼠图标

实例目的

- 了解形状工具的使用。
- 了解编辑形状的方法。

设计思路及流程

本案例通过绘制形状、线条，结合剪贴蒙版，绘制了一个卡通生肖鼠。具体流程如图 5-50 所示。

图 5-50

配色信息

本次制作的扁平化风格图标是以生肖鼠作为绘制对象，在配色上以黑色、白色、灰色作为主色，加上手部的粉色完成整体的图标配色。具体配色信息如图 5-51 所示。

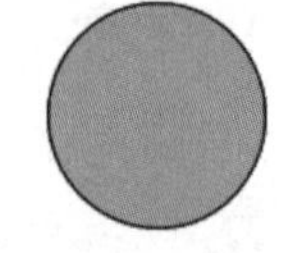

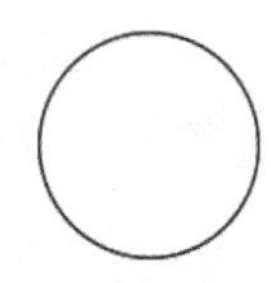

C:3 M:24 Y:42 K:0 R:248 G:212 B:212 #f8d4d4	C:35 M:27 Y:38K:0 R:181 G:189 B:159 #b5b49f	C:93 M:88 Y:89 K:80 R:0 G:0 B:0 # 000000	C:0 M:0 Y:0 K:0 R:255 G:255 B:255 # ffffff

图 5-51

技术要点

- 新建文档，绘制矩形，设置填充色与“圆角值”
- 绘制椭圆并调整形状
- 使用钢笔工具绘制形状图形及线条
- 创建剪贴蒙版
- 应用高斯模糊滤镜

文件路径：**源文件 \ 第 5 章 ** 实战案例——扁平化风格生肖鼠图标 .psd
视频路径：**视频 \ 第 5 章 ** 实战案例——扁平化风格生肖鼠图标 .mp4

操作步骤

步骤 01 启动 Photoshop，执行菜单栏中的“文件”|“新建”命令或按 Ctrl+N 组合键，打开“新建”对话框，新建一个“宽度”为 800 像素、“高度”为 600 像素的空白文档，使用（矩形工具）绘制一个灰色的圆角矩形，按 Ctrl+J 组合键两次复制两个图层，将颜色设置为淡灰色，以此作为生肖鼠的身体，如图 5-52 所示。

图 5-52

步骤 02 新建一个图层，使用（椭圆工具）在圆角矩形的下部绘制两个土黄色的椭圆，如图 5-53 所示。

步骤 03 执行菜单栏中的“图层”|“创建剪贴蒙版”命令，为图层创建剪贴蒙版，效果如图 5-54 所示。

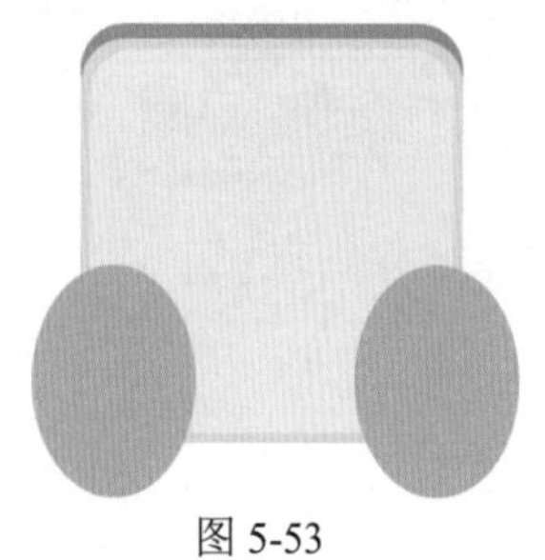

图 5-53

图 5-54

步骤 04 使用（椭圆工具）在圆角矩形的顶部和右上角处绘制 4 个椭圆形，使用（直接选择工具）调整椭圆锚点改变椭圆形状，如图 5-55 所示。

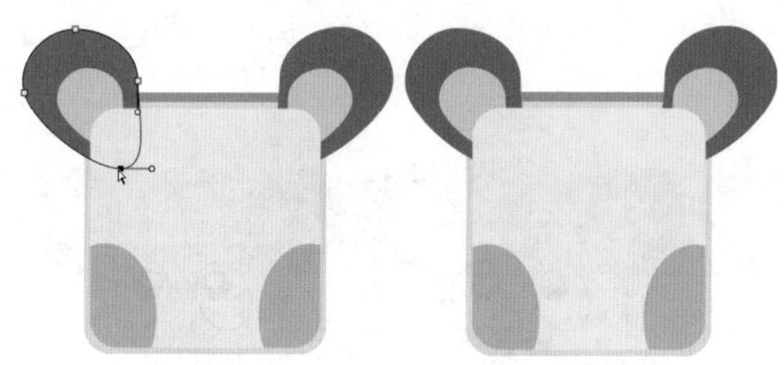

图 5-55

步骤 05 使用 （椭圆工具）在圆角矩形上绘制 3 个灰色椭圆形，效果如图 5-56 所示。

步骤 06 使用 （椭圆工具）绘制一个灰色椭圆，使用 （直接选择工具）调整椭圆形状，效果如图 5-57 所示。

图 5-56

图 5-57

步骤 07 使用 （椭圆工具）在调整后的灰色椭圆上绘制两个椭圆，使用 （直接选择工具）调整椭圆形状，效果如图 5-58 所示。

步骤 08 使用 （钢笔工具）绘制两个白色的封闭形状，设置成黑色描边，将其作为生肖鼠的牙，效果如图 5-59 所示。

图 5-58

图 5-59

步骤 09 使用 （钢笔工具）、 （椭圆工具）绘制生肖鼠的胡子和眼睛，效果如图 5-60 所示。

图 5-60

步骤 10 使用（钢笔工具）绘制生肖鼠的手臂，在上面绘制一个粉色图形，为其创建剪贴蒙版，效果如图 5-61 所示。

图 5-61

步骤 11 使用同样的方法绘制另一条生肖鼠的手臂，效果如图 5-62 所示。

技巧：第二条手臂也可以通过复制副本后，将其进行水平翻转来制作。

步骤 12 使用（钢笔工具）在圆角矩形的下方，绘制脚形状，效果如图 5-63 所示。

步骤 13 使用（钢笔工具）在脚形状上绘制深灰色线条，将脚制作出脚趾效果，如图 5-64 所示。

图 5-62　　图 5-63　　图 5-64

步骤 14 使用同样的方法制作生肖鼠的另一只脚，如图 5-65 所示。

步骤 15 在最底层新建一个图层，使用（矩形工具）绘制一个黑色圆角矩形，执行菜单栏中的“滤镜”|“模糊”|“高斯模糊”命令，打开“高斯模糊”对话框，设置“半径”为 15 像素，设置完毕单击“确定”按钮，设置“不透明度”为 58%，效果如图 5-66 所示。

步骤 16 在生肖鼠的脑门上绘制椭圆为其创建剪贴蒙版，输入文字“鼠”，将“背景”图层填充为粉色，调整一下图层顺序。至此本案例制作完毕，效果如图 5-67 所示。

图 5-65　　图 5-66

图 5-67

5.6 实战案例——扁平化风格邮箱界面

实例目的

- 了解变换六边形的使用方法。
- 了解载入选区的方法。

设计思路及流程

本案例设计的 UI 界面是一款扁平化风格邮箱界面，通过将六边形改成的五边形做成一个纸条效果，给人留下动感的印象，边角填充的渐变使其看起来像折角的效果，同时文字与圆角框制作出凹陷的感觉，让整个画面更加具有融合感。具体制作流程如图 5-68 所示。

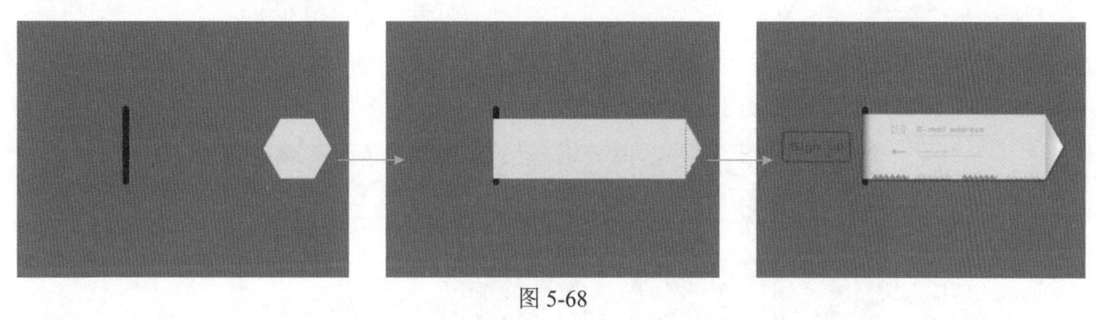

图 5-68

配色信息

本次制作的扁平化风格邮箱界面以红色作为整体的背景，在此颜色的基础上应用铁红色、浅灰色作为邮箱的颜色，作为点缀色的红色与青色让邮箱登录区显得更加活泼，深灰色文字与灰色背景相搭配，会让此区域在活泼中有一丝的宁静。具体配色信息如图 5-69 所示。

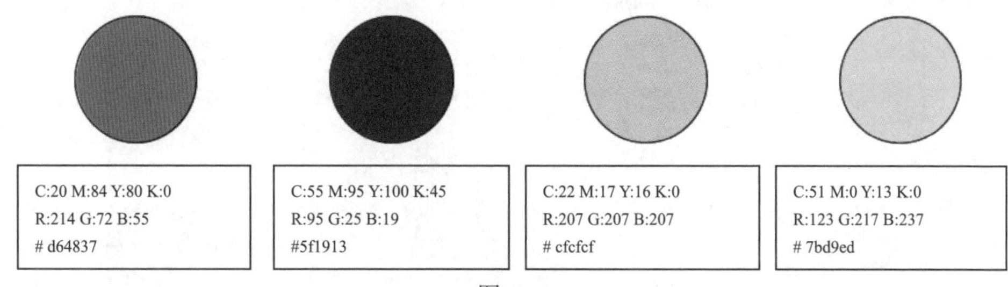

图 5-69

技术要点

- 新建文档，填充颜色
- 绘制矩形，设置“圆角值”及填充色
- 绘制六边形并将其改成五边形
- 创建选区并载入选区，填充渐变色
- 添加“投影”“内阴影”图层样式

文件路径：**源文件 \ 第 5 章 ** 实战案例——扁平化风格邮箱界面 .psd
视频路径：**视频 \ 第 5 章 ** 实战案例——扁平化风格邮箱界面 .mp4

操作步骤

步骤 01 启动 Photoshop，执行菜单栏中的“文件”|“新建”命令或按 Ctrl+N 键，新建一个“宽度”为 800 像素、“高度”为 600 像素的矩形空白文档，将其填充为红色，新建一个图层，使用▢（矩形工具）绘制一个铁红色的圆角矩形，如图 5-70 所示。

步骤 02 新建一个图层，使用⬡（多边形工具）绘制一个浅灰色的六边形，如图 5-71 所示。

图 5-70

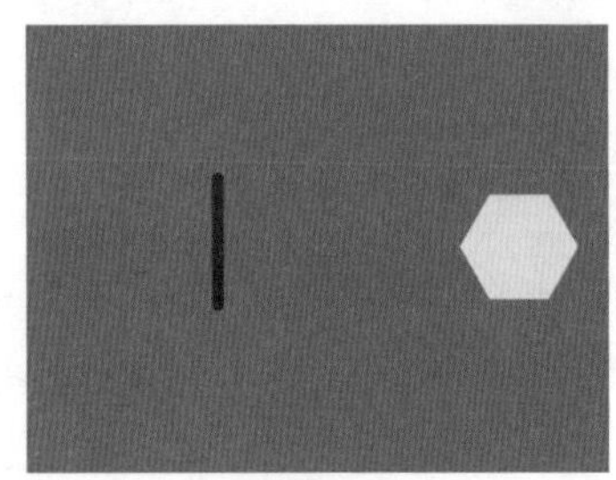

图 5-71

步骤 03 使用⬚（矩形选框工具）在六边形的中间位置创建一个矩形选区，按 Ctrl+T 键调出变换框，拖动控制点，将其拉宽，效果如图 5-72 所示。

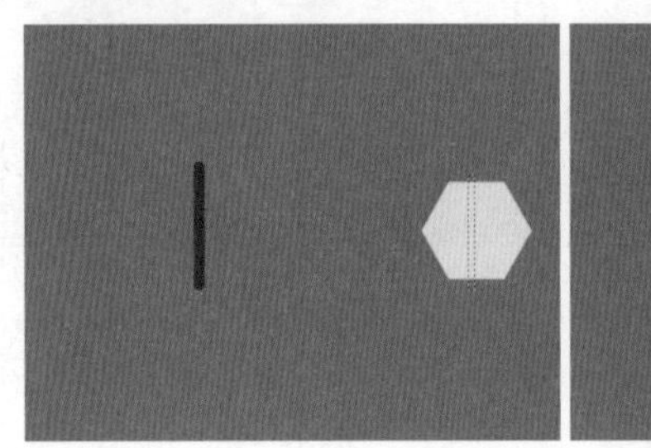

图 5-72

步骤 04 按 Enter 键完成变换，按 Ctrl+D 组合键去掉选区，使用⬚（矩形选框工具）在右侧的三角区域创建一个矩形选区，执行菜单栏中的“选择”|“载入选区”命令，打开“载入选区”对话框，选择“与选区交叉”单选按钮，单击“确定”按钮，效果如图 5-73 所示。

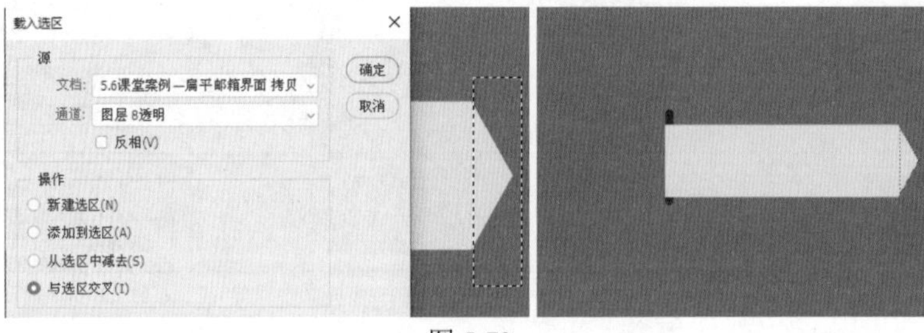

图 5-73

> **技巧**：在普通图层上绘制一个选区，选择✥（移动工具）后，按方向键，可以将选区变为该区域有像素分布的范围。

步骤 05 使用▣（渐变工具）从左向右填充“从灰色到白色”的线性渐变，效果如图 5-74 所示。

步骤 06 按 Ctrl+D 组合键去掉选区，执行菜单栏中的“图层”|“图层样式”|“投影”命令，打开“图层样式”对话框，在右侧的面板中设置“投影”的参数如图 5-75 所示。

步骤 07 设置完毕，单击“确定”按钮，效果如图 5-76 所示。

步骤 08 新建一个图层，使用 （矩形选框工具）在左侧的矩形边缘处创建一个矩形选区，使用 （渐变工具）从左向右填充“从黑色到透明”的线性渐变，设置“不透明度”为 57%，效果如图 5-77 所示。

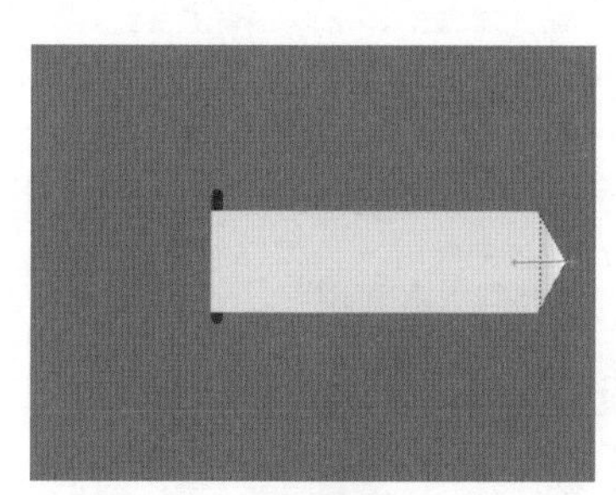

图 5-74

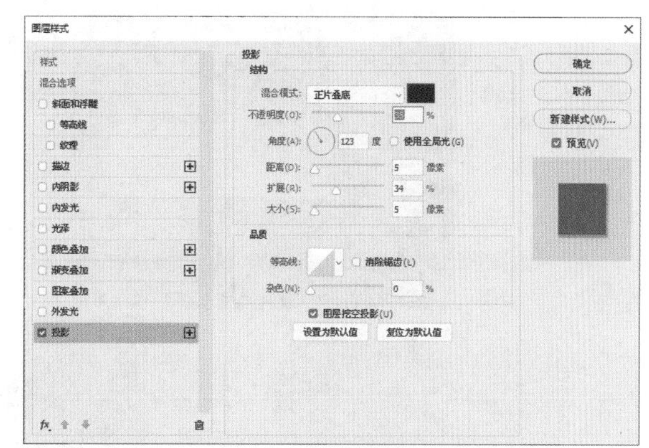

图 5-75

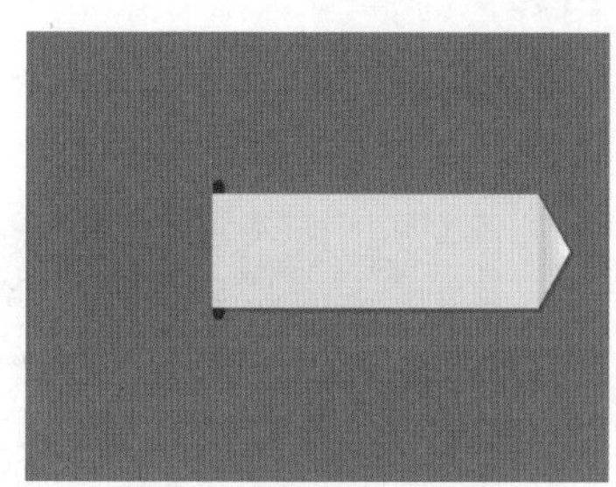

图 5-76

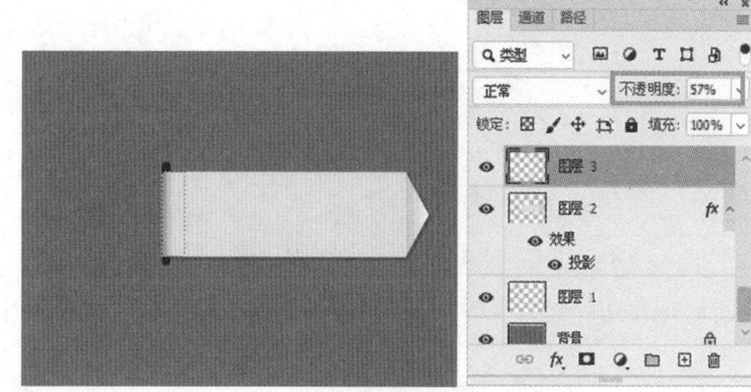

图 5-77

步骤 09 按 Ctrl+D 组合键去掉选区，使用 （矩形工具）绘制一个矩形，设置“圆角值”为 10 像素、“填色”为“无”、“描边”为铁红色、“描边宽度”为 4 点，如图 5-78 所示。

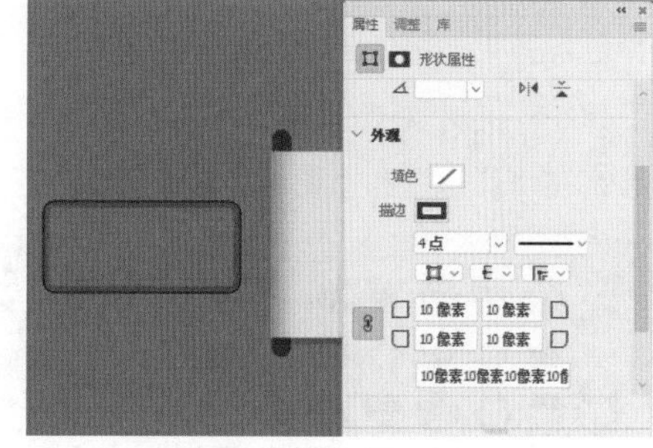

图 5-78

步骤 10 执行菜单栏中的“图层”|“图层样式”|“内阴影”命令，打开“图层样式”对话框，在右侧的面板中设置“内阴影”的参数如图 5-79 所示。

步骤 11 设置完毕，单击“确定”按钮，效果如图 5-80 所示。

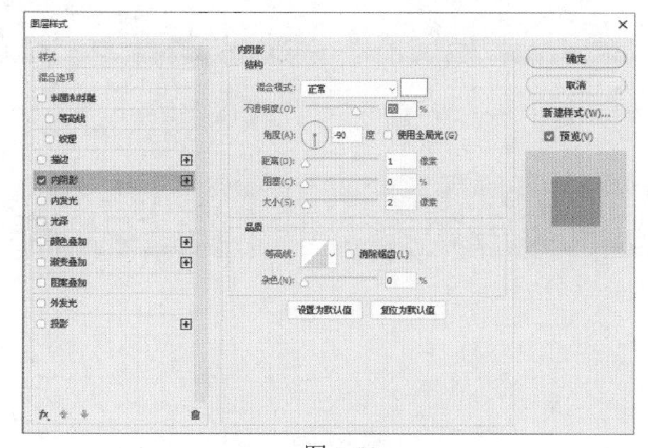

图 5-79

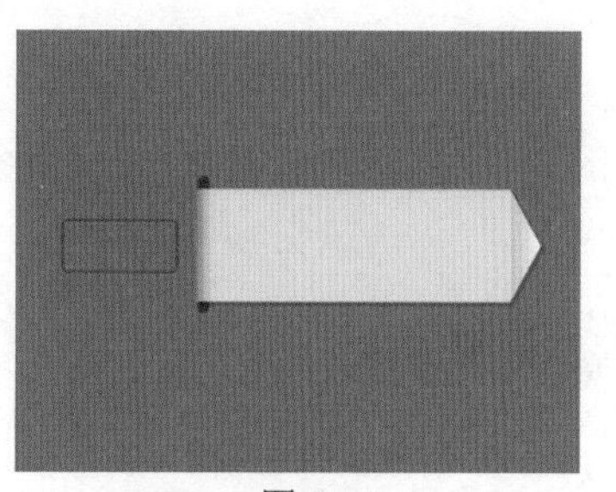

图 5-80

步骤 12 使用 （横排文字工具）输入文字，在添加“内阴影”的图层上右击，在弹出的菜单中选择“拷贝图层样式”，选择文字图层右击，在弹出的菜单中选择“粘贴图层样式”，效果如图 5-81 所示。

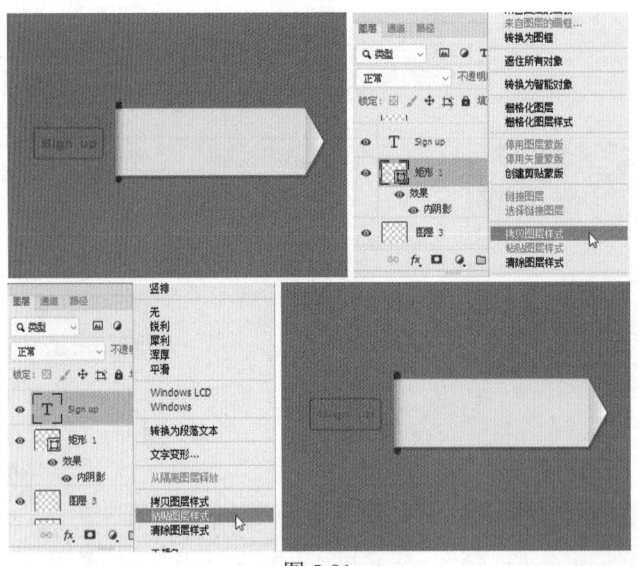

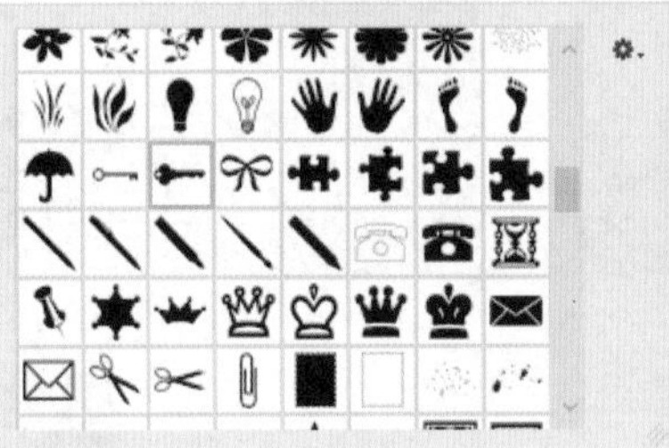

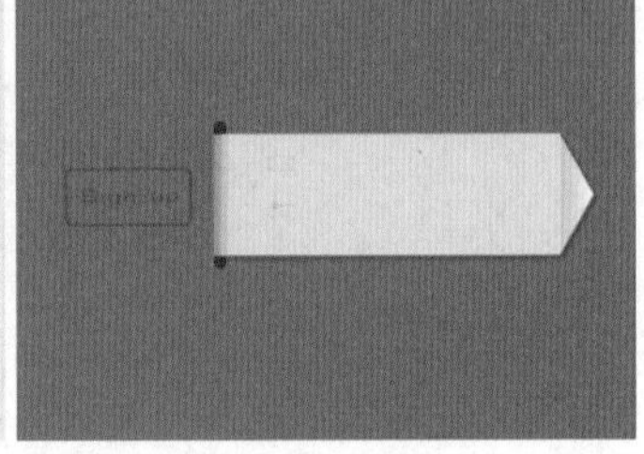

图 5-81

步骤 13 新建图层，使用（自定形状工具）绘制“信封”和“钥匙”，如图 5-82 所示。

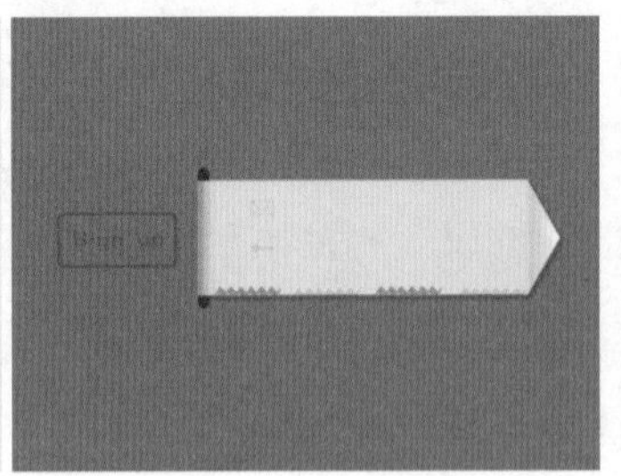

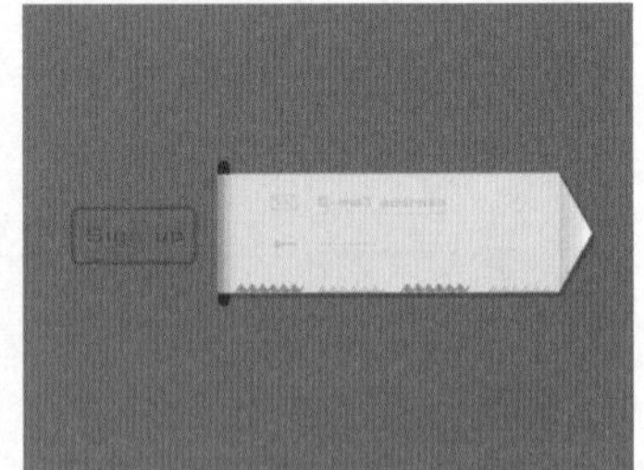

图 5-82

步骤 14 新建图层，绘制 4 个“水波”，将颜色设置成红色和青色，效果如图 5-83 所示。

步骤 15 使用 T.（横排文字工具）在“信封”和“钥匙”后面输入灰色文字，至此本案例制作完毕，效果如图 5-84 所示。

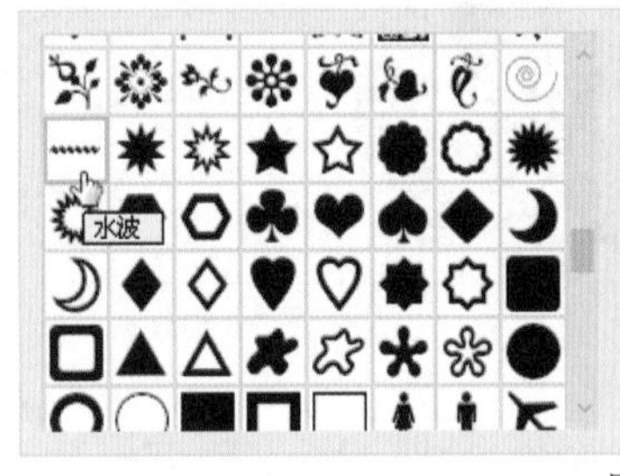

图 5-83

图 5-84

5.7 实战案例——扁平化风格音乐播放器界面

实例目的

- 了解粘贴并编辑适量形状的使用方法。
- 了解贴入命令的使用方法。

设计思路及流程

本案例设计的 UI 界面是一款扁平化风格音乐播放器界面，整体的面布局为以上下结构，依次为声音区、音乐图片区、时间区和播放区几个部分，布局结构符合人们日常的先上后下、先左后右的习惯。具体制作流程如图 5-85 所示。

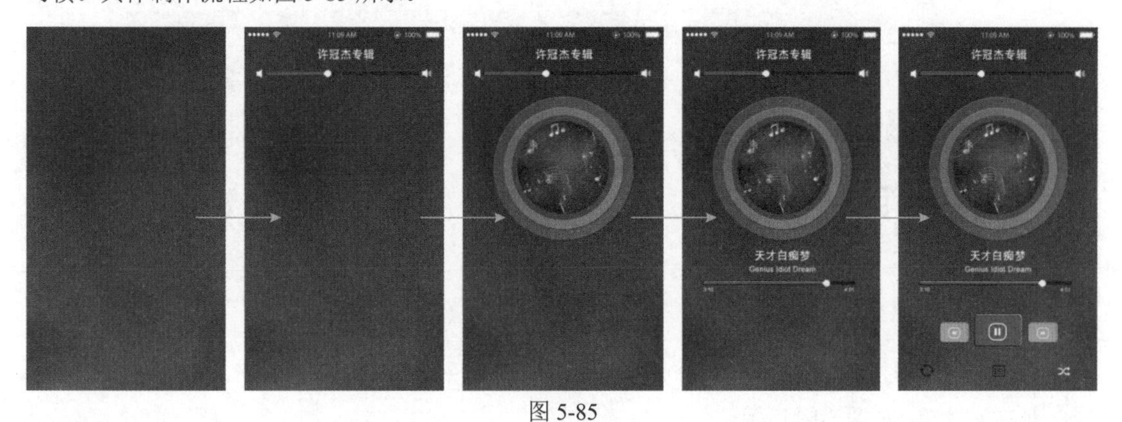

图 5-85

配色信息

本次制作的扁平化风格音乐播放器界面以黑绿相结合的云彩图像作为整体的背景，界面组成区的颜色有黑色、白色、绿色和橘红色，这几种颜色和背景颜色能够很好地融合，使其看起来更像一个整体。具体配色信息如图 5-86 所示。

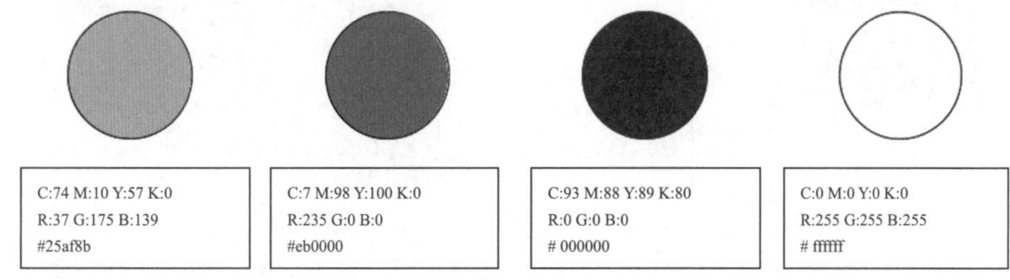

图 5-86

技术要点

- 新建文档，应用“云彩”滤镜
- 调整不透明度和填充
- 绘制矩形和正圆
- 复制粘贴 Illustrator 中的图形

素材路径：**素材 \ 第 5 章** \ 状态图标 .png、图标 .ai、音乐 .png

文件路径：**源文件 \ 第 5 章** \ 实战案例——扁平化风格音乐播放器界面 .psd

视频路径：**视频 \ 第 5 章** \ 实战案例——扁平化风格音乐播放器界面 .mp4

操作步骤

1. 背景区制作

步骤 01 启动 Photoshop，执行菜单栏中的“文件”|“新建”命令或按 Ctrl+N 组合键，新建一个“宽度”为 640 像素、“高度”为 1136 像素的矩形空白文档，选择（渐变工具）后，在属性栏的“渐

变拾色器”中选择“蓝色”|“蓝色 _16”，之后在新建文档中从上向下拖曳鼠标指针，填充线性渐变色，如图 5-87 所示。

步骤 02 按 D 键，默认前景色与背景色，新建一个图层，执行菜单栏中的“滤镜”|“渲染”|“云彩”命令，效果如图 5-88 所示。

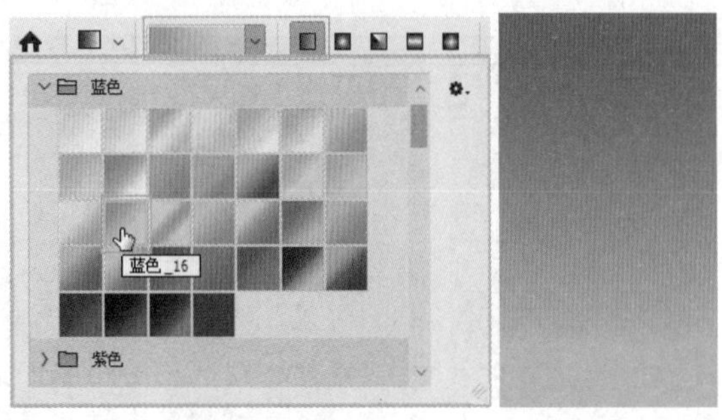

图 5-87

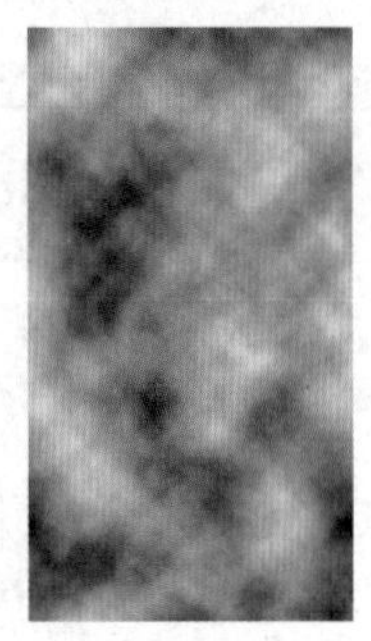

图 5-88

步骤 03 执行菜单栏中的“滤镜”|“模糊”|“高斯模糊”命令，打开“高斯模糊”对话框，设置“半径”为 30.4 像素，如图 5-89 所示。

步骤 04 设置完毕，单击“确定”按钮，设置“混合模式”为“强光”、“不透明度”为 50%，效果如图 5-90 所示。

图 5-89

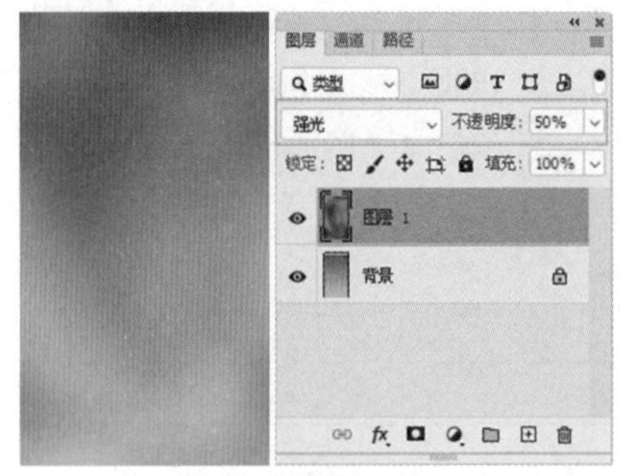

图 5-90

步骤 05 新建一个图层，将其填充为黑色，设置“不透明度”为 50%，效果如图 5-91 所示。

步骤 06 执行菜单栏中的“文件”|“打开”命令或按 Ctrl+O 组合键，打开附带的“状态图标 .png”素材，使用（移动工具）将其拖曳到新建文档中，调整大小和位置，如图 5-92 所示。

图 5-91

图 5-92

2. 声音区制作

步骤 01 新建图层组，将其命名为“声音”，在组中新建一个图层，使用（矩形工具）和（椭圆工具）绘制矩形和正圆，效果如图 5-93 所示。

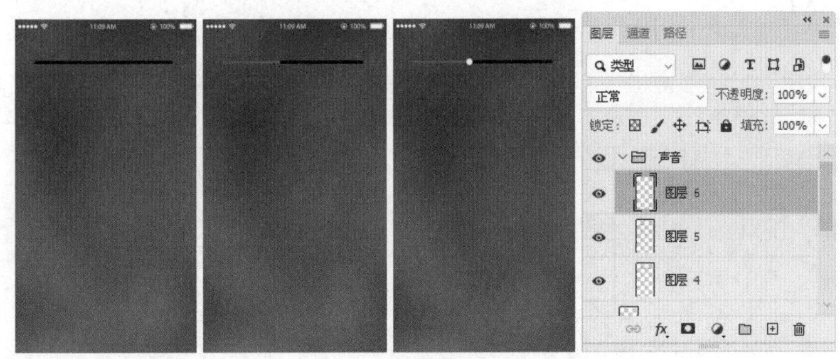

图 5-93

步骤 02 使用 Illustrator 打开附带的“图标 .ai”素材，选择其中的一个图标，按 Ctrl+C 组合键进行复制，转换到 Photoshop 中按 Ctrl+V 组合键，在弹出的“粘贴”对话框中选择“形状图层”单选按钮，如图 5-94 所示。

步骤 03 单击“确定”按钮，将“填充”设置为白色、“描边”设置为“无”，按 Ctrl+T 组合键调出变换框，拖动控制点调整大小，按 Enter 键完成变换，效果如图 5-95 所示。

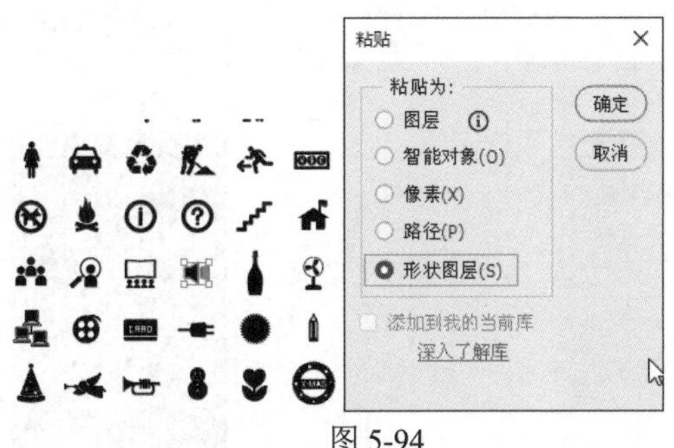

图 5-94

图 5-95

步骤 04 按住 Alt 键的同时，使用（移动工具）移动小喇叭形状，复制一个副本后，将其移动到左侧，使用（直接选择工具）将 3 条曲线删除，效果如图 5-96 所示。

技巧：从 Illustrator 中复制到 Photoshop 中的形状，可以将不连续的区域形状单独删除。

步骤 05 使用（横排文字工具）输入文字，完成声音区域的制作，效果如图 5-97 所示。

3. 音乐图片区制作

步骤 01 新建图层组，将其命名为“音乐图片”，在组中新建一个图层，使用（椭圆工具）绘制一个白色正圆，效果如图 5-98 所示。

图 5-96

图 5-97

图 5-98

步骤 02 执行菜单栏中的“图层”|“图层样式”|“混合选项”命令，打开“图层样式”对话框，在左侧的列表框中分别选中“内阴影”和“投影”复选框，其中的参数设置如图 5-99 所示。

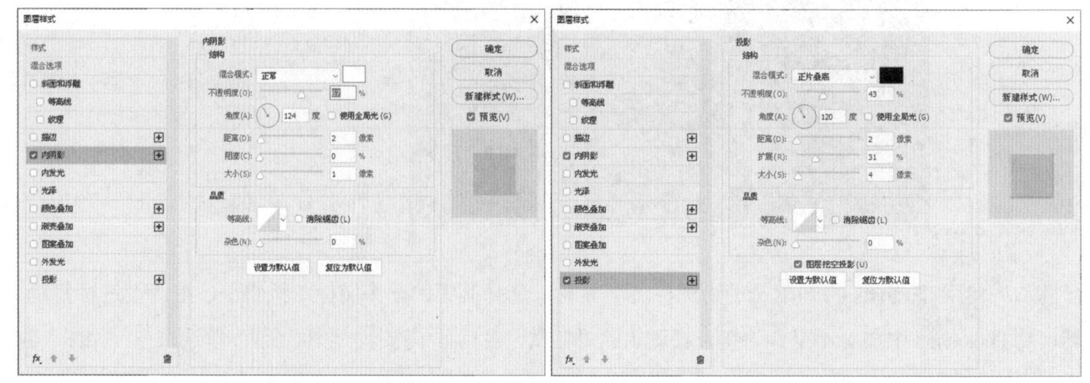

图 5-99

步骤 03 设置完毕，单击“确定”按钮，设置“不透明度”为 59%、“填充”为 39%，效果如图 5-100 所示。

步骤 04 复制“图层 7”图层，得到一个“图层 7 拷贝”图层，按 Ctrl+T 组合键调出变换框，拖动控制点，将其缩小，如图 5-101 所示。

图 5-100

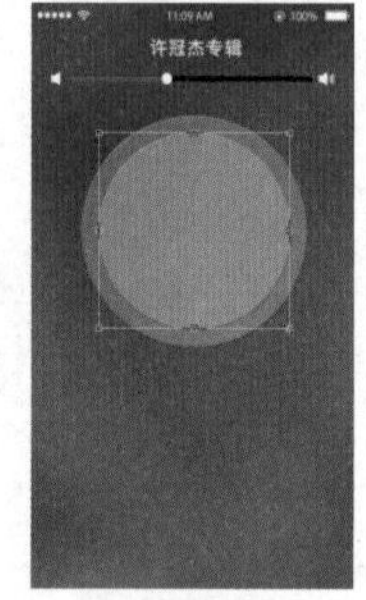

图 5-101

步骤 05 按 Enter 键完成变换，使用 (椭圆选框工具) 绘制一个正圆选区，打开附带的“音乐 .png”素材，按 Ctrl+A 组合键全选整个素材，按 Ctrl+C 组合键复制选区内容，如图 5-102 所示。

步骤 06 选择新建的文档，执行菜单栏中的“编辑”|“选择性粘贴”|“贴入”命令，将复制的素材贴入到选区内，效果如图 5-103 所示。

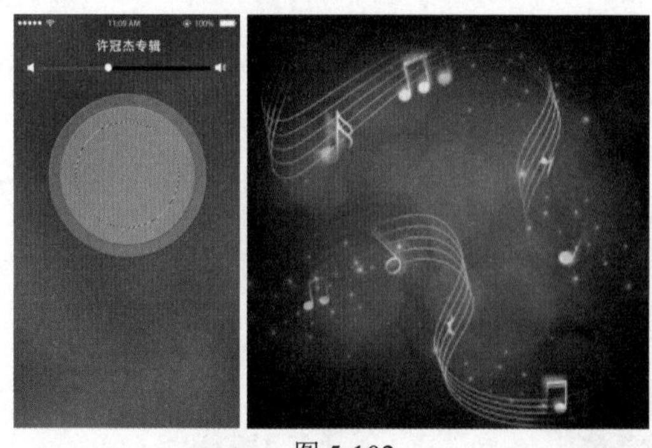

图 5-102

图 5-103

步骤 07 执行菜单栏中的“图层”|“图层样式”|“描边”命令，打开“图层样式”对话框，在右侧的面板中设置“描边”的参数如图 5-104 所示。

步骤 08 设置完毕，单击“确定”按钮，至此该区域制作完毕，效果如图 5-105 所示。

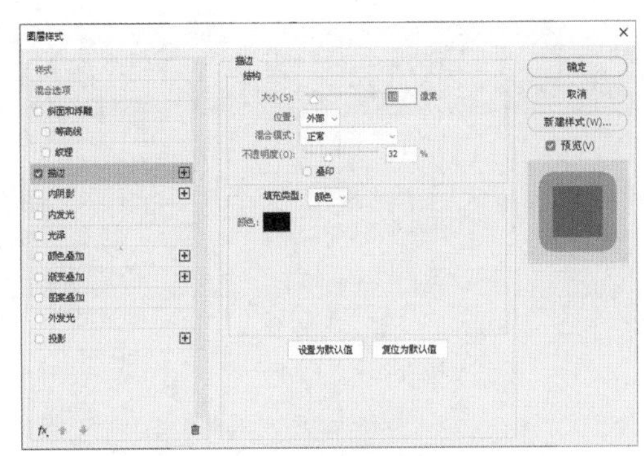

图 5-104

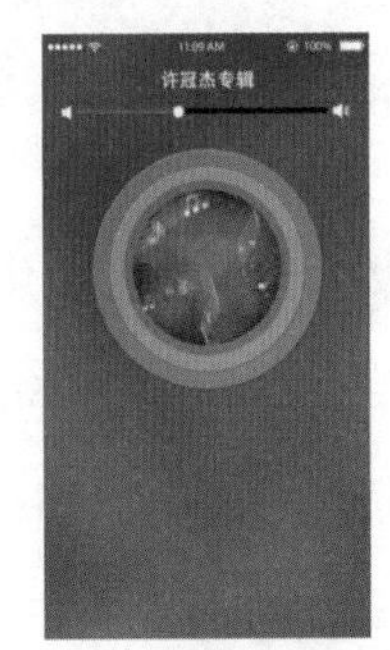

图 5-105

4. 时间区制作

新建图层组，将其命名为“时间”，在组中新建一个图层，使用（矩形工具）和（椭圆工具）绘制矩形和正圆，再使用T（横排文字工具）输入文字，完成时间区域的制作，效果如图5-106所示。

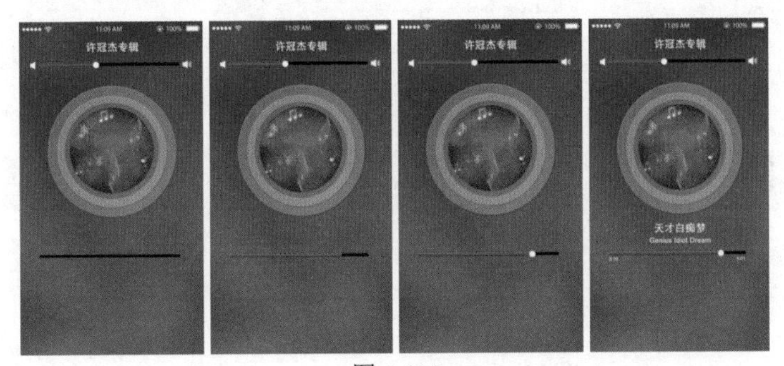

图 5-106

5. 播放区制作

步骤 01 新建图层组，将其命名为“播放”，在组中使用（矩形工具）绘制 3 个不同颜色的矩形，设置“圆角值”为 10 像素，效果如图 5-107 所示。

步骤 02 使用 Illustrator 打开附带的“图标 .ai”素材，选择其中的 3 个图标，按 Ctrl+C 组合键进行复制，转换到 Photoshop 中按 Ctrl+V 组合键，在弹出的“粘贴”对话框中选择“形状图层”单选按钮，单击”确定”按钮，将“填充”设置为白色、“描边”设置为“无”，按 Ctrl+T 组合键调出变换框，拖动控制点调整大小，按 Enter 键完成变换，效果如图 5-108 所示。

步骤 03 再次复制其中的几个图标，将“填充”分别设置为白色和黑色“描边”设置为“无”，按 Ctrl+T 组合键调出变换框，拖动控制点调整大小，按 Enter 键完成变换，至此本案例制作完毕，效果如图 5-109 所示。

图 5-107

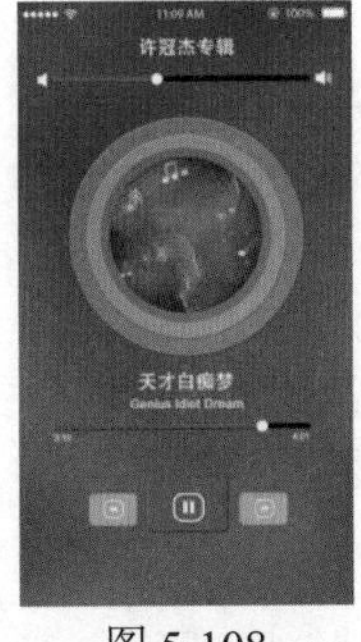

图 5-108

图 5-109

5.8 实战案例——扁平化风格天气预报控件

实例目的

- 了解“画笔设置”面板的使用。
- 了解通过“内阴影”调整凹陷的方法。

设计思路及流程

本案例设计的 UI 界面是一款扁平化风格天气预报控件，在界面布局中将其分成了左、右两个区域，左侧为时间，右侧为天气和位置，通过矩形的方式将每个小区域都进行了隔离，这样可以更加凸显每个区域的功能性。具体制作流程如图 5-110 所示。

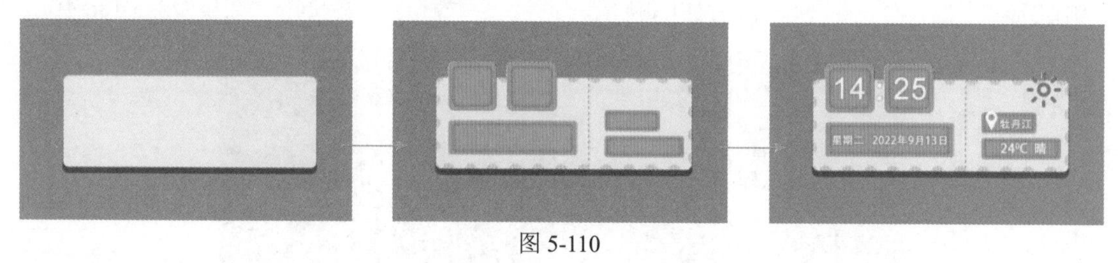

图 5-110

配色信息

本次制作的扁平化风格天气预报控件以灰色作为整体的背景色，以浅灰色作为控件的背景色，可以让其与更多的颜色相融合，与浅灰色搭配的颜色为“黄褐色”“橘红色”，能够通过色彩展现需要表达的区域内容。具体配色信息如图 5-111 所示。

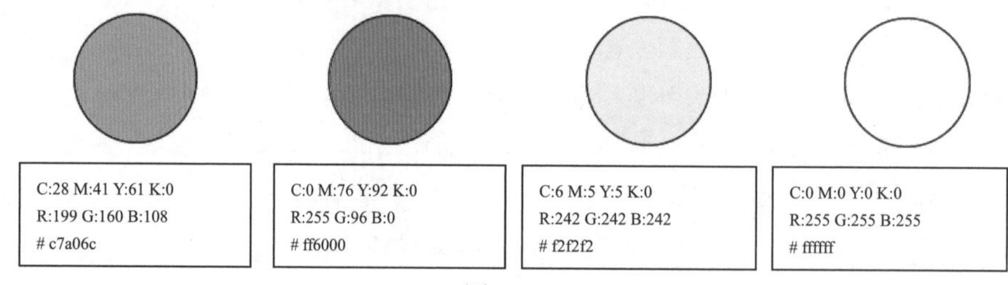

图 5-111

技术要点

- 新建文档，填充颜色
- 绘制矩形，设置“圆角值”，添加“投影”
- 绘制圆角矩形，添加“内阴影”
- 设置画笔
- 创建剪贴蒙版

素材路径：**素材 \ 第 5 章** \ 图标 .ai
文件路径：**源文件 \ 第 5 章** \ 实战案例——扁平化风格天气预报控件 .psd
视频路径：**视频 \ 第 5 章** \ 实战案例——扁平化风格天气预报控件 .mp4

操作步骤

图 5-112

步骤 01 启动 Photoshop，执行菜单栏中的“文件”|“新建”命令或按 Ctrl+N 键，新建一个“宽度”为 600 像素、“高度”为 350 像素的矩形空白文档，将其填充为灰色，新建一个图层，使用▢（矩形工具）绘制一个淡灰色的圆角矩形，如图 5-112 所示。

步骤 02 执行菜单栏中的“图层”|“图层样式”|“投影”命令，打开“图层样式”对话框，在右侧的面板中设置“投影”的参数如图 5-113 所示。

步骤 03 设置完毕，单击“确定”按钮，效果如图 5-114 所示。

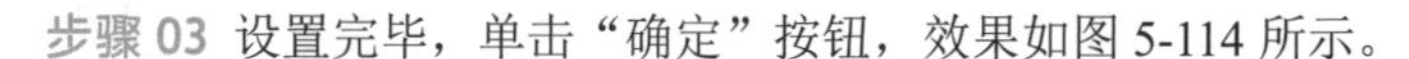

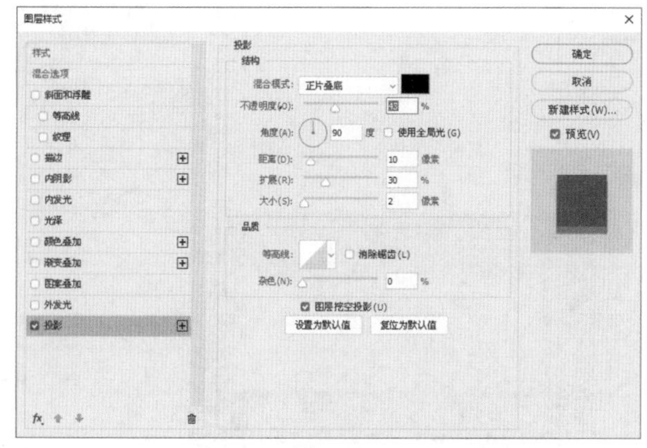

图 5-113

图 5-114

步骤 04 选择 ✓（画笔工具），按 F5 键打开“画笔设置”面板，其中的参数设置如图 5-115 所示。

步骤 05 将前景色设置为黄褐色，新建一个图层，使用 ✓（画笔工具）按住 Shift 键垂直绘制画笔，效果如图 5-116 所示。

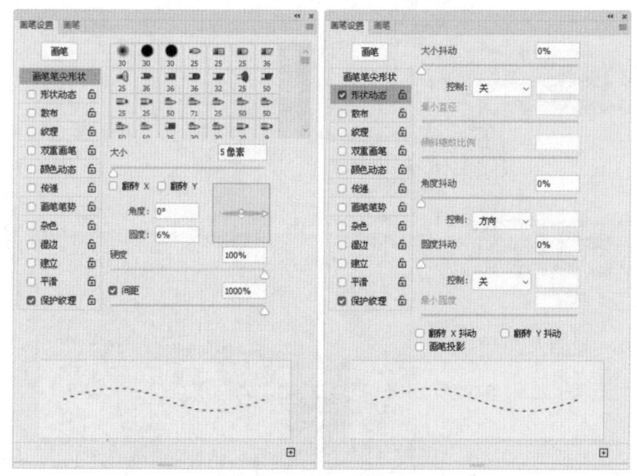

图 5-115

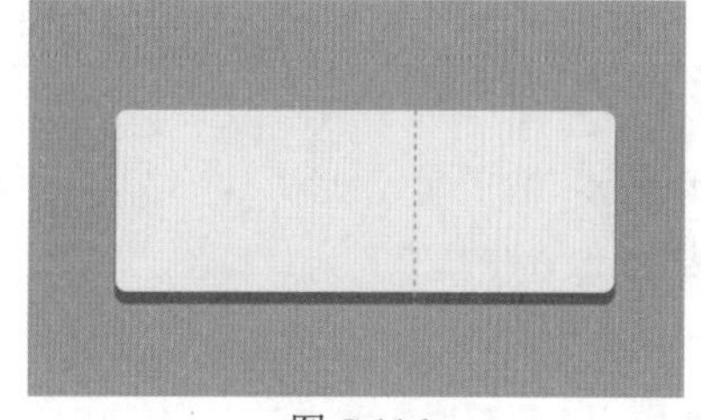
图 5-116

提示：如果感觉画笔绘制的颜色不是太浓，可以多复制几个图层，这样效果会更加清晰。

步骤 06 执行菜单栏中的“图层”|“创建剪贴蒙版”命令，效果如图 5-117 所示。

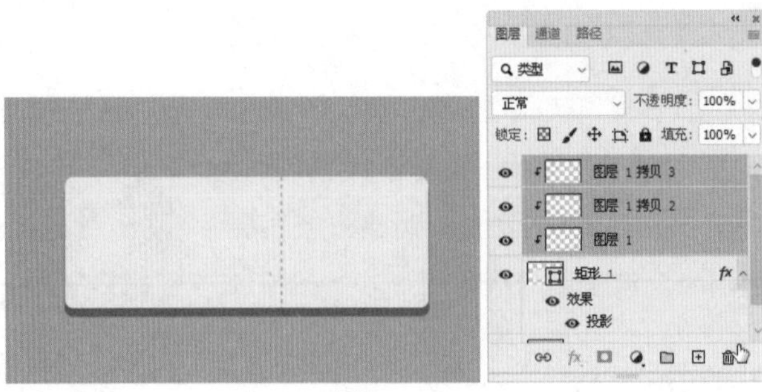

图 5-117

步骤 07 再次在“画笔设置”面板中对画笔进行设置，新建一个图层，使用（画笔工具）绘制画笔，如图 5-118 所示。

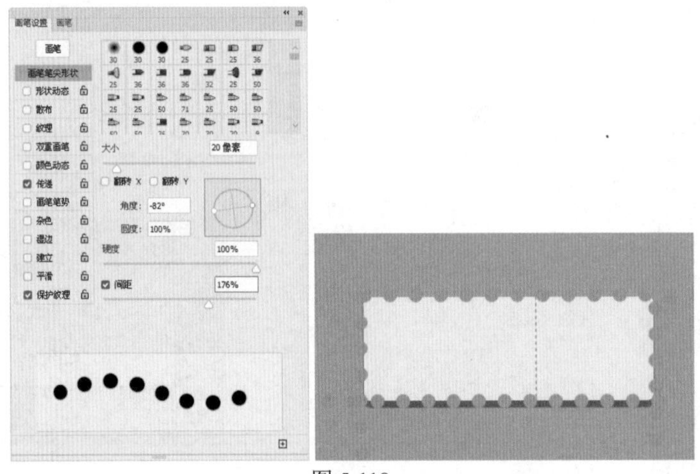

图 5-118

步骤 08 执行菜单栏中的“图层”|“创建剪贴蒙版”命令，设置“不透明度”为 43%，效果如图 5-119 所示。

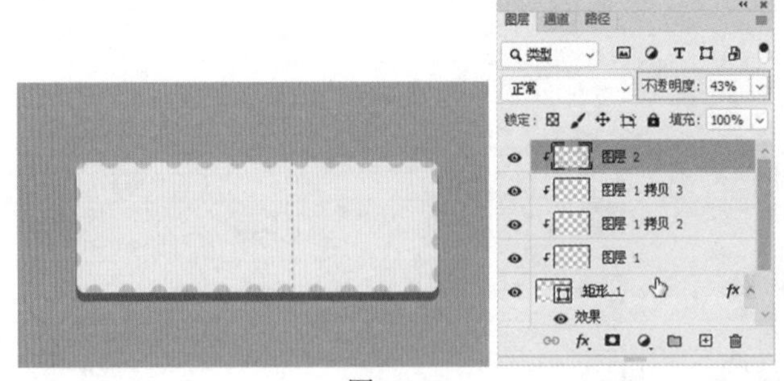

图 5-119

步骤 09 使用（矩形工具）绘制一个矩形，设置“圆角值”为 10 像素、“填充”为黄褐色、“描边”为“无”，如图 5-120 所示。

步骤 10 复制“矩形 1”图层，按 Ctrl+T 组合键调出变换框，将其缩小后按 Enter 键完成变换，执行菜单栏中的“图层”|“图层样式”|“内阴影”命令，打开“图层样式”对话框，在右侧的面板中设置“内阴影”的参数如图 5-121 所示。

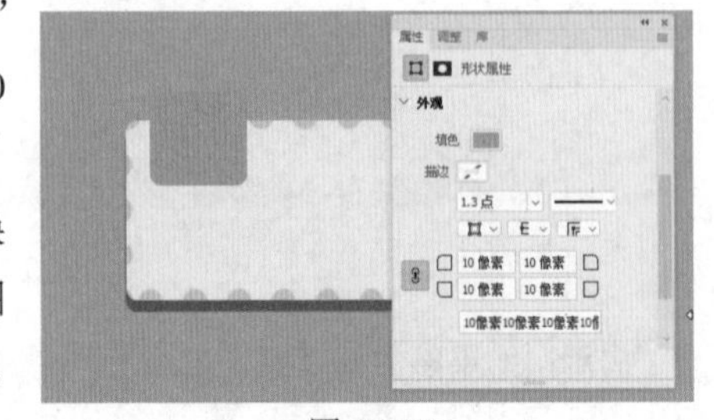

图 5-120

步骤 11 设置完毕，单击“确定”按钮，效果如图 5-122 所示。

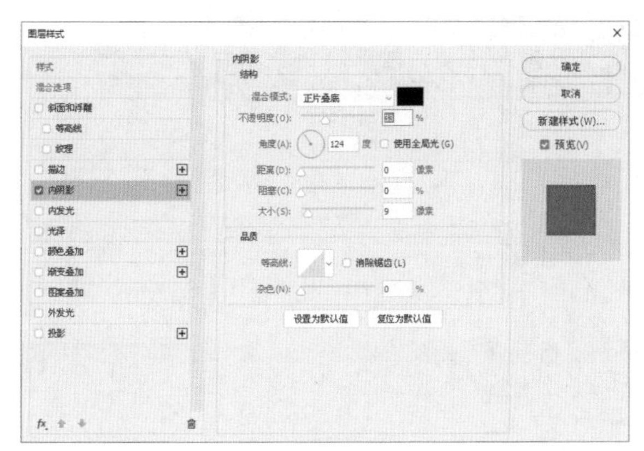

图 5-121

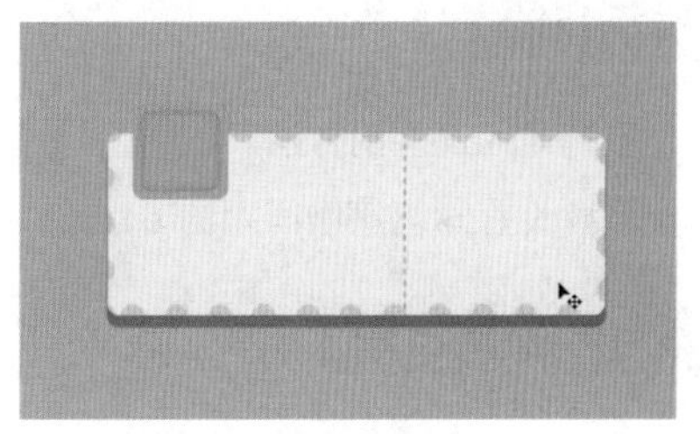

图 5-122

步骤 12 使用同样的方法制作另外的圆角矩形，效果如图 5-123 所示。

步骤 13 使用（椭圆工具）绘制两个白色正圆，执行菜单栏中的“图层”|“图层样式”|“外发光”命令，打开“图层样式”对话框，在右侧的面板中设置“外发光”的参数如图 5-124 所示。

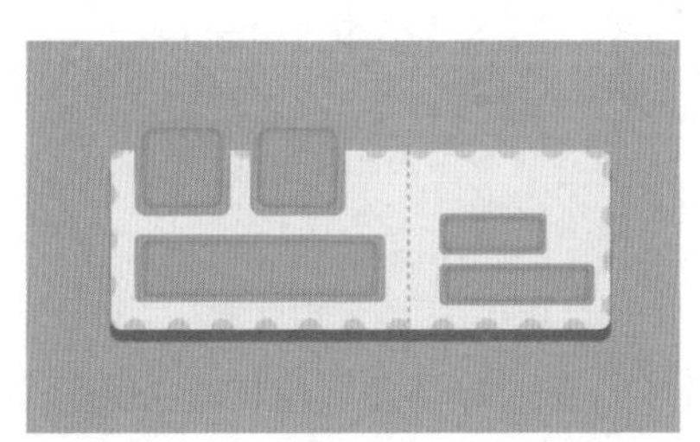

图 5-123

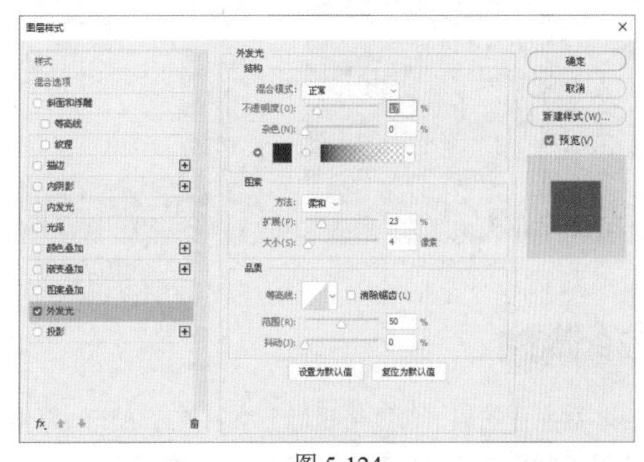

图 5-124

步骤 14 设置完毕，单击“确定”按钮，效果如图 5-125 所示。

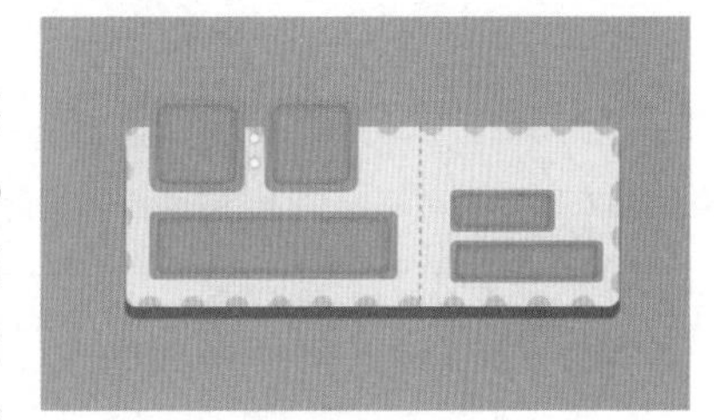

图 5-125

步骤 15 使用 Illustrator 打开附带的“图标 .ai”素材，选择其中的两个图标，按 Ctrl+C 组合键进行复制，转换到 Photoshop 中按 Ctrl+V 组合键，在弹出的“粘贴”对话框中选择“形状图层”单选按钮，单击“确定”按钮，将“填充”分别设置为白色和橘红色、“描边”设置为“无”，按 Ctrl+T 组合键调出变换框，拖动控制点调整大小，按 Enter 键完成转换，效果如图 5-126 所示。

步骤 16 使用（横排文字工具）输入对应的文字，至此本案例制作完毕，效果如图 5-127 所示。

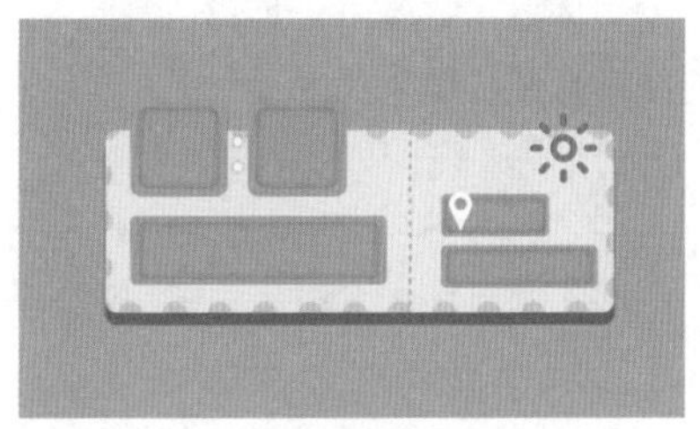

图 5-126

图 5-127

5.9 实战案例——扁平化风格超市小票

实例目的

- 了解载入选区的方法。
- 了解设置画笔笔触间距的方法。

设计思路及流程

本案例设计的 UI 界面是一款扁平化风格超市小票，通过不同颜色的圆角矩形组成出票口，绘制带间距的笔触制作小票的锯齿状区域，绘制直线、输入文字并布局文字的位置，即可完成本案例的制作。具体制作流程如图 5-128 所示。

图 5-128

配色信息

本次制作的扁平化风格超市小票以黄褐色作为整体的背景色，通过不同的灰色和黑色展现出票口，票据区为黑色与白色，灰色可以是降低透明度的黑色。具体配色信息如图 5-129 所示。

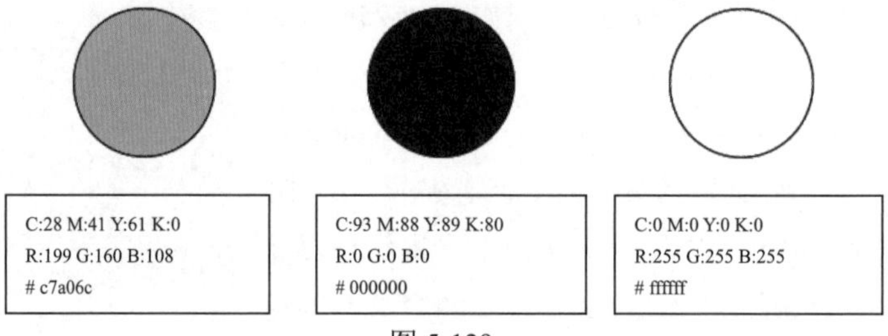

图 5-129

技术要点

- 新建文档，填充颜色
- 绘制矩形，设置“圆角值”及填充色
- 绘制矩形及绘制带间距的圆形画笔
- 调出选区，清除选区内容
- 绘制直线，输入文字

文件路径：**源文件 \ 第 5 章 ** 实战案例——扁平化风格超市小票 .psd
视频路径：**视频 \ 第 5 章 ** 实战案例——扁平化风格超市小票 .mp4

操作步骤

步骤 01 启动 Photoshop，执行菜单栏中的“文件”|“新建”命令或按 Ctrl+N 组合键，新建一个“宽度”为 800 像素、“高度”为 600 像素的矩形空白文档，将其填充为黄褐色，使用（矩形工具）依次绘制灰色、浅灰色和黑色的圆角矩形，如图 5-130 所示。

步骤 02 新建一个“图层 1”图层，使用（矩形工具）绘制一个白色的矩形，如图 5-131 所示。

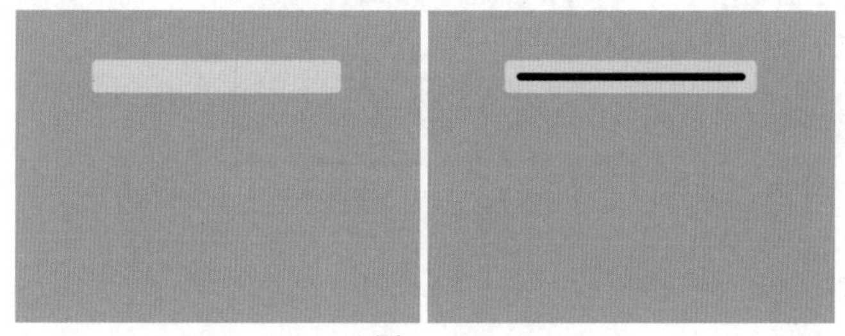

图 5-130

图 5-131

步骤 03 执行菜单栏中的“图层”|“图层样式”|“投影”命令，打开“图层样式”对话框，在右侧的面板中设置“投影”的参数如图 5-132 所示。

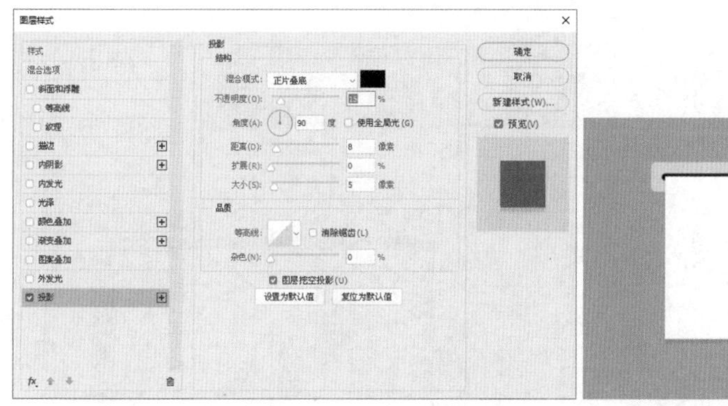

图 5-132

步骤 04 选择（画笔工具），按 F5 键打开“画笔设置”面板，其中的参数设置如图 5-133 所示。

步骤 05 新建一个“图层 2”图层，使用（画笔工具）按住 Shift 键水平绘制画笔，如图 5-134 所示。

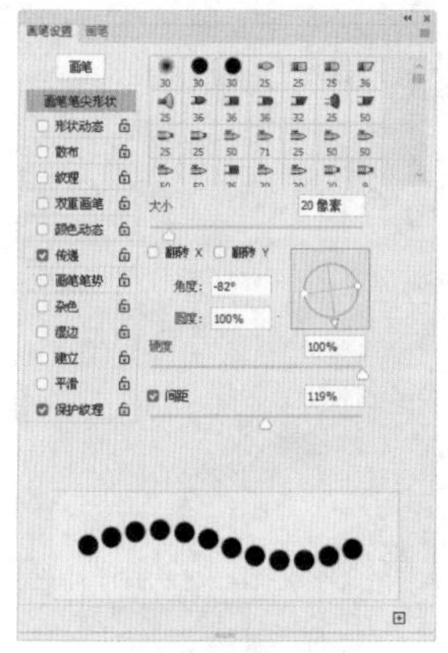

图 5-133

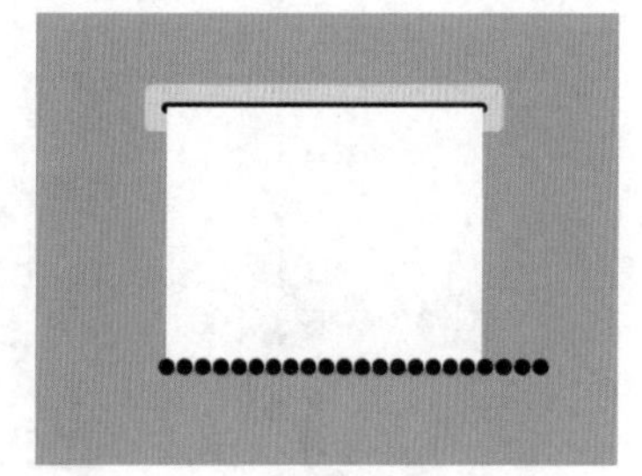

图 5-134

步骤 06 隐藏“图层 2”图层，按住 Ctrl 键单击“图层 2”图层的缩览图，调出选区后选择“图层 1”图层，按 Delete 键删除选区内容，效果如图 5-135 所示。

步骤 07 按 Ctrl+D 组合键去掉选区，在“图层 1”图层的上方新建一个“图层 3”图层，使用（矩形选框工具）绘制一个矩形选区，使用▣（渐变工具）从上向下填充一个“从黑色到透明”的线性渐变，如图 5-136 所示。

步骤 08 按 Ctrl+D 组合键去掉选区，使用╱（直线工具）绘制两条黑色直线，再使用T（横排文字工具）输入对应的文字，至此本案例制作完毕，效果如图 5-137 所示。

图 5-135

图 5-136

图 5-137

5.10 优秀作品欣赏

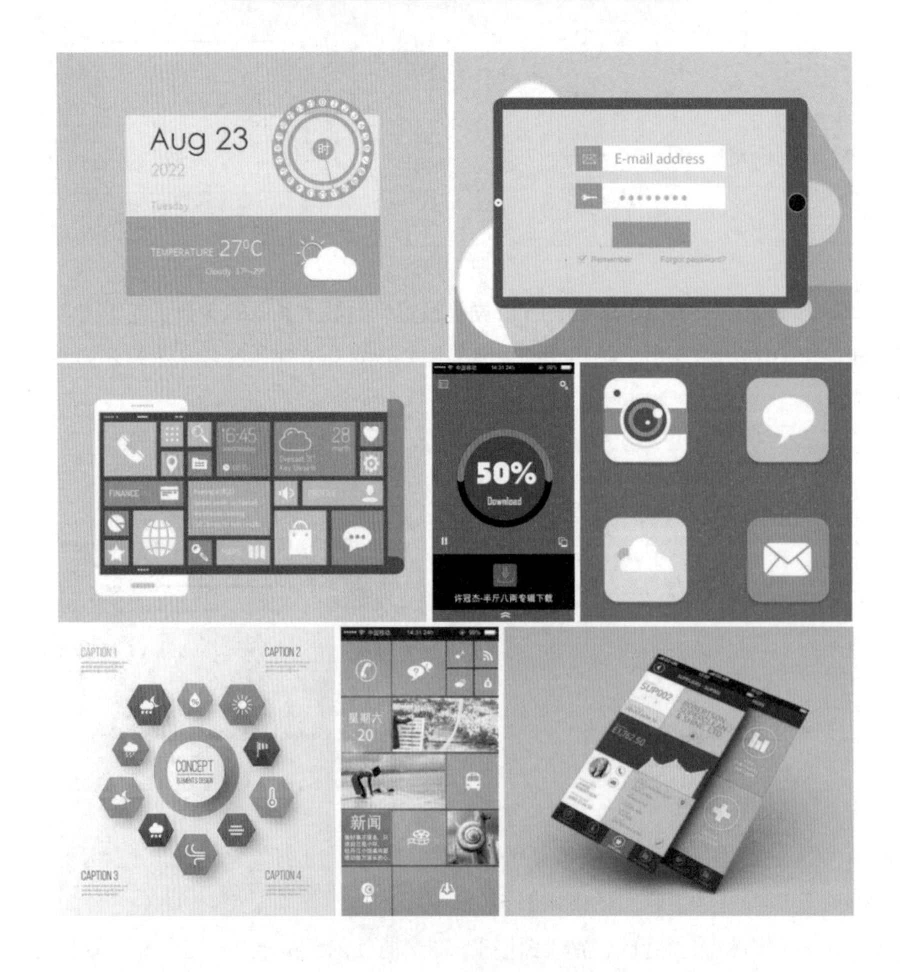

第 6 章 精致按钮的设计实战

本章重点：

- 了解按钮设计
- 实战案例——下单按钮
- 实战案例——提交按钮
- 实战案例——圆形开关按钮
- 实战案例——金属旋钮
- 实战案例——皮革按钮
- 实战案例——罗盘图标
- 实战案例——温度计图标
- 实战案例——日历图标
- 优秀作品欣赏

6

在 APP UI 设计中，按钮是最基本，也是最不可缺少的控件之一，无论是 APP 市场中的软件还是手机应用系统程序，都少不了按钮元素，因此，它的制作十分重要。通过按钮可以将制作的多个界面之间直接做到更好地互通，让用户能够更加轻松直观地进行页面的直接跳跃，单独使用按钮就可以完成返回、设置、开启、关闭等多种功能化操作。本章通过多个实战案例，详细讲解 UI 设计中常见按钮类控件的设计方法。

6.1 了解按钮设计

6.1.1 移动 APP 按钮尺寸分析

在设计按钮时，首先要对按钮的大小进行考量。鉴于移动端的界面尺寸大小，在设计时要尽量增大触摸点击范围的面积，在操作过程中，大按钮一定比小按钮更容易操作。当设计 UI 界面时，最好把可点击的按钮目标尺寸做得大一些，这样才能使用户在使用的过程中，操作更加容易快捷，但是按钮的大小也要根据 UI 界面的大小来定，既要做到美观，又要达到实用效果。按钮在移动端需要设计多大尺寸才能方便用户的使用呢？

- 苹果的《iPhone 人机界面设计规范》中指出，最小的点击目标尺寸是 44 像素 ×44 像素。
- 微软的《Windows 手机用户界面设计和交互指南》建议使用尺寸为 34 像素 ×34 像素，最小尺寸为 26 像素 ×26 像素。
- 《Android 的界面设计规范》建议使用 48dp×48dp（dp 物理尺寸为 9 毫米左右）。《诺基亚开发指南》中建议，目标尺寸应该不小于 1 厘米 ×1 厘米或者 28 像素 ×28 像素。

提示：dp 与 px 的区别在于，当屏幕密度为 160 dpi 时，dp=px。px 与屏幕的物理尺寸无关，只与屏幕的分辨率有关；而 dp 只与屏幕的物理尺寸有关，与屏幕的分辨率无关。对于 Android，其官方建议使用 dp 作为尺寸单位。

从这些设计规范中可以看出，各个平台的标准不太一致，但是总体来说，它们所规定的最小尺寸都是以人类手指的实际尺寸为模板的。当设计的按钮尺寸和人类手指相比小很多时，用户体验起来就会非常吃力，触碰准确度也会降低很多。

因此，我们要根据具体的界面用途和人类手指大小来具体设计各个 APP UI 中的各类按钮，这样才能达到最便捷。

6.1.2 统一化风格

在设计按钮时可以将有不同区域关联组的同一功能的按钮风格制作成相同效果，这样可以增加界面的统一感，如图 6-1 所示。

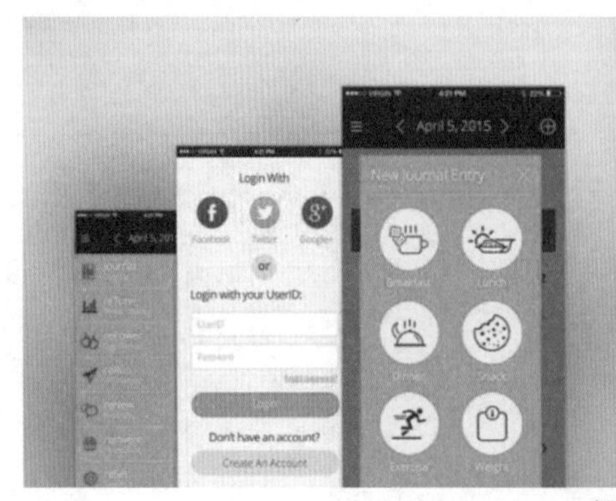

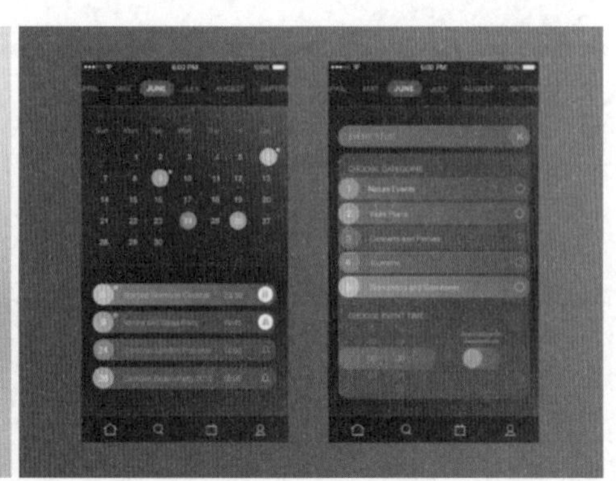

图 6-1

6.1.3 悬浮风格

界面中的悬浮按钮，可以添加阴影，也可以使边缘扩散发光。悬浮能产生视觉对比，也可以引导用户看更加明亮的地方，使按钮凸显，如图 6-2 所示。

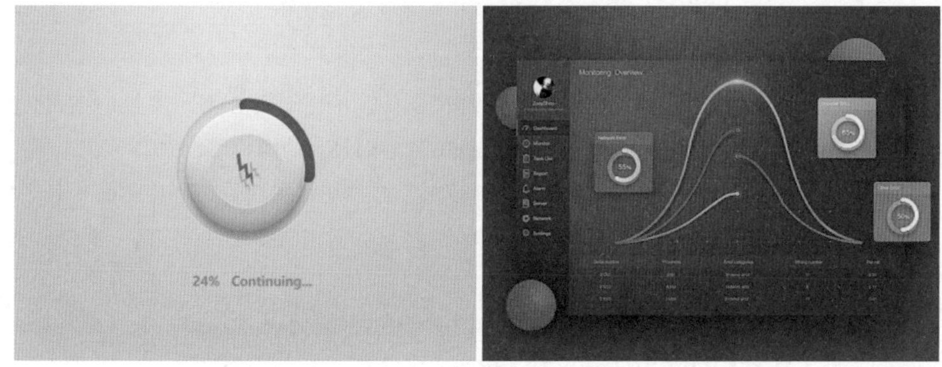

图 6-2

6.1.4 强化质感风格

界面中的按钮如果制作成质感强烈的效果，那么 UI 界面看起来会更加吸引人。质感风格可以是金属质感，也可以是水晶质感，如图 6-3 所示。

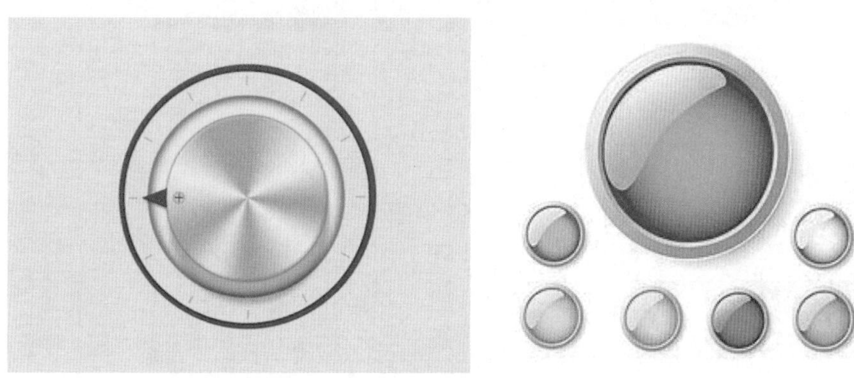

图 6-3

6.1.5 圆角风格

界面中的按钮如果制作成圆角效果，既可以清晰明显地区分，又不会像直角那样生硬，如图 6-4 所示。

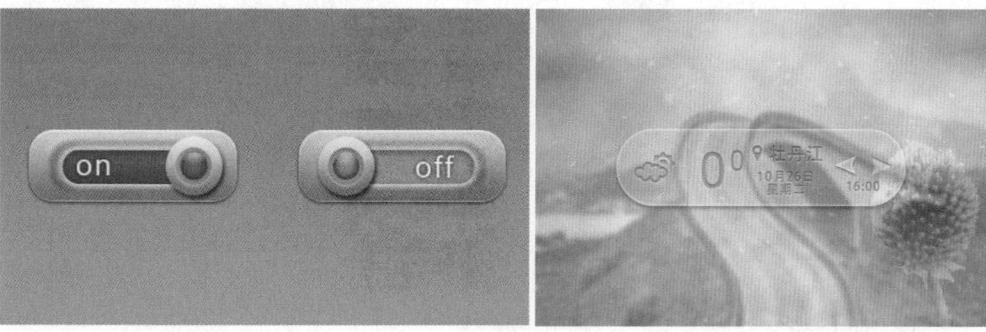

图 6-4

6.1.6 强调重点

在移动 APP 中，根据地位重要性的大小，可将按钮分为以下几种。

- 重要功能按钮，通常是指执行重要的操作或命令的按钮。其一般在整个移动 APP 界面的中心位置，无论从大小上还是从颜色上都比较醒目，如搜索、预定、确定、立即提交等操作指示。
- 一般功能按钮，包括不是特别重要操作的按钮，比如清空、退出等说明性的按钮。重要功能按钮和一般功能按钮都是把文字标在按钮上的，而且占的面积比较大。
- 软弱功能按钮，这里指优先级最低的一种按钮，这类按钮主要是文字和图标一起搭配出现的，如筛选、排序等按钮。

按钮的主要表现形式如下。

- 大小按重要性递减。按钮大小根据其功能的重要性从大到小依次递减。
- 区别于周边的颜色。按钮的颜色区别于周边的环境色，一般使用更亮、高对比度的颜色。
- 利用符号、图标。使用符号、图标比文字描述更直观，且更能吸引眼球，如箭头、对钩、叉等。

6.2 实战案例——下单按钮

实例目的

- 掌握下单按钮的制作方法。
- 了解为选区填充颜色的方法。

设计思路及流程

本次的 UI 设计是制作一个网店中的下单按钮，在打开的素材中根据原有颜色制作一个与背景色相呼应的渐变矩形按钮。具体制作流程如图 6-5 所示。

图 6-5

配色信息

本次的下单按钮设计主要体现的是按钮的立体感，因此我们通过应用渐变和投影制作出立体悬浮效果，渐变色以（R:108 G:46 B:22 和 R:251 G:216 B:196）双色制作线性渐变。配色信息如图 6-6 所示。

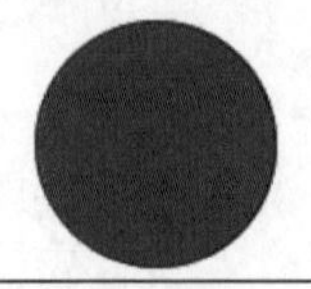

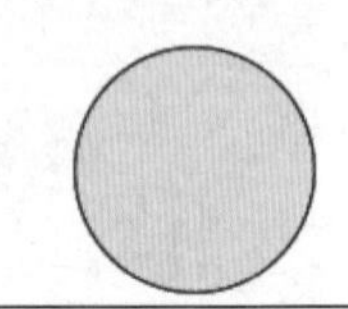

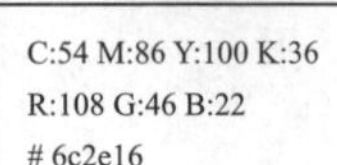

C:2 M:21 Y:22K:0
R:251 G:216 B:196
fbd8c4

图 6-6

技术要点

- 打开素材，绘制矩形选区
- 添加“渐变叠加”“投影”图层样式
- 为选区填充黑色

素材路径：**素材 \ 第 6 章 ** 下单按钮背景 .png
文件路径：**源文件 \ 第 6 章 ** 实战案例——下单按钮 .psd
视频路径：**视频 \ 第 6 章 ** 实战案例——下单按钮 .mp4

操作步骤

步骤 01 启动 Photoshop，执行菜单栏中的“文件”|“打开”命令，打开“下单按钮背景 .png”素材，如图 6-7 所示。

步骤 02 在工具箱中选择 (矩形选框工具）后，在素材中按住鼠标左键拖曳出一个矩形选区，如图 6-8 所示。

图 6-7

图 6-8

步骤 03 选区创建完毕后新建一个“图层 1”图层，执行菜单栏中的“编辑”|“填充”命令，打开“填充”对话框，在“使用”下拉列表中选择“黑色”选项，其他参数不变，如图 6-9 所示。

步骤 04 设置完毕，单击“确定”按钮，为选区填充黑色，如图 6-10 所示。

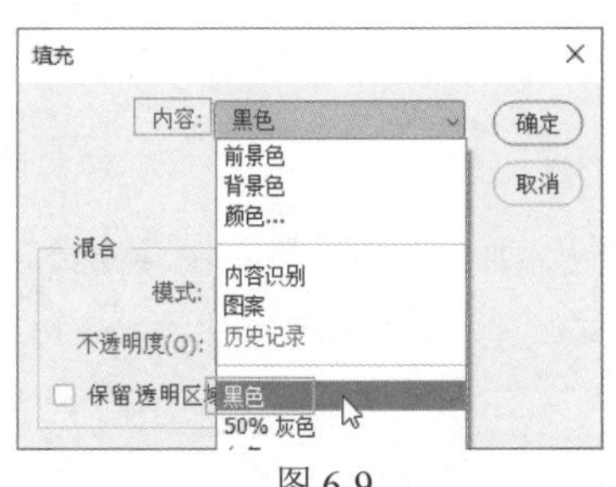

图 6-9

图 6-10

> **技巧**：在工具箱中设置好前景色或背景色后，可以通过使用快捷键的方式进行填充。填充前景色的快捷键是 Alt+Delete；填充背景色的快捷键是 Ctrl+Delete。

步骤 05 执行菜单栏中的“选择”|“取消选择”命令或按 Ctrl+D 组合键去掉选区，执行菜单栏中的“图层”|“图层样式”|“混合选项”命令，打开“图层样式”对话框，在左侧的列表框中分别选中“渐变叠加”和“投影”复选框，其中的参数设置如图 6-11 所示。

步骤 06 设置完毕单击“确定”按钮，使用 T (横排文字工具）在矩形按钮上输入白色英文，至此本案例制作完毕，效果如图 6-12 所示。

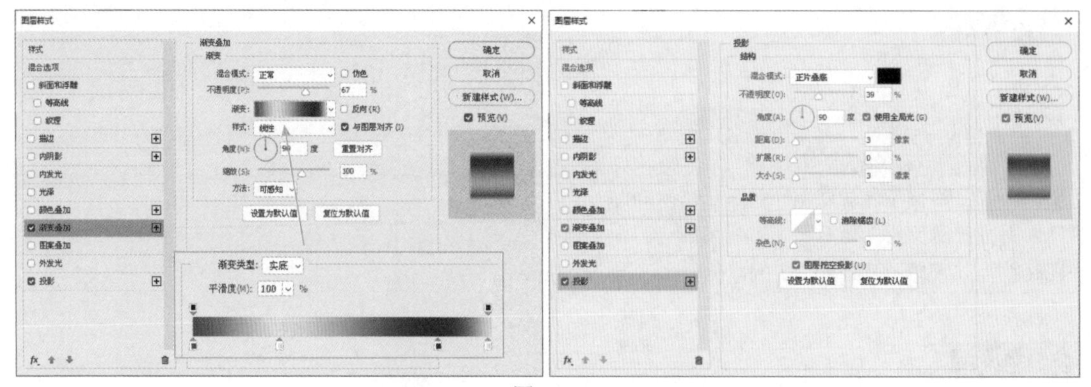

图 6-11

图 6-12

6.3 实战案例——提交按钮

实例目的

- 掌握提交按钮的绘制方法。
- 掌握将矩形改成圆角矩形的方法。

设计思路及流程

本案例的 UI 设计是制作一个提交按钮，通过填充、描边结合添加的“内阴影”图层样式，使平面的提交按钮具有一种立体的视觉效果，中间的文字呈现的凹陷效果会让按钮看起来更加一体化。具体的制作流程如图 6-13 所示。

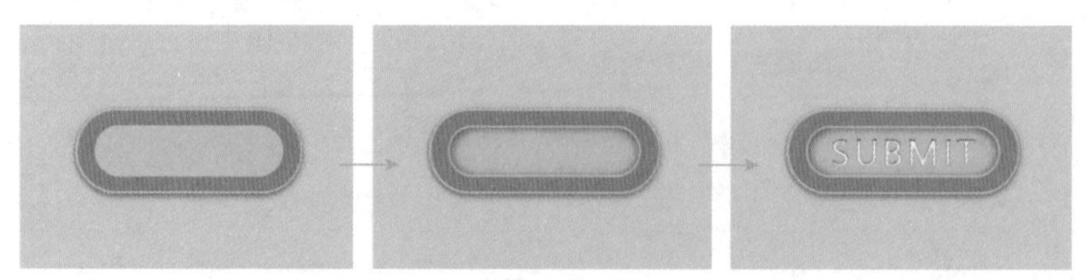

图 6-13

配色信息

本案例制作的是一个提交按钮，在淡绿色的背景上制作的按钮，在配色上仍然以深绿色和浅绿色作为按钮的色彩基调，这样可以使按钮与背景产生同类色的效果。具体配色信息如图 6-14 所示。

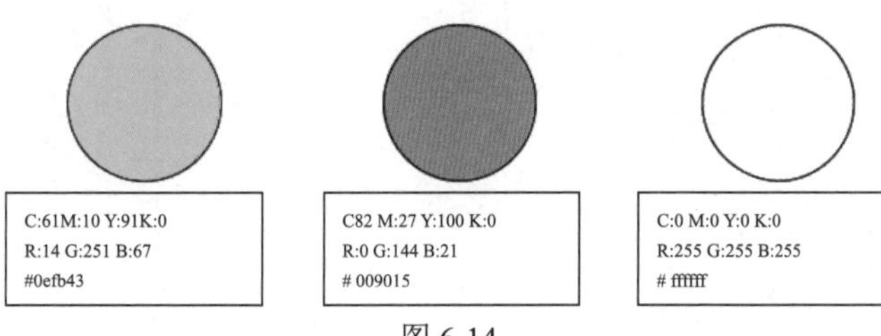

图 6-14

技术要点

- 新建文档，填充颜色
- 设置填充和描边
- 绘制矩形并调整“圆角值”
- 添加“投影”“内阴影”图层样式

文件路径：**源文件 \ 第 6 章** \ 实战案例——提交按钮 .psd
视频路径：**视频 \ 第 6 章** \ 实战案例——提交按钮 .mp4

操作步骤

步骤 01 启动 Photoshop，执行菜单栏中的“文件”|“新建”命令或按 Ctrl+N 键，新建一个“宽度”为 500 像素、“高度”为 350 像素的空白文档，为其填充淡绿色作为背景，如图 6-15 所示。

步骤 02 使用 （矩形工具）在文档中绘制一个矩形，设置“填色”为深绿色、“描边”为浅绿色、“圆角值”为 60 像素，效果如图 6-16 所示。

图 6-15

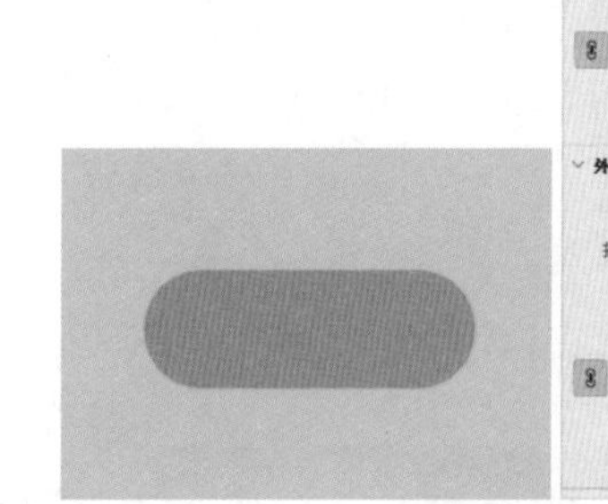

图 6-16

步骤 03 执行菜单栏中的“图层”|“图层样式”|“投影”命令，打开“图层样式”对话框，在右侧的面板中设置“投影”的参数如图 6-17 所示。

步骤 04 设置完毕单击“确定”按钮，效果如图 6-18 所示。

步骤 05 使用 （矩形工具）在圆角矩形上绘制一个小一点的矩形，设置“填充”与“描边”都为浅绿色、“圆角值”为 36 像素，效果如图 6-19 所示。

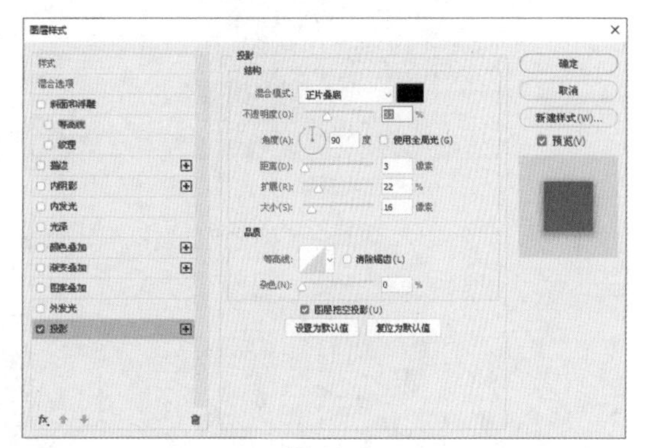

图 6-17

步骤 06 执行菜单栏中的“图层”|“图层样式”|“内阴影”命令，打开“图层样式”对话框，在右侧的面板中设置“内阴影”的参数如图 6-20 所示。

步骤 07 设置完毕，单击“确定”按钮，效果如图 6-21 所示。

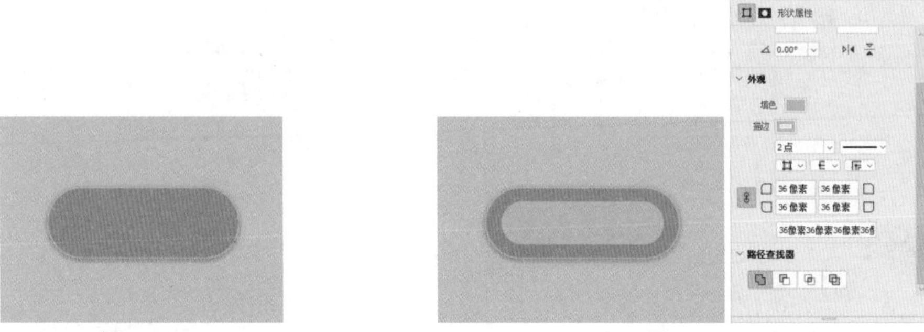

图 6-18　　　　图 6-19

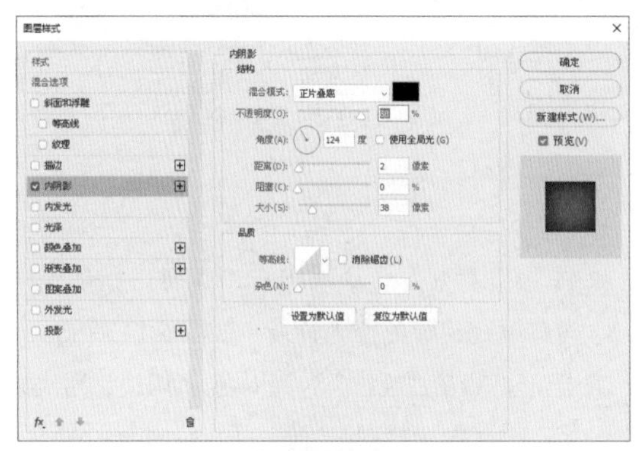

图 6-20

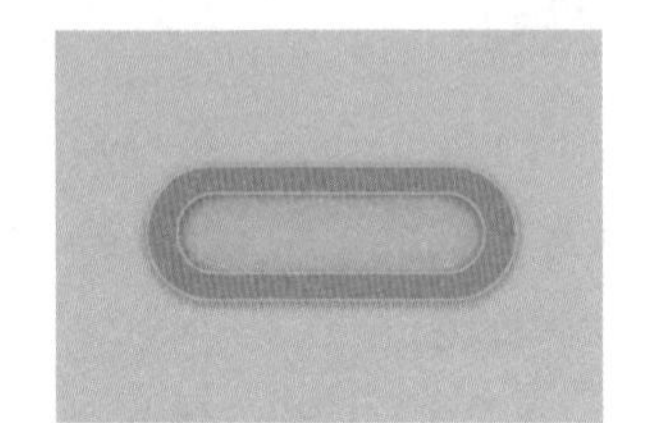

图 6-21

步骤 08 使用 T（横排文字工具）在按钮上输入英文，效果如图 6-22 所示。

步骤 09 执行菜单栏中的“图层”|“图层样式”|“内阴影”命令，打开“图层样式”对话框，在右侧的面板中设置“内阴影”的参数如图 6-23 所示。

图 6-22

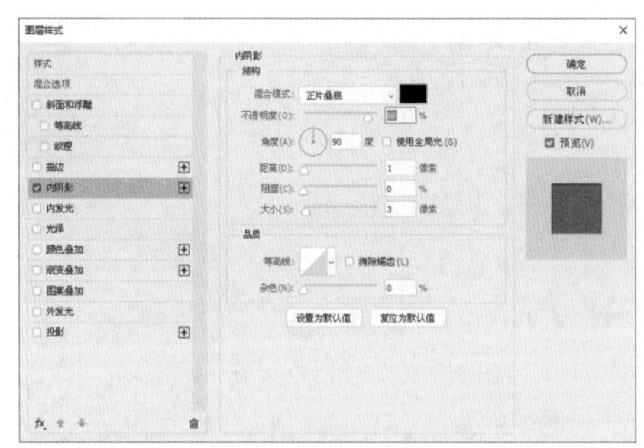

图 6-23

步骤 10 设置完毕，单击“确定”按钮，至此本案例制作完毕，同样还可以制作出其他几种不同颜色的提交按钮效果，如图 6-24 所示。

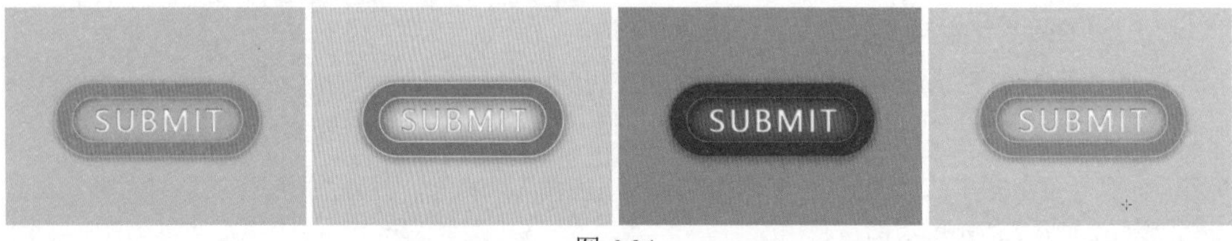

图 6-24

6.4 实战案例——圆形开关按钮

实例目的

- 了解圆形开关按钮的制作方法。
- 了解绘制圆环的方法。

设计思路及流程

本案例的思路是设计一款圆形的开关按钮，绘制正圆、圆环后，为其添加图层样式，将二维的图形效果变成立体效果，粘贴开关图标后即得到一个立体的圆形开关按钮。具体制作流程如图 6-25 所示。

图 6-25

配色信息

本次制作的圆形开关按钮，应用的颜色属于冷色系，给人更加清爽、冷静的感觉，配色为青色和无色系的灰色。具体配色信息如图 6-26 所示。

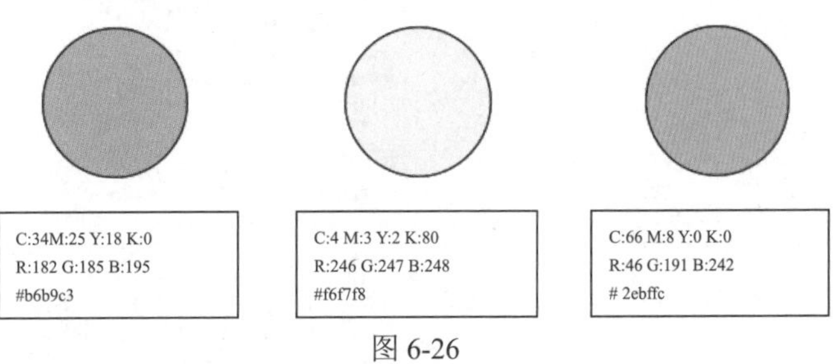

图 6-26

技术要点

- 新建文档，填充渐变色
- 绘制正圆，设置描边
- 添加图层样式
- 粘贴 AI 图标

素材路径：	**素材 \ 第 6 章** \ 图标 .ai
文件路径：	**源文件 \ 第 6 章** \ 实战案例——圆形开关按钮 .psd
视频路径：	**视频 \ 第 6 章** \ 实战案例——圆形开关按钮 .mp4

操作步骤

步骤 01 启动 Photoshop，执行菜单栏中的“文件”|“新建”命令或按 Ctrl+N 组合键，新建一个“宽度”为 800 像素、“高度”为 600 像素的空白文档，使用 (渐变工具) 填充一个“从淡灰色到灰色”的径向渐变，如图 6-27 所示。

步骤 02 使用 （椭圆工具）在文档中绘制一个正圆，在“属性”面板中设置“填充”为“无”、“描边颜色”为白色、“描边宽度”为 36.49 点，效果如图 6-28 所示。

图 6-27

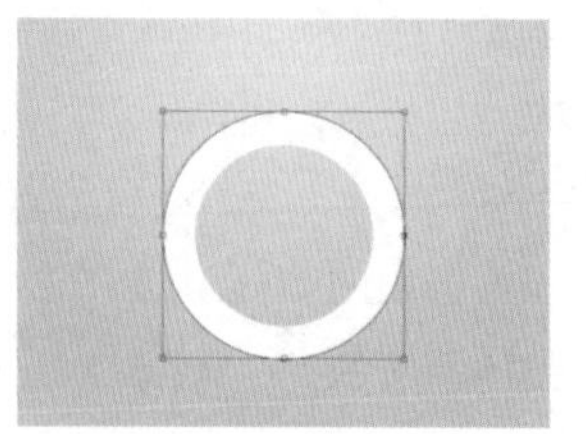

图 6-28

步骤 03 执行菜单栏中的“图层”|“图层样式”|“混合选项”命令，打开“图层样式”对话框，在左侧的列表框中分别选中“斜面和浮雕”“内阴影”“渐变叠加”和“投影”复选框，其中的参数设置如图 6-29 所示。

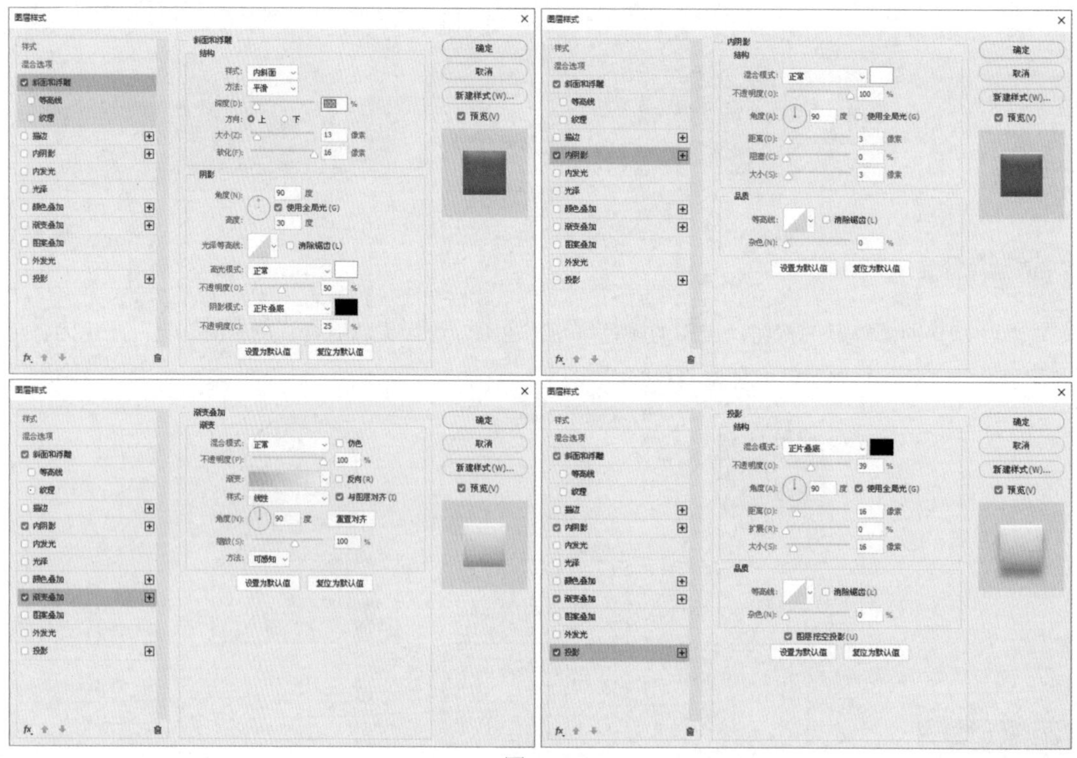

图 6-29

步骤 04 设置完毕单击“确定”按钮，效果如图 6-30 所示。

步骤 05 使用 （椭圆工具）在圆环上绘制一个青色的正圆，效果如图 6-31 所示。

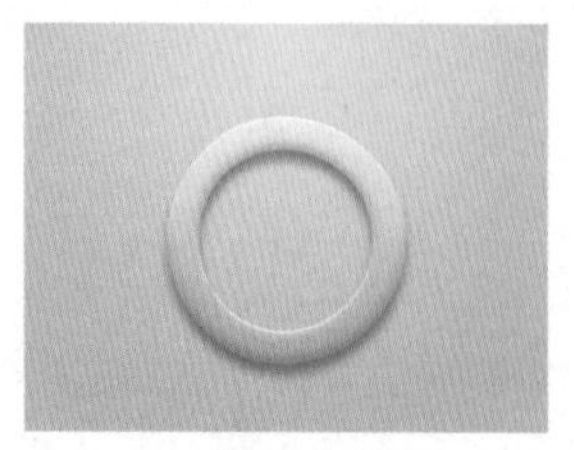

图 6-30

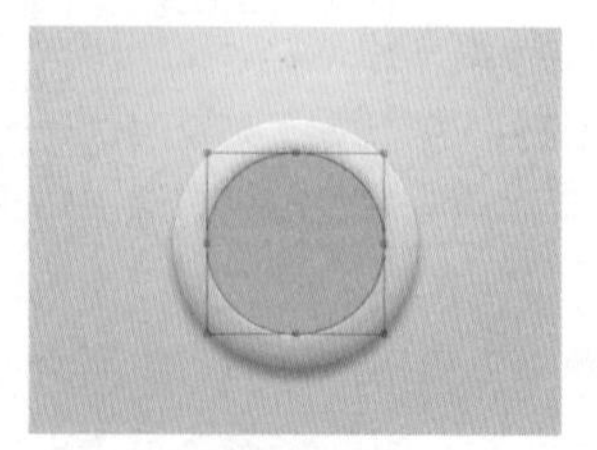

图 6-31

步骤 06 执行菜单栏中的“图层”|“图层样式”|“混合选项”命令，打开“图层样式”对话框，在左侧的列表框中分别选中“内阴影”和“外发光”复选框，其中的参数设置如图 6-32 所示。

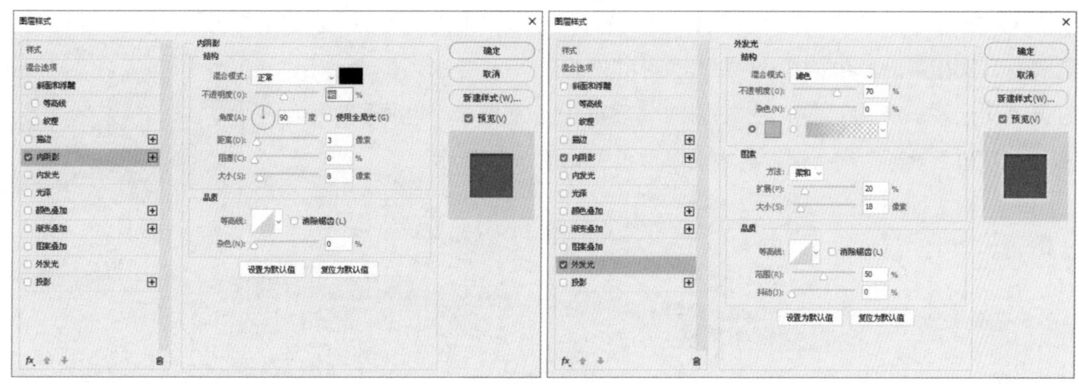

图 6-32

步骤 07 设置完毕单击“确定”按钮，效果如图 6-33 所示。

步骤 08 使用（椭圆工具）在青色正圆上绘制一个小一点的白色正圆，效果如图 6-34 所示。

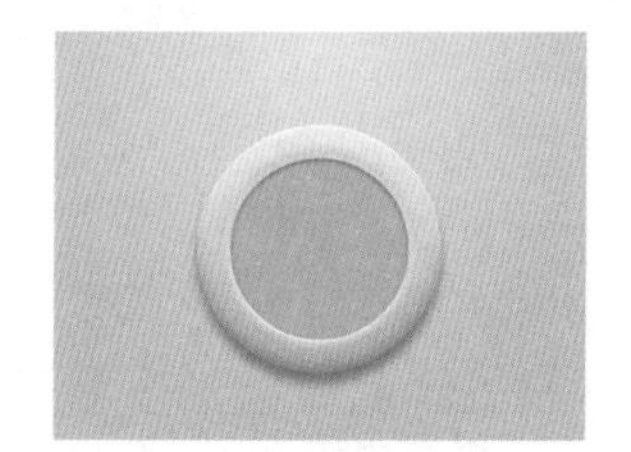

图 6-33

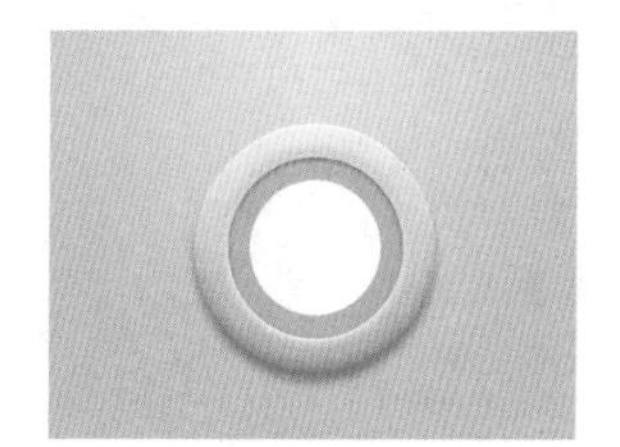

图 6-34

步骤 09 执行菜单栏中的“图层”|“图层样式”|“混合选项”命令，打开“图层样式”对话框，在左侧的列表框中分别选中“斜面和浮雕”“内阴影”“渐变叠加”和“投影”复选框，其中的参数设置如图 6-35 所示。

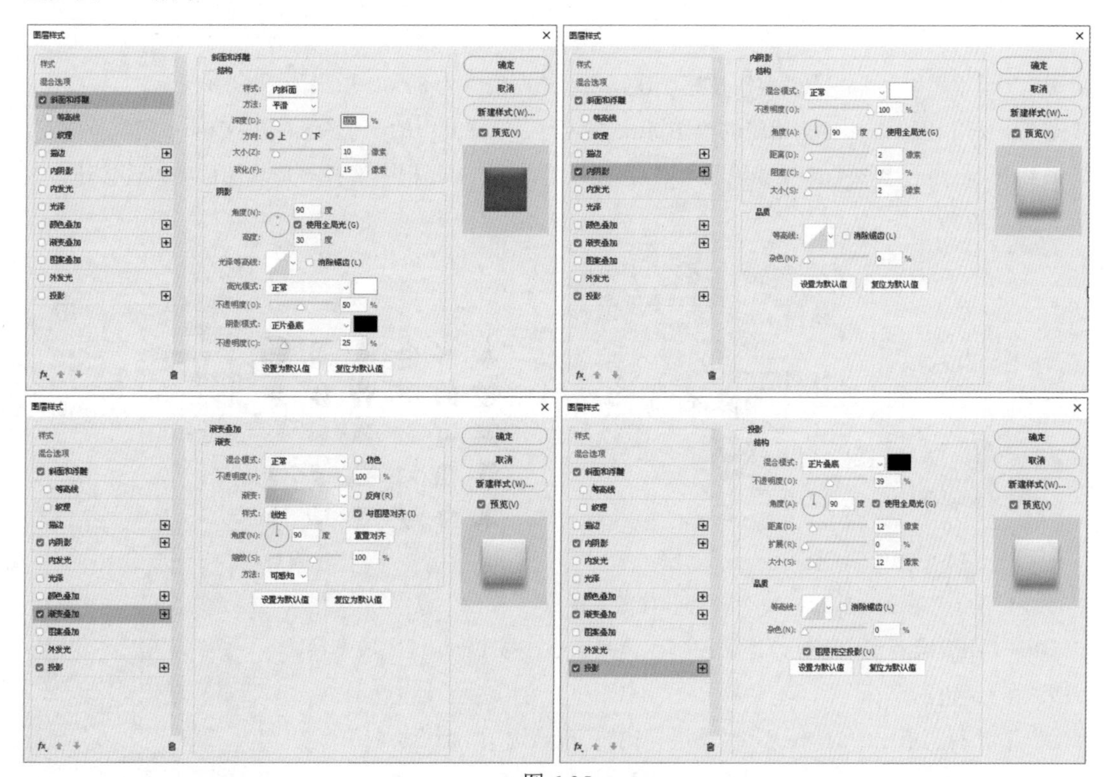

图 6-35

步骤 10 设置完毕，单击“确定”按钮，效果如图 6-36 所示。

图 6-36

步骤 11 复制“椭圆 3”图层，得到一个“椭圆 3 拷贝”图层，删除图层样式后，执行菜单栏中的“图层”|“图层样式”|“混合选项”命令，打开“图层样式”对话框，在左侧的列表框中分别选中“内阴影”“渐变叠加”和“投影”复选框，其中的参数设置如图 6-37 所示。

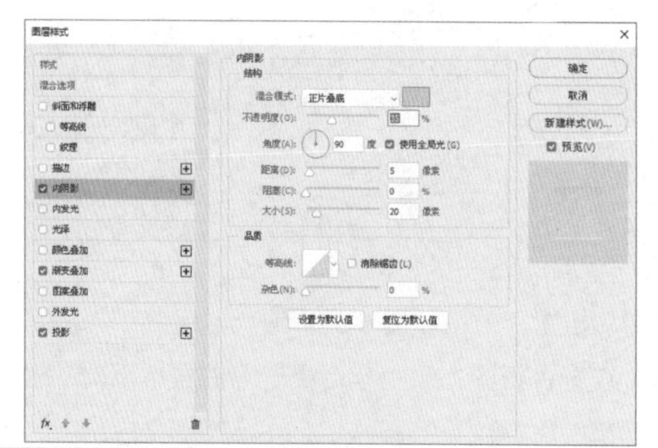

图 6-37

步骤 12 设置完毕，单击“确定”按钮，设置“不透明度”为 80%，效果如图 6-38 所示。

步骤 13 使用 Illustrator 打开附带的“图标 .ai”素材，选择其中的一个图标，按 Ctrl+C 键进行复制，转换到 Photoshop 中按 Ctrl+V 组合键，在弹出的“粘贴”对话框中选择“形状图层”单选按钮，效果如图 6-39 所示。

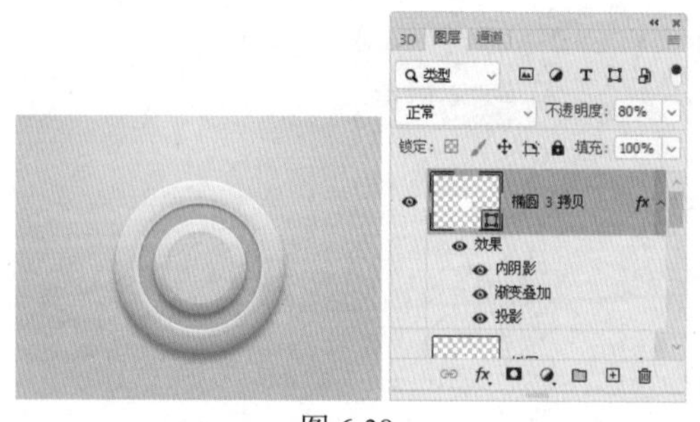

图 6-38

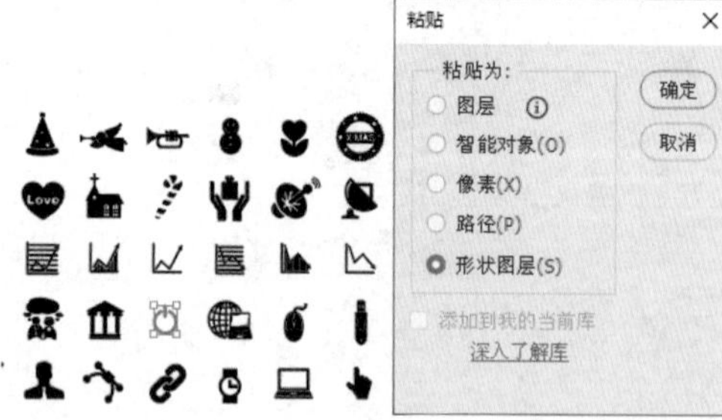

图 6-39

图 6-40

步骤 14 单击“确定”按钮，将“填充”设置为青色、“描边”设置为“无”，按 Ctrl+T 组合键调出变换框，拖动控制点调整大小，按 Enter 键完成变换，效果如图 6-40 所示。

步骤 15 执行菜单栏中的“图层”|“图层样式”|“混合选项”命令，打开“图层样式”对话框，在左侧的列表框中分别选中“内阴影”和“外发光”复选框，其中的参数设置如图 6-41 所示。

步骤 16 设置完毕，单击“确定”按钮。至此本案例制作完毕，效果如图 6-42 所示。

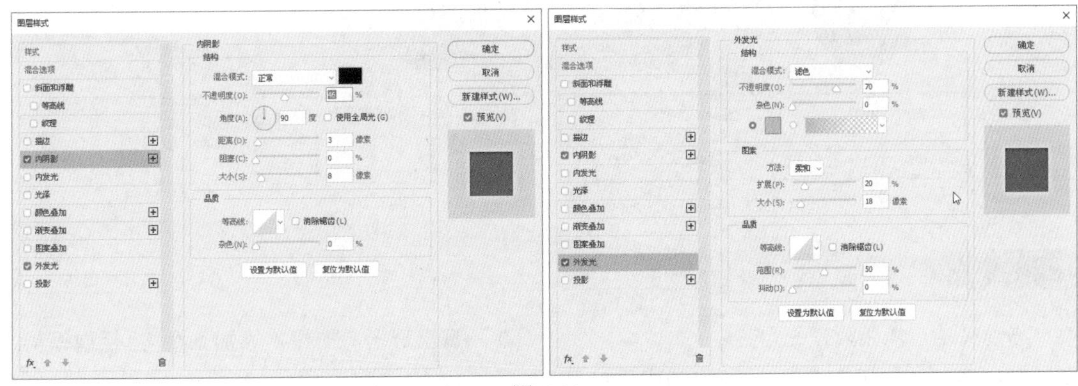

图 6-41

图 6-42

6.5 实战案例——金属旋钮

实例目的

- 了解金属旋钮的制作方法。
- 了解使用画笔工具编辑蒙版的方法。

设计思路及流程

本案例通过绘制正圆为其添加图层样式，结合“添加杂色和径向模糊”滤镜制作出金属样式效果。具体制作流程如图 6-43 所示。

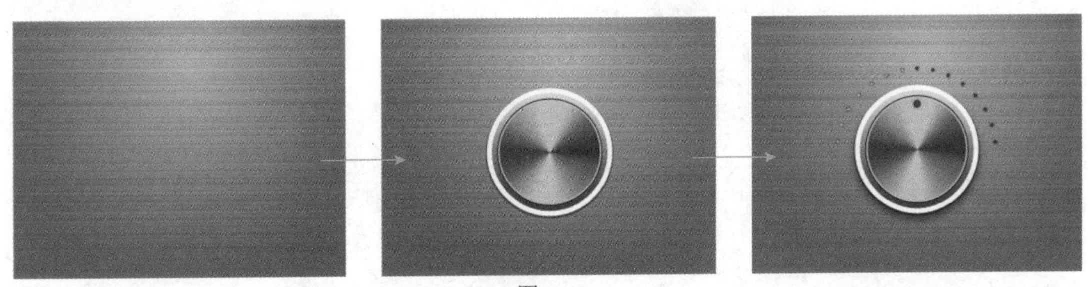

图 6-43

配色信息

本次制作的金属旋钮，在配色上以灰色、白色作为渐变叠加的颜色制作出金属效果，用绿色和红色体现出旋钮的调整位置。具体配色信息如图 6-44 所示。

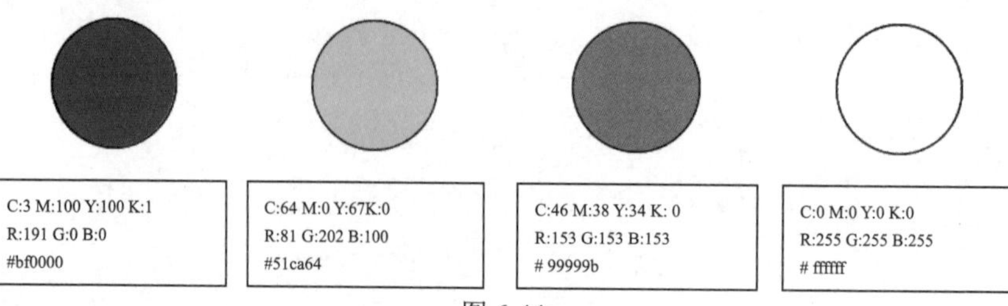

图 6-44

技术要点

- 新建文档，填充渐变色
- 复制图层，应用“添加杂色”“动感模糊”制作动感金属背景
- 绘制正圆并为其添加图层样式
- 调出选区，应用“添加杂色”“径向模糊”滤镜
- 绘制正圆路径，应用画笔描边路径
- 应用“高斯模糊”滤镜

文件路径：**源文件 \ 第 6 章 ** 实战案例——金属旋钮 .psd
视频路径：**视频 \ 第 6 章 ** 实战案例——金属旋钮 .mp4

操作步骤

1. 背景制作

步骤 01 启动 Photoshop，执行菜单栏中的“文件”|“新建”命令或按 Ctrl+N 组合键，打开“新建”对话框，新建一个“宽度”为 800 像素、“高度”为 600 像素的空白文档，使用 （渐变工具）为其填充“从灰色到深灰色”的径向渐变，如图 6-45 所示。

步骤 02 复制“背景”图层，得到一个“背景拷贝”图层，执行菜单栏中的“滤镜”|“杂色”|“添加杂色”命令，打开“添加杂色”对话框，其中的参数设置如图 6-46 所示。

步骤 03 设置完毕，单击“确定”按钮，效果如图 6-47 所示。

步骤 04 执行菜单栏中的“滤镜”|“模糊”|“动感模糊”命令，打开“动感模糊”对话框，其中的参数设置如图 6-48 所示。

图 6-45

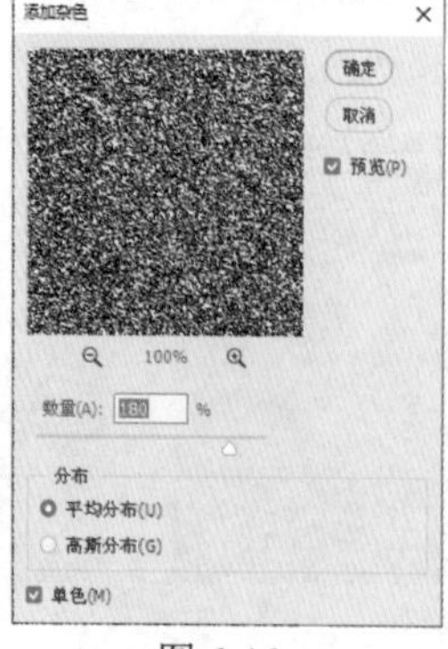

图 6-46

图 6-47

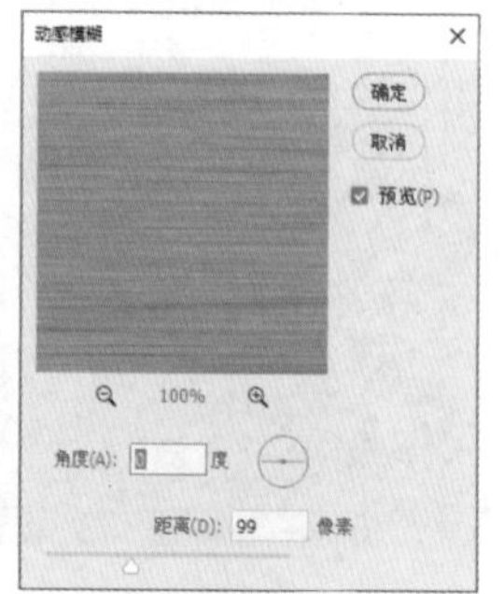

图 6-48

步骤 05 设置完毕，单击“确定”按钮，效果如图 6-49 所示。

步骤 06 使用 （矩形选框工具）在左侧绘制一个矩形选区，按 Ctrl+T 组合键调出变换框，拖曳控制点将其拉宽，效果如图 6-50 所示。

图 6-49

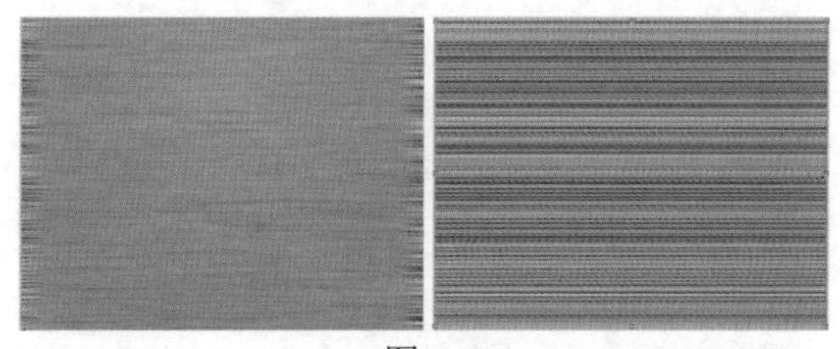
图 6-50

步骤 07 按 Enter 键完成变换，按 Ctrl+D 组合键去掉选区，设置“混合模式”为“颜色加深”、“不透明度”为 15%，此时背景部分制作完毕，效果如图 6-51 所示。

2. 金属旋钮的制作

步骤 01 使用 （椭圆工具）绘制一个白色的正圆，效果如图 6-52 所示。

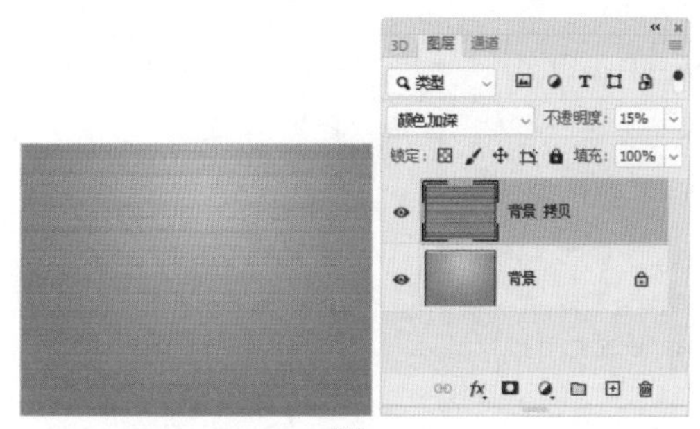
图 6-51

图 6-52

步骤 02 执行菜单栏中的“图层”|“图层样式”|“投影”命令，打开“图层样式”对话框，在右侧的面板中设置“投影”的参数如图 6-53 所示。

步骤 03 设置完毕，单击“确定”按钮，效果如图 6-54 所示。

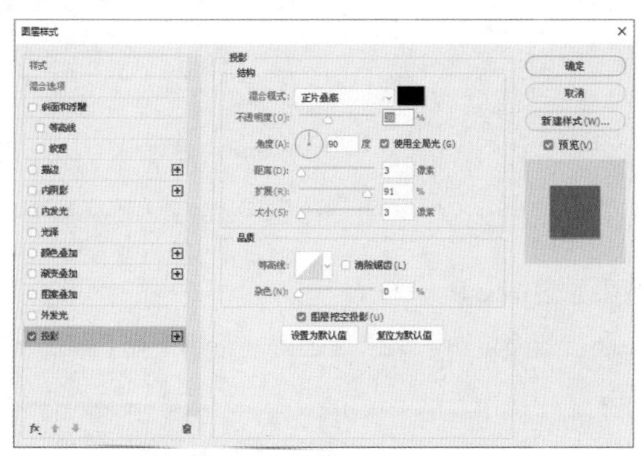
图 6-53

图 6-54

步骤 04 复制“椭圆 1”图层，得到一个“椭圆 1 拷贝”图层，删除图层样式后，按 Ctrl+T 组合键调出变换框，拖曳控制点将其缩小一点，按 Enter 键完成变换，执行菜单栏中的“图层”|“图层样式”|“渐变叠加”命令，打开“图层样式”对话框，在右侧的面板中设置“渐变叠加”的参数如图 6-55 所示。

步骤 05 设置完毕单击“确定”按钮，效果如图 6-56 所示。

步骤 06 复制“椭圆 1 拷贝”图层，得到一个“椭圆 1 拷贝 2”图层，删除图层样式后，按 Ctrl+T 组合键调出变换框，拖曳控制点将其缩小一点，按 Enter 键完成变换，执行菜单栏中的“图层”|“图层样式”|“混合选项”命令，打开“图层样式”对话框，在左侧的列表框中分别选中“描边”“渐变叠加”和“外发光”复选框，其中参数值设置如图 6-57 所示。

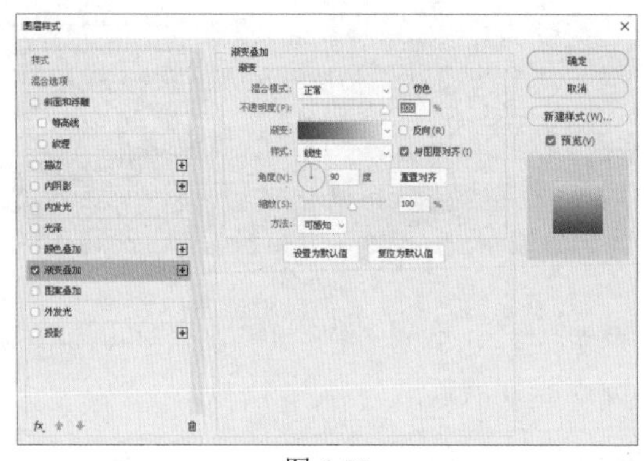

图 6-55

图 6-56

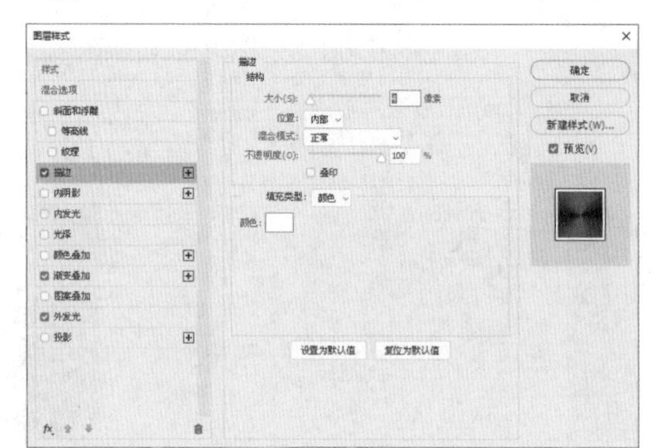

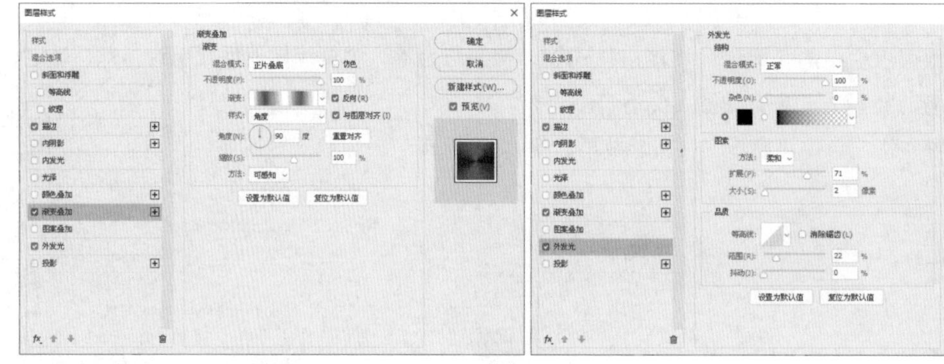

图 6-57

步骤 07 设置完毕，单击“确定”按钮，效果如图 6-58 所示。

步骤 08 按住 Ctrl 键单击“椭圆 1 拷贝 2”图层的缩览图，调出选区后，新建一个“图层 1”图层，将选区填充为白色，效果如图 6-59 所示。

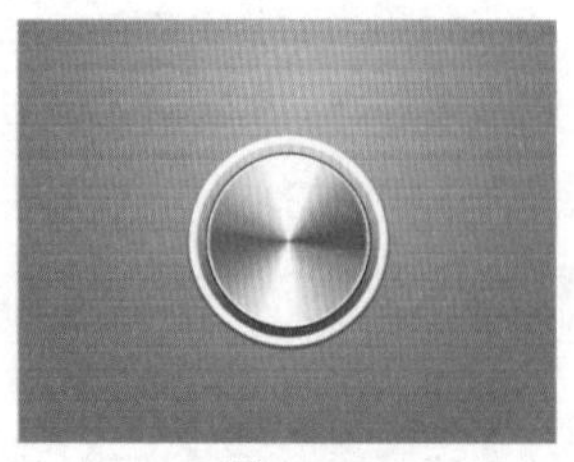

图 6-58

图 6-59

步骤 09 执行菜单栏中的“滤镜”|“杂色”|“添加杂色”命令，打开“添加杂色”对话框，其中的参数设置如图 6-60 所示。

步骤 10 设置完毕，单击“确定”按钮，执行菜单栏中的“滤镜”|“模糊”|“径向模糊”命令，打开“径

向模糊”对话框，其中的参数设置如图 6-61 所示。

步骤 11 设置完毕，单击“确定”按钮，按 Ctrl+D 组合键去掉选区，设置“混合模式”为“正片叠底”、“不透明度”为 57%，效果如图 6-62 所示。

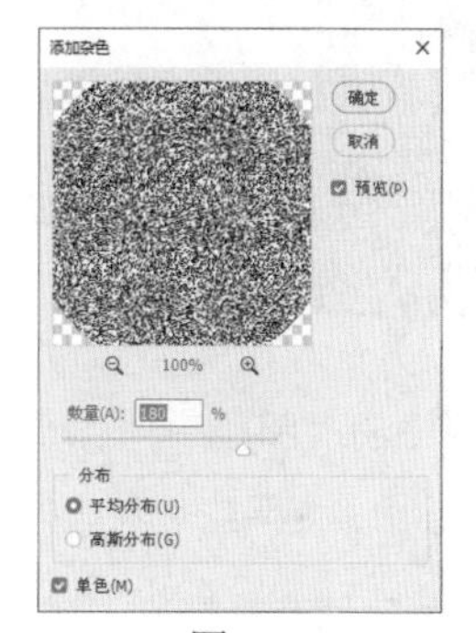

图 6-60

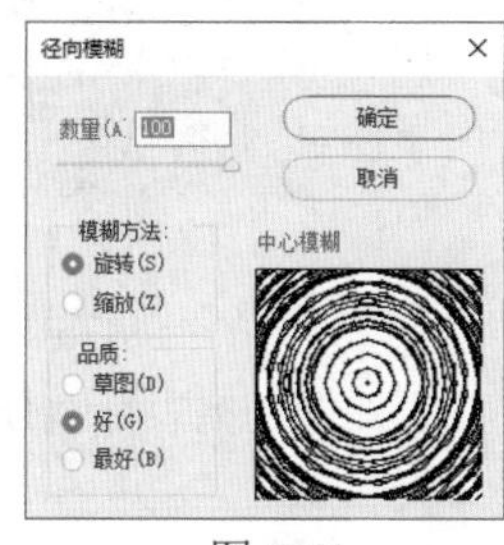

图 6-61

图 6-62

步骤 12 新建一个图层，使用（椭圆工具）绘制一个正圆路径，如图 6-63 所示。

步骤 13 将前景色设置为红色，选择（画笔工具），按 F5 键打开“画笔设置”面板，其中的参数设置如图 6-64 所示。

步骤 14 在“路径”面板中单击（画笔描边路径）按钮，效果如图 6-65 所示。

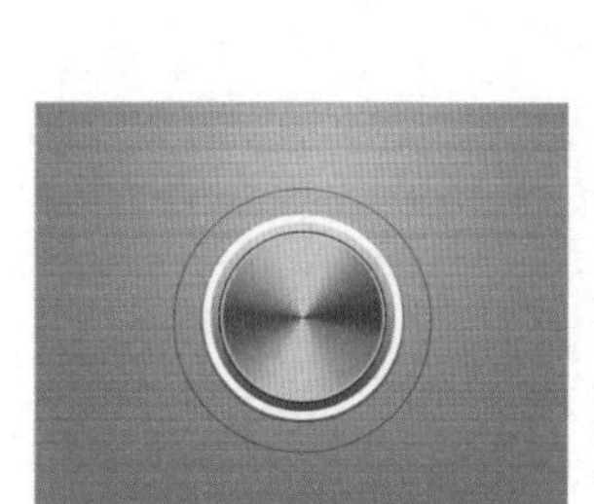

图 6-63

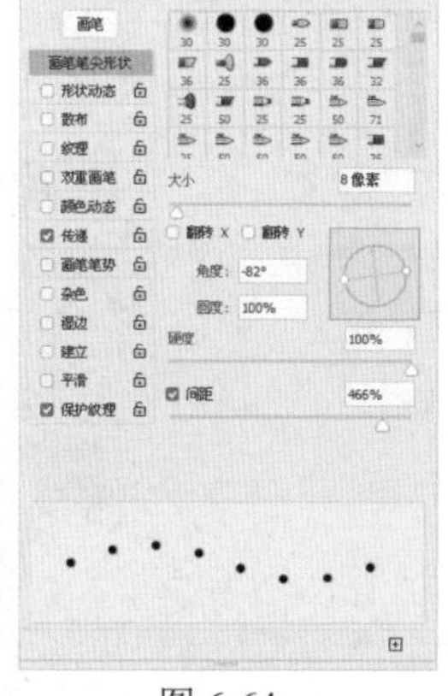

图 6-64

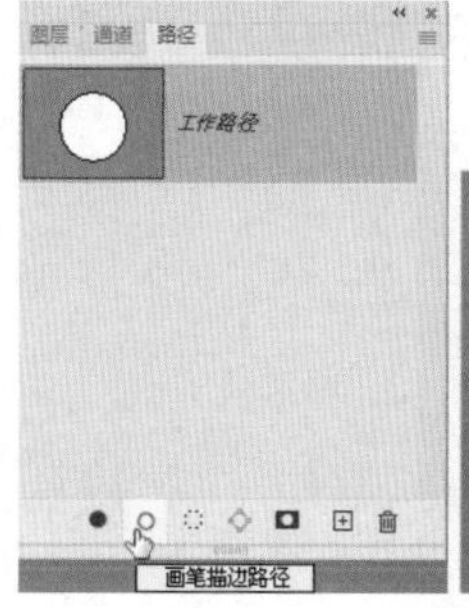

图 6-65

步骤 15 在“路径”面板空白处单击隐藏路径，在“图层”面板中单击（添加图层蒙版）按钮，为其添加一个图层蒙版，使用（画笔工具）在蒙版中涂抹黑色，效果如图 6-66 所示。

步骤 16 执行菜单栏中的“图层”|“图层样式”|“投影”命令，打开“图层样式”对话框，在右侧的面板中设置“投影”的参数如图 6-67 所示。

图 6-66

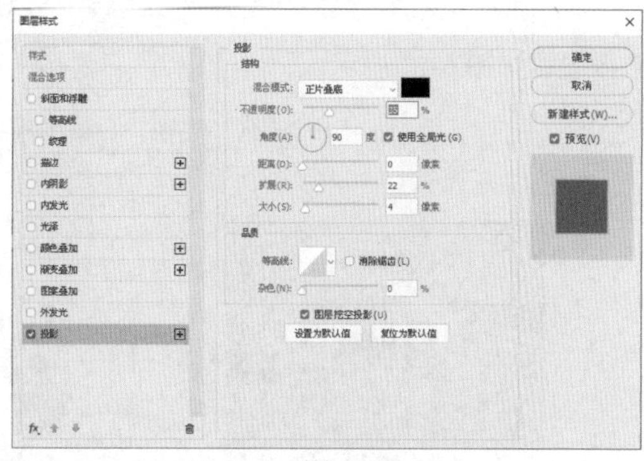

图 6-67

步骤 17 设置完毕，单击“确定”按钮，效果如图 6-68 所示。

步骤 18 使用同样的方法制作出绿色的圆点，效果如图 6-69 所示。

图 6-68

图 6-69

步骤 19 新建一个图层，使用（椭圆工具）绘制一个红色正圆，执行菜单栏中的“图层”|“图层样式”|“混合选项”命令，打开“图层样式”对话框，在左侧的列表框中分别选中“内阴影”和“外发光”复选框，其中的参数设置如图 6-70 所示。

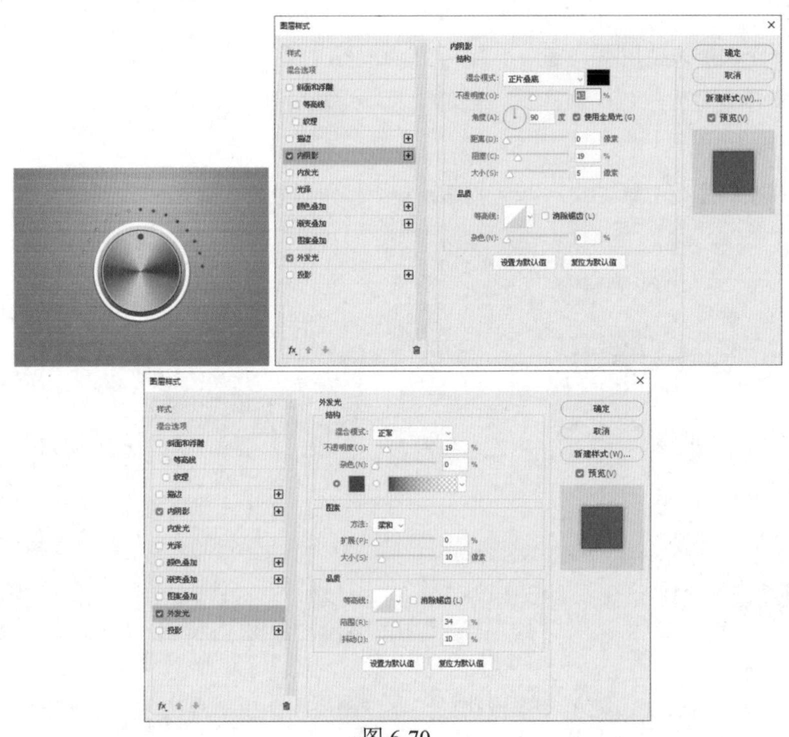

图 6-70

步骤 20 设置完毕，单击“确定”按钮，效果如图 6-71 所示。

步骤 21 在“背景拷贝”图层的上方，使用（椭圆工具）绘制一个黑色椭圆，如图 6-72 所示。

步骤 22 执行菜单栏中的“滤镜”|“模糊”|“高斯模糊”命令，打开“高斯模糊”对话框，其中的参数设置如图 6-73 所示。

图 6-71

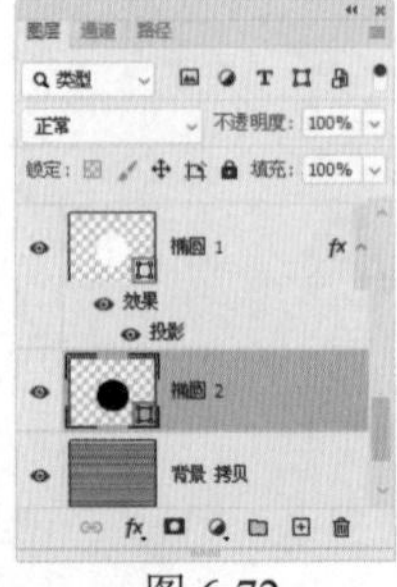

图 6-72

图 6-73

步骤 23 设置完毕，单击“确定”按钮，设置“不透明度”为 55%，至此本案例制作完毕，效果如图 6-74 所示。

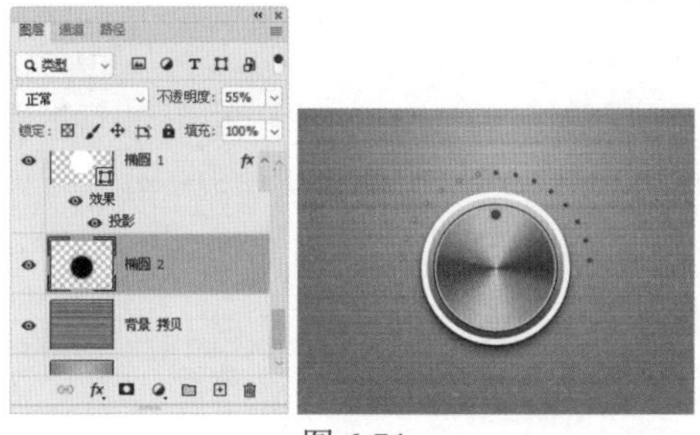

图 6-74

6.6 实战案例——皮革按钮

实例目的

- 了解皮革按钮的制作方法。
- 了解设置图层样式的应用。

设计思路及流程

本案例设计的皮革按钮是一个利用“染色玻璃”“球面化”滤镜制作出皮革效果，再通过正圆添加图层样式制作出的皮革立体按钮，另外设置“图层”面板中的“图案填充”制作出除图层样式外的透明效果。具体制作流程如图 6-75 所示。

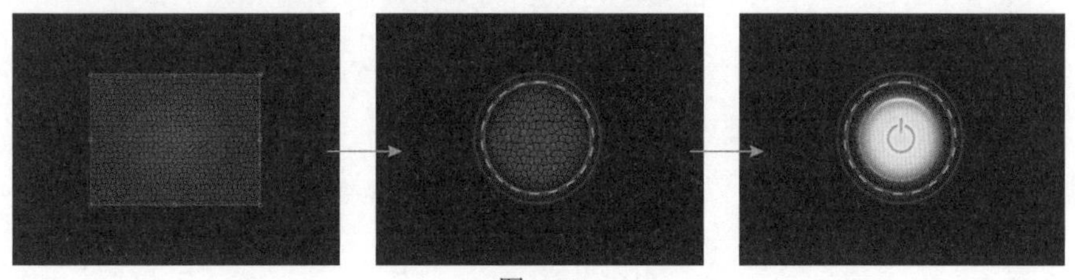

图 6-75

配色信息

本次制作的是一个皮革按钮，通过砖红色与黑色的结合制作出皮革纹理，通过添加的“红色纹理纸”让皮革纹理更加形象一些，按钮中的红色、白色，起到一个绝对的辅助的颜色效果，让按钮看起来更具有真实感。具体配色信息如图 6-76 所示。

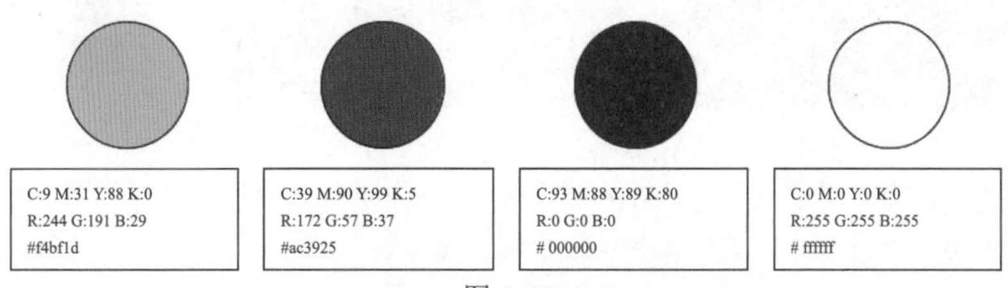

图 6-76

技术要点

- 新建文档，填充颜色；复制图层，填充颜色
- 应用“染色玻璃”“球面化”滤镜
- 创建“图案”填充图层
- 绘制正圆并为其添加图层样式
- 复制与粘贴图层样式
- 应用“样式”面板中的样式

素材路径：**素材 \ 第 6 章 ** 图标 .ai
文件路径：**源文件 \ 第 6 章 ** 实战案例——皮革按钮 .psd
视频路径：**视频 \ 第 6 章 ** 实战案例——皮革按钮 .mp4

操作步骤

步骤 01 启动 Photoshop，执行菜单栏中的“文件”|“新建”命令或按 Ctrl+N 组合键，新建一个“宽度”为 800 像素、“高度”为 600 像素的矩形空白文档，将其填充为黑色，复制一个“背景”图层，得到一个“背景拷贝”图层，将其填充为砖红色，如图 6-77 所示。

步骤 02 执行菜单栏中的“滤镜”|“滤镜库”|“染色玻璃”命令，打开“染色玻璃”对话框，其中的参数设置如图 6-78 所示。

图 6-77

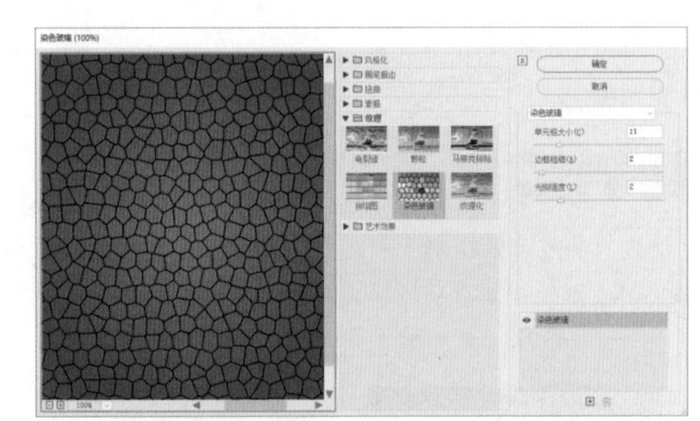
图 6-78

步骤 03 设置完毕，单击“确定”按钮，效果如图 6-79 所示。

步骤 04 打开“通道”面板，按住 Ctrl 键的同时，单击“红”通道的缩览图，调出该通道的选区，如图 6-80 所示。

步骤 05 选择复合通道后，打开“图层”面板，按 Ctrl+J 组合键得到一个“图层 1”图层，如图 6-81 所示。

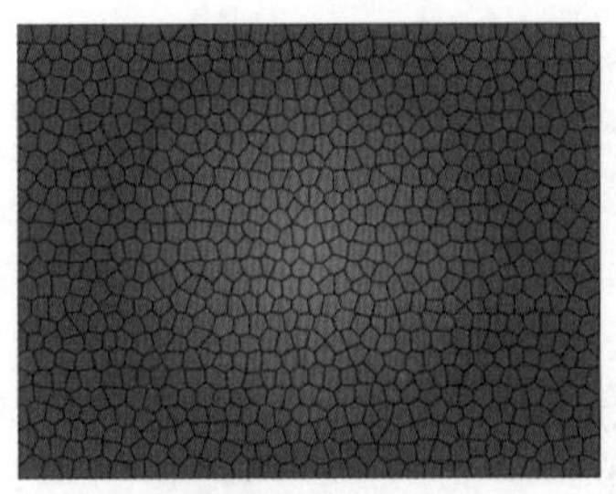
图 6-79

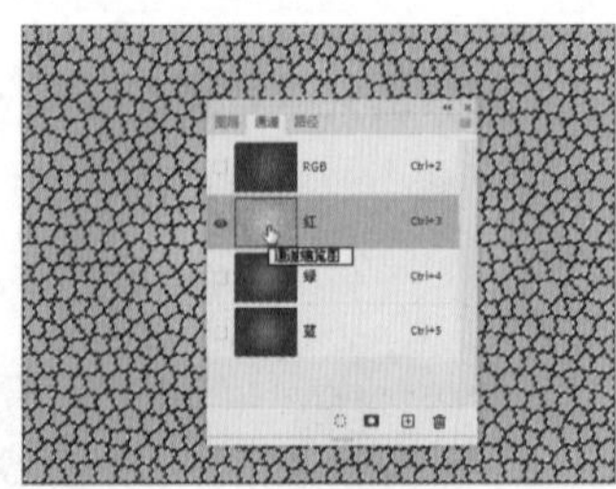
图 6-80

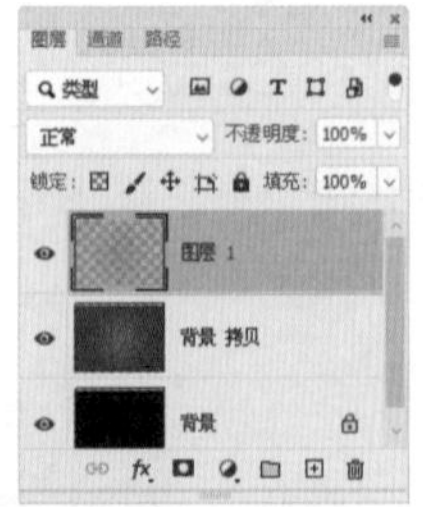
图 6-81

步骤 06 执行菜单栏中的“图层”|“图层样式”|“斜面和浮雕”命令，打开“图层样式”对话框，在右侧的面板中设置“斜面和浮雕”的参数如图 6-82 所示。

步骤 07 设置完毕，单击“确定”按钮，效果如图 6-83 所示。

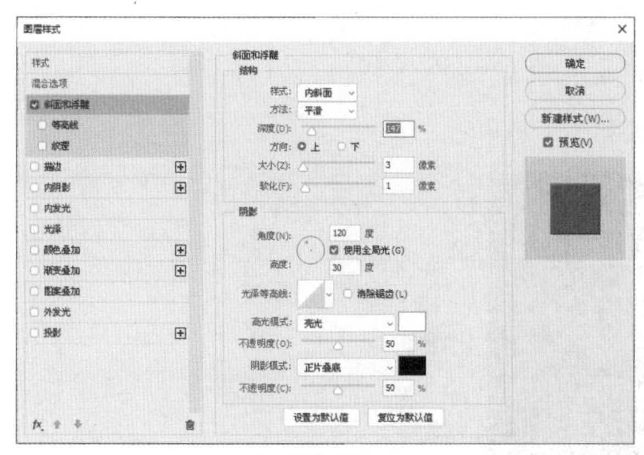

图 6-82

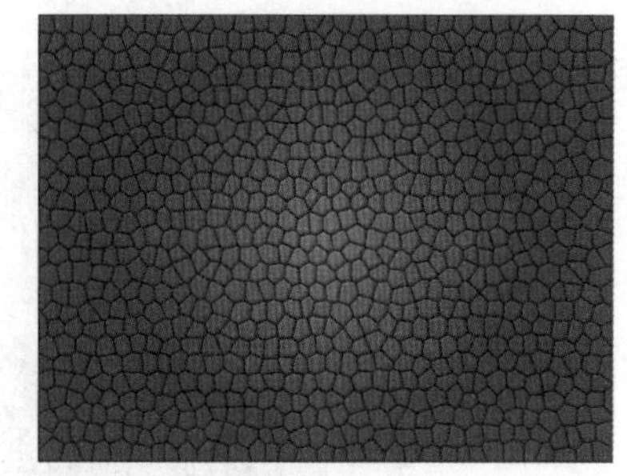

图 6-83

步骤 08 在"图层"面板中，单击 ◕（创建新的填充或调整图层）按钮，在弹出的菜单中选择"图案"命令，在打开的"图案填充"对话框中，选择"图案"为"红色纹理纸"，其他参数不变，单击"确定"按钮，效果如图 6-84 所示。

步骤 09 执行菜单栏中的"图层" | "创建剪贴蒙版"命令，设置"混合模式"为"线性光"、"不透明度"为 58%，效果如图 6-85 所示。

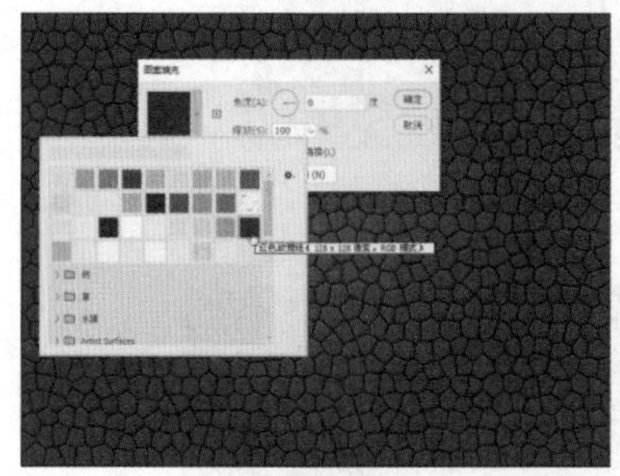

图 6-84

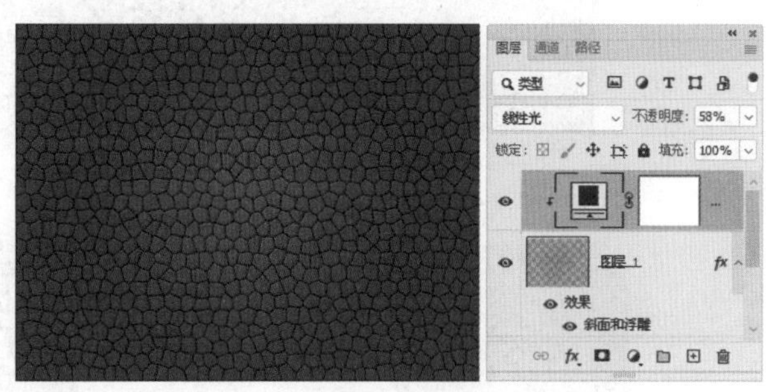

图 6-85

步骤 10 将除"背景"图层以外的图层全部选取，按 Ctrl+Alt+E 组合键，得到一个合并后的图层，设置"不透明度"为 25%，将刚才选择的图层进行隐藏，效果如图 6-86 所示。

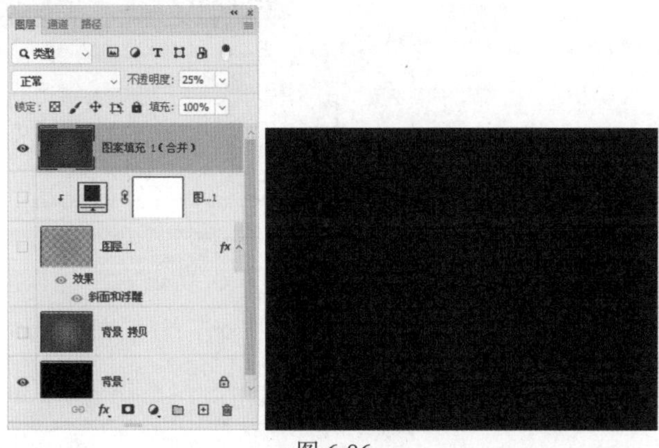

图 6-86

步骤 11 复制"图案填充 1（合并）"图层，得到一个复制图层，按 Ctrl+T 组合键调出变换框，拖曳控制点将其缩小，将"不透明度"调整为 100%，效果如图 6-87 所示。

步骤 12 按 Enter 键完成变换，使用◌（椭圆选框工具）绘制一个正圆选区，按 Ctrl+Shift+I 组合键将选区反选，效果如图 6-88 所示。

步骤 13 再按一次 Ctrl+Shift+I 组合键将选区反选，执行菜单栏中的“滤镜”|“扭曲”|“球面化”命令，打开“球面化”对话框，其中的参数设置如图 6-89 所示。

步骤 14 设置完毕，单击“确定”按钮，效果如图 6-90 所示。

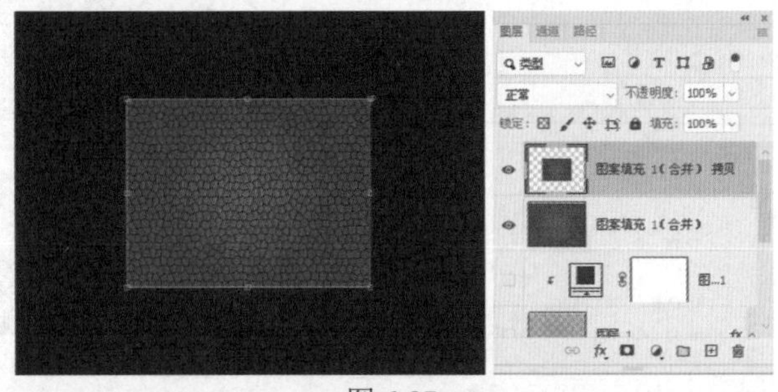

图 6-87

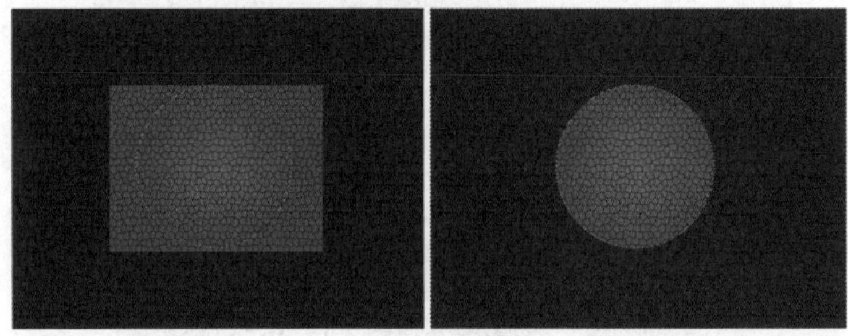

图 6-88

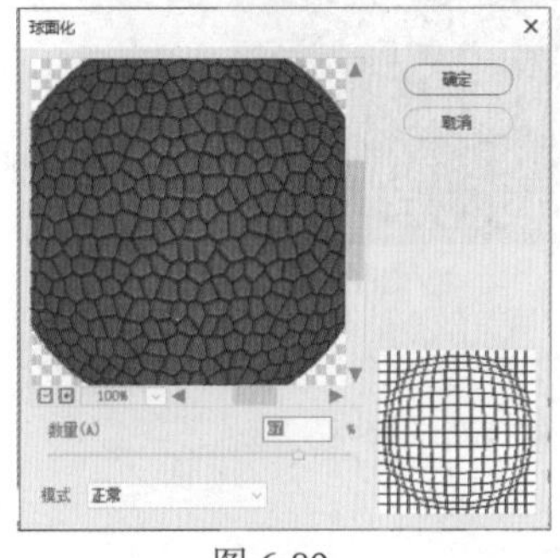

图 6-89

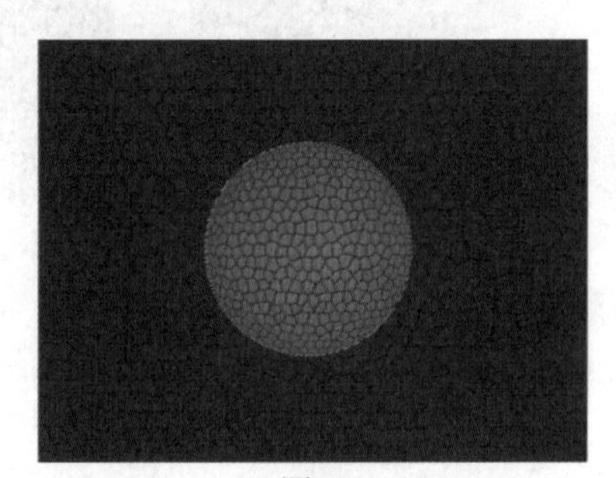

图 6-90

步骤 15 按 Ctrl+D 组合键去掉选区，执行菜单栏中的“图层”|“图层样式”|“混合选项”命令，打开“图层样式”对话框，在左侧的列表框中分别选中“内发光”和“外发光”复选框，其中的参数设置如图 6-91 所示。

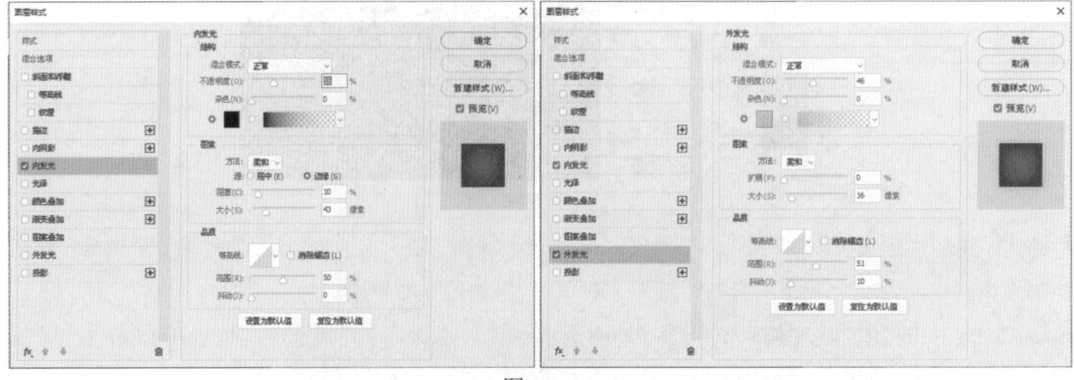

图 6-91

步骤 16 设置完毕，单击“确定”按钮，效果如图 6-92 所示。

步骤 17 使用（椭圆工具）在页面中绘制一个正圆，在属性栏中设置“填充”为“无”、“描边颜色”为黄色、“描边宽度”为 2.91 点，单击“描边类型”按钮，在下拉菜单中选择“更多选项”按钮，在弹出的“描边”对话框中，选中“虚线”复选框，设置“虚线”为 6、“间隙”为 6，单击“确定”按钮，效果如图 6-93 所示。

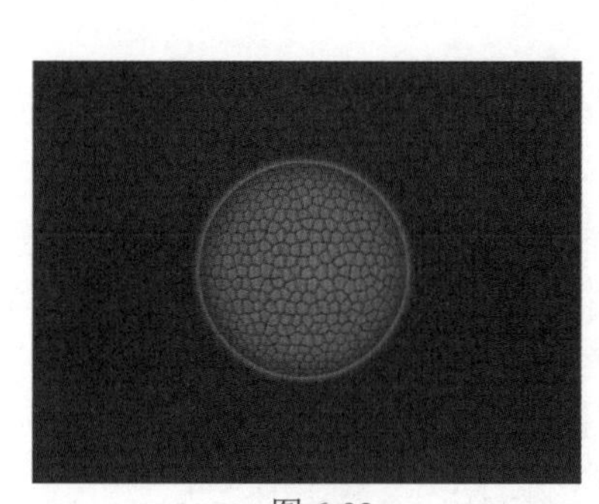

图 6-92

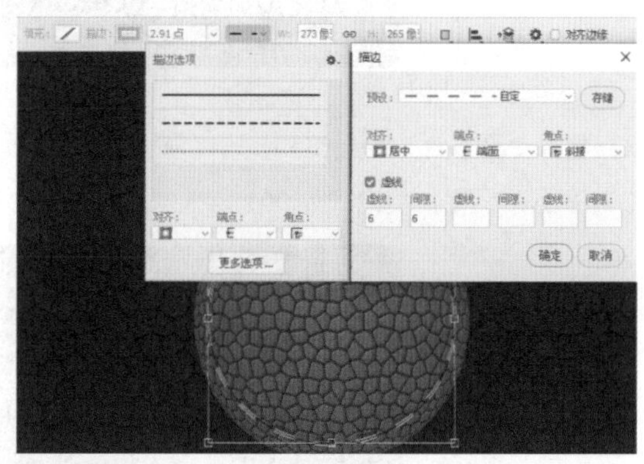

图 6-93

步骤 18 执行菜单栏中的“图层”|“图层样式”|“投影”命令，打开“图层样式”对话框，在右侧的面板中设置“投影”的参数如图 6-94 所示。

步骤 19 设置完毕，单击“确定”按钮，效果如图 6-95 所示。

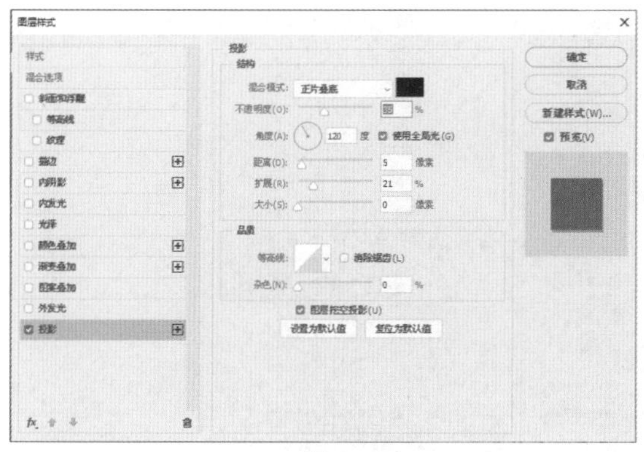

图 6-94

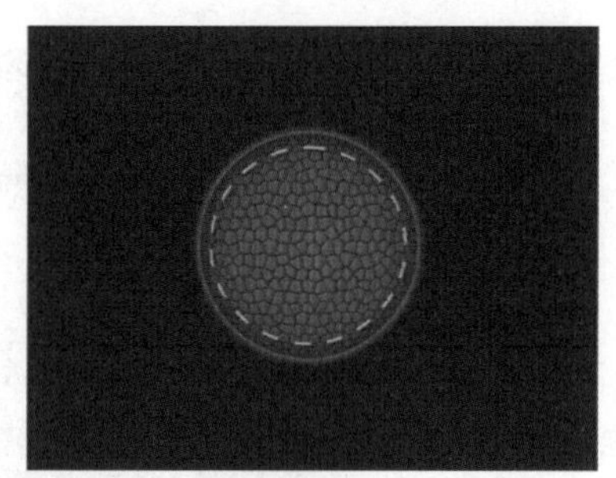

图 6-95

步骤 20 新建一个图层，使用（椭圆工具）绘制一个白色正圆，效果如图 6-96 所示。

步骤 21 右击“图案填充 1（合并）拷贝”图层，在弹出的菜单中选择“拷贝图层样式”命令，在“图层 2”图层上右击，在弹出的菜单中选择“粘贴图层样式”命令，如图 6-97 所示。

图 6-96

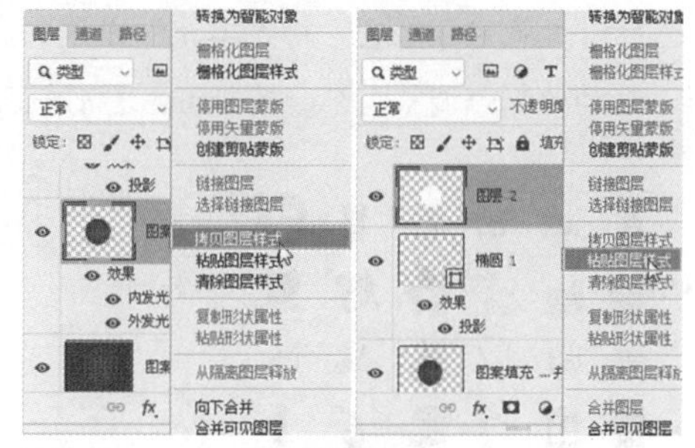

图 6-97

步骤 22 执行“粘贴图层样式”命令后，设置“填充”为 0，效果如图 6-98 所示。

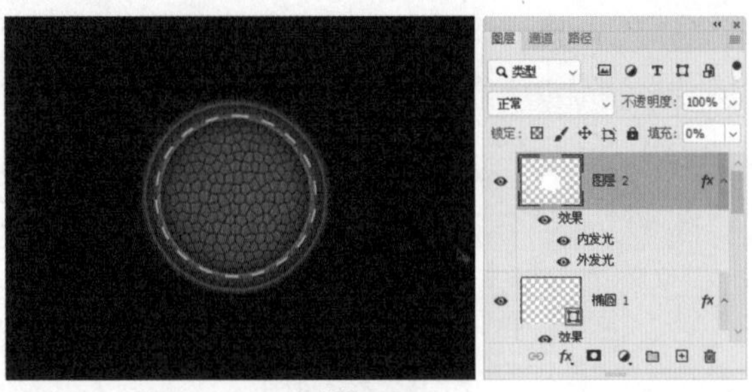

图 6-98

步骤 23 复制“图层 2”图层得到一个“图层 2 拷贝”图层，按 Ctrl+T 组合键调出变换框，拖曳控制点将其缩小，设置“填充”为 90%，效果如图 6-99 所示。

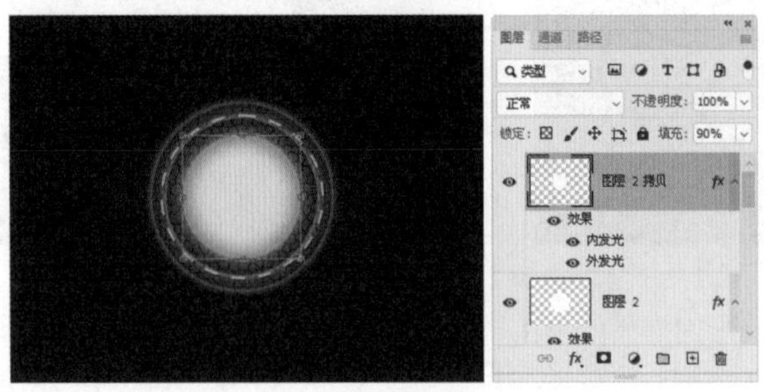

图 6-99

步骤 24 按 Enter 键完成变换，复制“图层 2 拷贝”图层，得到“图层 2 拷贝 2”图层，执行菜单栏中的“窗口”|“样式”命令，打开“样式”面板，选择“白色凝胶”，设置“混合模式”为“变暗”，效果如图 6-100 所示。

图 6-100

步骤 25 使用 Illustrator 打开附带的“图标 .ai”素材，选择其中的一个图标，按 Ctrl+C 组合键进行复制，转换到 Photoshop 中按 Ctrl+V 组合键，在弹出的“粘贴”对话框中选择“形状图层”单选按钮，效果如图 6-101 所示。

步骤 26 单击“确定”按钮，将“填充”设置为红色、“描边”设置为“无”，按 Ctrl+T 组合键调出变换框，拖动控制点调整大小，按 Enter 键完成变换，效果如图 6-102 所示。

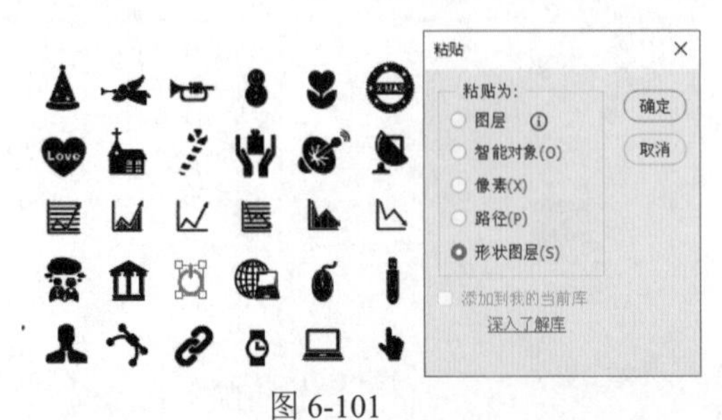

图 6-101

图 6-102

步骤 27 执行菜单栏中的“图层”|“图层样式”|“混合选项”命令，打开“图层样式”对话框，在左侧的列表框中分别选中“内阴影”和“外发光”复选框，其中的参数设置如图 6-103 所示。

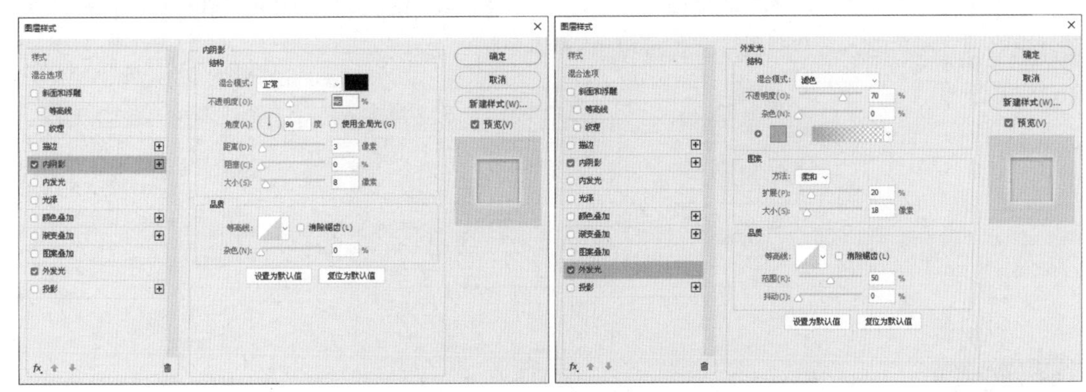

图 6-103

步骤 28 设置完毕单击“确定”按钮，设置“填充”为 0。至此本案例制作完毕，效果如图 6-104 所示。

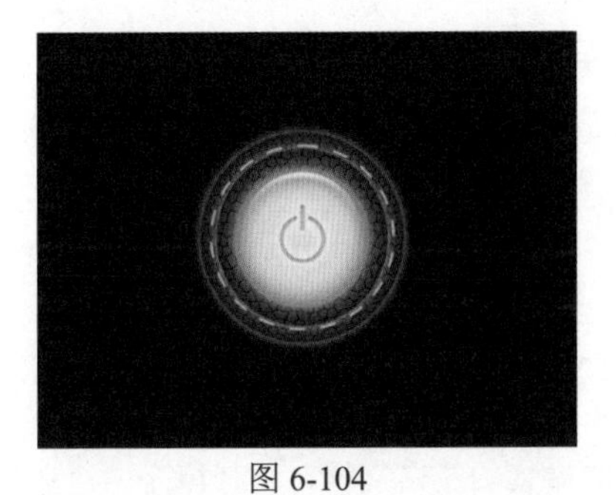

图 6-104

6.7 实战案例——罗盘图标

实例目的

- 了解罗盘图标的制作方法。
- 了解绘制星形的方法。

设计思路及流程

本案例设计的罗盘图标是一款接近于扁平化风格的图标，用多边形绘制四角星，复制并合并图层后添加投影，让其产生立体感，通过“渐变叠加”“外发光”制作出的外框，可以将罗盘框在中心位置，使其更加具有整体感。具体制作流程如图 6-105 所示。

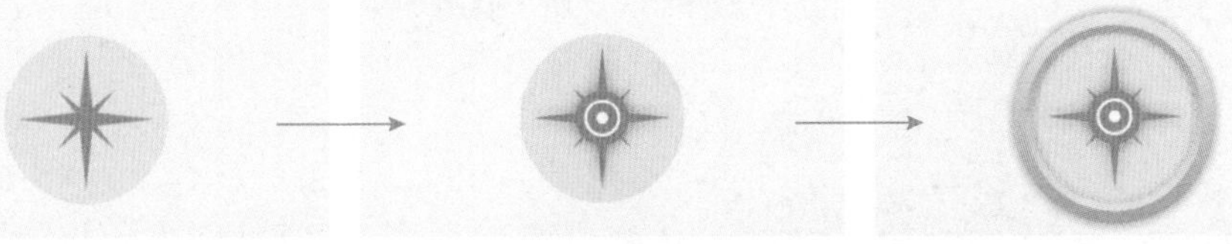

图 6-105

配色信息

本次制作的罗盘图标，应用的配色是灰色、青色和白色，这三种配色会让罗盘看起来更加冷静，使其更好地展现功能。具体配色信息如图 6-106 所示。

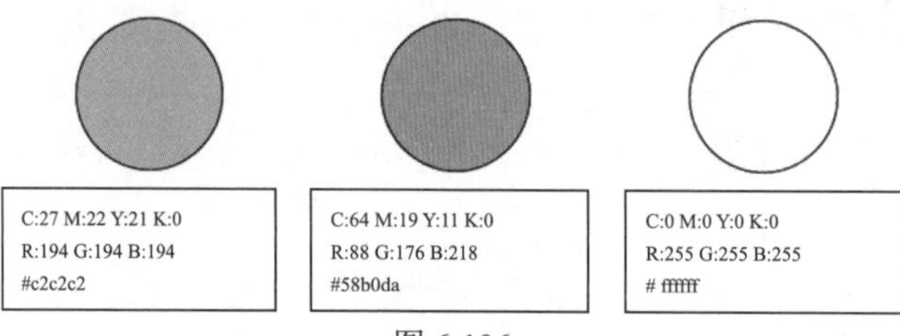

图 6-106

技术要点

- 新建文档，填充浅灰色
- 绘制青色正圆，调整“不透明度”
- 绘制四角星
- 绘制选区应用“描边”命令
- 添加“投影”“渐变叠加”“外发光”图层样式

文件路径：**源文件 \ 第 6 章 ** 实战案例——罗盘图标 .psd
视频路径：**视频 \ 第 6 章 ** 实战案例——罗盘图标 .mp4

操作步骤

步骤 01 启动 Photoshop，执行菜单栏中的“文件”|“新建”命令或按 Ctrl+N 组合键，新建一个“宽度”为 800 像素、“高度”为 600 像素的空白文档，将其填充为淡灰色，新建一个图层，使用（椭圆工具）绘制一个青色正圆，设置“不透明度”为 16%，如图 6-107 所示。

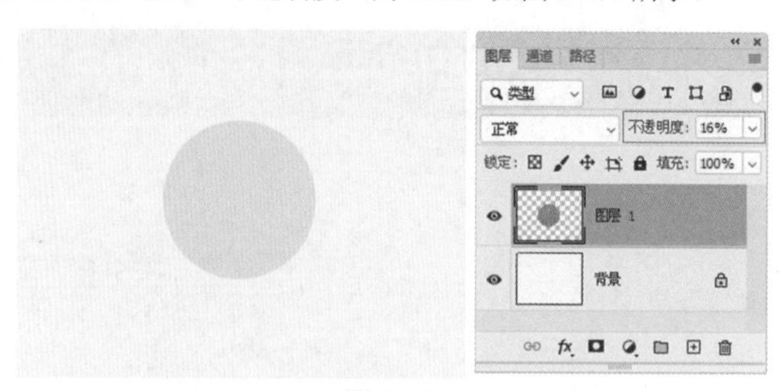

图 6-107

步骤 02 使用（多边形工具）绘制一个青色的四角星，如图 6-108 所示。

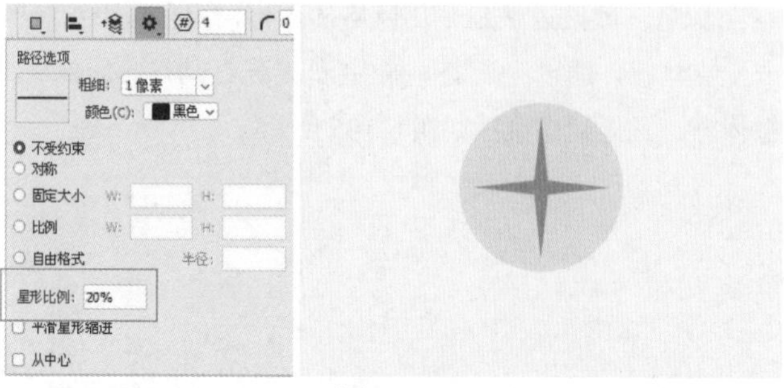

图 6-108

步骤 03 复制“多边形 1”图层得到一个多“边形 1 拷贝”图层，按 Ctrl+T 组合键调出变换框，拖曳控制点将其缩小并旋转，按 Enter 键完成变换，效果如图 6-109 所示。

步骤 04 新建一个图层，使用 （椭圆工具）绘制一个青色小正圆，效果如图 6-110 所示。

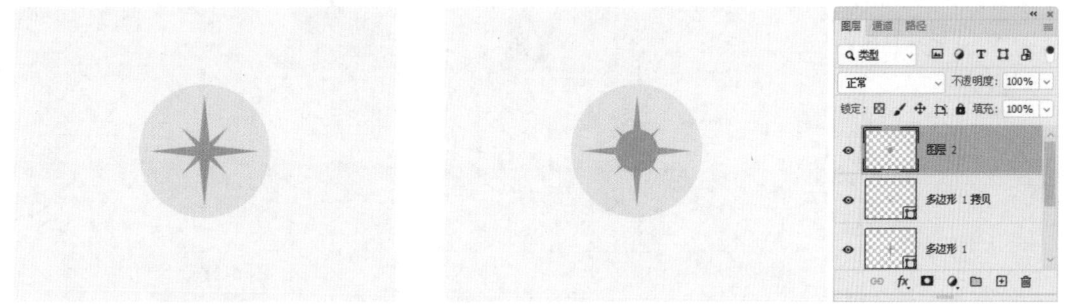

图 6-109　　图 6-110

步骤 05 新建一个图层，使用 （椭圆选框工具）绘制一个正圆选区，如图 6-111 所示。

步骤 06 执行菜单栏中的“编辑”|“描边”命令，打开“描边”对话框，设置各项参数后单击“确定”按钮，如图 6-112 所示。

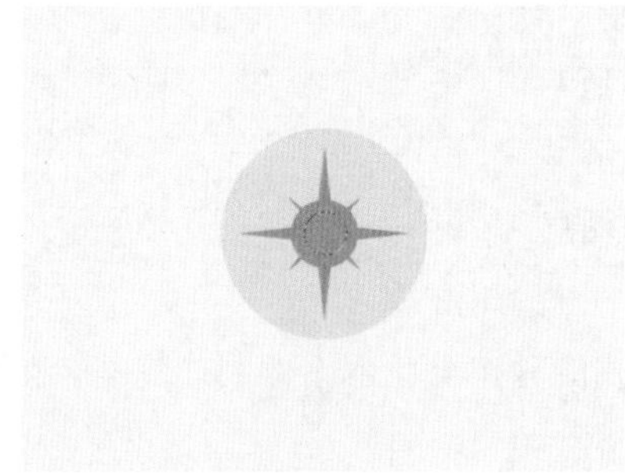

图 6-111

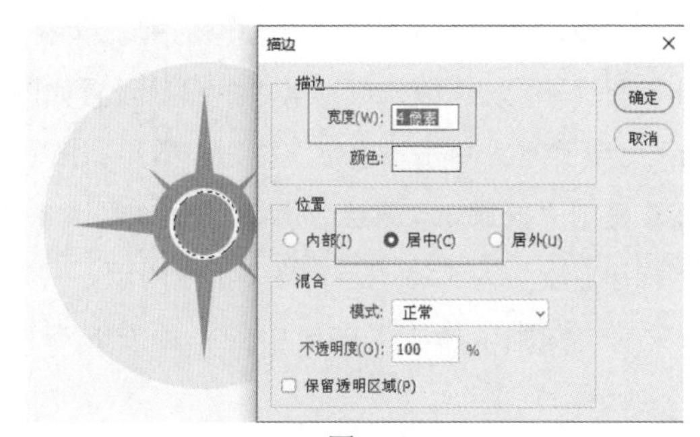

图 6-112

步骤 07 按 Ctrl+D 组合键去掉选区，新建一个图层，使用 （椭圆工具）绘制一个小一点的白色正圆，效果如图 6-113 所示。

步骤 08 选择“多边形 1”图层、“多边形 1 拷贝”图层、“图层 2”图层、“图层 3”图层、“图层 4”图层，按 Ctrl+Alt+E 组合键得到一个“图层 4（合并）”图层，如图 6-114 所示。

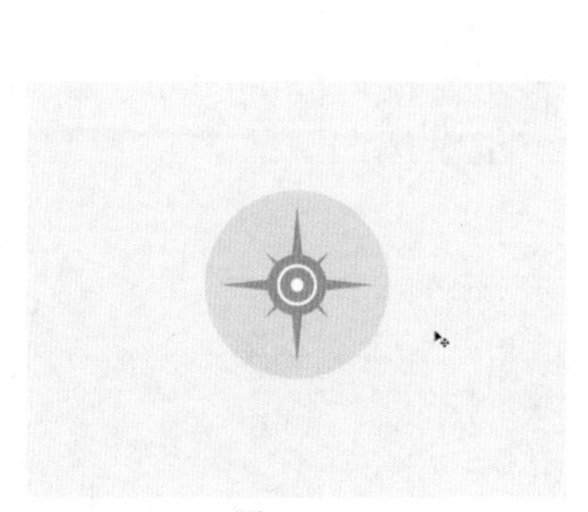

图 6-113

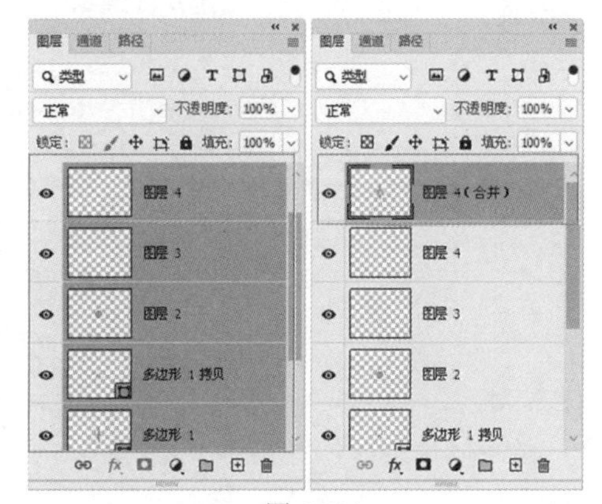

图 6-114

步骤 09 执行菜单栏中的“图层”|“图层样式”|“外发光”命令，打开“图层样式”对话框，在右侧的面板中设置“外发光”的参数如图 6-115 所示。

步骤 10 设置完毕，单击“确定”按钮，效果如图 6-116 所示。

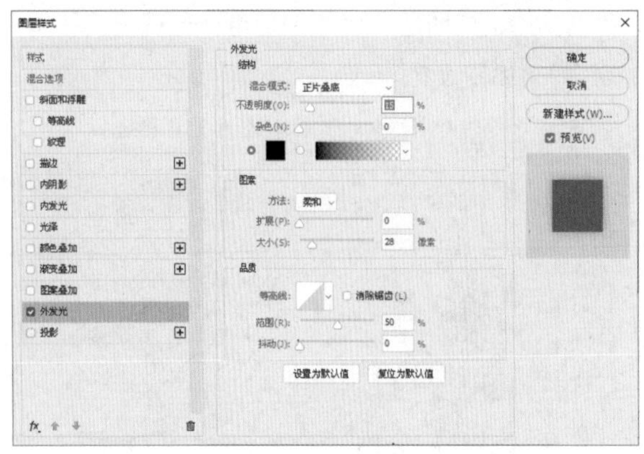
图 6-115

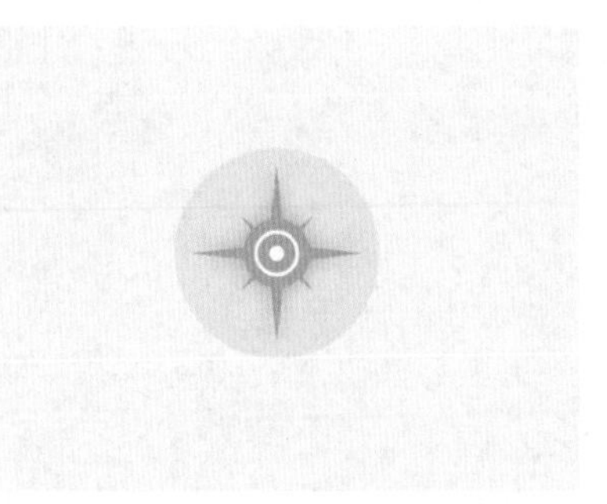
图 6-116

步骤 11 使用（椭圆工具）在文档中绘制一个正圆，设置“填充”为“无”、“描边颜色”为白色、“描边宽度”为 14.4 点，效果如图 6-117 所示。

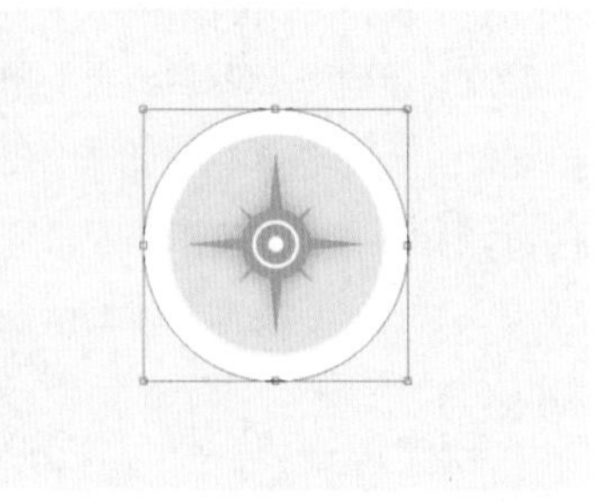
图 6-117

步骤 12 执行菜单栏中的“图层”|“图层样式”|“混合选项”命令，打开“图层样式”对话框，在左侧的列表框中分别选中“渐变叠加”和“外发光”复选框，其中的参数设置如图 6-118 所示。

步骤 13 设置完毕，单击“确定”按钮，效果如图 6-119 所示。

步骤 14 复制“椭圆 1”图层，得到一个“椭圆 1 拷贝”图层，设置“描边宽度”为 5.76 点，如图 6-120 所示。

步骤 15 将“椭圆 1 拷贝”图层中的“外发光”图层样式删除，至此本案例制作完毕，效果如图 6-121 所示。

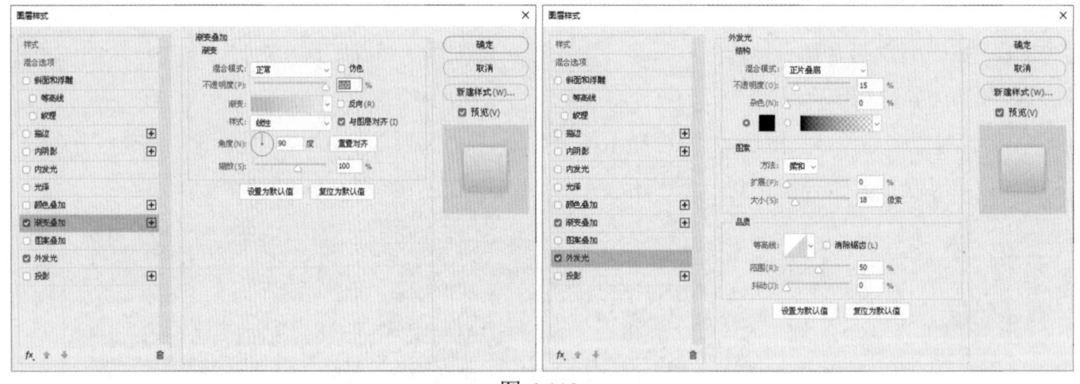
图 6-118

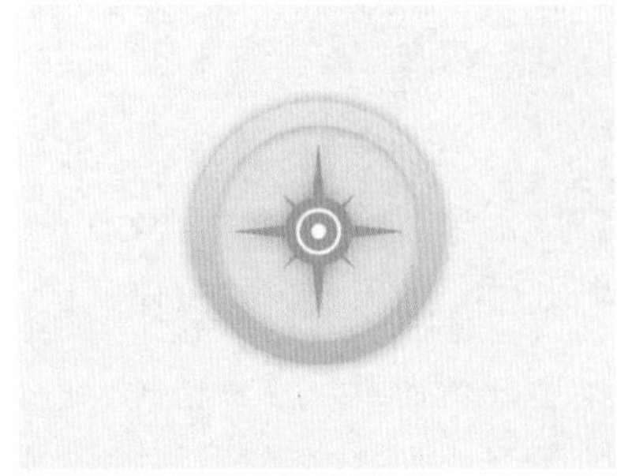
图 6-119

图 6-120

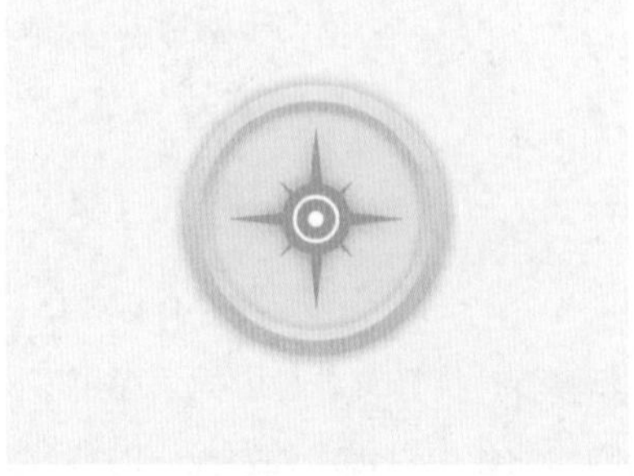
图 6-121

6.8 实战案例——温度计图标

实例目的

- 了解温度计图标。
- 了解调出多图层选区的方法。

设计思路及流程

本案例设计的是一个温度计图标，利用正圆、圆角矩形，将其拼接成一个扁平化风格温度计图标，多层次的不同颜色让扁平化风格的图标变得更加生动。具体制作流程如图 6-122 所示。

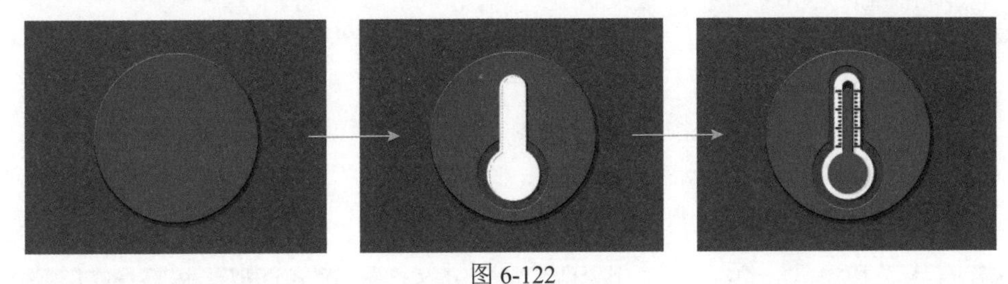

图 6-122

配色信息

本次制作的扁平化风格温度计图标，在配色上使用的是红色、白色、黑色和灰色，分别代表水银汞柱、玻璃和刻度以及阴影。具体配色信息如图 6-123 所示。

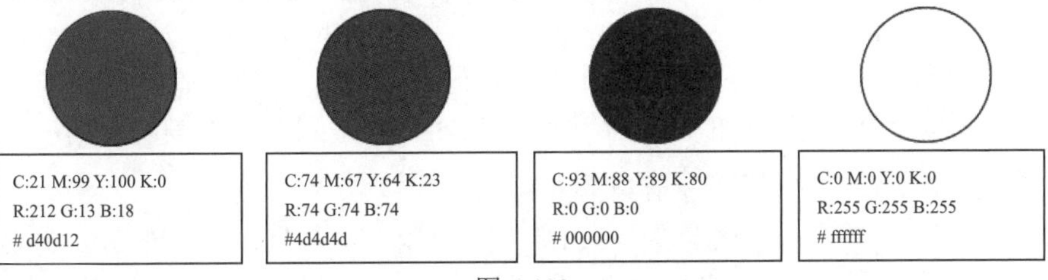

图 6-123

技术要点

- 新建文档，填充颜色
- 绘制正圆
- 绘制圆角矩形
- 调出多图层选区
- 设置圆角值

文件路径：**源文件 \ 第 6 章** \ 实战案例——温度计图标 .psd
视频路径：**视频 \ 第 6 章** \ 实战案例——温度计图标 .mp4

操作步骤

步骤 01 启动 Photoshop，执行菜单栏中的“文件” | “新建”命令或按 Ctrl+N 组合键，新建一个“宽度”为 800 像素、“高度”为 600 像素的空白文档，将其填充为深灰色，使用 （椭圆工具）绘制一

个红色正圆，如图 6-124 所示。

步骤 02 执行菜单栏中的“图层”|“图层样式”|“投影”命令，打开“图层样式”对话框，在右侧的面板中设置“投影”的参数如图 6-125 所示。

图 6-124

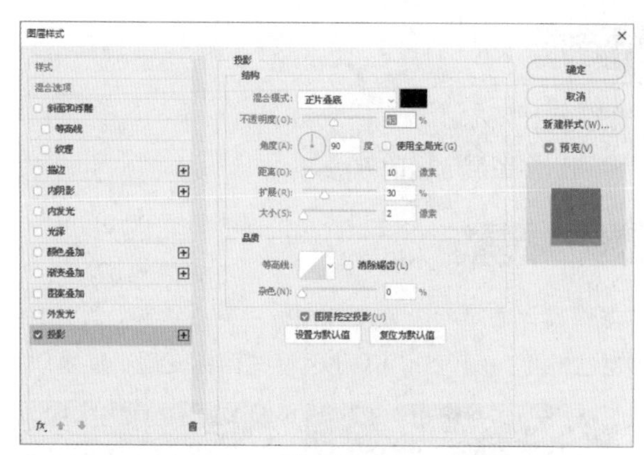

图 6-125

步骤 03 设置完毕，单击“确定”按钮，效果如图 6-126 所示。

步骤 04 使用◎（椭圆工具）绘制一个灰色正圆，使用□（矩形工具）绘制一个圆角值大一点的圆角矩形，如图 6-127 所示。

图 6-126

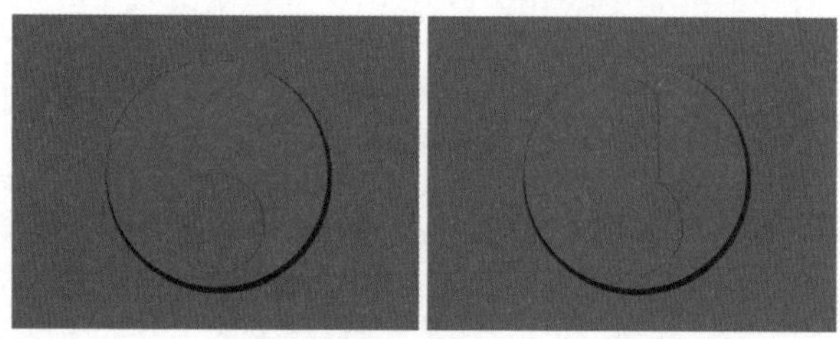

图 6-127

步骤 05 复制正圆和圆角矩形，将其缩小后再将“填充”设置为白色，效果如图 6-128 所示。

步骤 06 按住 Shift+Ctrl 组合键单击“矩形 1 拷贝”图层和“椭圆 2 拷贝”图层的缩览图调出选区后，在这两个图层的下方新建一个图层，效果如图 6-129 所示。

图 6-128

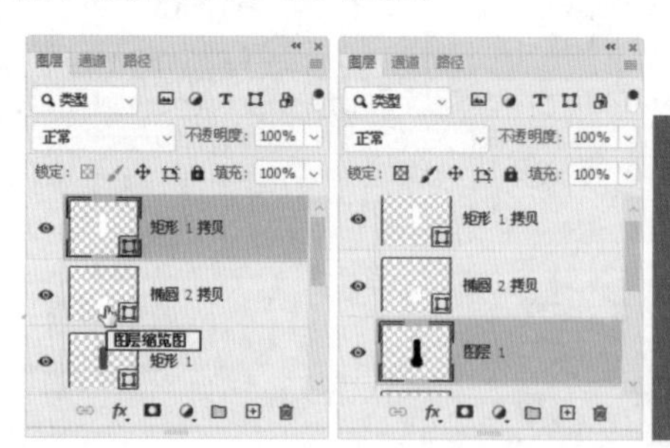

图 6-129

步骤 07 复制一个“矩形 1 拷贝”图层，得到“矩形 1 拷贝 2”图层，将其缩小后填充黑色，如图 6-130 所示。

步骤 08 再复制一个圆角矩形和正圆，将其都填充为红色，效果如图 6-131 所示。

步骤 09 使用同样的方法，为黑色圆角矩形和红色小正圆制作一个淡青色的投影，效果如图 6-132 所示。

步骤 10 新建一个图层组，在组中使用□（矩形工具）绘制一个黑色小矩形，将其作为刻度，在“属性”面板中设置左侧两个“圆角值”为 2.5 像素、右侧两个“圆角值”为 0 像素，如图 6-133 所示。

步骤 11 使用同样的方法制作其他的刻度线，至此本案例制作完毕，效果如图 6-134 所示。

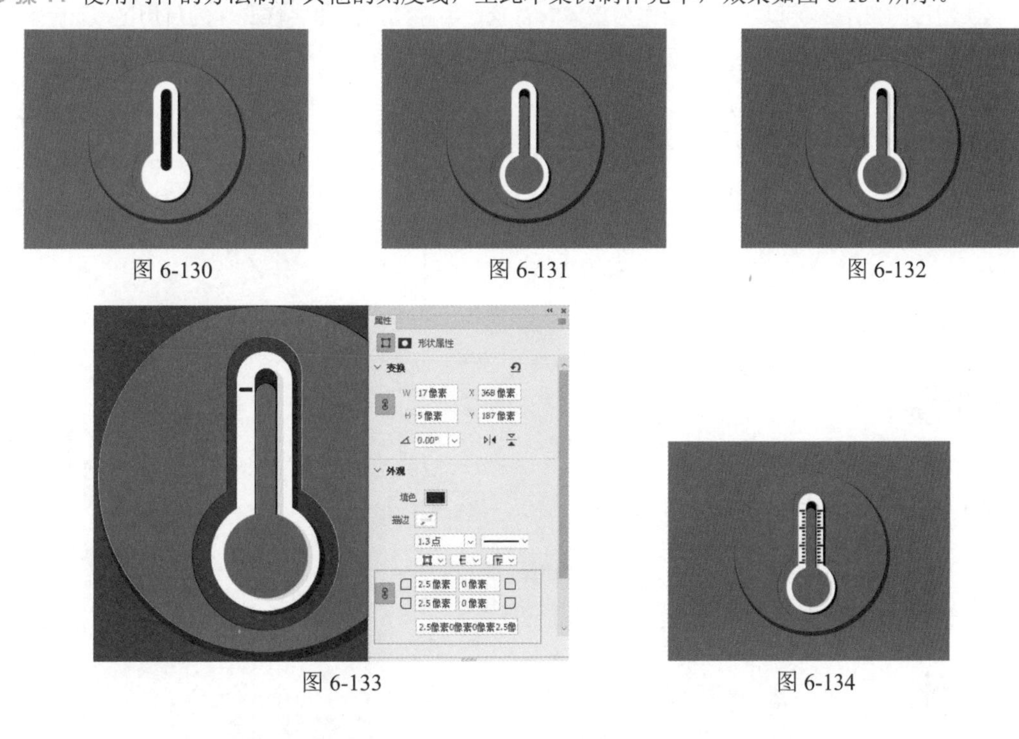

图 6-130　图 6-131　图 6-132

图 6-133　图 6-134

6.9　实战案例——日历图标

实例目的

- 了解日历图标的制作方法。
- 了解添加图层样式的方法。

设计思路及流程

本案例设计的是一款日历图标，通过在新建文档中应用形状进行组合，结合添加的图层样式，制作出写实风格的日历图标，圆角矩形工具作为日历的主体部分，通过添加的图层样式制作出质感效果，用于挂页的金属环是通过使用（矩形工具）绘制矩形后添加“渐变叠加”产生金属质感，在文字上绘制矩形添加“内阴影”制作文字打断效果。具体制作流程如图 6-135 所示。

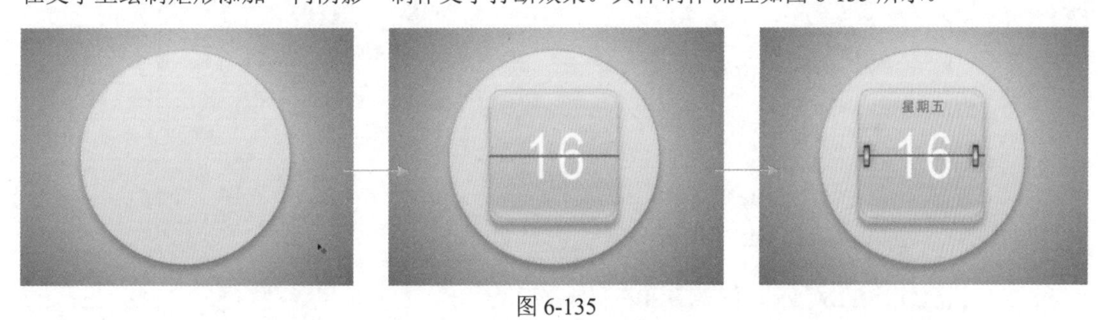

图 6-135

配色信息

本次制作的日历图标以灰色渐变作为整体的背景，用绿色添加图层样式作为日历区域，灰色金属的挂环，使日历图标更具有动感效果。具体配色信息如图 6-136 所示。

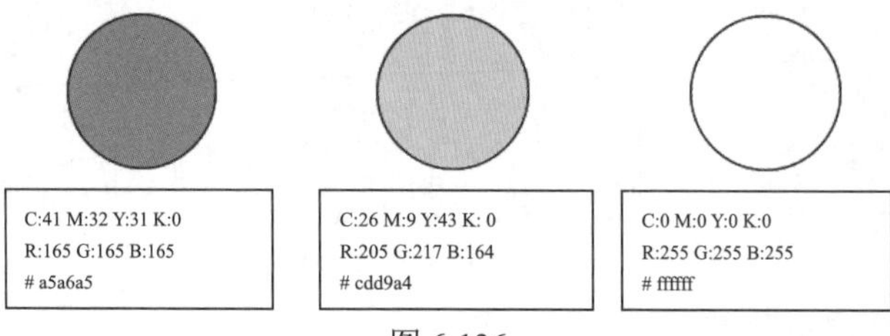

图 6-136

技术要点

- 新建文档，填充渐变色
- 绘制矩形，添加图层样式
- 绘制正圆，添加图层样式

文件路径：**源文件 \ 第 6 章** \ 实战案例——日历图标 .psd
视频路径：**视频 \ 第 6 章** \ 实战案例——日历图标 .mp4

操作步骤

步骤 01 启动 Photoshop，执行菜单栏中的“文件”|“新建”命令或按 Ctrl+N 组合键，打开“新建”对话框，新建一个“宽度”为 800 像素、“高度”为 600 像素的空白文档，使用（渐变工具）将背景填充为“从白色到灰色”的径向渐变，背景制作完毕后，使用（椭圆工具）绘制一个灰色正圆，如图 6-137 所示。

图 6-137

步骤 02 执行菜单栏中的“图层”|“图层样式”|“混合选项”命令，打开“图层样式”对话框，在左侧的列表框中分别选中“斜面和浮雕”“内发光”“渐变叠加”和“投影”复选框，其中的参数设置如图 6-138 所示。

步骤 03 设置完毕，单击“确定”按钮，效果如图 6-139 所示。

步骤 04 使用（圆角矩形工具）在正圆的上面绘制一个“半径”为 20 像素的白色圆角矩形，效果如图 6-140 所示。

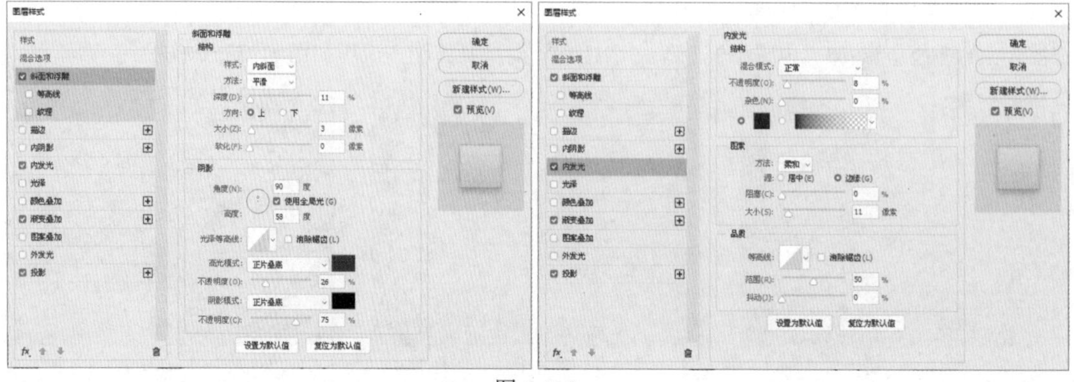

图 6-138

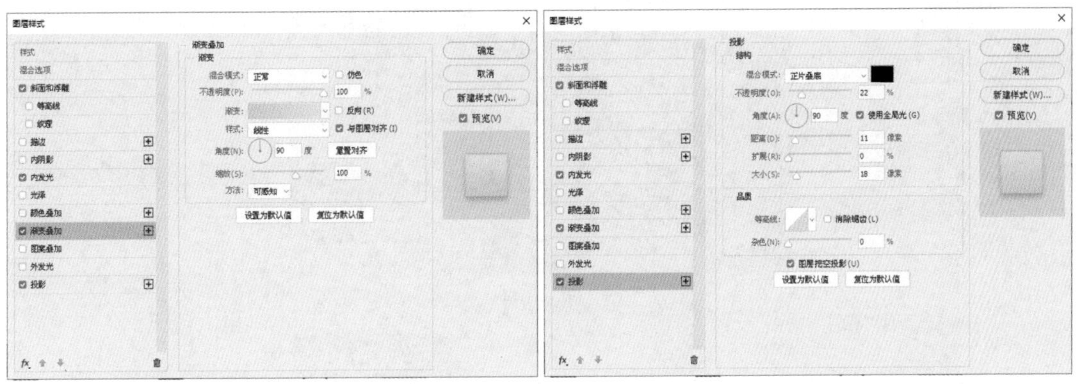

图 6-138（续）

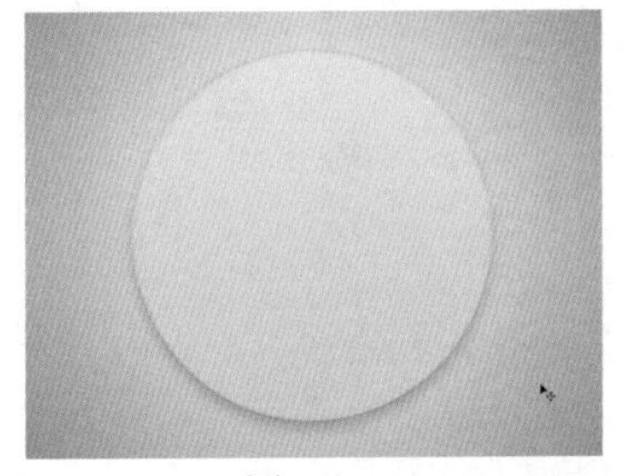

图 6-139

图 6-140

步骤 05 在“椭圆 1”图层上右击，在弹出的菜单中选择“拷贝图层样式”命令，之后在“圆角矩形 1”图层上右击，在弹出的菜单中选择“粘贴图层样式”命令，如图 6-141 所示。

步骤 06 执行“粘贴图层样式”命令后，效果如图 6-142 所示。

步骤 07 执行菜单栏中的“图层”|“图层样式”|“光泽”命令，打开“图层样式”对话框，在右侧的面板中设置“光泽”的参数如图 6-143 所示。

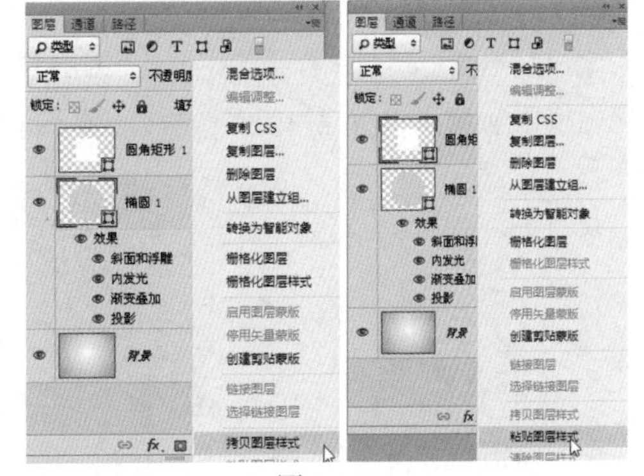

图 6-141

步骤 08 设置完毕，单击“确定”按钮，效果如图 6-144 所示。

步骤 09 复制“圆角矩形 1”图层得到一个“圆角矩形 1 拷贝”图层，将两个图层中的图层样式隐藏一些，将“圆角矩形 1 拷贝”图层中的圆角矩形向上移动一点儿，效果如图 6-145 所示。

图 6-142

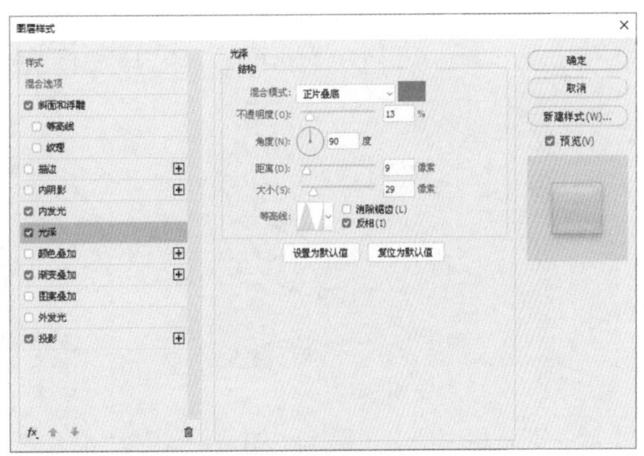

图 6-143

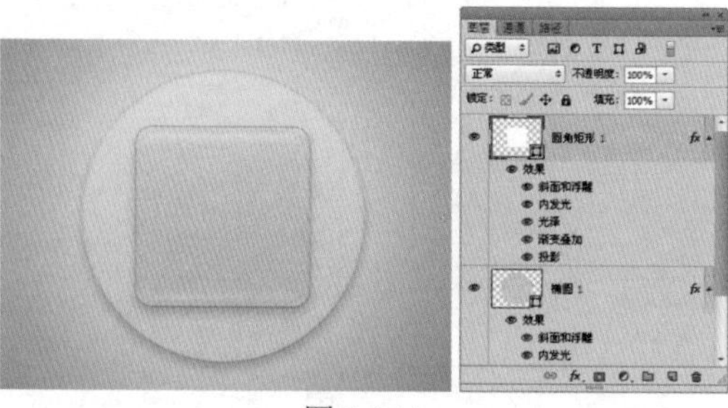

图 6-144

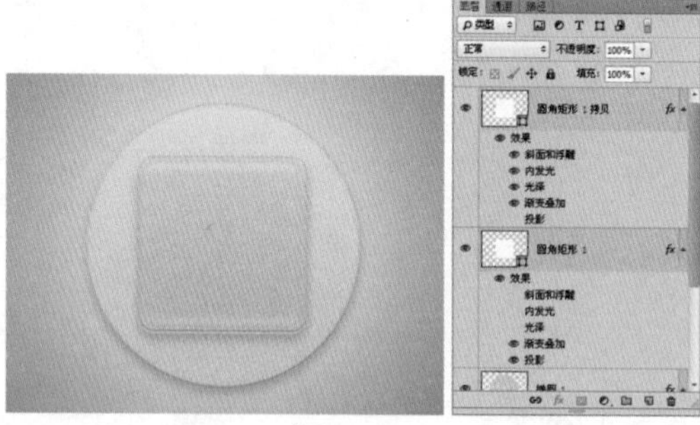

图 6-145

步骤 10 使用T（横排文字工具）输入白色数字，再使用▭（矩形工具）绘制一个灰色矩形，如图 6-146 所示。

步骤 11 选择矩形，执行菜单栏中的“图层”|“图层样式”|“内阴影”命令，打开“图层样式”对话框，在右侧的面板中设置“内阴影”的参数如图 6-147 所示。

图 6-146

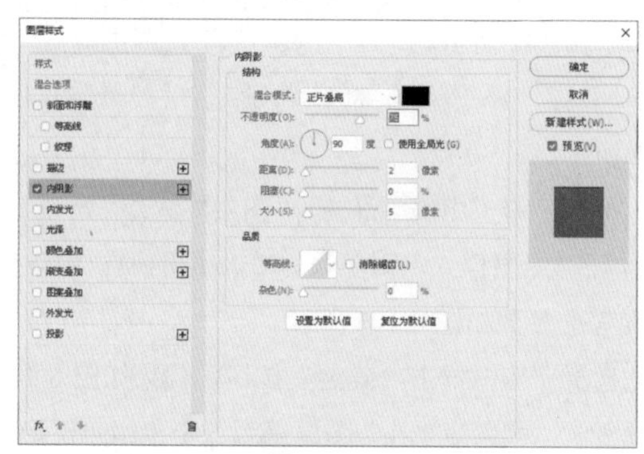

图 6-147

步骤 12 设置完毕，单击“确定”按钮，效果如图 6-148 所示。

步骤 13 使用▢（圆角矩形工具）在页面中绘制黑色圆角矩形，效果如图 6-149 所示。

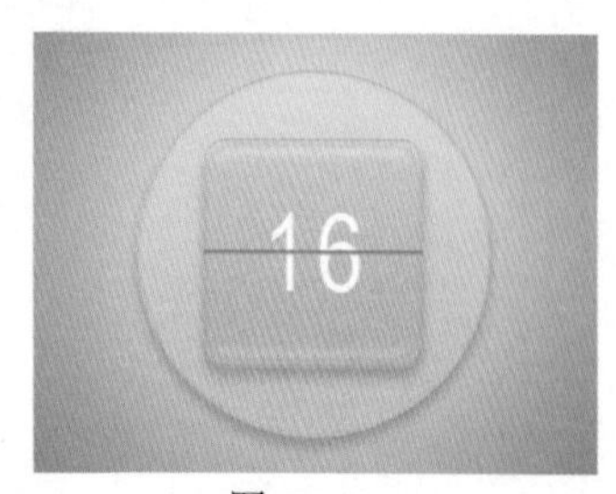

图 6-148

图 6-149

步骤 14 执行菜单栏中的“图层”|“图层样式”|“混合选项”命令，打开“图层样式”对话框，在左侧的列表框中分别选中“内阴影”“渐变叠加”和“投影”复选框，其中的参数设置如图 6-150 所示。

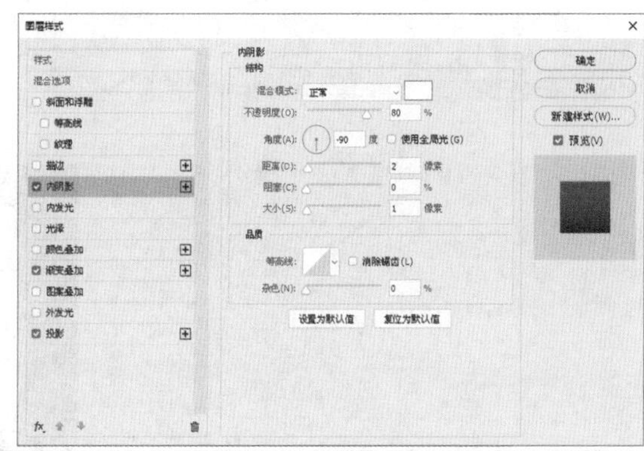

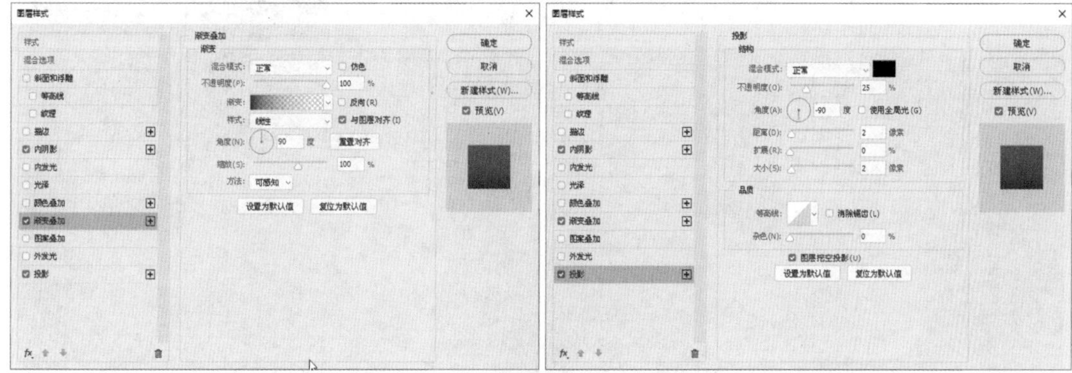

图 6-150

步骤 15 设置完毕，单击“确定”按钮，效果如图 6-151 所示。

步骤 16 复制“圆角矩形 2”图层，将副本缩小一点，双击“渐变叠加”图层样式，打开“图层样式”对话框，其中的参数设置如图 6-152 所示。

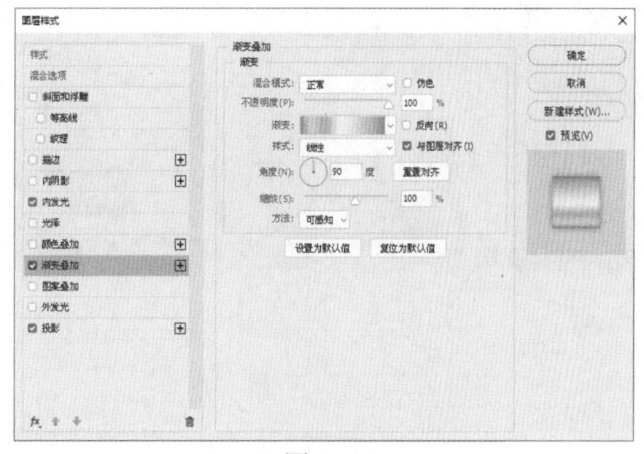

图 6-151　　图 6-152

步骤 17 设置完毕，单击“确定”按钮，使用同样的方法制作右侧的挂环，如图 6-153 所示。

步骤 18 使用T（横排文字工具）输入星期文字，至此本案例制作完毕，效果如图 6-154 所示。

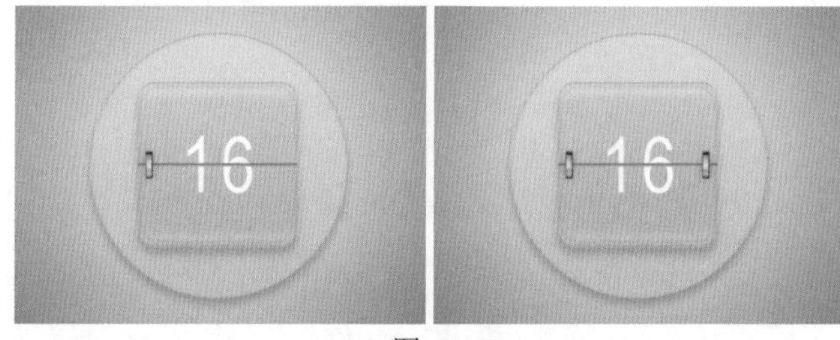

图 6-153　　图 6-154

6.10 优秀作品欣赏

第 7 章 写实风格图标制作实战

本章重点：

- 了解写实风格设计
- 实战案例——写实火龙果图标
- 实战案例——写实开关图标
- 实战案例——写实优盘图标
- 实战案例——写实钢琴图标
- 实战案例——写实电视图标
- 优秀作品欣赏

7

本章主要讲解 UI 设计中的写实风格图标的设计与制作。写实风格与第 5 章的扁平极简风格正好相反，具有极强的图形形象化外形。图标类写实风格无论是外观还是本身的质感都有极强的特效添加与装饰，设计时都会用渐变、3D、纹理等效果元素，图标效果不仅美观精致，在现实生活中能够找到生活原型，而且大大提升了浏览者的关注度。本章就以写实风格的图标进行案例式的实战讲解，让大家能够以最快的方式掌握设计技能。

7.1 了解写实风格设计

7.1.1 写实的艺术表现

写实风格在不同的领域都有自己独特的诠释，大体可以分为写实主义、文学写实、绘画写实、戏剧写实、电影写实等几个方面。

写实主义

写实主义又称现实主义，一般被定义为关于现实和实际而排斥理想主义。不过，现实主义在博雅教育（Liberal Arts）范畴里有很多意思（特别是在绘画、文学和哲学里）。它还可以被用于国际关系。现实主义摒弃理想化的想象，而主张细致观察事物的外表，依据这个说法，广义的写实主义便包含了不同文明中的许多艺术思潮。在视觉艺术和文学里，现实主义是19世纪的一场运动，起源于法国。

文学写实

文学写实是文学艺术的基本创作方法之一，其实际运用时间相当久远，但直到19世纪50年代才由法国画家库尔贝和作家夏夫列里作为一个名称提出来。恩格斯为“现实主义”下的定义是：除了细节的真实外，还要真实地再现典型环境中的典型人物。

绘画写实

绘画写实兴起于19世纪的欧洲，又称为现实主义画派，或现实画派。这是一个在艺术创作尤其是绘画、雕塑和文学、戏剧中常用的概念，更狭义地讲，属于造型艺术尤其是绘画和雕塑的范畴。无论是面对真实存在的物体，还是想象出来的对象，绘画者总是在描述一个真实存在的物质而不是抽象的符号，这样的创作往往被统称为写实。遵循这样的创作原则和方法，称为现实主义，让同一个题材的作品有不同呈现。

戏剧写实

写实主义是现代戏剧的主流，在20世纪激烈的社会变迁中，能以对当代生活的掌握来吸引一批新的观众。一般认为它是18～19世纪西方工业社会的历史产物。狭义的现实主义是19世纪中叶以后，欧美资本主义社会的新兴文艺思潮。

电影写实

电影新写实主义又叫意大利新写实主义，是第二次世界大战后在意大利兴起的一个电影运动，其特点在于关怀人类对抗非人社会力的奋斗，以非职业演员在外景拍摄，从头至尾都以尖锐的写实主义来表达。主要代表人物有罗贝多•罗赛里尼、狄西嘉、鲁奇诺•维斯康堤等。这类的电影主题大都围绕在第二次世界大战前后意大利的本土问题，主张以冷静的写实手法呈现中、下阶层的生活。在形式上，大部分的新写实主义电影大量采用实景拍摄与自然光，运用非职业演员表演与讲究自然的生活细节描写。与战前的封闭与伪装相比，新写实主义电影反而比较像纪录片，带有不加粉饰的真实感。不过新写实主义电影在国外获得较多的关注，在意大利本土反而没有什么大的反响，20 世纪 50 年代后，国内的诸多社会问题，因为经济的复苏已获纾解，加上主管当局的有意消弭，新写实主义的热潮开始慢慢消退。

7.1.2 写实风格设计的优点和缺点

写实风格在表现上可以大大提升浏览者的认知度，无须特意去猜想。写实风格又可以看作拟物化，图标本身就能赋予作品的原型。

写实风格设计的优点

写实风格又称为拟物化风格，作品可以真实还原事物的精髓，让浏览者喜欢。它的优点主要有以下几点。

- 形象直观，无须多想，一眼就能认出是什么。
- 质感强烈，层次分明。
- 视觉效果好，可以吸引浏览者目光，从而间接产生流量。

写实风格设计的缺点

对于不适应写实风格的人群来说，它的缺点还是有的。

- 作品过于复杂，在设计中花费大量的时间和精力实现对象的视觉表现和质感效果，而忽略了其功能化的实现。许多拟物化设计并没有实现较强的功能化，而只是实现了较好的视觉效果。
- 效果过多，对载体要求过高。
- 受制于载体。在移动设备中，受到屏幕尺寸大小的限制，图标的显示尺寸有可能较小，当拟物化图标在较小的尺寸中显示时，其辨识度会大大降低。

7.1.3 写实风格的设计原则

了解写实风格设计的优点和缺点后，要想在写实风格设计方面有更好的操作和技巧，就要对其进一步地深化掌握。在运用写实风格进行设计时要遵循以下原则。

提高作品的辨识度

写实风格图标又称为拟物化风格图标，设计时要模拟现实生活中对象的外观和质感，模拟对象的精髓，只有这样才能提高作品的辨识度，无论是什么肤色、什么性别、什么年龄或文化程度的人都能够认知写实风格的设计。图 7-1 所示为具有高辨识度的写实风格图标作品。

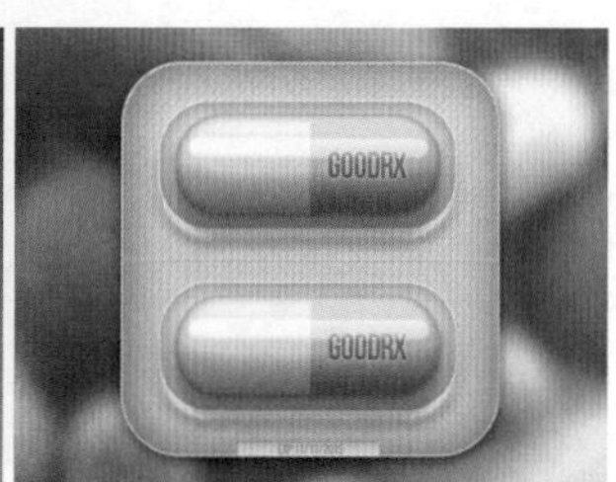

图 7-1

增强作品的人性化

写实风格图标在设计制作时要能够体现出人性化的特点，其设计的风格与使用方法要和现实生活中的对象相统一，只有这样在使用上才会更加方便，也更容易使用户理解。图 7-2 所示为人性化的写实风格图标设计。

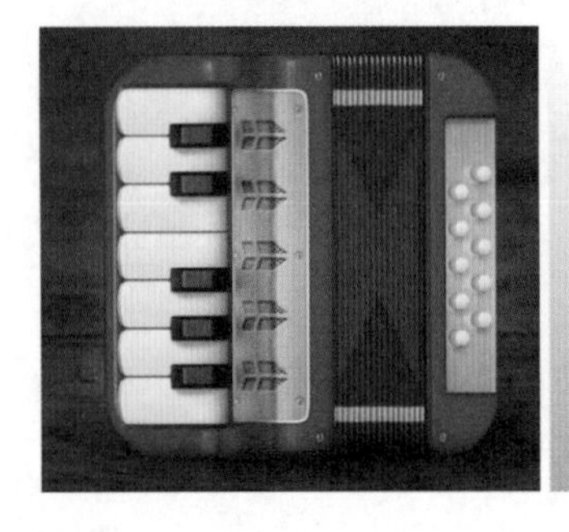

图 7-2

质感强烈

写实风格设计的作品，在视觉上一定要加强质感，给浏览者留下深刻印象，使其在交互效果上能够给人很好的体验，让浏览者对写实风格产生依赖、产生信任。图 7-3 所示为质感强烈的写实风格图标设计。

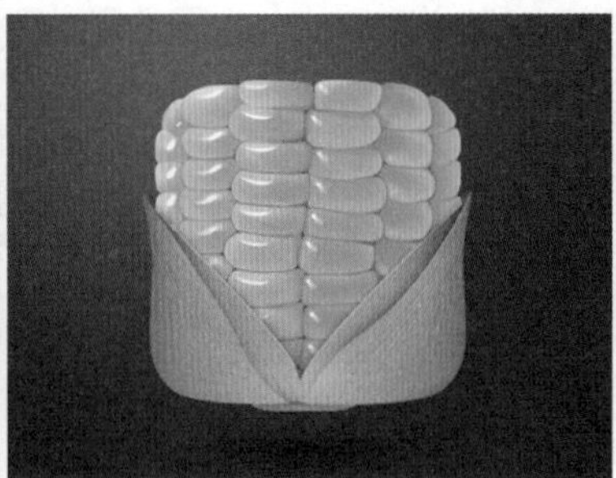

图 7-3

7.2 实战案例——写实火龙果图标

实例目的

- 掌握写实火龙果图标的制作方法。
- 了解剪贴蒙版的运用。

设计思路及流程

本次的 UI 设计是制作一个写实风格的火龙果图标。利用形状图形结合剪贴蒙版，将火龙果照片制作成圆角矩形形状的写实图标效果。简单地说，就是将圆形变成方形，整个图标就是为图形形状添加图层样式，再为移入的素材创建剪贴蒙版，使素材按照绘制的形状显示内容。具体制作流程如图 7-4 所示。

图 7-4

配色信息

本次的火龙果图标在设计时主要体现的是与真实火龙果相似的颜色，因此，运用粉红色的描边与内发光，制作出切开后的边缘颜色效果。配色信息如图 7-5 所示。

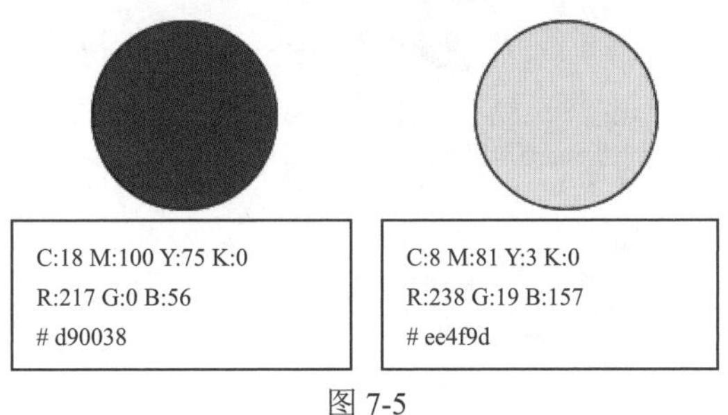

图 7-5

技术要点

- 新建文档，填充渐变色作为背景
- 绘制矩形，设置“圆角值”
- 添加图层样式
- 应用剪贴蒙版
- 添加杂色滤镜
- 编辑蒙版

素材路径：**素材 \ 第 7 章** \ 火龙果 .png、火龙果 2.png
文件路径：**源文件 \ 第 7 章** \ 实战案例——写实火龙果图标 .psd
视频路径：**视频 \ 第 7 章** \ 实战案例——写实火龙果图标 .mp4

操作步骤

步骤 01 启动 Photoshop，执行菜单栏中的“文件”|“新建”命令或按 Ctrl+N 组合键，打开“新建”对话框，新建一个“宽度”为 800 像素、“高度”为 600 像素的空白文档，使用（渐变工具）将背景填充为“从白色到灰色”的径向渐变，背景制作完毕后，使用（矩形工具）绘制一个“圆角值”为“内发光”的灰色圆角矩形，如图 7-6 所示。

步骤 02 执行菜单栏中的“图层”|“图层样式”|“混合选项”命令，打开“图层样式”对话框，在左侧的列表框中分别选中“内阴影”“内发光”“渐变叠加”和“投影”复选框，其中的参数设置如图 7-7 所示。

步骤 03 设置完毕，单击“确定”按钮，效果如图 7-8 所示。

步骤 04 执行菜单栏中的“文件”|“打开”命令或按 Ctrl+O 组合键，打开附带的“火龙果 .png”素材，如图 7-9 所示。

图 7-6

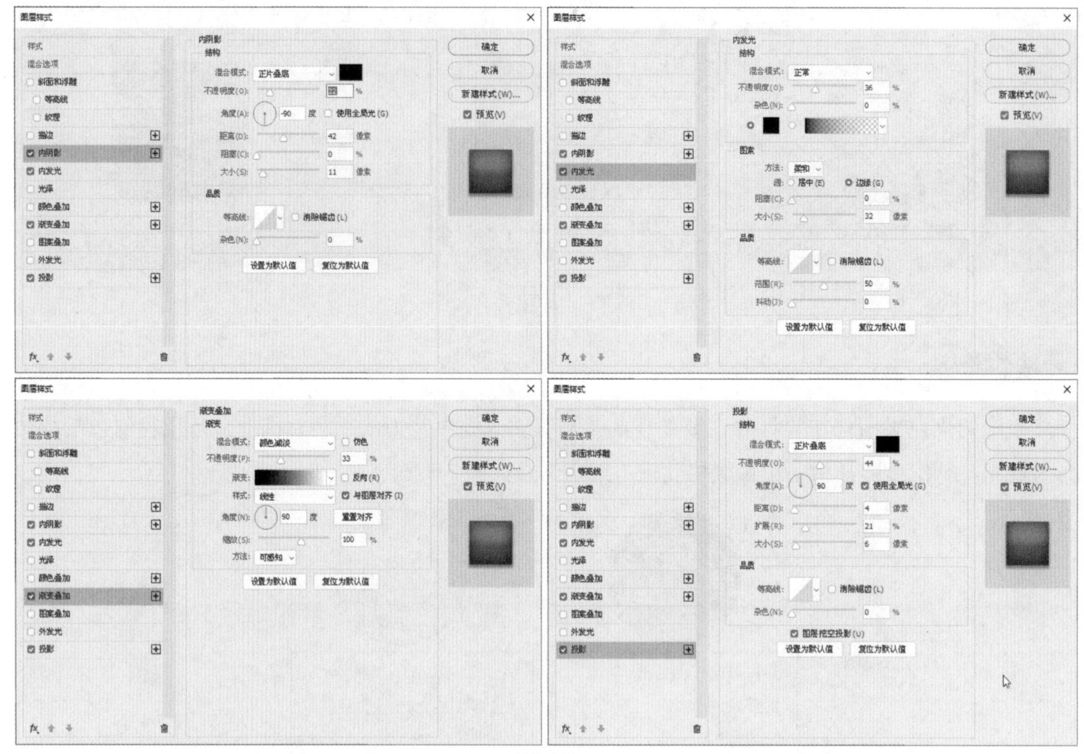

图 7-7

图 7-8

图 7-9

步骤 05 使用（移动工具）将“火龙果”素材中的图像拖曳到新建文档中，调整大小和位置后，执行菜单栏中的“图层”|“创建剪贴蒙版”命令，效果如图 7-10 所示。

步骤 06 复制“矩形 1”图层，得到“矩形 1 拷贝”图层，调整大小和位置，效果如图 7-11 所示。

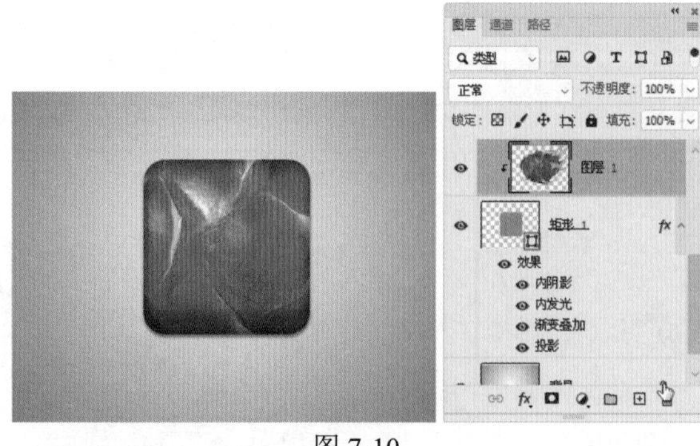

图 7-10

图 7-11

步骤 07 执行菜单栏中的“图层”|“图层样式”|“混合选项”命令，打开“图层样式”对话框，在左侧的列表框中分别选中“描边”和“内发光”，其中的参数设置如图 7-12 所示。

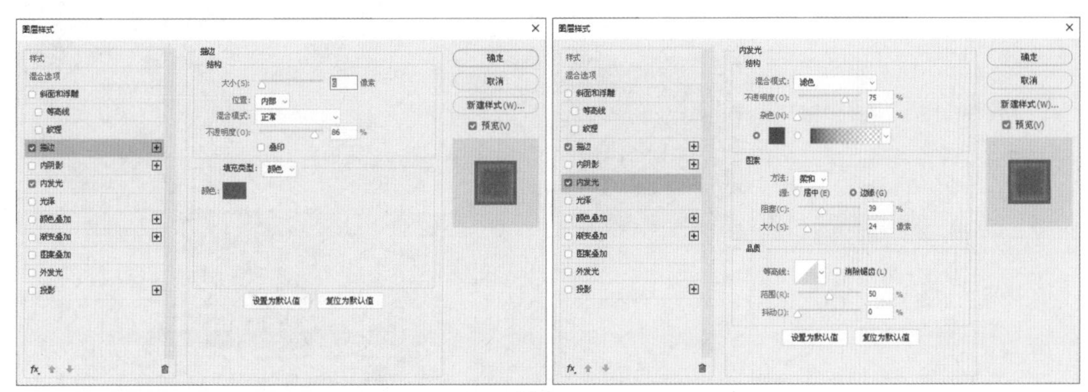

图 7-12

步骤 08 设置完毕，单击“确定”按钮，效果如图 7-13 所示。

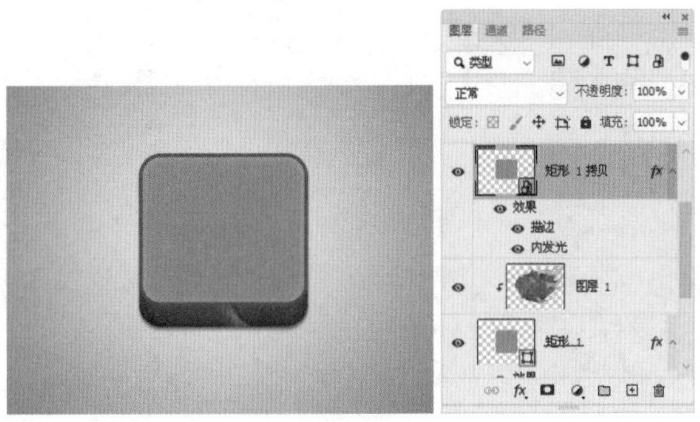

图 7-13

步骤 09 执行菜单栏中的“文件”|“打开”命令或按 Ctrl+O 组合键，打开附带的“火龙果 2.png”素材，使用（移动工具）将“火龙果 2”素材中的图像拖曳到新建文档中，调整大小和位置，执行菜单栏中的“图层”|“创建剪贴蒙版”命令，效果如图 7-14 所示。

图 7-14

步骤 10 将“图层 2”图层和“矩形 1 拷贝”图层一同选取，按 Ctrl+Alt+E 组合键，得到一个合并图层，如图 7-15 所示。

步骤 11 执行菜单栏中的“滤镜”|“杂色”|“添加杂色”命令，打开“添加杂色”对话框，其中的参数设置如图 7-16 所示。

步骤 12 设置完毕，单击“确定”按钮，效果如图 7-17 所示。

步骤 13 单击（添加图层蒙版）按钮，添加图层蒙版后，使用（画笔工具）在火龙果区域涂抹黑色，效果如图 7-18 所示。

步骤 14 此时本案例制作完毕，效果如图 7-19 所示。

图 7-15

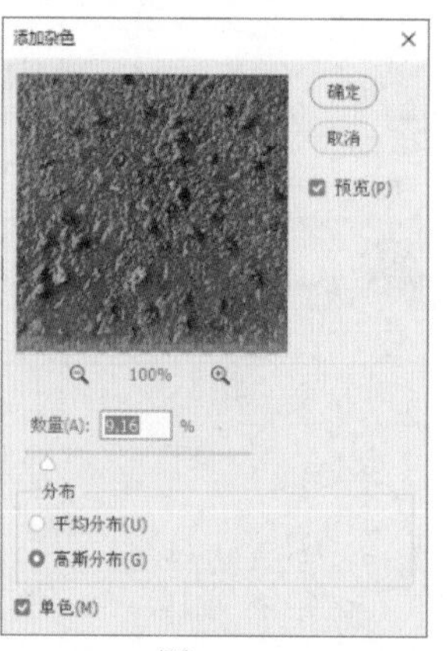

图 7-16

图 7-17

图 7-18

图 7-19

7.3 实战案例——写实开关图标

实例目的

- 掌握写实开关图标的绘制方法。
- 掌握将矩形改成圆角矩形的方法。

设计思路及流程

本案例的 UI 按钮是制作的一款写实开关图标，通过绘制圆角矩形、正圆，结合图层样式，使其效果更加具有真实感，复制正圆改变图层样式，将开关制作成旋钮开关效果。具体的制作流程如图 7-20 所示。

图 7-20

配色信息

本案例制作的是一个写实开关图标，通过灰色与白色的渐变色使其体现出立体效果，通过青绿色来表现开关的旋钮位置。具体配色信息如图 7-21 所示。

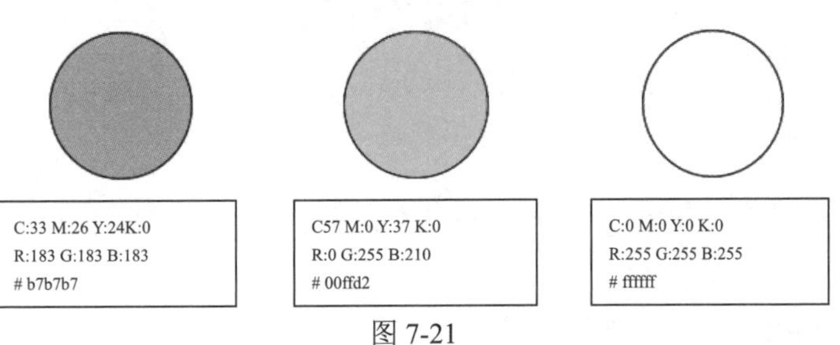

图 7-21

技术要点

- 新建文档，填充渐变色
- 复制背景，应用“便条纸”滤镜
- 绘制矩形并调整“圆角值”
- 绘制正圆
- 添加图层样式
- 创建图层组并旋转变换组内图形

文件路径：**源文件 \ 第 7 章** \ 实战案例——写实开关图标 .psd
视频路径：**视频 \ 第 7 章** \ 实战案例——写实开关图标 .mp4

操作步骤

步骤 01 启动 Photoshop，执行菜单栏中的“文件” | “新建”命令或按 Ctrl+N 组合键，新建一个“宽度”为 800 像素、“高度”为 600 像素的空白文档，使用（渐变工具）填充“从白色到灰色”的径向渐变，如图 7-22 所示。

步骤 02 复制“背景”图层，得到一个“背景拷贝”图层，执行菜单栏中的“滤镜” | “滤镜库”命令，在打开的对话框中选择“素描” | “便条纸”命令，其中的参数设置如图 7-23 所示。

图 7-22

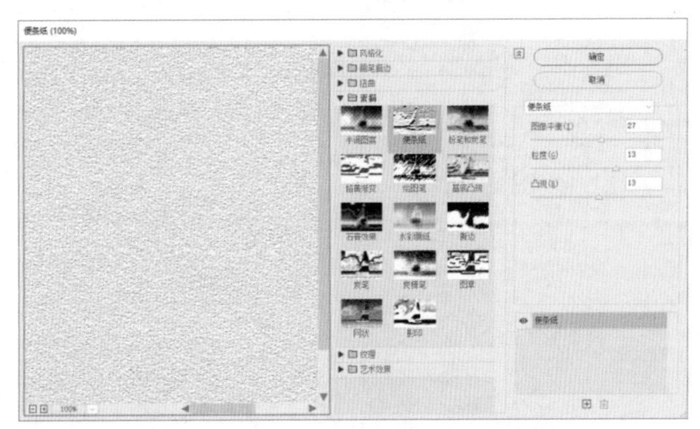

图 7-23

步骤 03 设置完毕，单击“确定”按钮，设置“不透明度”为 36%，效果如图 7-24 所示。

步骤 04 使用（矩形工具）绘制一个矩形，设置“填充”为灰色、“描边”为“无”、“圆角值”为 60 像素，效果如图 7-25 所示。

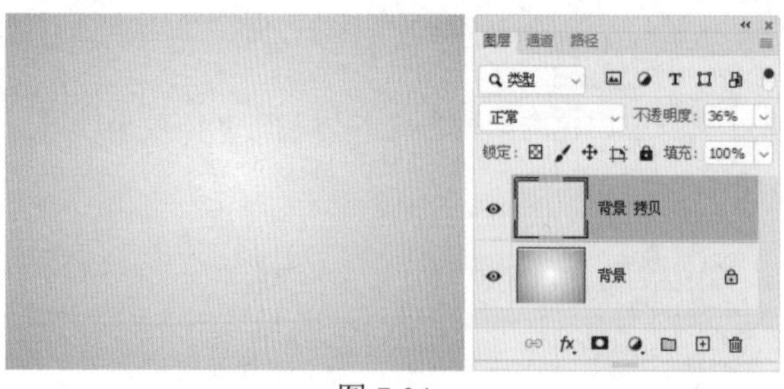

图 7-24

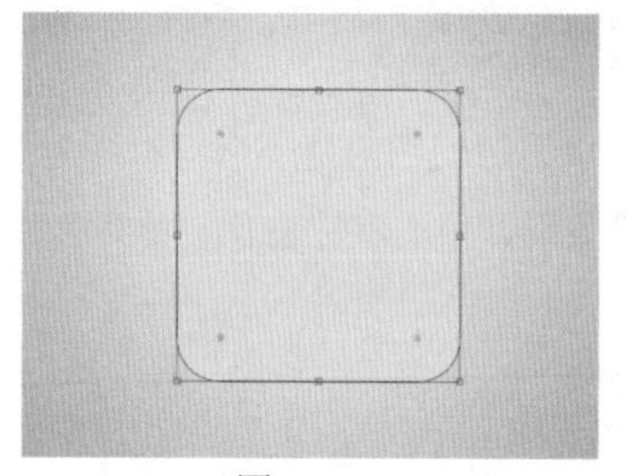

图 7-25

步骤 05 执行菜单栏中的“图层”|“图层样式”|“混合选项”命令，打开“图层样式”对话框，在左侧的列表框中分别选中“斜面和浮雕”“内阴影”“光泽”“渐变叠加”和“投影”复选框，其中的参数设置如图 7-26 所示。

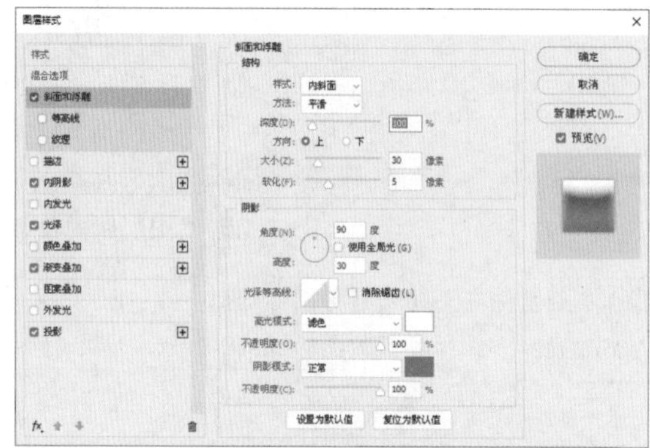

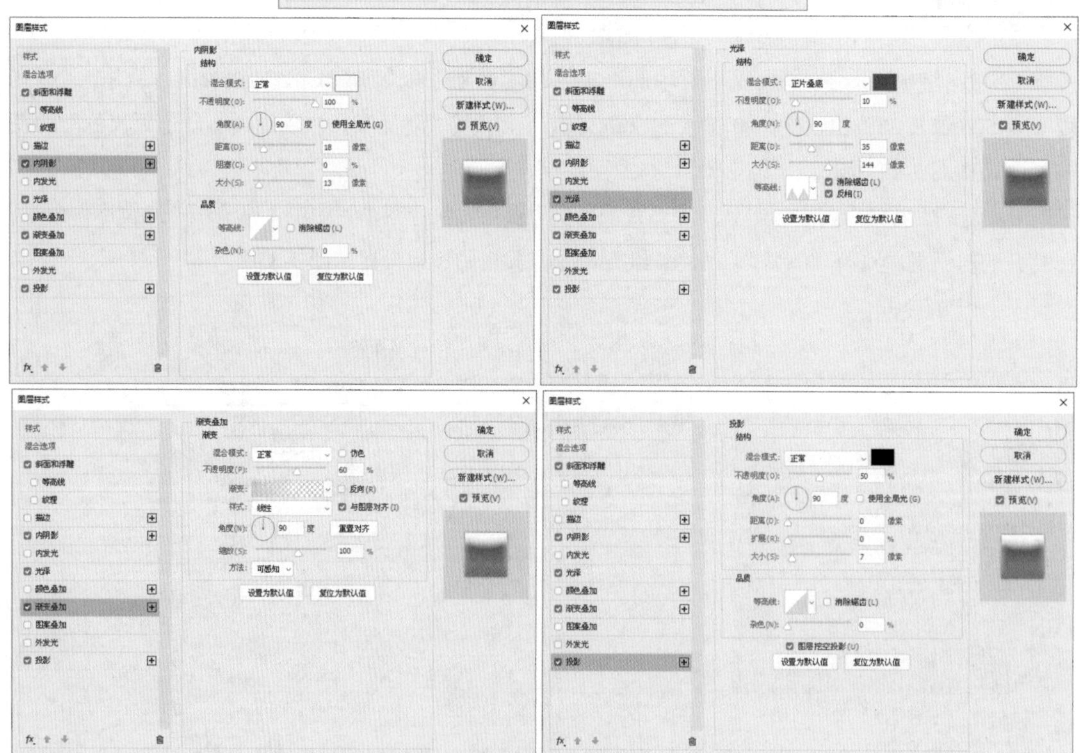

图 7-26

步骤 06 设置完毕，单击“确定”按钮，效果如图 7-27 所示。

步骤 07 使用▢（矩形工具）绘制一个矩形，设置“填充”为白色、“描边”为“无”、“圆角值”为 40 像素，效果如图 7-28 所示。

图 7-27

图 7-28

步骤 08 执行菜单栏中的“图层”|“图层样式”|“混合选项”命令，打开“图层样式”对话框，在左侧的列表框中分别选中“描边”“渐变叠加”和“外发光”复选框，其中的参数设置如图 7-29 所示。

图 7-29

步骤 9 设置完毕，单击“确定”按钮，效果如图 7-30 所示。

步骤 10 使用◯（椭圆工具）绘制一个正圆，如图 7-31 所示。

图 7-30

图 7-31

步骤 11 执行菜单栏中的“图层” | “图层样式” | “混合选项”命令，打开“图层样式”对话框，在左侧的列表框中分别选中“斜面和浮雕”“内阴影”“渐变叠加”和“投影”复选框，其中的参数设置如图 7-32 所示。

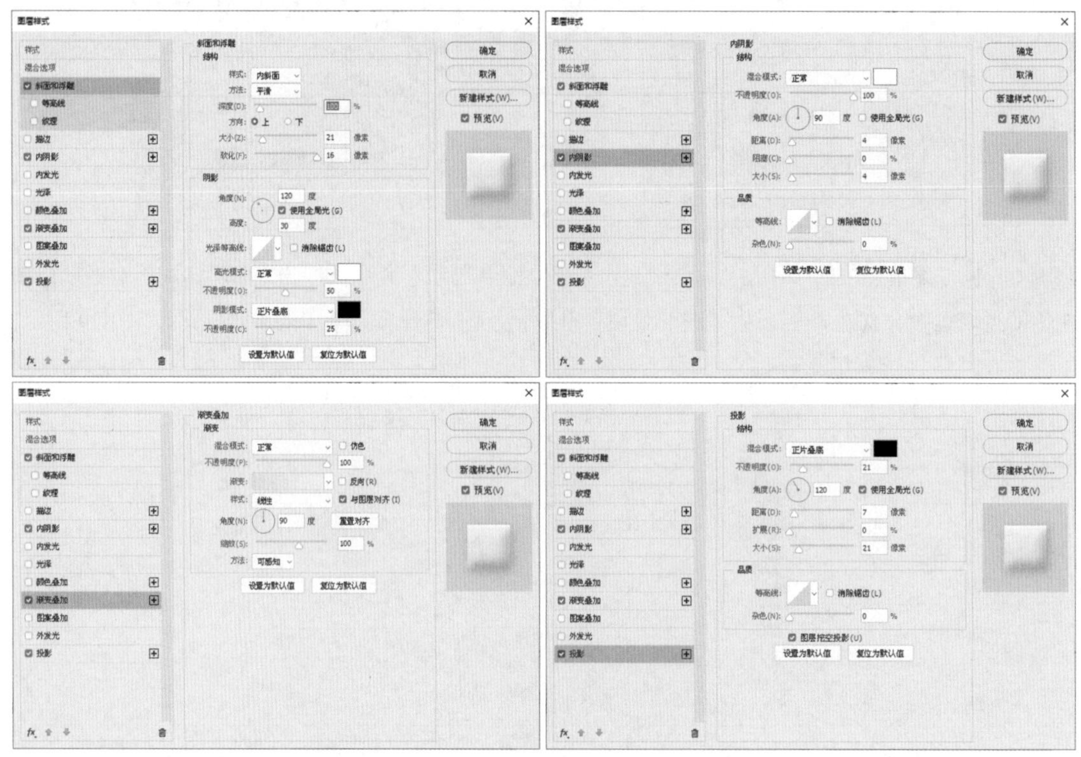

图 7-32

步骤 12 设置完毕，单击“确定”按钮，效果如图 7-33 所示。

步骤 13 在“椭圆 1”图层的下方新建一个“图层 1”图层，使用◯（椭圆选框工具）绘制一个“羽化”为 20 像素的正圆选区，将其填充为黑色，设置“不透明度”为 48%，效果如图 7-34 所示。

图 7-33

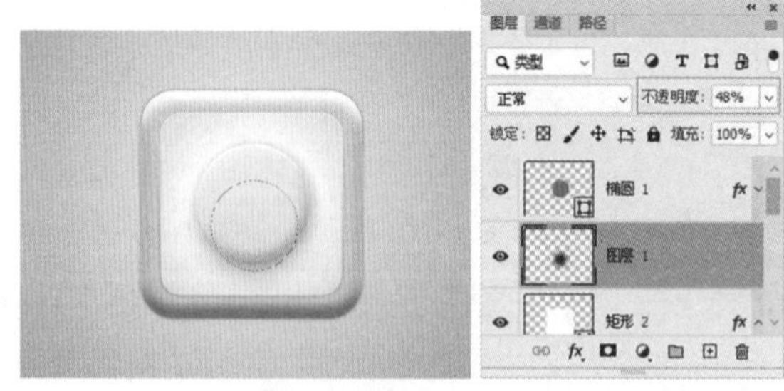

图 7-34

步骤 14 按 Ctrl+D 组合键去掉选区，复制“椭圆 1”图层，得到一个“椭圆 1 拷贝”图层，将其缩小后删除图层样式，执行菜单栏中的“图层” | “图层样式” | “混合选项”命令，打开“图层样式”对话框，在左侧的列表框中分别选中“内阴影”“渐变叠加”和“投影”复选框，其中的参数设置如图 7-35 所示。

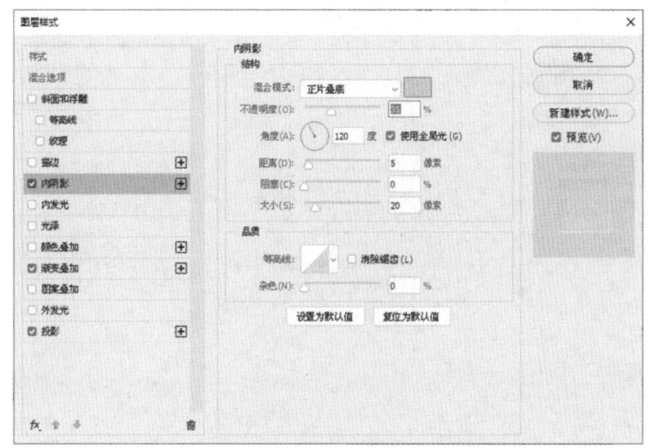

图 7-35

步骤 15 设置完毕，单击“确定”按钮，效果如图 7-36 所示。

图 7-36

步骤 16 复制“椭圆 1 拷贝”图层，得到一个“椭圆 1 拷贝 2”图层，将其缩小并将“填充”设置为白色后删除图层样式，执行菜单栏中的“图层”|“图层样式”|“混合选项”命令，打开“图层样式”对话框，在左侧的列表框中分别选中“内阴影”和“投影”复选框，其中的参数设置如图 7-37 所示。

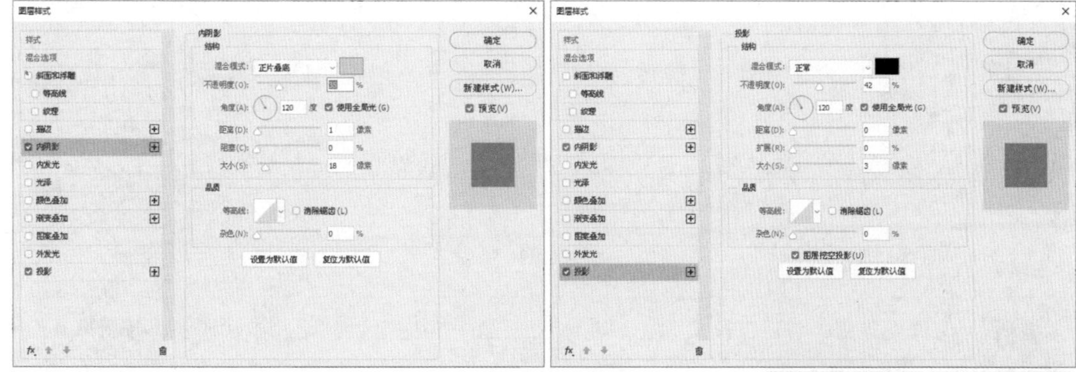

图 7-37

步骤 17 设置完毕，单击“确定”按钮，效果如图 7-38 所示。

图 7-38

步骤 18 使用（椭圆工具）绘制一个青绿色的小正圆，执行菜单栏中的“图层”|“图层样式”|“混合选项”命令，打开“图层样式”对话框，在左侧的列表框中分别选中“内阴影”和“投影”复选框，其中的参数设置如图 7-39 所示。

步骤 19 设置完毕，单击“确定”按钮，效果如图 7-40 所示。

步骤 20 新建一个图层组，使用▭（矩形工具）在组内绘制一个灰色的圆角矩形，如图 7-41 所示。

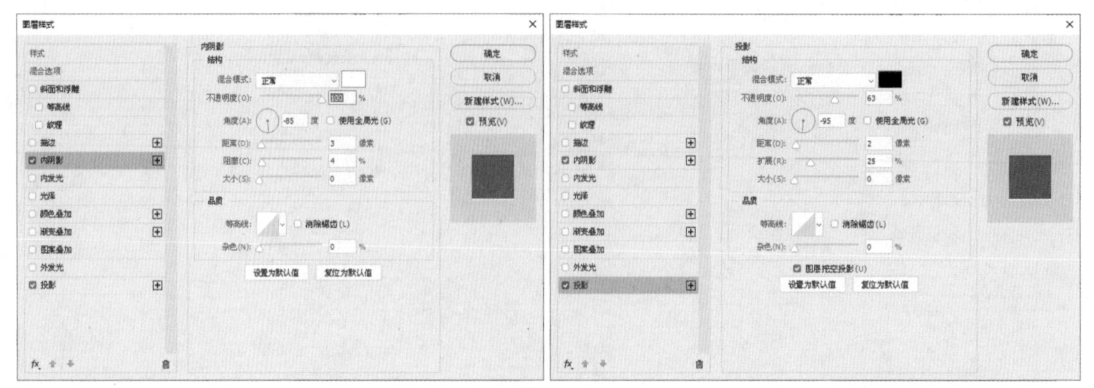

图 7-39

图 7-40

图 7-41

步骤 21 复制“矩形 3”图层，得到一个“矩形 3 拷贝”图层，按 Ctrl+T 组合键调出变换框，将旋转中心点拖曳到正圆的中心位置，如图 7-42 所示。

步骤 22 设置“旋转角度”为 30 度，效果如图 7-43 所示。

步骤 23 按 Enter 键完成变换，按 Ctrl+Alt+Shift+T 组合键数次，直到旋转复制一周为止，将其中的一个圆角矩形设置为青绿色，如图 7-44 所示。

图 7-42

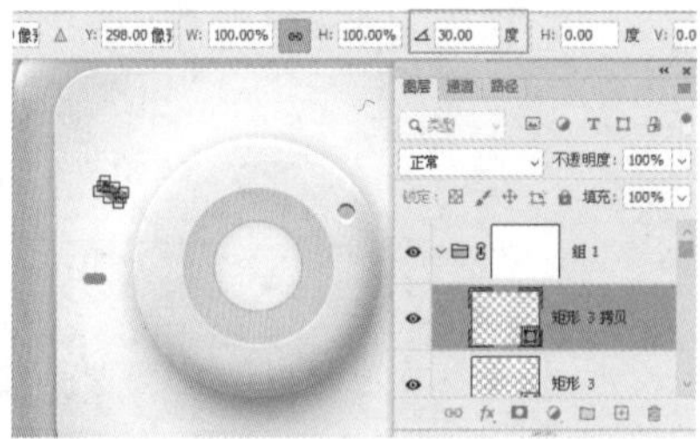

图 7-43

图 7-44

技巧：调出变换框，将图像改变位置，再按 Ctrl+Alt+Shift+T 组合键，可以将当前的图像按照之前变换的位置进行等间距或等角度的复制。

步骤 24 选择组 1，单击◘（添加图层蒙版）按钮，使用黑色画笔涂抹蒙版，将下面的几个圆角用蒙版隐藏，如图 7-45 所示。

步骤 25 使用T（横排文字工具）在组内输入文字，如图 7-46 所示。

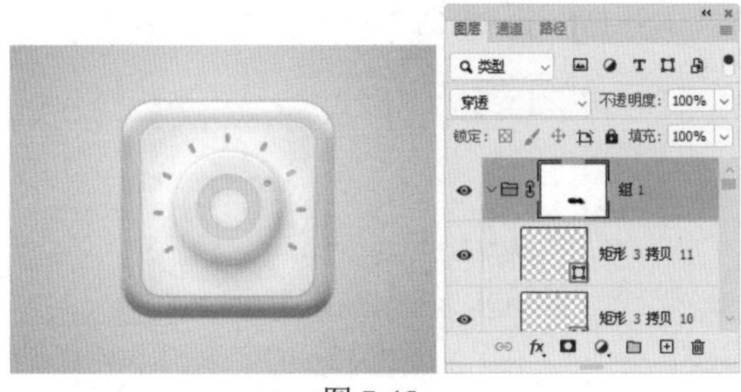
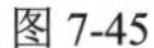

图 7-45

图 7-46

步骤 26 选择组 1，执行菜单栏中的“图层”|“图层样式”|“混合选项”命令，打开“图层样式”对话框，在左侧的列表框中分别选中“内阴影”和“投影”复选框，其中的参数设置如图 7-47 所示。

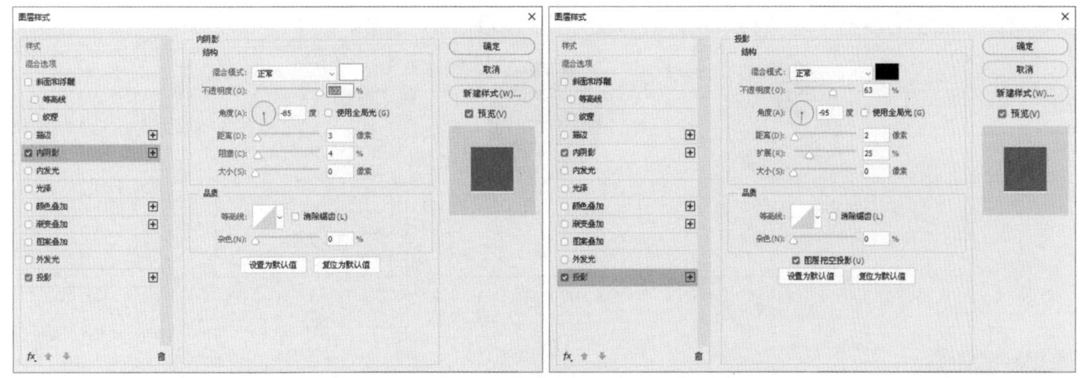

图 7-47

步骤 27 设置完毕，单击“确定”按钮，至此本案例制作完毕，效果如图 7-48 所示。

图 7-48

7.4 实战案例——写实优盘图标

实例目的

- 了解写实优盘图标的制作方法。
- 了解使用蒙版制作倒影的方法。

设计思路及流程

本案例思路是设计一款写实优盘图标，绘制矩形并设置“圆角值”，为其添加图层样式后将其制作成金属与塑料质感，用来表现优盘的真实感。具体制作流程如图 7-49 所示。

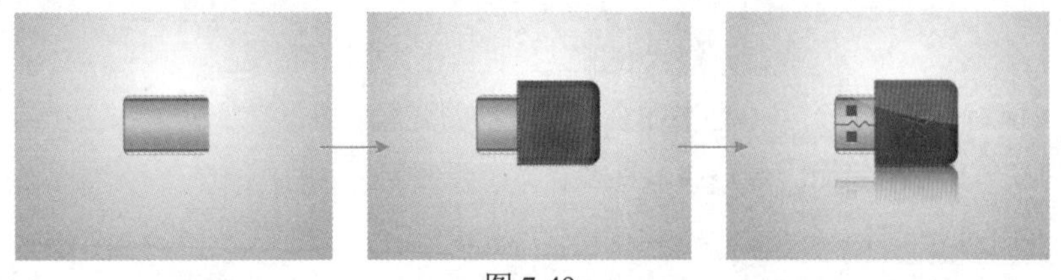

图 7-49

配色信息

本次制作的写实优盘图标，应用的颜色为灰色和红色，将优盘分成两个部分。灰色的渐变体现金属质感，红色的渐变体现塑料质感。具体配色信息如图 7-50 所示。

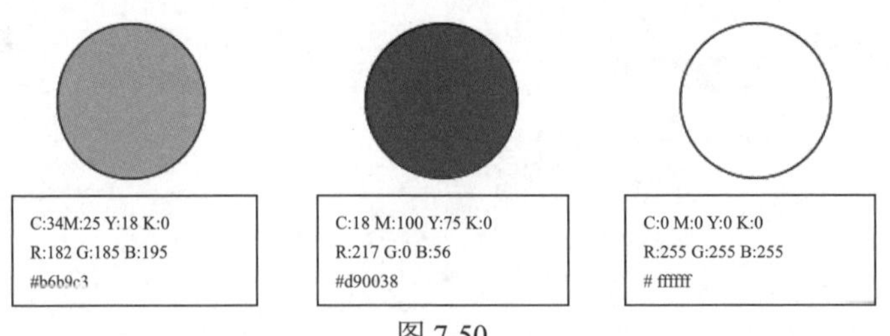

图 7-50

技术要点

- 新建文档，填充渐变色
- 绘制矩形，设置“圆角值”
- 添加图层样式
- 调出选区制作高光
- 合并图层
- 添加并编辑蒙版制作倒影

文件路径：**源文件 \ 第 7 章 ** 实战案例——写实优盘图标 .psd
视频路径：**视频 \ 第 7 章 ** 实战案例——写实优盘图标 .mp4

操作步骤

步骤 01 启动 Photoshop，执行菜单栏中的“文件”|“新建”命令或按 Ctrl+N 组合键，新建一个“宽度”为 800 像素、“高度”为 600 像素的矩形空白文档，使用（渐变工具）填充一个“从淡灰色到灰色”的径向渐变，如图 7-51 所示。

步骤 02 使用（矩形工具）在文档中绘制一个矩形，在“属性”面板中设置“填色”为白色、“描边”为“无”、“圆角值”为 15 像素，效果如图 7-52 所示。

步骤 03 执行菜单栏中的“图层”|“图层样式”|“混合选项”命令，打开“图层样式”对话框，在左侧的列表框中分别选中“渐变叠加”和“投影”复选框，其中的参数设置如图 7-53 所示。

步骤 04 设置完毕单击“确定”按钮，效果如图 7-54 所示。

步骤 05 使用（矩形工具）在文档中绘制一个矩形，在“属性”面板中设置“填色”为白色、“描边”为“无”，设置左侧两个“圆角值”为 0 像素、右侧两个“圆角值”为 30 像素，效果如图 7-55 所示。

图 7-51

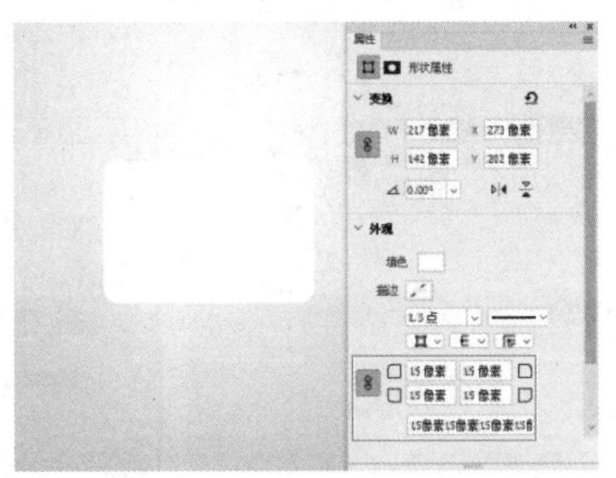
图 7-52

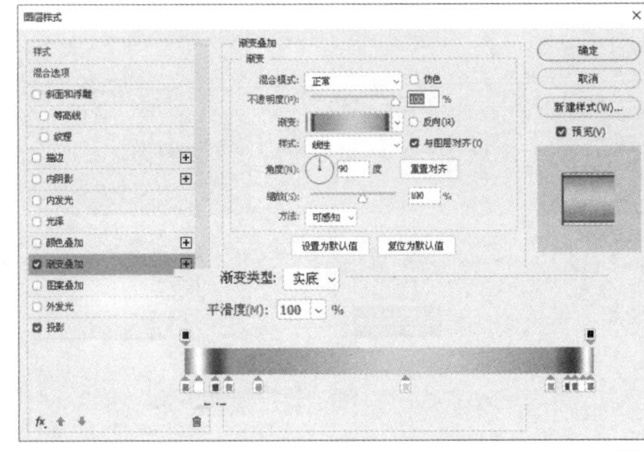
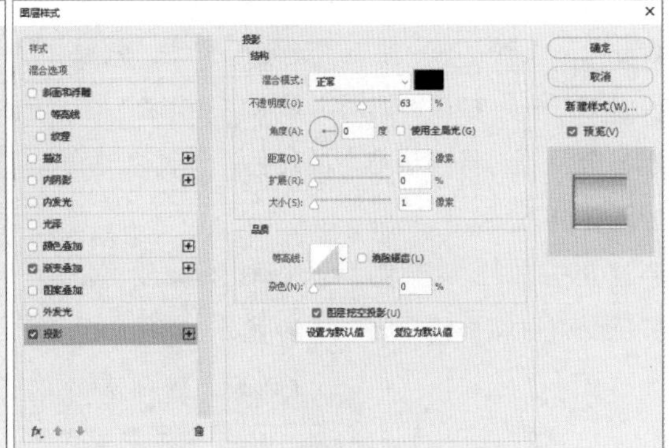
图 7-53

图 7-54

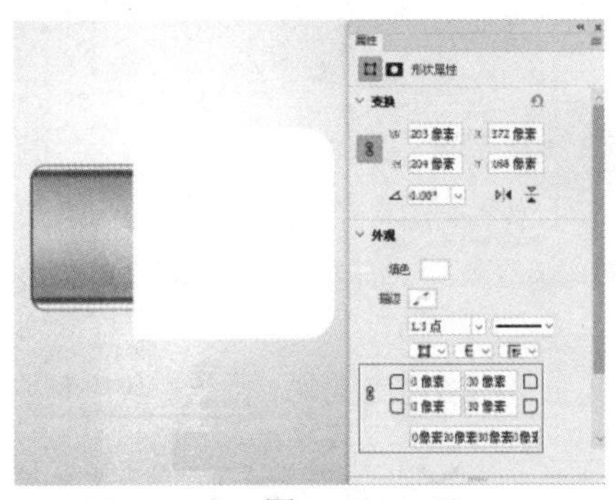
图 7-55

步骤 06 执行菜单栏中的“图层”|“图层样式”|“混合选项”命令，打开“图层样式”对话框，在左侧的列表框中分别选中“内阴影”“内发光”“渐变叠加”和“投影”复选框，其中的参数设置如图 7-56 所示。

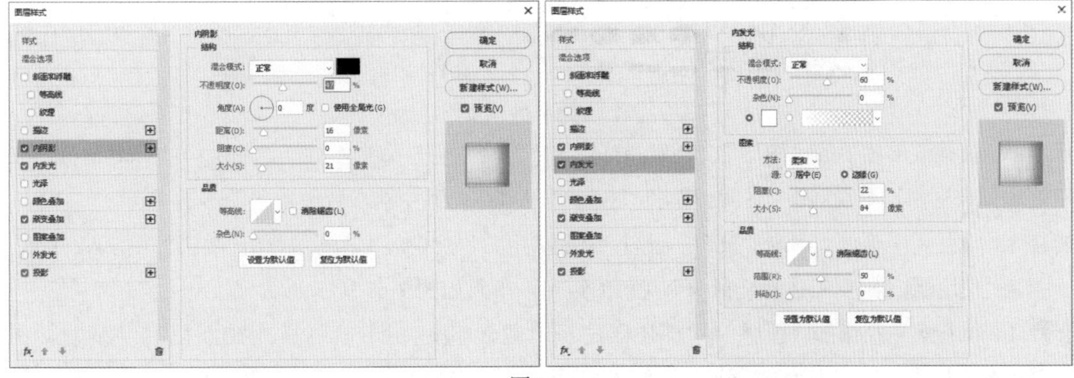
图 7-56

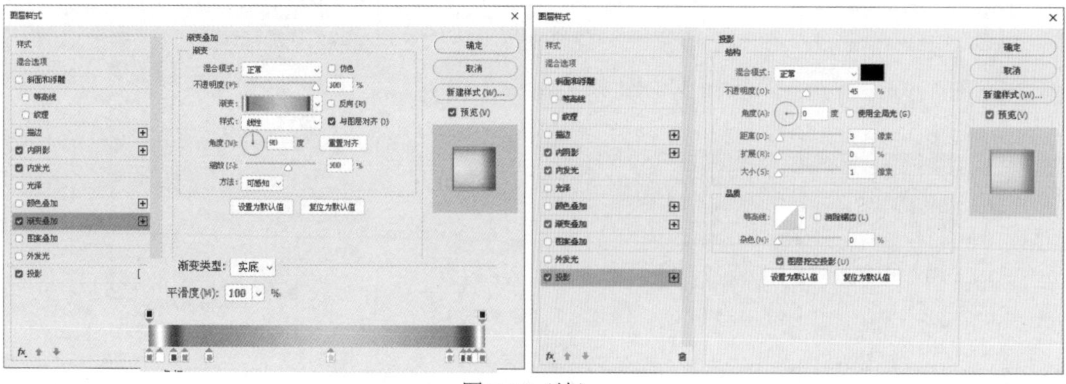
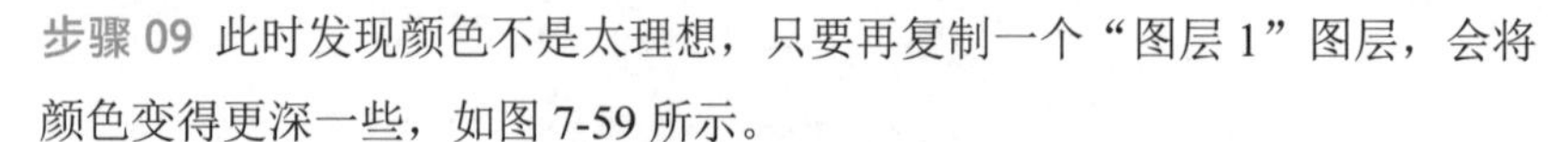

图 7-56（续）

步骤 07 设置完毕，单击“确定”按钮，效果如图 7-57 所示。

步骤 08 按住 Ctrl 键的同时单击“矩形 2”图层的缩览图，调出选区后，新建一个图层，将其填充为橘红色，设置“混合模式”为“正片叠底”，效果如图 7-58 所示。

图 7-57

步骤 09 此时发现颜色不是太理想，只要再复制一个“图层 1”图层，会将颜色变得更深一些，如图 7-59 所示。

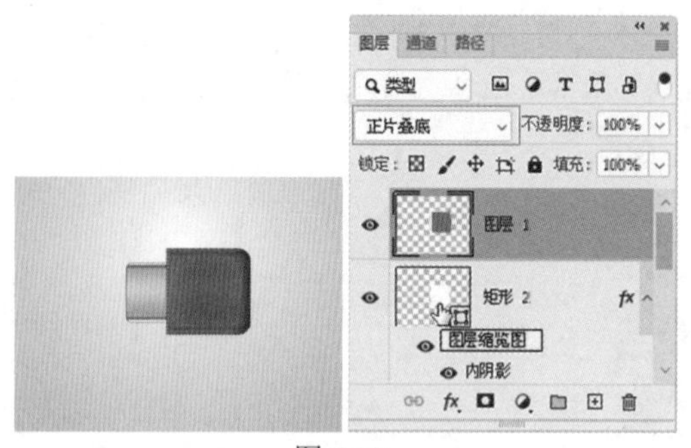

图 7-58

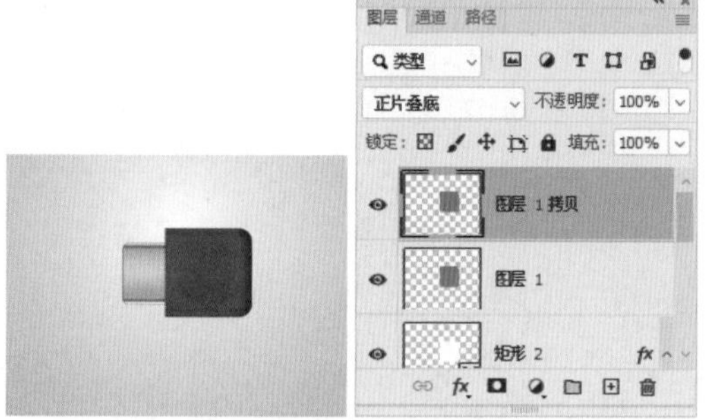

图 7-59

步骤 10 新建一个图层，使用（自定形状工具）绘制一个黑色的星形，如图 7-60 所示。

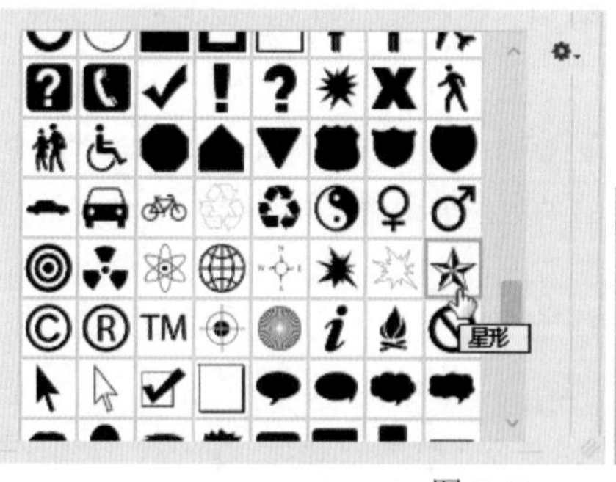

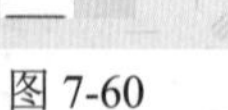

图 7-60

步骤 11 执行菜单栏中的“图层”|“图层样式”|“混合选项”命令，打开“图层样式”对话框，在左侧的列表框中，分别选中“内阴影”和“投影”复选框，其中的参数设置如图 7-61 所示。

步骤 12 设置完毕单击“确定”按钮，设置“不透明度”为 50%、“填充”为 0，效果如图 7-62 所示。

步骤 13 使用（矩形工具）绘制一个灰色的矩形，效果如图 7-63 所示。

步骤 14 执行菜单栏中的“图层”|“图层样式”|“混合选项”命令，打开“图层样式”对话框，在左侧的列表框中分别选中“内阴影”和“投影”复选框，其中的参数设置如图 7-64 所示。

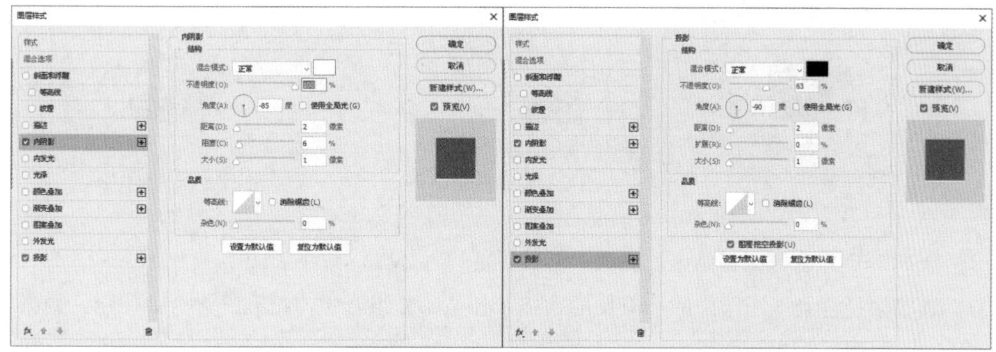

图 7-61

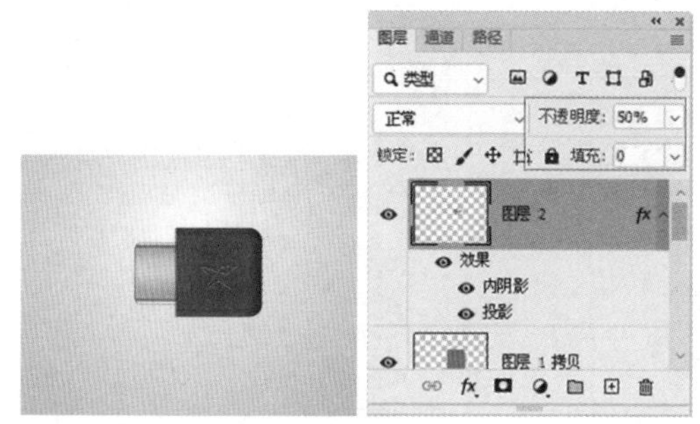

图 7-62

图 7-63

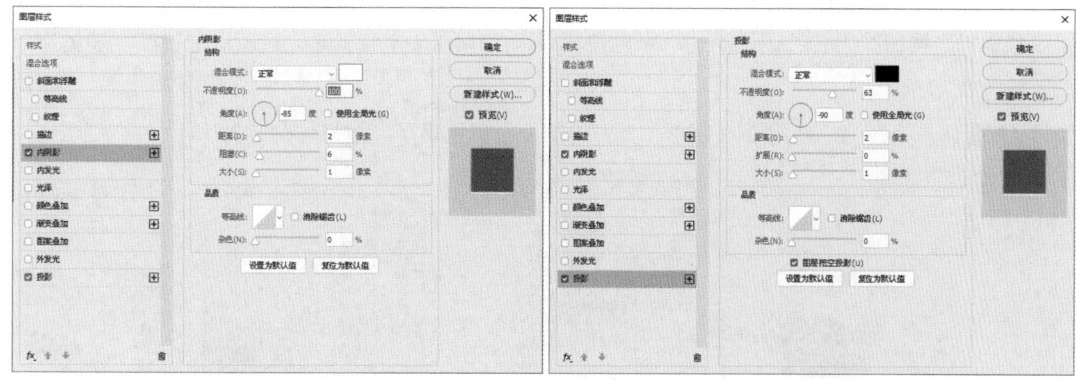

图 7-64

步骤 15 设置完毕，单击“确定”按钮，复制一个矩形，将副本向下移动，如图 7-65 所示。

步骤 16 使用 （直线工具）绘制“粗细”为 3 像素的折线，效果如图 7-66 所示。

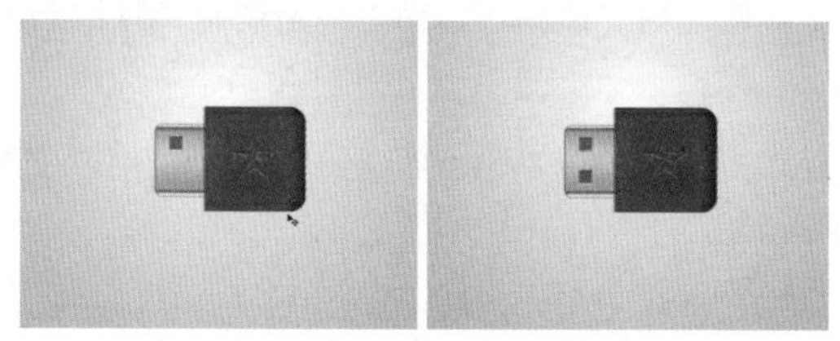

图 7-65

图 7-66

步骤 17 在最顶端新建一个图层，使用 （钢笔工具）绘制一个封闭的路径，按 Ctrl+Enter 组合键，将路径转换成选区，将选区填充为白色，效果如图 7-67 所示。

步骤 18 按 Ctrl+D 组合键去掉选区，按住 Ctrl+Shift 组合键，单击“矩形 1”图层和“矩形 2”图层的缩览图，调出两个图层的选区，按 Ctrl+Shift+I 组合键将选区反选，按 Delete 键清除选区内容，效果如图 7-68 所示。

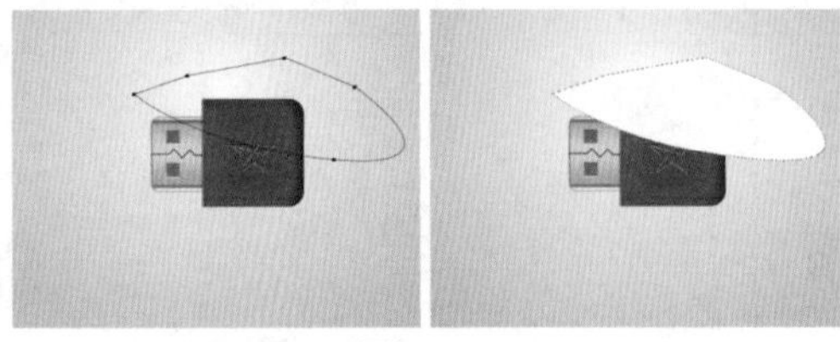

图 7-67

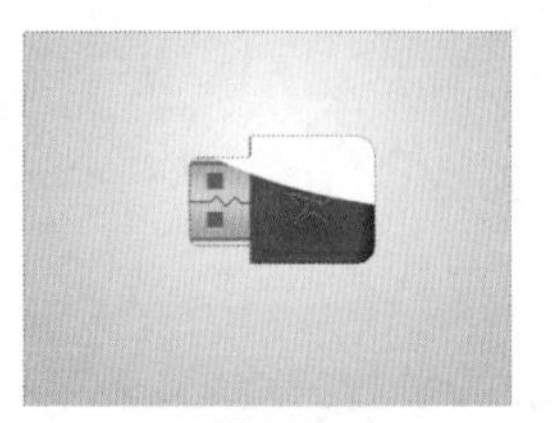

图 7-68

步骤 19 按 Ctrl+D 组合键去掉选区，设置“不透明度”为 29%，效果如图 7-69 所示。

步骤 20 选取除“背景”图层外的所有图层，按 Ctrl+Alt+E 组合键，得到一个合并图层，效果如图 7-70 所示。

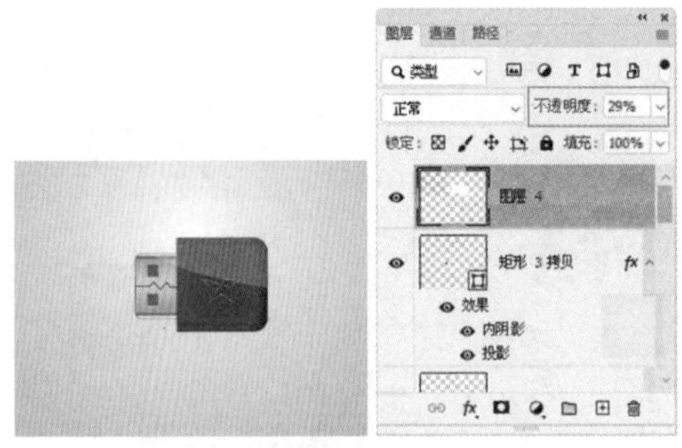

图 7-69

图 7-70

步骤 21 执行菜单栏中的“编辑”|“变换”|“垂直翻转”命令，翻转后将其向下移动，单击（添加图层蒙版）按钮，为合并图层添加一个图层蒙版，使用（渐变工具）对蒙版进行渐变编辑，效果如图 7-71 所示。

步骤 22 新建一个图层，使用（矩形工具）绘制一个黑色矩形，效果如图 7-72 所示。

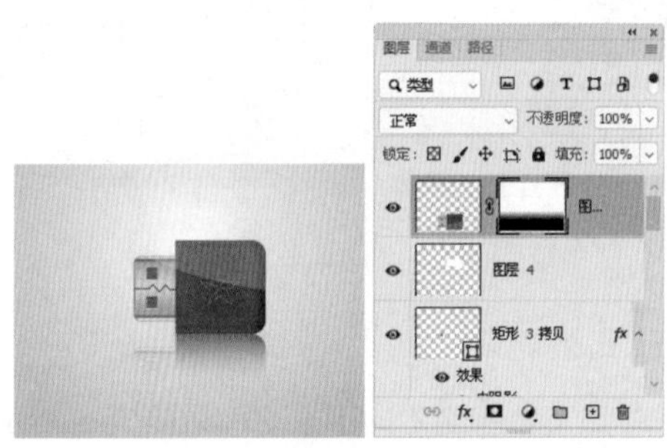

图 7-71

图 7-72

步骤 23 执行菜单栏中的“滤镜”|“模糊”|“高斯模糊”命令，打开“高斯模糊”对话框，其中的参数设置如图 7-73 所示。

步骤 24 设置完毕，单击“确定”按钮，设置“不透明度”为 48%。至此本案例制作完毕，效果如图 7-74 所示。

图 7-73

图 7-74

步骤 25 制作的优盘还可以调整成其他的颜色，效果如图 7-75 所示。

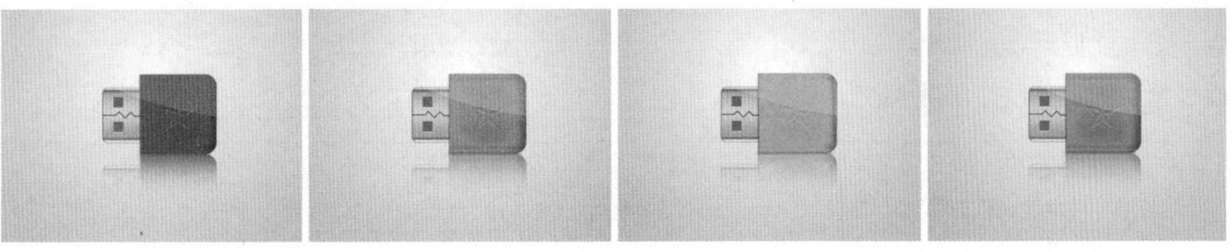

图 7-75

7.5 实战案例——写实钢琴图标

实例目的

- 了解写实钢琴图标的制作方法。
- 了解设置圆角矩形的圆角值的设置方法。

设计思路及流程

本案例的思路是利用形状工具绘制并进行编辑制作一个写实钢琴图标，利用对圆角矩形的圆角值进行重新设置，来制作钢琴按键，其余部分使用▭（矩形工具）绘制圆角矩形添加图层样式。具体制作流程如图 7-76 所示。

图 7-76

配色信息

本次制作的写实钢琴图标，在配色上以土黄色、橘黄色为钢琴的主体结构颜色，键盘区以黑色、白色作为鲜明对比，让其更好地体现钢琴功能，同时以渐变背景衬托钢琴。具体配色信息如图 7-77 所示。

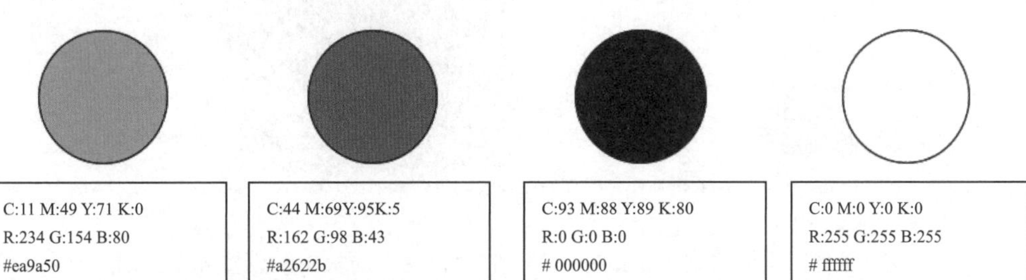

图 7-77

技术要点

- 新建文档，填充渐变色
- 添加图层样式
- 绘制矩形，设置“圆角值”

文件路径：**源文件 \ 第 7 章 ** 实战案例——写实钢琴图标 .psd
视频路径：**视频 \ 第 7 章 ** 实战案例——写实钢琴图标 .mp4

操作步骤

步骤 01 启动 Photoshop，执行菜单栏中的“文件”|“新建”命令或按 Ctrl+N 组合键，打开“新建”对话框，新建一个“宽度”为 800 像素、“高度”为 600 像素的空白文档，使用（渐变工具），将背景填充为“从白色到灰色”的径向渐变，背景制作完毕后，使用（矩形工具）绘制一个“填充”为 RGB（234、154、80)、“描边”为 RGB（136、178、80)、“描边宽度”为 1 点、“半径”为 40 像素的圆角矩形，如图 7-78 所示。

步骤 02 执行菜单栏中的“图层”|“图层样式”|“投影”命令，打开“图层样式”对话框，在右侧的面板中设置“投影”的参数如图 7-79 所示。

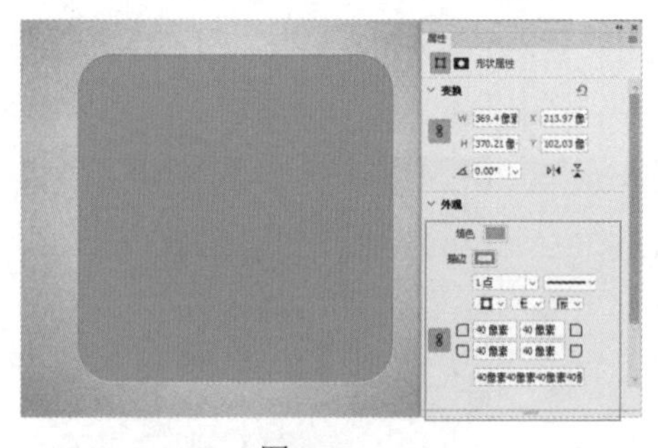

图 7-78

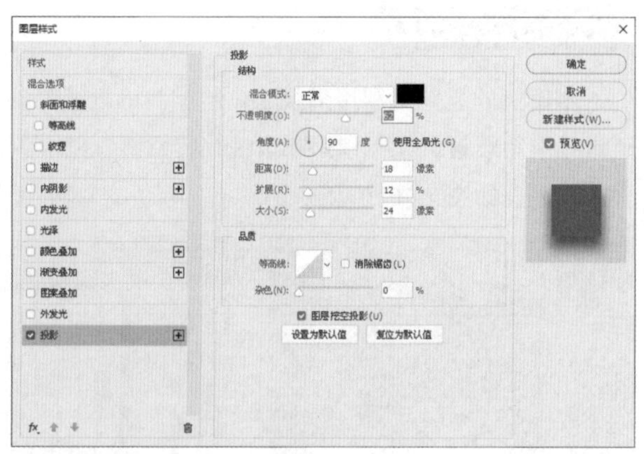

图 7-79

步骤 03 设置完毕单击“确定”按钮，效果如图 7-80 所示。

步骤 04 复制“矩形 1”图层，得到一个“矩形 1 拷贝”图层，设置“填充”为 RGB（162、98、43)、“描边”为 RGB（144、83、32)、“描边宽度”为 6 点、“半径”为 40 像素的圆角矩形，如图 7-81 所示。

图 7-80

图 7-81

步骤 05 使用（矩形工具）绘制一个白色矩形，在“属性”面板中，设置 4 个角的“圆角值”，效果如图 7-82 所示。

步骤 06 执行菜单栏中的“图层”|“图层样式”|“混合选项”命令，打开“图层样式”对话框，在左侧的列表框中分别选中“内发光”和“投影”复选框，其中的参数设置如图 7-83 所示。

图 7-82

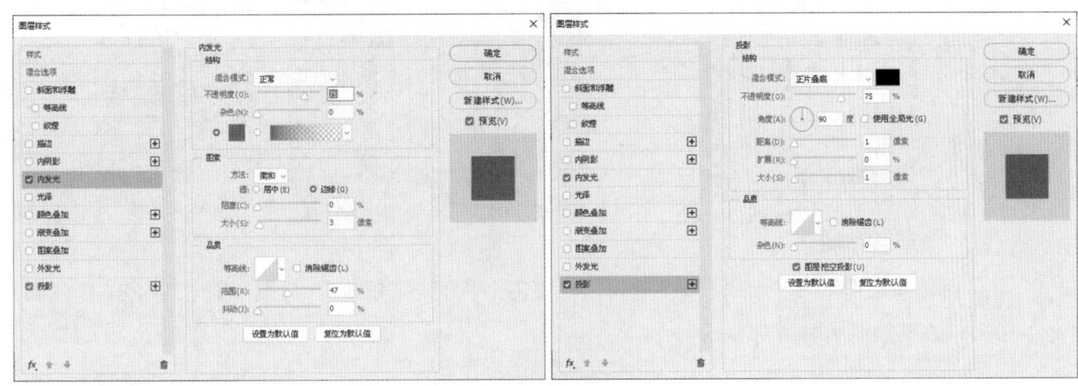

图 7-83

步骤 07 设置完毕，单击“确定”按钮，效果如图 7-84 所示。

步骤 08 复制 6 个副本，重新设置各个圆角值，效果如图 7-85 所示。

图 7-84

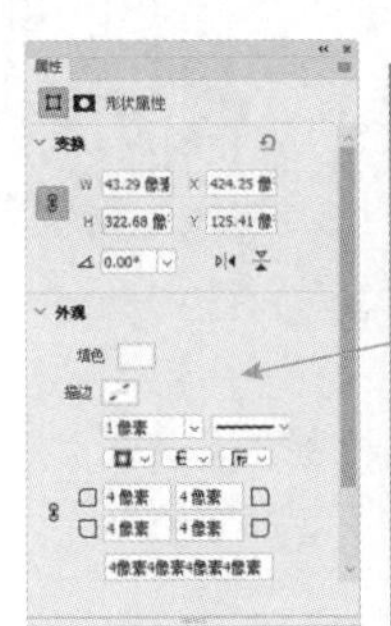

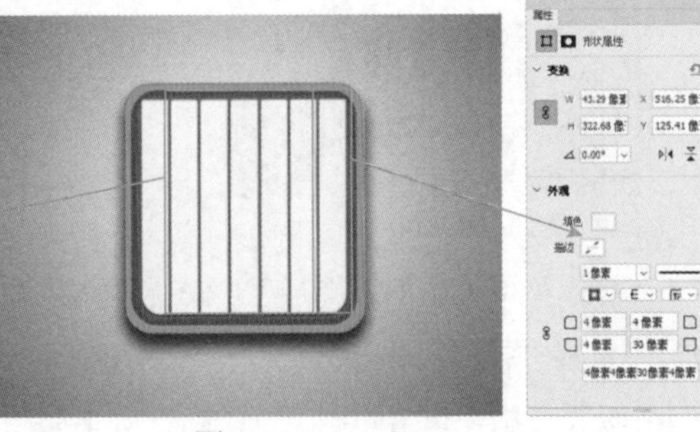

图 7-85

步骤 09 新建图层组，使用（矩形工具）绘制黑色矩形 3，如图 7-86 所示。

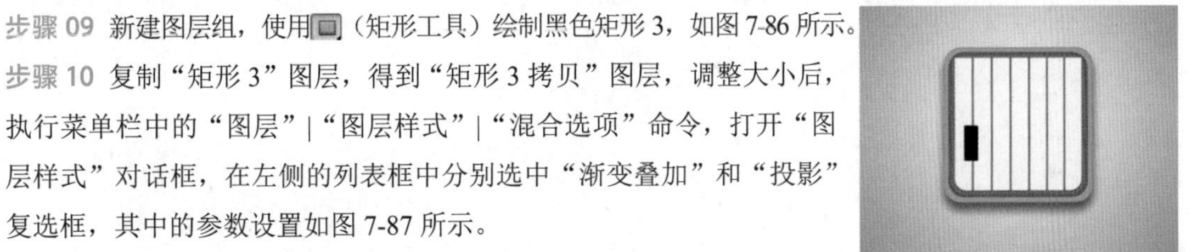

图 7-86

步骤 10 复制“矩形 3”图层，得到“矩形 3 拷贝”图层，调整大小后，执行菜单栏中的“图层”|“图层样式”|“混合选项”命令，打开“图层样式”对话框，在左侧的列表框中分别选中“渐变叠加”和“投影”复选框，其中的参数设置如图 7-87 所示。

步骤 11 设置完毕，单击“确定”按钮，效果如图 7-88 所示。

步骤 12 复制“矩形 3 拷贝”图层，得到“矩形 3 拷贝 2”图层，删除“投影”图层样式，按 Ctrl+T 键调出变换框，拖动控制点调整大小，效果如图 7-89 所示。

步骤 13 按 Enter 键完成变换，按住 Alt 键向右拖曳组 1，复制几个副本，效果如图 7-90 所示。

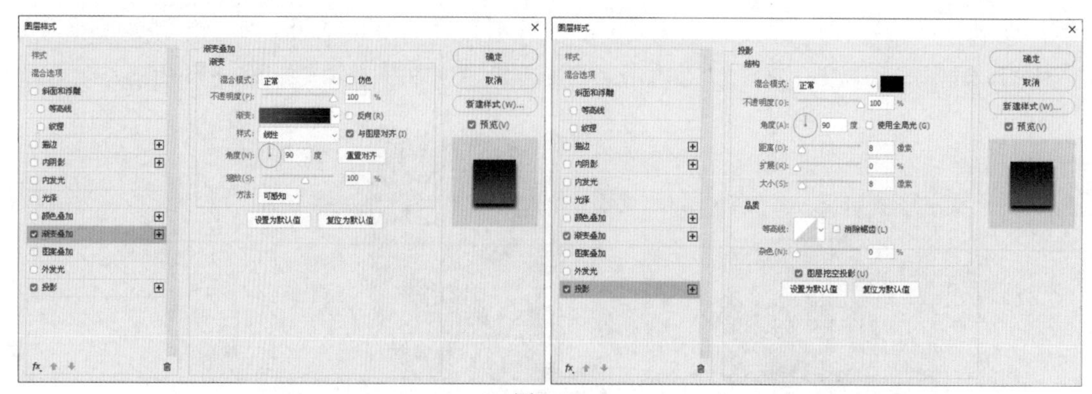

图 7-87

图 7-88

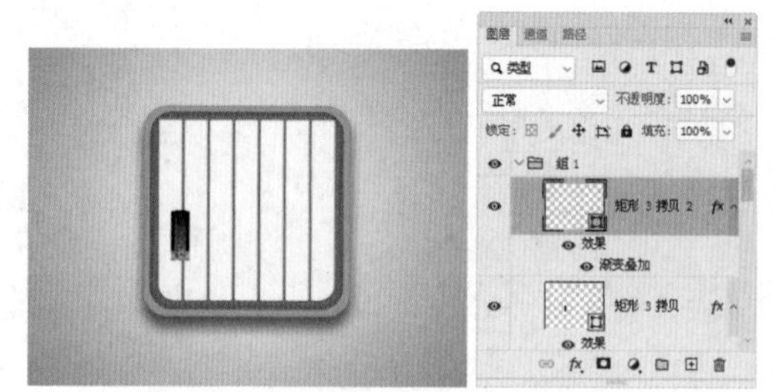

图 7-89

步骤 14 使用▭（矩形工具）绘制一个矩形 4，设置各个角的“圆角值”，设置“填充”为 RGB（243、185、102），效果如图 7-91 所示。

图 7-90

图 7-91

步骤 15 执行菜单栏中的“图层”|“图层样式”|“投影”命令，打开“图层样式”对话框，在右侧的面板中设置“投影”的参数如图 7-92 所示。

步骤 16 设置完毕，单击“确定”按钮，效果如图 7-93 所示。

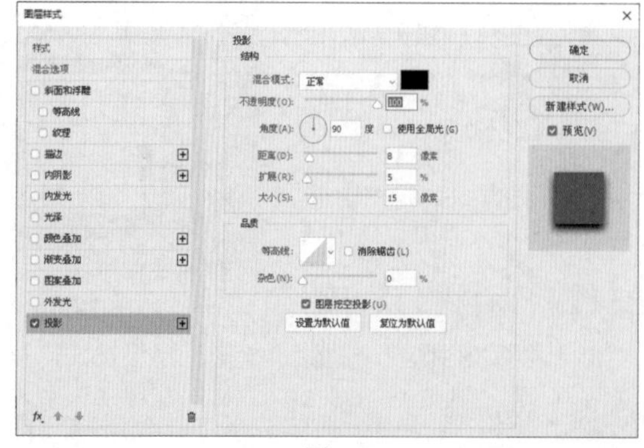

图 7-92

图 7-93

步骤 17 复制“矩形 4”图层，得到“矩形 4 拷贝”图层，将其缩小后，设置“填充”为 RGB（190、120、60），删除“投影”图层样式，效果如图 7-94 所示。

步骤 18 复制“矩形 4 拷贝”图层，得到“矩形 4 拷贝 2”图层，将其缩小后，设置“填充”为 RGB（162、98、43），效果如图 7-95 所示。

图 7-94

图 7-95

步骤 19 执行菜单栏中的“图层”|“图层样式”|“内阴影”命令，打开“图层样式”对话框，在右侧的面板中设置“内阴影”的参数如图 7-96 所示。

步骤 20 设置完毕，单击“确定”按钮，效果如图 7-97 所示。

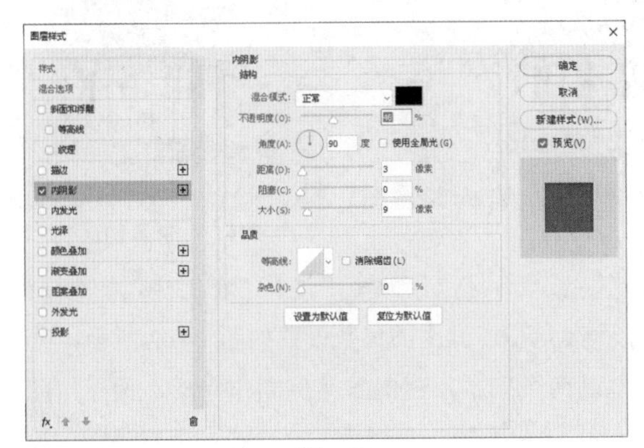

图 7-96

图 7-97

步骤 21 使用▭（矩形工具）绘制一个小矩形，将其作为钢琴的折页，如图 7-98 所示。

步骤 22 执行菜单栏中的“图层”|“图层样式”|“混合选项”命令，打开“图层样式”对话框，在左侧的列表框中分别选中“内发光”“渐变叠加”和“投影”复选框，其中的参数设置如图 7-99 所示。

图 7-98

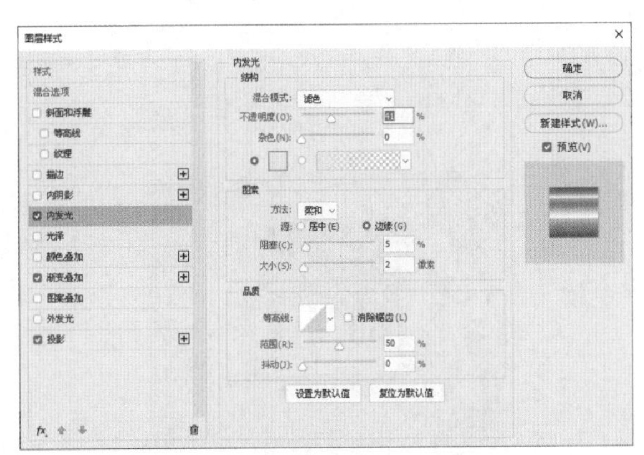

图 7-99

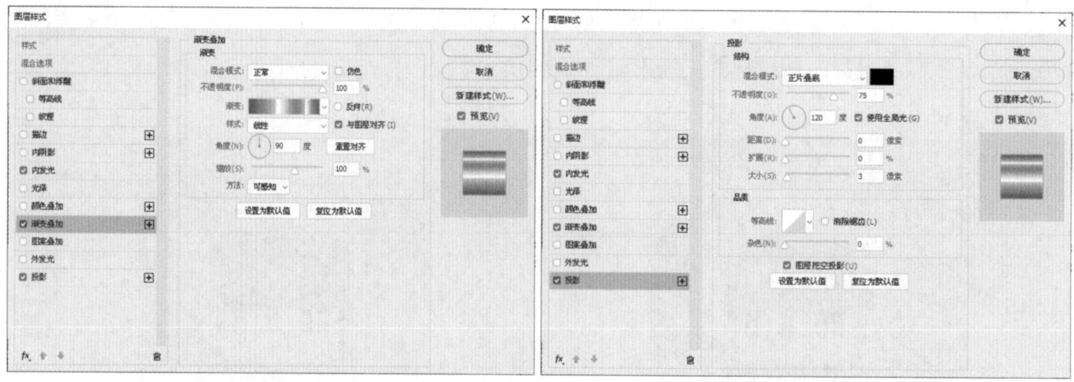

图 7-99（续）

步骤 23 设置完毕，单击“确定”按钮，再复制两个副本，效果如图 7-100 所示。

步骤 24 使用T（横排文字工具）输入文字，效果如图 7-101 所示。

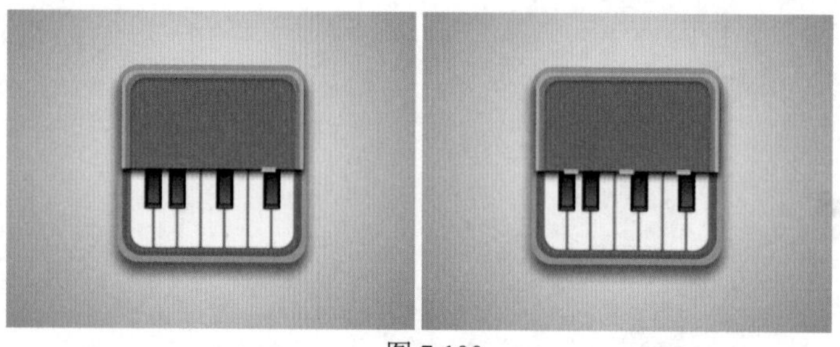

图 7-100

图 7-101

步骤 25 执行菜单栏中的“图层”|“图层样式”|“混合选项”命令，打开“图层样式”对话框，在左侧的列表框中分别选中“内阴影”和“投影”复选框，其中的参数设置如图 7-102 所示。

步骤 26 设置完毕，单击“确定”按钮，再复制两个副本，至此本案例制作完毕，效果如图 7-103 所示。

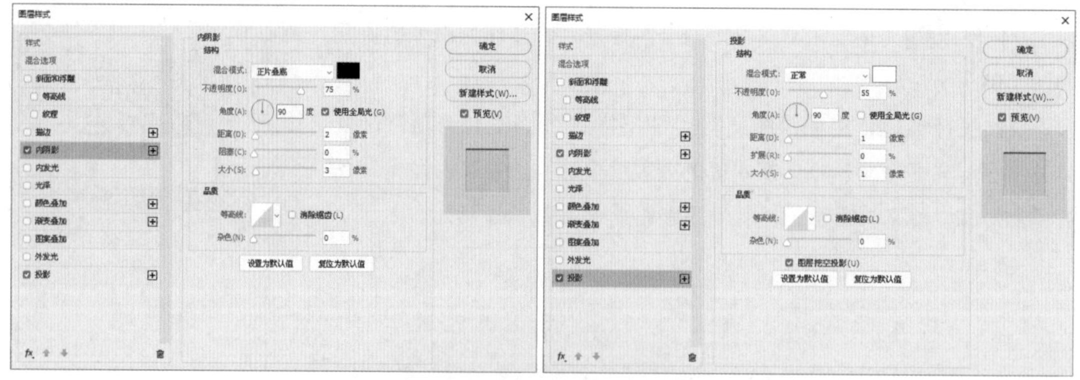

图 7-102

图 7-103

7.6 实战案例——写实电视图标

实例目的

- 了解写实电视图标的制作方法。
- 了解设置描边的应用。

设计思路及流程

本案例的思路是通过对移入素材创建剪贴蒙版，以此来制作电视的播放区，使用 (椭圆工具)绘制正圆，再对其进行编辑加工制作出旋钮区，用直线体现电视的喇叭区。具体制作流程如图 7-104 所示。

图 7-104

配色信息

本次制作的是一个写实电视图标，用黑色作为主色也就是机身的颜色，用灰色作为辅助色，青色起点缀色作用，会让图标整体看起来不单调。具体配色信息如图 7-105 所示。

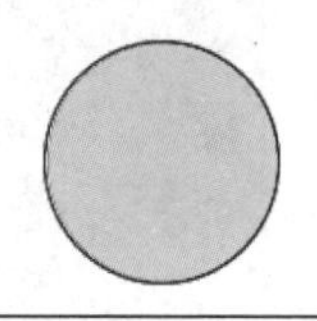

C:59 M:0 Y:7 K:0
R:64 G:218 B:255
40daff

C:33 M:26 Y:24 K:0
R:183 G:183 B:183
b7b7b7

C:93 M:88 Y:89 K:80
R:0 G:0 B:0
000000

图 7-105

技术要点

- 新建文档，填充渐变色
- 绘制矩形，设置“圆角值”
- 添加图层样式
- 应用“添加杂色”滤镜
- 创建剪贴蒙版

素材路径：**素材 \ 第 7 章** \ 背景 2.jpg
文件路径：**源文件 \ 第 7 章** \ 实战案例——写实电视图标 .psd
视频路径：**视频 \ 第 7 章** \ 实战案例——写实电视图标 .mp4

操作步骤

图 7-106

步骤 01 启动 Photoshop，执行菜单栏中的“文件”|“新建”命令或按 Ctrl+N 组合键，打开“新建”对话框，新建一个“宽度”为 800 像素、“高度”为 600 像素的空白文档，使用■（渐变工具）将背景填充为“从白色到灰色”的径向渐变。背景制作完毕后，使用■（矩形工具）绘制一个“圆角值”为 40 像素的黑色圆角矩形，如图 7-106 所示。

步骤 02 执行菜单栏中的“图层”|“图层样式”|“混合选项”命令，打开“图层样式”对话框，在左侧的列表框中分别选中“渐变叠加”和“投影”复选框，其中的参数设置如图 7-107 所示。

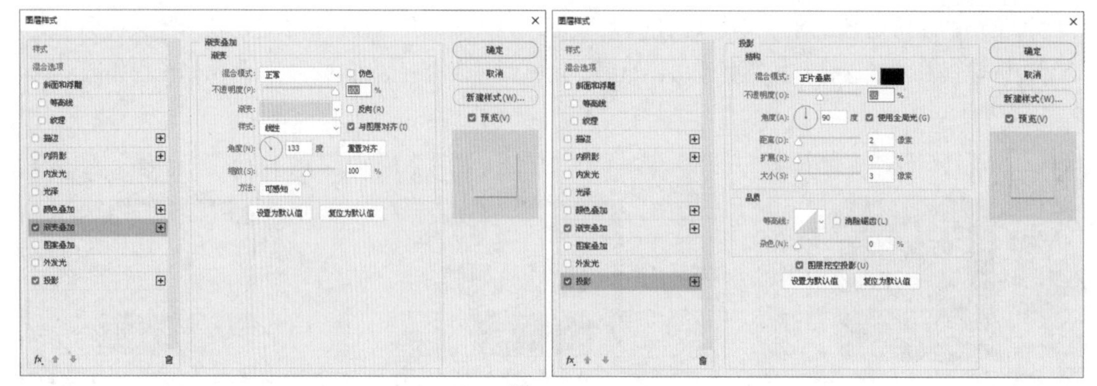
图 7-107

步骤 03 设置完毕，单击“确定”按钮，效果如图 7-108 所示。

步骤 04 复制“圆角矩形 1”图层，得到“圆角矩形 1 拷贝”图层，删除图层样式，按 Ctrl+T 组合键调出变换框，拖动控制点将其缩小，效果如图 7-109 所示。

图 7-108

图 7-109

步骤 05 按 Enter 键完成变换，执行菜单栏中的“滤镜”|“杂色”|“添加杂色”命令，系统会弹出一个警告对话框，直接单击“栅格化”按钮，打开“添加杂色”对话框，其中的参数设置如图 7-110 所示。

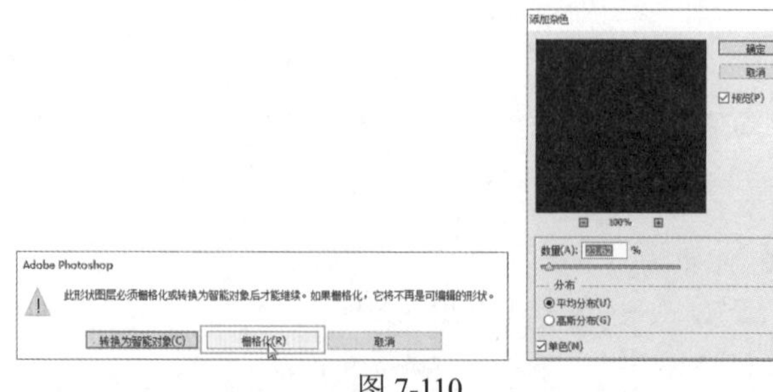
图 7-110

步骤 06 设置完毕，单击“确定”按钮，设置“不透明度”为 71%，效果如图 7-111 所示。

步骤 07 再复制一个“矩形 1”图层，得到一个“矩形 1 拷贝 2”图层，删除“投影”图层样式，双击“渐变叠加”图层样式，其中的参数设置如图 7-112 所示。

步骤 08 设置完毕，单击“确定”按钮，效果如图 7-113 所示。

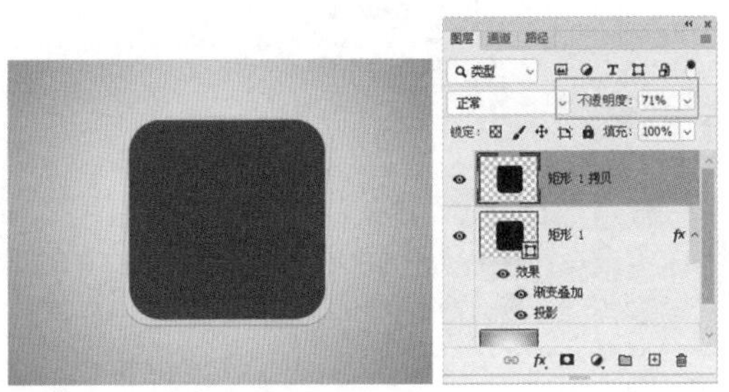

图 7-111

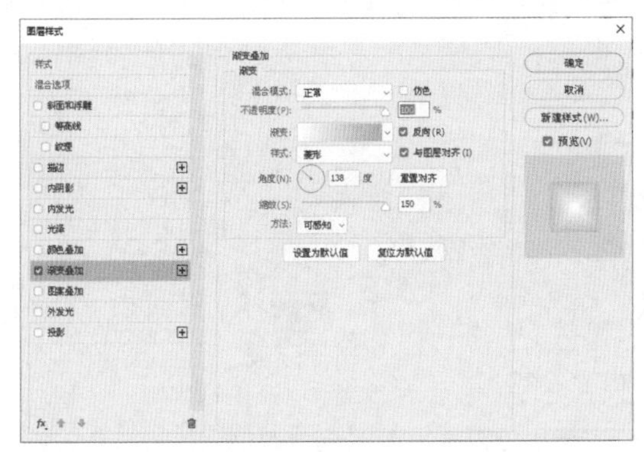

图 7-112

图 7-113

步骤 09 使用（矩形工具）绘制一个黑色的圆角矩形，如图 7-114 所示。

步骤 10 打开附带的“背景 2.jpg”素材，使用（移动工具）将其拖曳到新建文档中，执行菜单栏中的“图层”|“创建剪贴蒙版”命令，效果如图 7-115 所示。

图 7-114

图 7-115

步骤 11 选择“矩形 2”图层，执行菜单栏中的“图层”|“图层样式”|“内发光”命令，打开“图层样式”对话框，在右侧的面板中设置“内发光”的参数如图 7-116 所示。

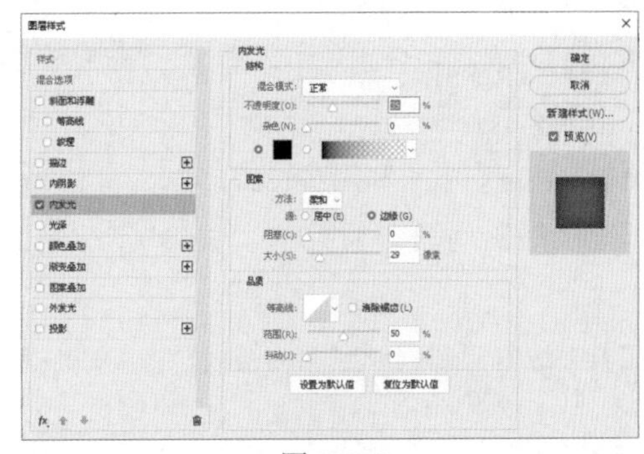

图 7-116

步骤 12 设置完毕，单击“确定”按钮，效果如图 7-117 所示。

步骤 13 新建一个图层组，使用 (直线工具）绘制一条黑色直线，如图 7-118 所示。

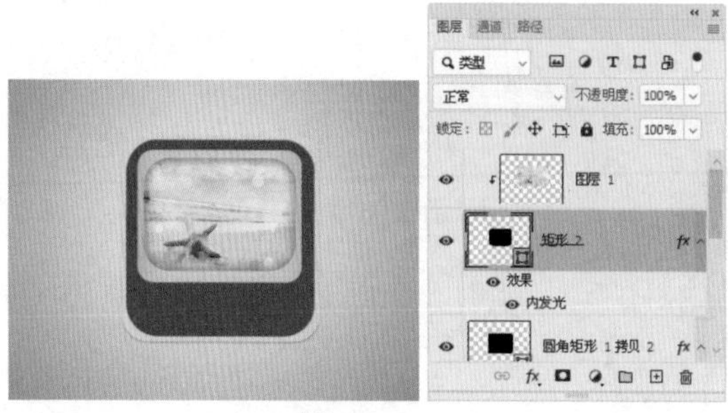

图 7-117

图 7-118

步骤 14 执行菜单栏中的“图层”|“图层样式”|“投影”命令，打开“图层样式”对话框，在右侧的面板中设置“投影”的参数如图 7-119 所示。

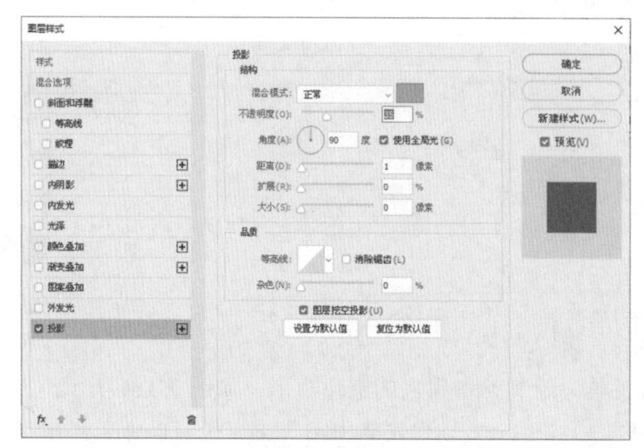

图 7-119

步骤 15 设置完毕，单击“确定”按钮，按住 Alt 键向下拖曳直线复制几个副本，效果如图 7-120 所示。

步骤 16 使用 (椭圆工具）绘制一个黑色正圆，将其作为旋钮，如图 7-121 所示。

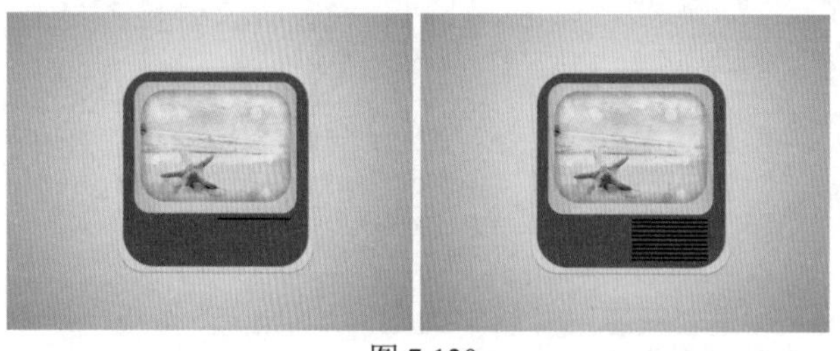

图 7-120

图 7-121

步骤 17 下面为旋钮制作质感效果。执行菜单栏中的“图层”|“图层样式”|“混合选项”命令，打开“图层样式”对话框，在左侧的列表框中分别选中“描边”“渐变叠加”“外发光”和“投影”复选框，其中的参数设置如图 7-122 所示。

步骤 18 设置完毕，单击“确定”按钮，效果如图 7-123 所示。

步骤 19 使用 (椭圆工具）绘制一个“填充”为“无”、“描边”为青色的正圆圆环，效果如图 7-124 所示。

步骤 20 使用 (直接选择工具）选择正圆圆环底部的锚点，按 Delete 键将其删除，效果如图 7-125 所示。

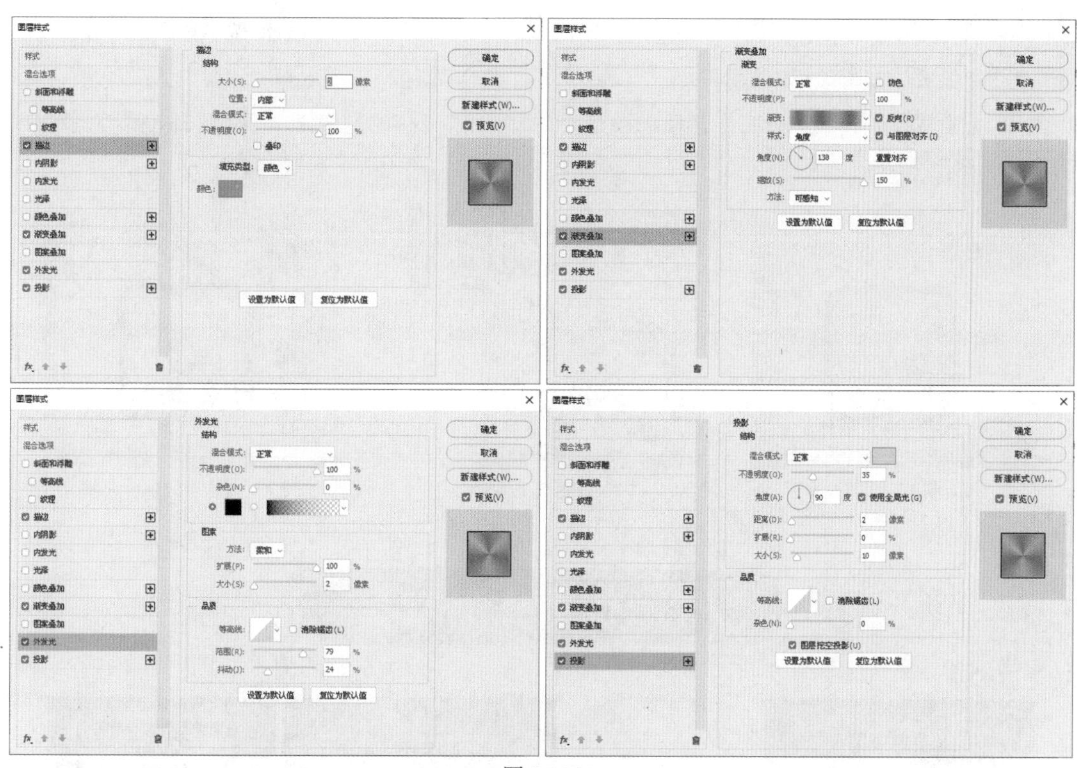

图 7-122

图 7-123

图 7-124

图 7-125

步骤 21 执行菜单栏中的“图层”|“图层样式”|“渐变叠加”命令，打开“图层样式”对话框，在右侧的面板中设置“渐变叠加”的参数如图 7-126 所示。

步骤 22 设置完毕，单击“确定”按钮，使用（椭圆工具）在大圆上绘制一个青色正圆，使用T（横排文字工具）输入青色文字，效果如图 7-127 所示。

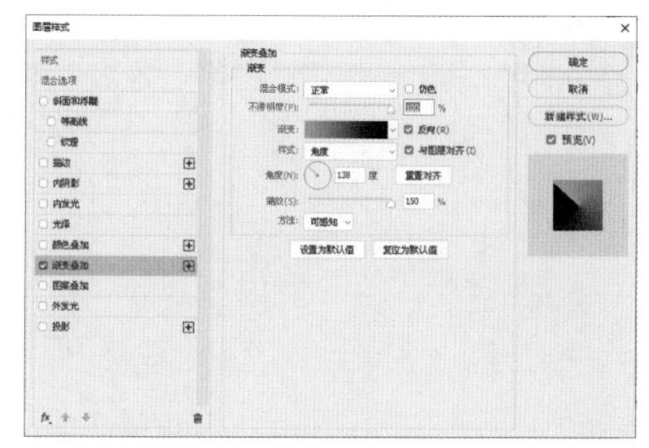

图 7-126

图 7-127

步骤 23 在最底层新建一个“图层 2”图层，使用（矩形工具）绘制一个黑色矩形，如图 7-128 所示。

步骤 24 执行菜单栏中的“滤镜”|“模糊”|“高斯模糊”命令，打开“高斯模糊”对话框，设置“半径”为 9.2 像素，如图 7-129 所示。

步骤 25 设置完毕，单击“确定”按钮，设置“不透明度”为 40%。至此本案例制作完毕，效果如图 7-130 所示。

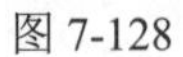
图 7-128

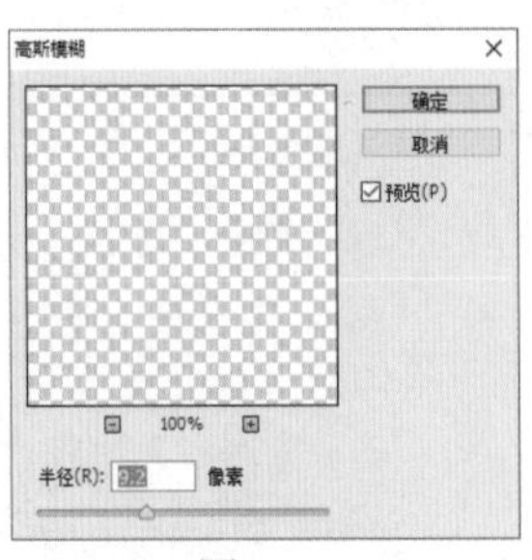

图 7-129

图 7-130

7.7 优秀作品欣赏

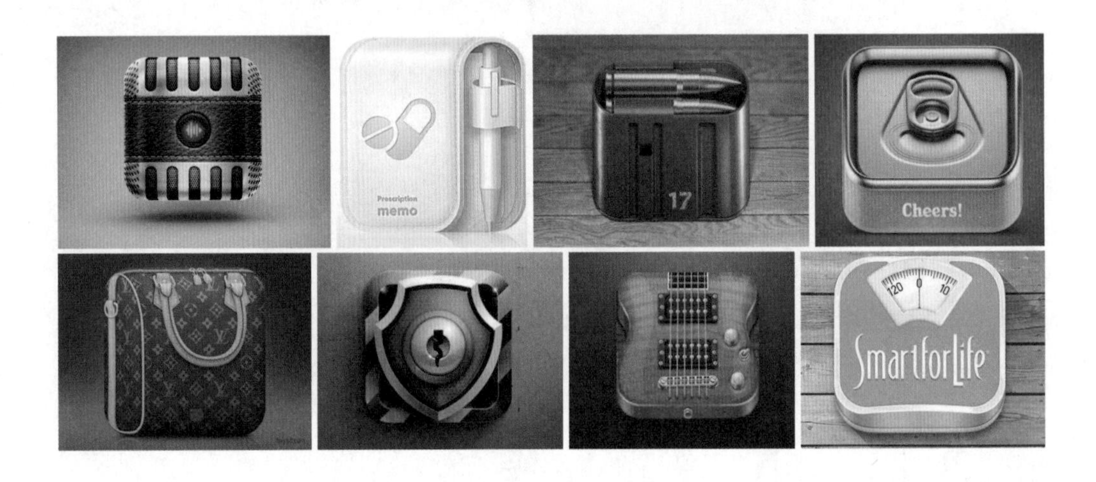

第 8 章 控件制作实战

本章重点：

- 了解 UI 设计中的控件
- 实战案例——简洁进度条
- 实战案例——播放滑动条
- 实战案例——加油站控件
- 实战案例——天气预报控件
- 实战案例——音乐播放器控件
- 优秀作品欣赏

8

本章主要讲解 UI 设计中的界面组成元素中的控件的设计与制作。界面中的控件元素可以是按钮、导航、拖动条、滑块、旋钮等，在设计与制作时一定要与界面主体风格一致，切记不要别具风格，以免使整体界面看起来非常不自然。控件可以是金属风格，也可以是扁平化风格，还可以是界面局部组成的一个小界面，总之，一定要与界面的风格保持一致。本章从进度条、小控件界面等方面进行案例式的实战讲解，让大家能够以最快的方式掌握 UI 小控件的设计技能。

8.1 了解 UI 设计中的控件

8.1.1 什么是 UI 控件

UI 控件即与 UI 系统界面操作有关的单位元件，如电脑端或手机端的输入框、按钮、导航等。UI 控件是能够提供用户界面接口功能的组件。对于设计者来说，UI 控件是具有用户界面功能的组件。

UI 界面设计可以通过不同的组成控件来布局，从而在美观程度、人机交互、操作逻辑等方面达到整齐划一的效果，使软件的操作变得舒适、简单和自由，充分体现软件的定位和特点。

8.1.2 UI 设计中的控件

UI 界面设计时离不开组成页面的各个控件，一个好的控件图像可以起到引导、交互的作用，会使用户操作起来更加灵活，便于用户使用。对于 UI 设计来说，了解几个常用的控件是非常有必要的。

- 窗口：UI 设计界面中的弹出或固定的一个窗口显示区域。
- 功能区控件：用来显示特有功能的一个插件显示区域，如天气预报控件、音乐播放控件等。
- 按钮：用来触发交互或执行命令应用。
- 选择按钮：可以设置多个选择项，可以是单选也可以是多选，触发后完成对应功能。
- 开关按钮：控制开启或关闭。
- 滑动条按钮：可以用来进行拖曳，以此来控制进度。
- 文本框：用来输入或显示文本。
- 表格：控制表格的表头和数据。
- 下拉菜单：单击可以弹出下拉列表。
- 搜索条：用于查找。
- 工具栏：用于主页面的框架。
- 进度条：显示当前播放或下载的进度。

技巧：UI 界面设计中的各个控件，可以根据界面的布局来进行不同位置、大小或形状的设计。

8.1.3 UI 控件的设计原则

UI 控件在前端的设计上属于发挥比较自由的，但是也不要把每个控件都设计成自己独特的风格效果，以免 UI 界面看起来非常杂乱，让用户不知所云、无从下手。在对各个控件进行设计时一定要秉承风格统一、效果一致及布局合理等原则。

风格统一

在 UI 界面设计中风格统一，可以让整个界面效果看起来非常舒服，无论是配色、外形，都要与主题相一致，如果各个控件太过个性，在视觉上就会让用户产生抵触心理，统一风格可以将其做到形状统一、位置统一、字体统一等。图 8-1 所示的对比图可以非常清晰地判断哪个更好。

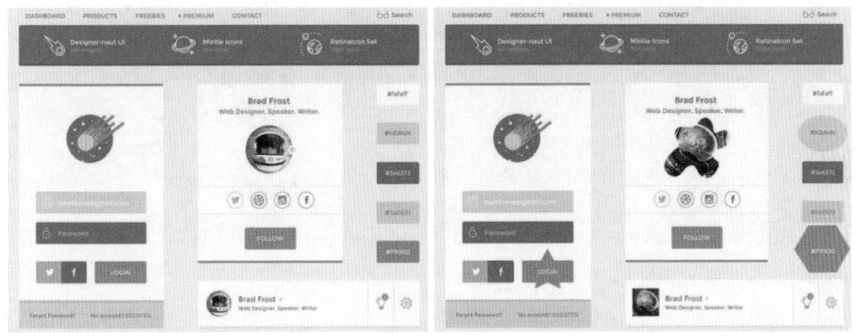

图 8-1

效果一致

在对 UI 控件进行设计时，不同区域的配色、外形虽然都一致，但是效果如果不统一，例如，有的加投影、有的加斜面和浮雕，会让设计效果大打折扣。如图 8-2 所示的对比图可以非常清晰地判断哪个更好。

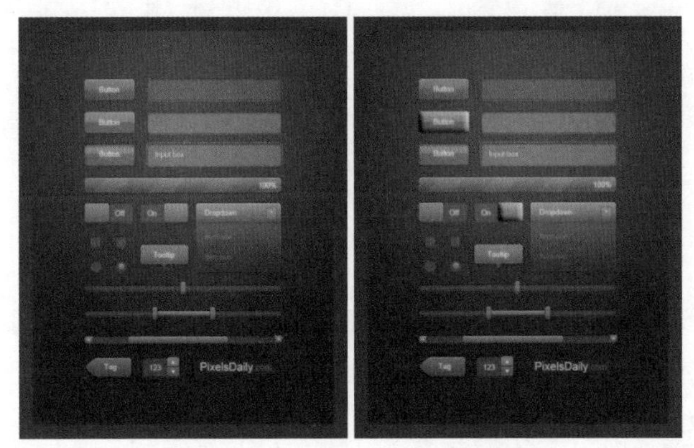

图 8-2

布局合理

布局设计无论是在 UI 设计中，还是在其他的平面设计中，都是非常重要的一项内容。页面中的布局如果非常凌乱，先不要说视觉上看着难受，即使是操作上也会非常别扭。合理的布局不但可以吸引用户的目光，还可以间接地为创作者带来流量。如图 8-3 所示的对比图可以非常清晰地判断哪个更好。

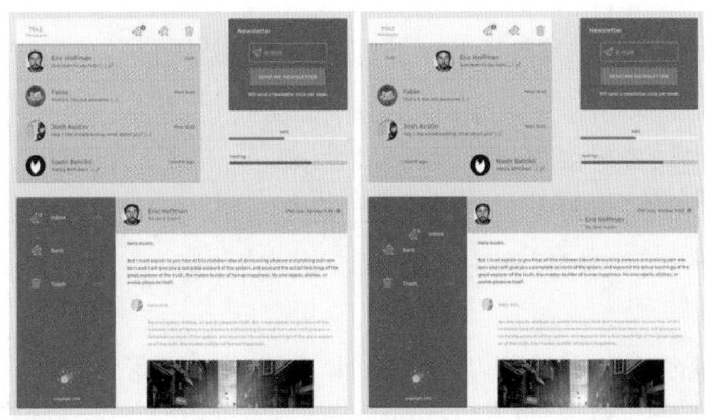

图 8-3

8.2 实战案例——简洁进度条

实例目的

- 掌握简洁进度条的制作方法。
- 了解添加图层样式的运用。

设计思路及流程

本次的 UI 设计是制作一个简洁进度条，利用绘制的矩形调整成圆角矩形后添加图层样式，让其更加具有层次感，具体制作流程如图 8-4 所示。

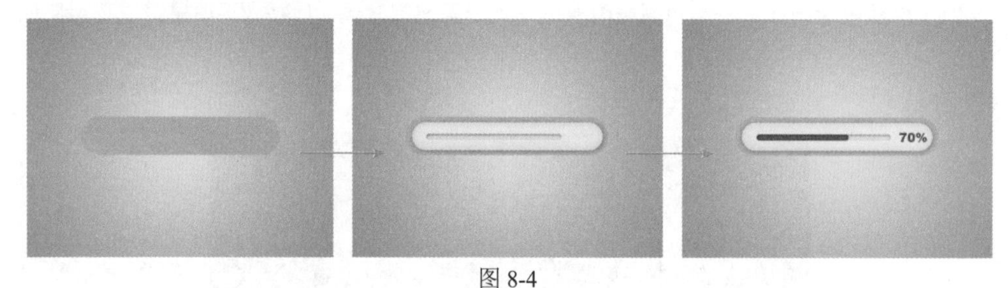

图 8-4

配色信息

本次简洁进度条设计时主要体现的是不同灰色之间与红色进度的对比，让红色成为绝对的辅助色与点缀色。配色信息如图 8-5 所示。

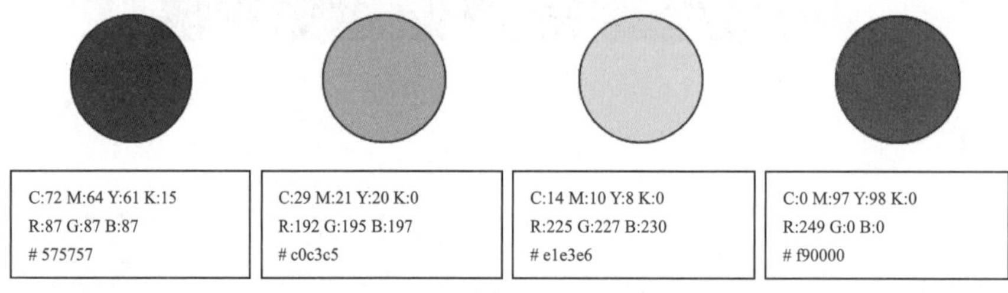

图 8-5

技术要点

- 新建文档，填充渐变色作为背景
- 添加图层样式
- 绘制矩形，设置“圆角值”

文件路径：**源文件 \ 第 8 章 ** 实战案例——简洁进度条 .psd
视频路径：**视频 \ 第 8 章 ** 实战案例——简洁进度条 .mp4

操作步骤

步骤 01 启动 Photoshop，执行菜单栏中的“文件”|“新建”命令或按 Ctrl+N 组合键，打开“新建”对话框，新建一个“宽度”为 600 像素、“高度”为 450 像素的空白文档，使用 （渐变工具）将背

景填充“从白色到灰色”的径向渐变，背景制作完毕后，使用（矩形工具）绘制一个“半径”为 40 像素的深灰色圆角矩形，如图 8-6 所示。

步骤 02 复制“矩形 1”图层，得到一个“矩形 1 拷贝”图层，按 Ctrl+T 组合键调出变换框，拖动控制点将其缩小，将“填充”设置为浅灰色，如图 8-7 所示。

图 8-6

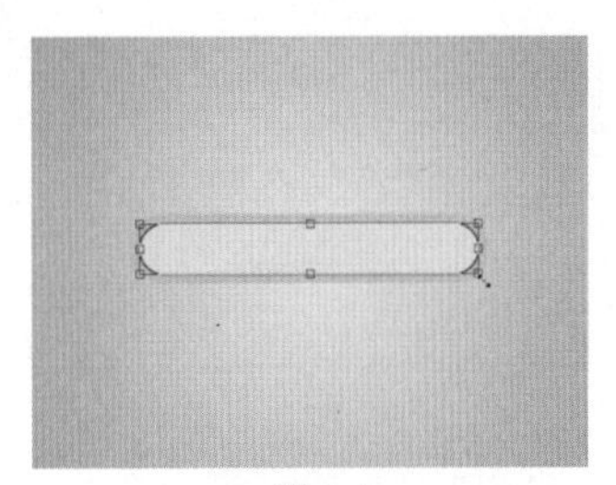

图 8-7

步骤 03 按 Enter 键完成变换，执行菜单栏中的“图层 | 图层样式 | 混合选项”命令，打开“图层样式”对话框，在左侧的列表框中分别选中“内发光”和“投影”复选框，其中的参数设置如图 8-8 所示。

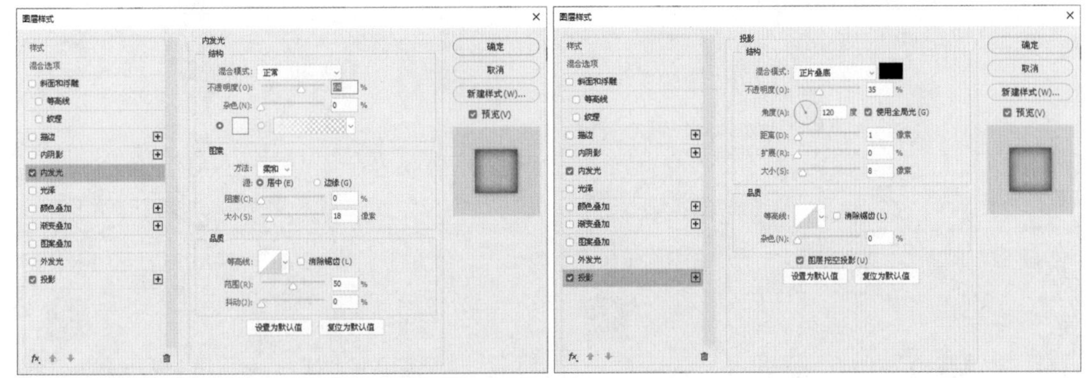

图 8-8

步骤 04 设置完毕，单击“确定”按钮，效果如图 8-9 所示。

步骤 05 复制“矩形 1 拷贝”图层，得到一个“矩形 1 拷贝 2”图层，将其调整小一点后，删除图层样式，将“填充”设置为灰色，效果如图 8-10 所示。

图 8-9

图 8-10

步骤 06 执行菜单栏中的“图层”|“图层样式”|“混合选项”命令，打开“图层样式”对话框，在左侧的列表框中分别选中“内阴影”和“投影”复选框，其中的参数设置如图 8-11 所示。

步骤 07 设置完毕，单击“确定”按钮，效果如图 8-12 所示。

步骤 08 复制“矩形 1 拷贝 2”图层，得到一个“矩形 1 拷贝 3”图层，将其调整得短一点后，删除图层样式，如图 8-13 所示。

步骤 09 执行菜单栏中的“图层”|“图层样式”|“混合选项”命令，打开“图层样式”对话框，在左侧的列表框中分别选中“内发光”和“颜色叠加”复选框，其中的参数设置如图 8-14 所示。

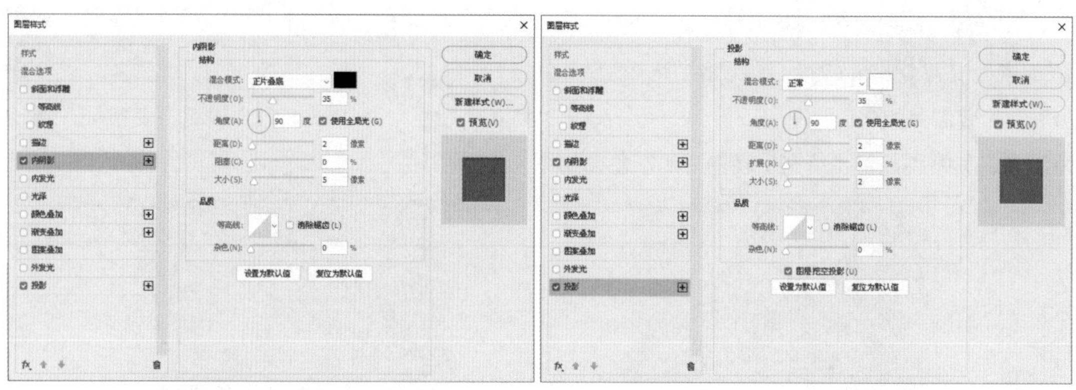

图 8-11

图 8-12

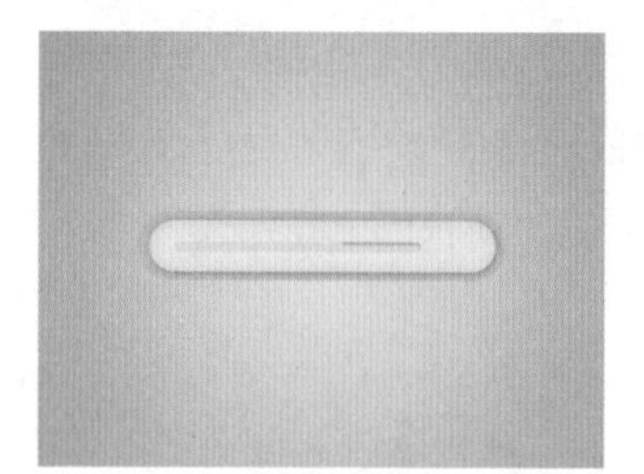

图 8-13

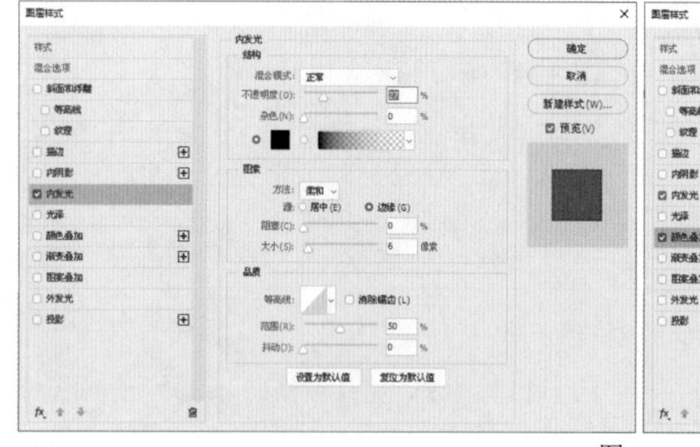

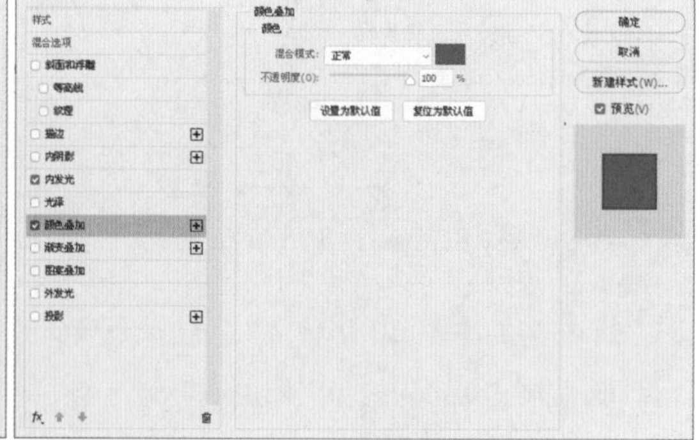

图 8-14

步骤 10 设置完毕，单击“确定”按钮，效果如图 8-15 所示。

步骤 11 使用 T.（横排文字工具）输入“70%”，如图 8-16 所示。

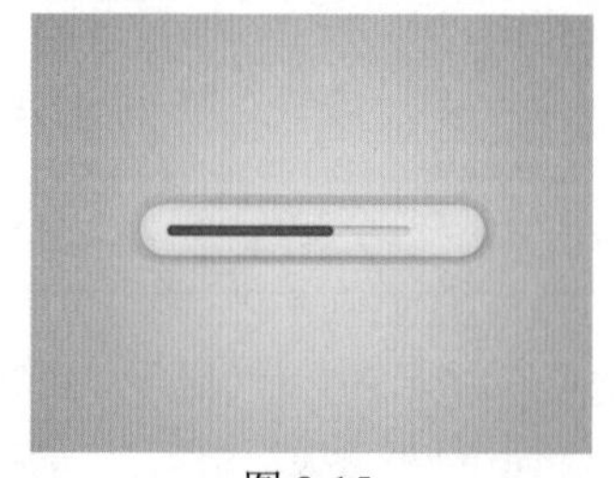

图 8-15

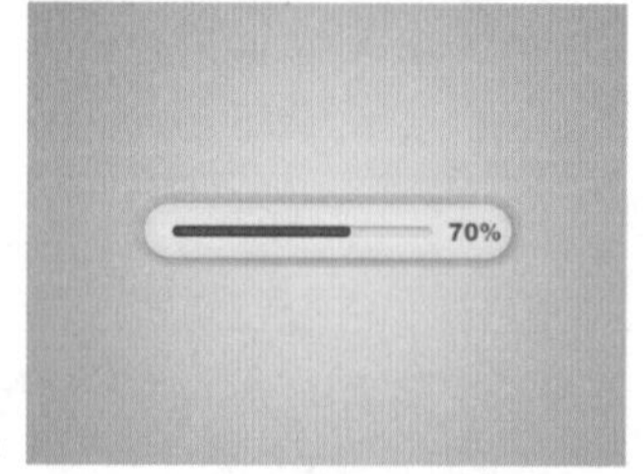

图 8-16

步骤 12 执行菜单栏中的“图层”|“图层样式”|“混合选项”命令，打开“图层样式”对话框，在左侧的列表框中分别选中“内阴影”和“投影”复选框，其中的参数设置如图 8-17 所示。

步骤 13 设置完毕，单击“确定”按钮，至此本案例制作完毕，效果如图 8-18 所示。

图 8-17

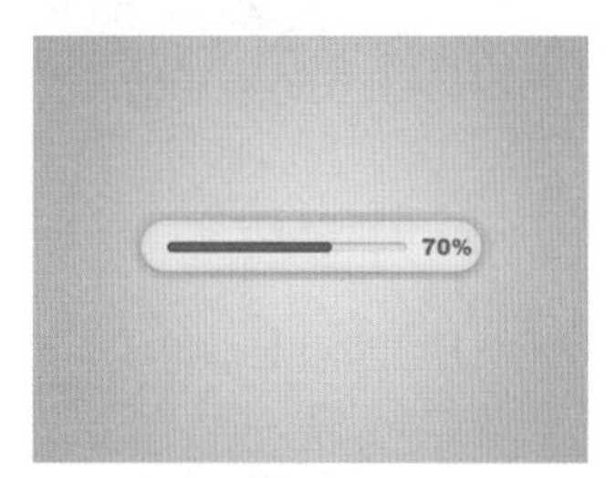

图 8-18

8.3 实战案例——播放滑动条

实例目的

- 掌握播放滑动条的绘制方法。
- 掌握三角形的绘制方法。

设计思路及流程

本案例是制作一个视频播放的控件，以图像作为背景制作一个半透明的视频播放控件，使用（矩形工具）绘制圆角矩形作为播放条中的半透明背景以及白色和橘色进度条，使用（三角形工具）绘制三角形，使用（自定形状工具）绘制心形、音量、箭头，输入文字完成制作。具体的制作流程如图 8-19 所示。

图 8-19

配色信息

本案例制作的是一个播放滑动条，通过灰色与白色调整透明后作为素材中的一部分，通过橘色来表现滑动条的进度位置。具体配色信息如图 8-20 所示。

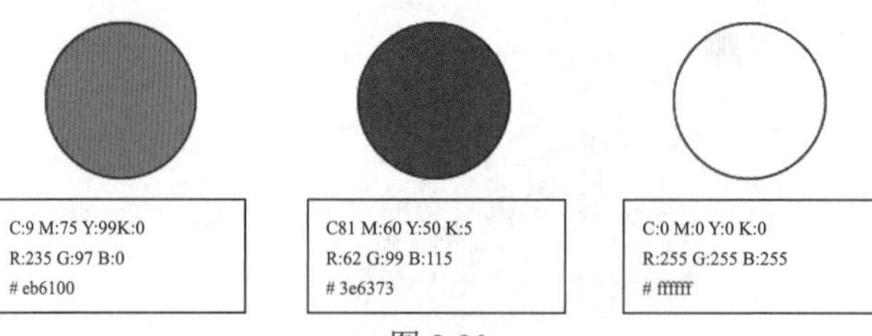

图 8-20

技术要点

- 新建文档，移入素材
- 绘制矩形，设置“圆角值”
- 绘制三角形
- 绘制自定义形状
- 输入文字

素材路径：**素材 \ 第 8 章 ** 游泳 .jpg
文件路径：**源文件 \ 第 8 章 ** 实战案例——播放滑动条 .psd
视频路径：**视频 \ 第 8 章 ** 实战案例——播放滑动条 .mp4

操作步骤

步骤 01 启动 Photoshop，执行菜单栏中的“文件”|“新建”命令或按 Ctrl+N 组合键，打开“新建”对话框，新建一个“宽度”为 600 像素、“高度”为 400 像素的空白文档，打开附带的“游泳 .jpg”素材，将其拖曳到新建文档中调整大小和位置，如图 8-21 所示。

步骤 02 使用▭（矩形工具）在图像的底部绘制一个灰色的矩形 1，在属性栏中设置“圆角值”为 3 像素，设置“不透明度”为 49%，如图 8-22 所示。

图 8-21

图 8-22

步骤 03 使用▭（矩形工具）在半透明的灰色圆角矩形上面绘制一个白色圆角矩形，设置“不透明度”为 74%，效果如图 8-23 所示。

图 8-23

步骤 04 复制“矩形 2”图层，得到一个“矩形 2 拷贝”图层，将复制图层中的图形缩短一些，再将颜色设置为橘色，效果如图 8-24 所示。

步骤 05 使用 (三角形工具）在半透明的灰色圆角矩形上面绘制一个白色三角形，设置“不透明度”为 74%，效果如图 8-25 所示。

图 8-24

图 8-25

步骤 06 使用 (自定形状工具）在半透明的灰色圆角矩形上面绘制一个白色音量、橘色红心形卡和两个白色箭头，设置“不透明度”为 74%，效果如图 8-26 所示。

步骤 07 使用 (横排文字工具）在半透明的灰色圆角矩形上面输入白色文字，设置“不透明度”为 74%，至此本案例制作完毕，效果如图 8-27 所示。

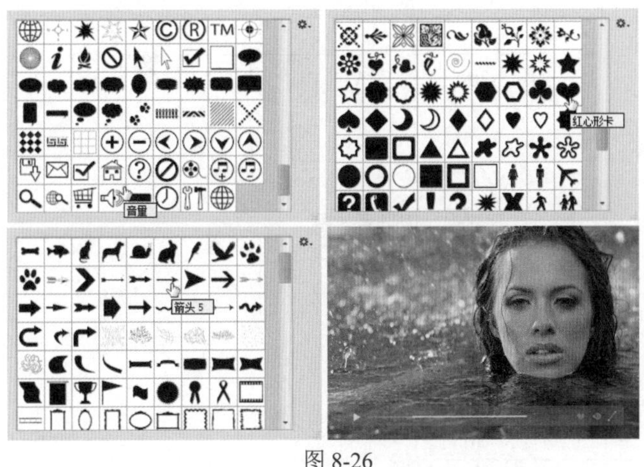

图 8-26

图 8-27

8.4 实战案例——加油站控件

实例目的

- 了解加油站控件的制作方法。
- 了解圆角矩形的绘制方法。

设计思路及流程

本案例是制作一个加油站控件，通过矩形调整圆角值加上正圆后设置主体，粘贴素材和输入对应文字完成控件制作。具体制作流程如图 8-28 所示。

图 8-28

配色信息

本次制作的加油站控件，用无色彩的黑白色作为主体色，用红色作为控件的点缀辅助色。具体配色信息如图 8-29 所示。

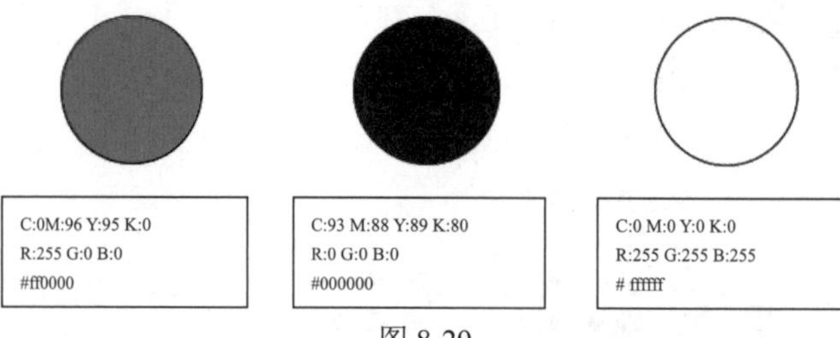

图 8-29

技术要点

- 新建文档，填充渐变色
- 绘制矩形，设置“圆角值”
- 绘制正圆
- 粘贴素材
- 输入文字

素材路径：**素材 \ 第 8 章 ** 图标 .ai
文件路径：**源文件 \ 第 8 章 ** 实战案例——加油站控件 .psd
视频路径：**视频 \ 第 8 章 ** 实战案例——加油站控件 .mp4

操作步骤

步骤 01 启动 Photoshop，执行菜单栏中的“文件”|“新建”命令或按 Ctrl+N 组合键，新建一个“宽度”为 800 像素、“高度”为 600 像素的矩形空白文档，使用（渐变工具）填充一个“从淡灰色到灰色”的径向渐变，如图 8-30 所示。

步骤 02 使用（矩形工具）在文档中绘制一个矩形，在“属性”面板中设置“填色”为白色、“描边”为“无”，设置顶部的两个“圆角值”为 40 像素、底部的两个“圆角值”为 0 像素，效果如图 8-31 所示。

步骤 03 复制“矩形 1”图层，得到一个“矩形 1 拷贝”图层，将“填充”设置为红色，按 Ctrl+T 组合键调出变换框，拖动控制点将其缩短，效果如图 8-32 所示。

步骤 04 按 Enter 键完成变换，使用（椭圆工具）绘制一个白色正圆，效果如图 8-33 所示。

步骤 05 执行菜单栏中的“图层”|“图层样式”|“混合选项”命令，打开“图层样式”对话框，在左侧的列表框中分别选中“外发光”和“投影”复选框，其中的参数设置如图 8-34 所示。

步骤 06 设置完毕，单击“确定”按钮，再复制一个正圆，将其移动到右侧，效果如图 8-35 所示。

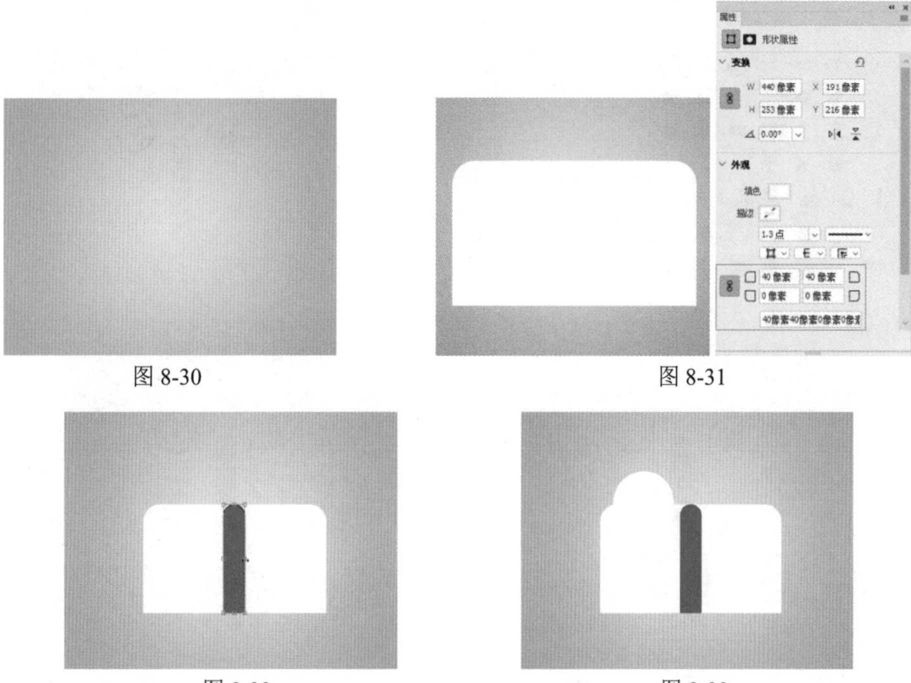

图 8-30　　图 8-31

图 8-32　　图 8-33

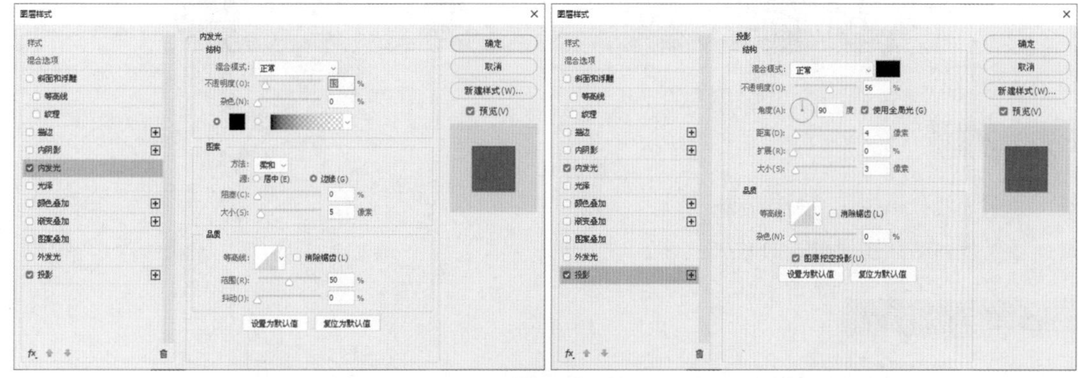

图 8-34

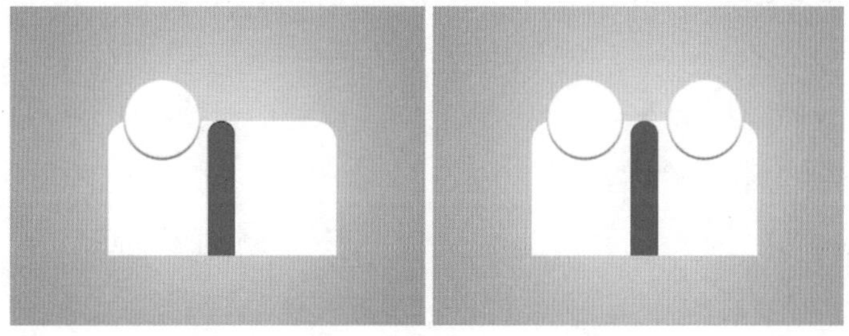

图 8-35

步骤 07 使用 Illustrator 打开附带的“图标 .ai”素材，选择其中的一个图标，按 Ctrl+C 组合键进行复制，转换到 Photoshop 中按 Ctrl+V 组合键，在弹出的“粘贴”对话框中选择“形状图层”单选按钮，效果如图 8-36 所示。

步骤 08 单击“确定”按钮，将“填充”设置为黑色、“描边”设置为无，按 Ctrl+T 组合键调出变换框，拖动控制点调整大小，按 Enter 键完成转换，效果如图 8-37 所示。

步骤 09 使用▢（矩形工具）绘制 4 个灰色圆角矩形，如图 8-38 所示。

步骤 10 使用 T.（横排文字工具）输入对应的文字，至此本案例制作完毕，效果如图 8-39 所示。

图 8-36

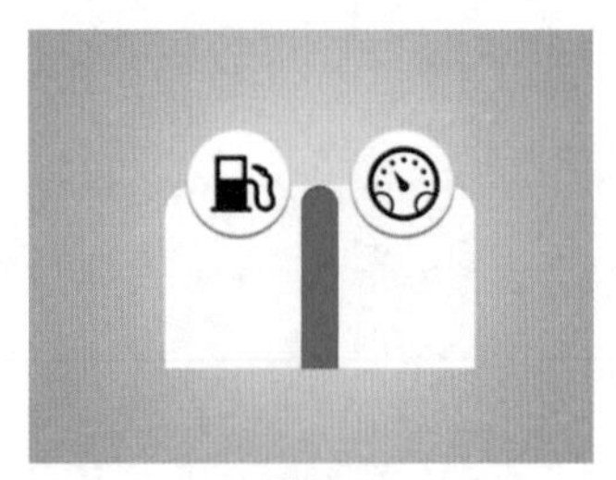
图 8-37

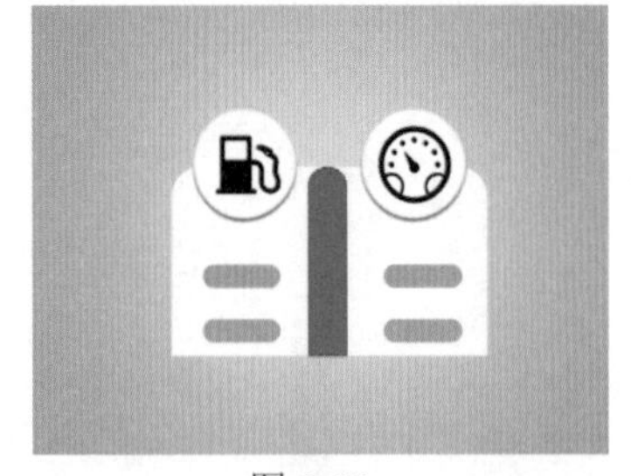
图 8-38

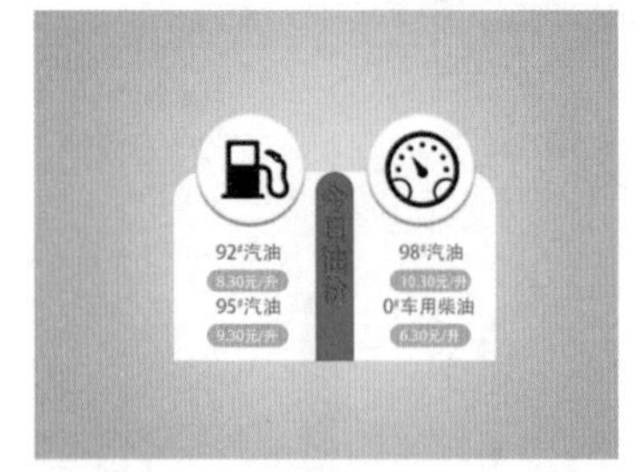

图 8-39

8.5 实战案例——天气预报控件

实例目的

- 了解天气预报控件的制作方法。
- 了解复制粘贴图层样式的方法。

设计思路及流程

本案例是在制作的背景上制作一个半透明的天气预报控件，要想出现半透明效果就要对“图层”面板中的“填充”进行调整，调整的前提是一定要应用图层样式，移入素材后应用“高斯模糊”制作模糊效果，再设置不透明度，使用 ▭（矩形工具）绘制控件主体和分隔线，为其应用图层样式，将其制作成半透明效果，输入文字移入图形后添加图层样式，以此来制作一个半透明风格的天气预报控件。具体制作流程如图 8-40 所示。

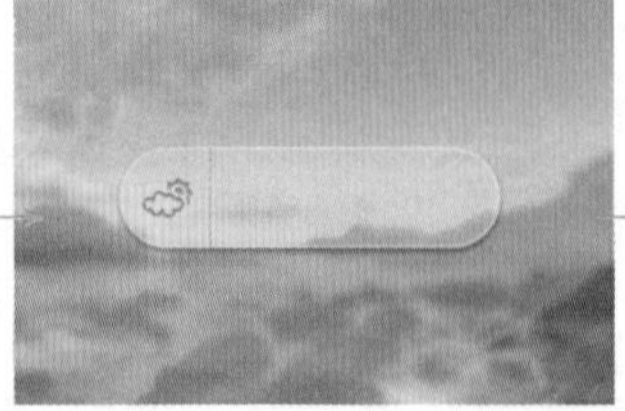

图 8-40

配色信息

本次制作的天气预报控件，用无色彩的白色和灰色作为主体色，将白色的圆角矩形调整成半透明效果，能够将其与背景更好地融合在一起。具体配色信息如图 8-41 所示。

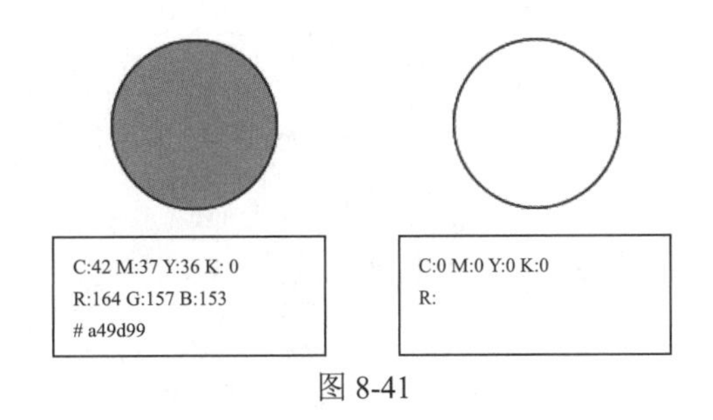

图 8-41

技术要点

- 新建文档，移入素材
- 绘制矩形，设置“圆角值”
- 粘贴素材
- 绘制自定义形状
- 输入文字

素材路径：**素材 \ 第 8 章** \ 天空背景 .jpg、图标 .ai
文件路径：**源文件 \ 第 8 章** \ 实战案例——天气预报控件 .psd
视频路径：**视频 \ 第 8 章** \ 实战案例——天气预报控件 .mp4

操作步骤

步骤 01 启动 Photoshop，执行菜单栏中的“文件”|“新建”命令或按 Ctrl+N 组合键，打开“新建”对话框，新建一个“宽度”为 600 像素、“高度”为 400 像素的空白文档，执行菜单栏中的“文件”|“打开”命令或按 Ctrl+O 组合组合键，打开附带的“天空背景 .jpg”素材，将其拖曳到新建文档中，调整大小和位置，如图 8-42 所示。

步骤 02 使用（矩形工具）绘制一个白色矩形，设置“圆角值”为 48 像素，效果如图 8-43 所示。

图 8-42

图 8-43

步骤 03 执行菜单栏中的“图层”|“图层样式”|“混合选项”命令，打开“图层样式”对话框，在左侧的列表框中分别选中“内发光”和“投影”复选框，其中的参数设置如图 8-44 所示。

步骤 04 设置完毕，单击“确定”按钮，设置“填充”为 15%，让圆角矩形变成半透明效果，如图 8-45 所示。

> **技巧**：不透明度，用来设置当前图层的透明程度，包含像素和图层样式；填充，降低参数后会将图层中的像素变得透明，应用的图层样式不会受影响。

步骤 05 使用（矩形工具）绘制一个深灰色的细线矩形，如图 8-46 所示。

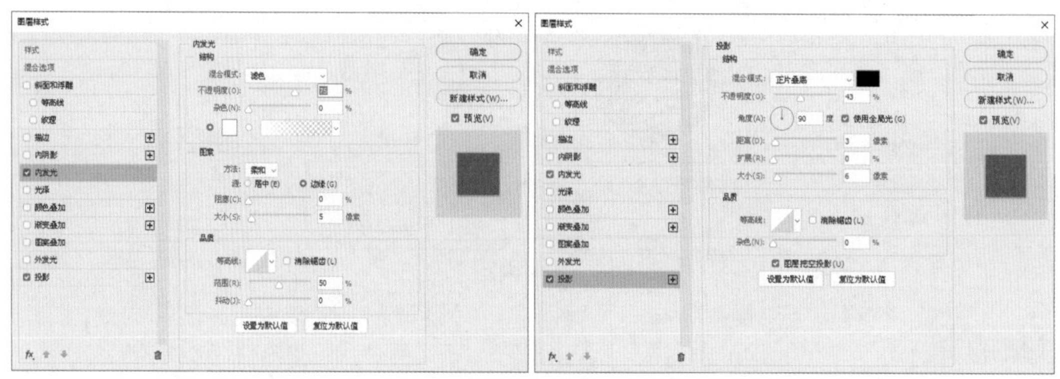

图 8-44

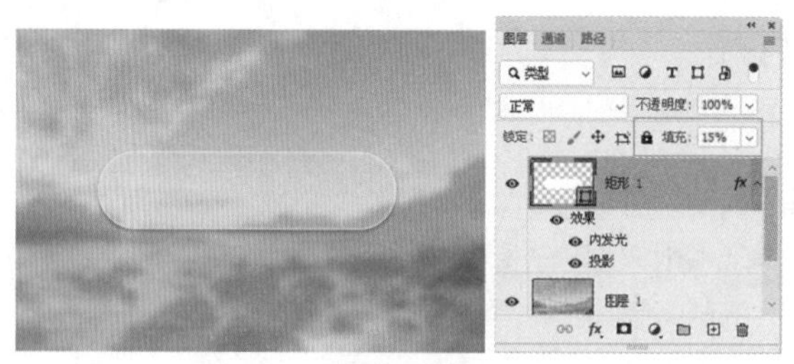

图 8-45

步骤 06 按住 Ctrl 键单击“矩形 1”图层的缩览图，调出选区后，选择“矩形 2”图层后，单击（添加图层蒙版）按钮，为图层添加图层蒙版，设置“不透明度”为 35%，效果如图 8-47 所示。

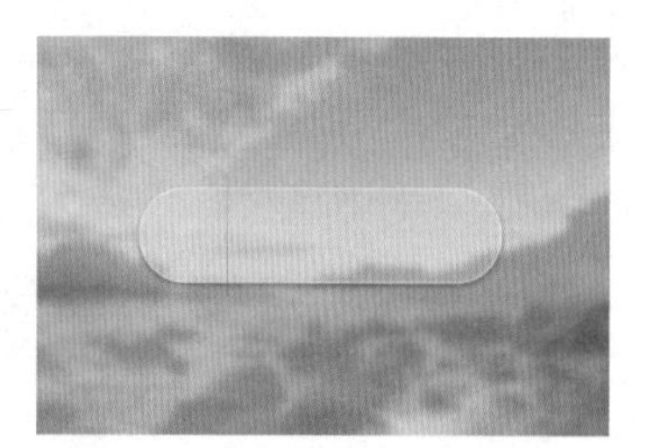

图 8-46

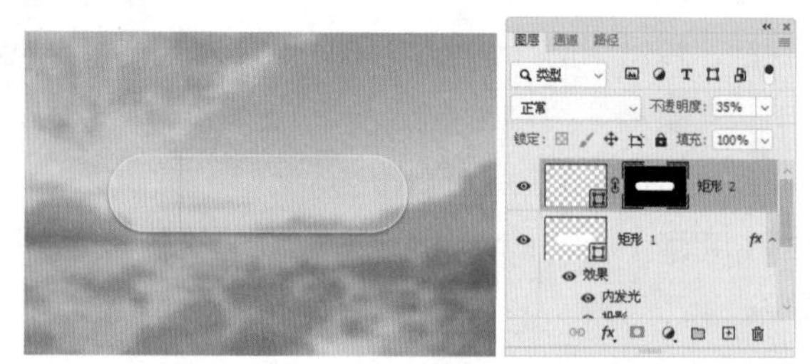

图 8-47

步骤 07 执行菜单栏中的“图层”|“图层样式”|“投影”命令，打开“图层样式”对话框，在右侧的面板中设置“投影”的参数如图 8-48 所示。

步骤 08 设置完毕，单击“确定”按钮，效果如图 8-49 所示。

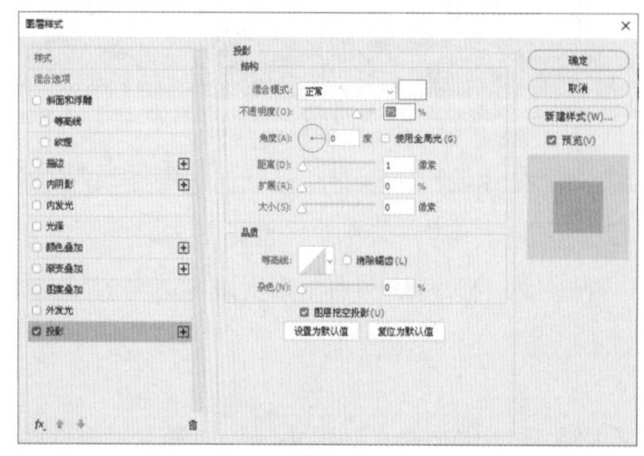

图 8-48

图 8-49

步骤 09 使用 Illustrator 打开附带的“图标 .ai”素材，选择其中的一个图标，按 Ctrl+C 组合键进行复制，转换到 Photoshop 中按 Ctrl+V 组合键，在弹出的“粘贴”对话框中选择“形状图层”单选按钮，如图 8-50 所示。

步骤 10 单击“确定”按钮，设置“描边”为灰色、“描边宽度”为 1.5 点，效果如图 8-51 所示。

图 8-50

图 8-51

步骤 11 执行菜单栏中的“图层”|“图层样式”|“混合选项”命令，打开“图层样式”对话框，在左侧的列表框中分别选中“内阴影”和“投影”复选框，其中的参数设置如图 8-52 所示。

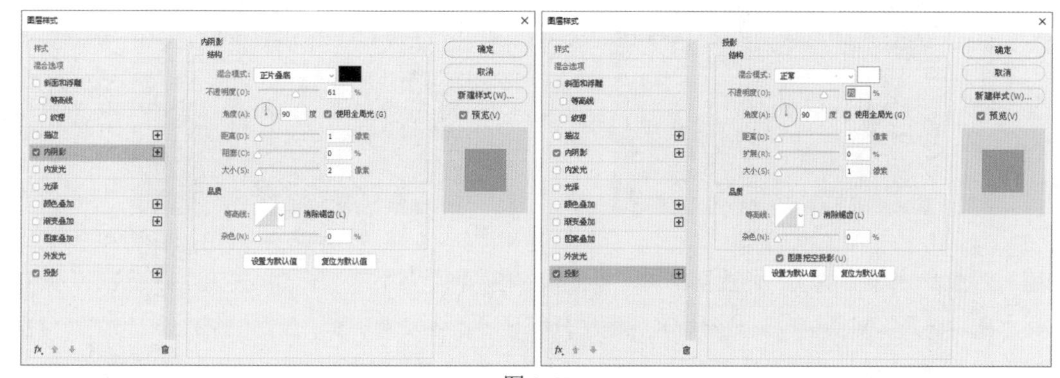

图 8-52

步骤 12 设置完毕，单击“确定”按钮，效果如图 8-53 所示。

步骤 13 使用 T（横排文字工具）输入文字，在形状 1 上右击，在弹出的菜单中选择“拷贝图层样式”命令，再选择文字图层右击，在弹出的菜单中选择“粘贴图层样式”命令，效果如图 8-54 所示。

图 8-53

图 8-54

步骤 14 使用 Illustrator 打开附带的“图标 .ai”素材，选择其中的一个位置图标，将其粘贴到 Photoshop 新建的文档中，再粘贴图层样式，效果如图 8-55 所示。

图 8-55

步骤 15 使用 （自定形状工具）绘制一个白色箭头，效果如图 8-56 所示。

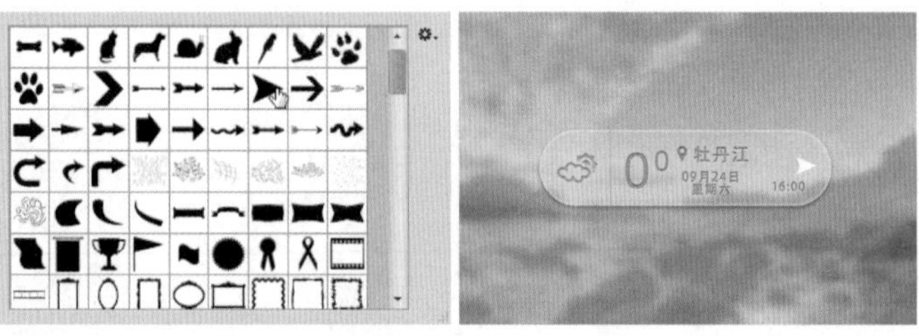

图 8-56

步骤 16 为箭头粘贴图层样式，效果如图 8-57 所示。

步骤 17 复制“形状 3”图层，得到一个“形状 3 拷贝”图层，执行菜单栏中的“编辑”|“变换”|“水平翻转”命令，再将其向左移动，效果如图 8-58 所示。

图 8-57

图 8-58

步骤 18 清除“形状 3 拷贝”的图层样式，执行菜单栏中的“图层”|“图层样式”|“混合选项”命令，打开“图层样式”对话框，在左侧的列表框中分别选中“内发光”和“投影”复选框，其中的参数设置如图 8-59 所示。

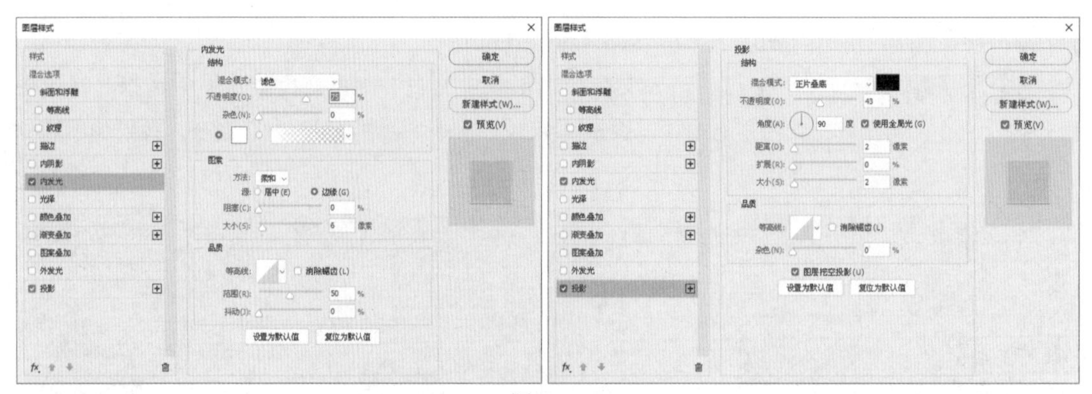

图 8-59

步骤 19 设置完毕，单击“确定”按钮，设置“填充”为 15%，至此本案例制作完毕，效果如图 8-60 所示。

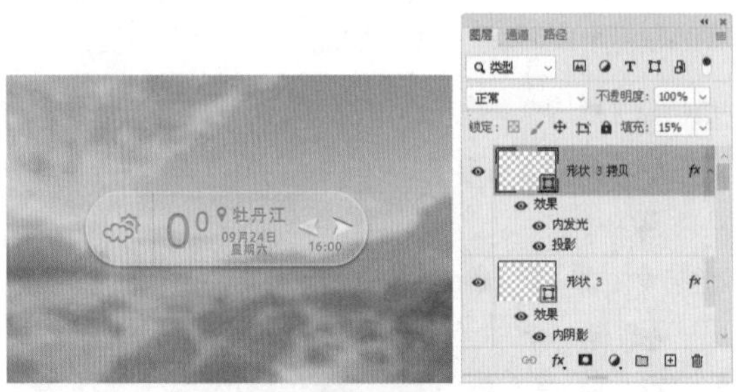

图 8-60

8.6 实战案例——音乐播放器控件

实例目的

- 了解音乐播放器控件的制作方法。
- 了解粘贴 AI 素材的方法。

设计思路及流程

本案例制作的是一个音乐播放器控件，通过形状中的圆角矩形、正圆来组成控件的主体，粘贴素材图标后让控件看起来功能更加完善一些。具体制作流程如图 8-61 所示。

图 8-61

配色信息

本次制作的音乐播放器控件，应用色彩为相似色与白色相搭配，色彩运用较少，目的是让界面看起来更加直观。具体配色信息如图 8-62 所示。

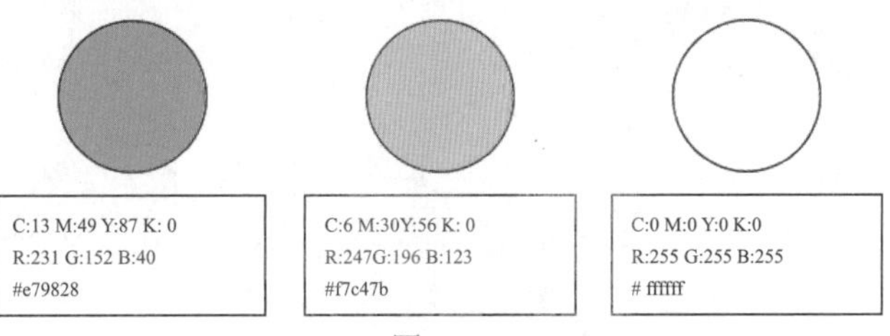

图 8-62

技术要点

- 新建文档，填充颜色
- 绘制矩形，设置“圆角值”
- 粘贴素材
- 绘制正圆
- 输入文字

素材路径：**素材 \ 第 8 章** \ 图标 .ai
文件路径：**源文件 \ 第 8 章** \ 实战案例——音乐播放器控件 .psd
视频路径：**视频 \ 第 8 章** \ 实战案例——音乐播放器控件 .mp4

操作步骤

步骤 01 启动 Photoshop，执行菜单栏中的“文件”|“新建”命令或按 Ctrl+N 组合键，打开“新建”

对话框，新建一个“宽度”为 600 像素、“高度”为 400 像素的空白文档，将其填充为橘色，使用▣（矩形工具）绘制一个浅橘色矩形，设置“圆角值”为 20 像素，如图 8-63 所示。

步骤 02 在“矩形 1”图层的下方新建一个“图层 1”图层，使用▣（矩形工具）绘制一个黑色矩形，如图 8-64 所示。

步骤 03 执行菜单栏中的“滤镜”|“模糊”|“高斯模糊”命令，打开“高斯模糊”对话框，设置“半径”为 15.3 像素，如图 8-65 所示。

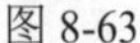
图 8-63

图 8-64

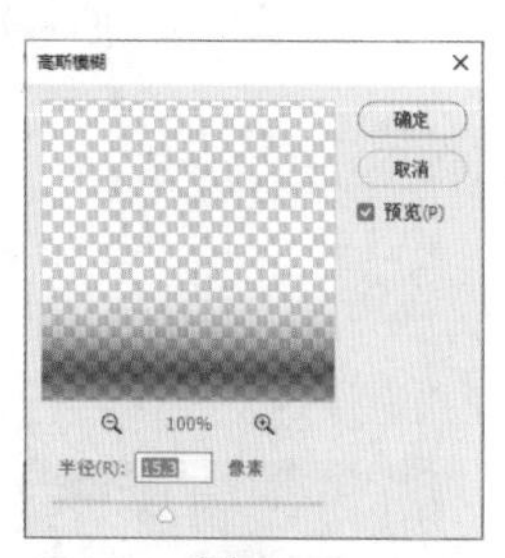
图 8-65

步骤 04 设置完毕单击“确定”按钮，设置“不透明度”为 12%，效果如图 8-66 所示。

步骤 05 复制“矩形 1”图层，得到一个“矩形 1 拷贝”图层，将“填充”设置为白色，按 Ctrl+T 组合键调出变换框，拖动控制点将其调低，效果如图 8-67 所示。

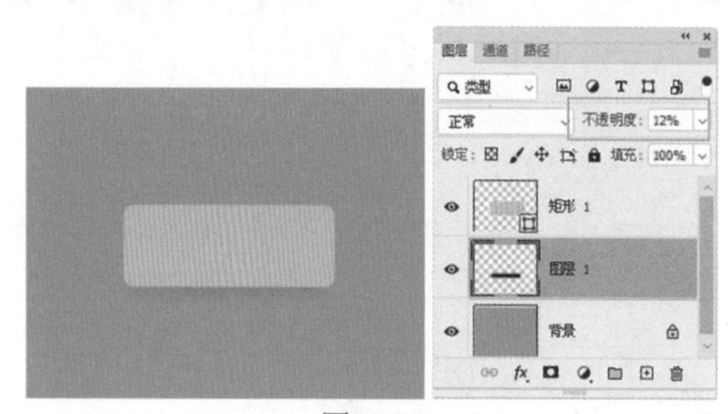
图 8-66

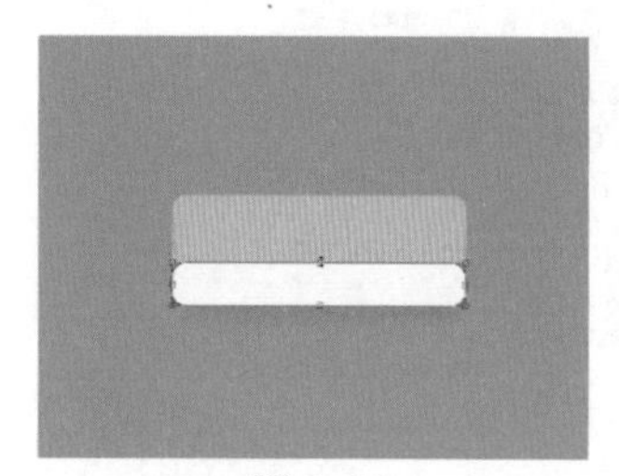
图 8-67

步骤 06 使用▣（矩形工具）绘制一个白色矩形，设置“圆角值”为 10 像素，效果 8-68 所示。

步骤 07 执行菜单栏中的“图层”|“图层样式”|“投影”命令，打开“图层样式”对话框，在右侧的面板中设置“投影”的参数如图 8-69 所示。

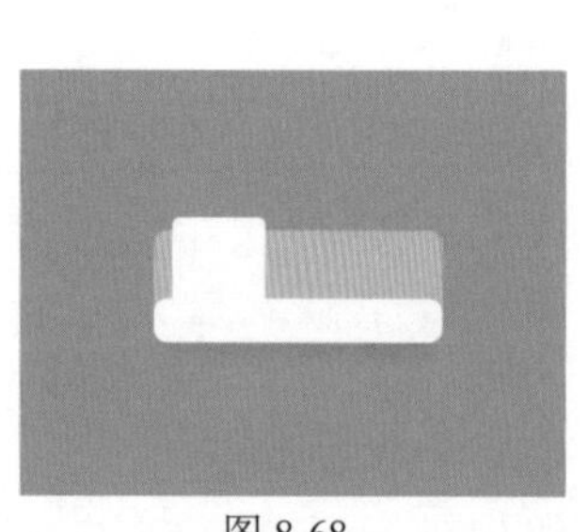
图 8-68

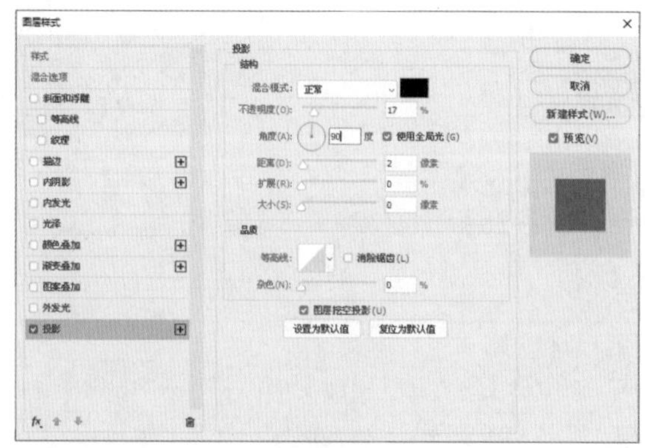
图 8-69

步骤 08 设置完毕，单击“确定”按钮，再使用▣（矩形工具）和◎（椭圆工具）分别绘制一个橘色圆角矩形和一个橘色正圆，效果如图 8-70 所示。

步骤 09 使用 Illustrator 打开附带的“图标 .ai”素材，选择其中的几个图标，按 Ctrl+C 组合键进行复制，转换到 Photoshop 中按 Ctrl+V 组合键，在弹出的“粘贴”对话框中选择“形状图层”单选按钮，如图 8-71 所示。

步骤 10 单击“确定”按钮，设置“描边”为无、“填充”分别为白色或橘色，效果如图 8-72 所示。

图 8-70

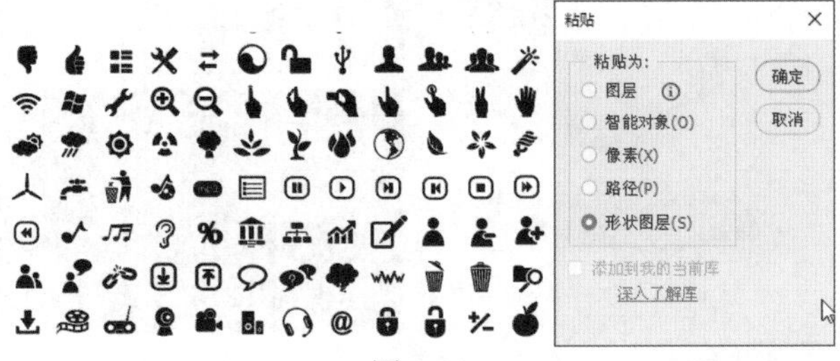

图 8-71

图 8-72

步骤 11 使用（矩形工具）和（椭圆工具）分别绘制白色正圆、浅橘色圆角矩形和橘色圆角矩形，如图 8-73 所示。

步骤 12 使用（横排文字工具）输入文字，至此本案例制作完毕，效果如图 8-74 所示。

图 8-73

图 8-74

8.7 优秀作品欣赏

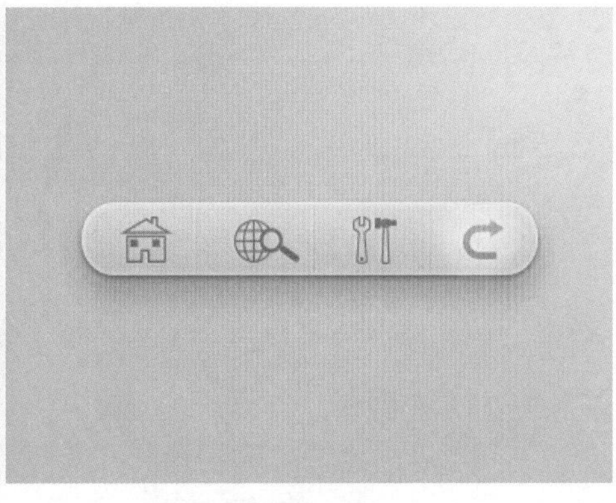

Tuesday
on
off
English
German
French
Spanish
Octoder
Select your language
Search...
Button
Pushed
ON
OFF
Tooltip
UImake: jerry985214
time:2012/05/18
Sign up
Sign up
68%
Clean UI Kit
-- Please select --
Icon Design
Web Design
Button
Button
Button
Prev
1
2
3
...
10
11
12
Next

第 9 章 界面设计实战

本章重点：

- 了解 UI 设计中的界面
- 实战案例——扁平化风格登录界面
- 实战案例——会员登录界面
- 实战案例——数据下载界面
- 实战案例——手机开机界面
- 实战案例——天气预报界面
- 优秀作品欣赏

本章主要讲解 UI 设计中界面的设计与制作。界面在 UI 设计中属于一个包含多种元素的整合页面，此页面可以实现 UI 中的各项功能，在设计与制作时可以从配色、布局等方面入手，这样可以让界面看起来更加舒服。不同类型的 APP，其界面设计基础和风格均不同。本章从用户界面的多个案例进行讲解，让大家能够以最快的方式掌握 UI 界面设计的技能。

9.1 了解 UI 设计中的界面

9.1.1 UI 设计中的界面是什么

UI 设计是指对软件的人机交互、操作逻辑、界面美观的整体设计。UI 设计分为实体 UI 设计和虚拟 UI 设计，互联网说的 UI 设计是虚拟 UI 设计。

界面是人与物体互动的媒介。换句话说，界面就是设计师赋予媒介的一个面孔，是用户和系统进行双向信息交互的支持软件、硬件以及方法的集合。界面是综合性的，它由多个元素组成，在设计时不仅要符合用户的心理感受，在追求视觉冲击的同时，还要符合大众的使用习惯。

9.1.2 常见的界面

APP 一般包含的界面有启动界面、引导界面、主页面、导航界面、个人中心界面、设置界面和搜索界面等。

- 启动界面：APP 启动界面，顾名思义是指 APP 启动时出现的第一个界面。
- 引导界面：引导界面就是用户在首次安装并打开应用后，呈现给用户的说明书。目的是希望用户能在最短的时间内，了解这个应用的主要功能、操作方式并迅速上手，开始体验之旅。
- 主页面：主页面相当于 APP 的首页，多是由分割画面的多个块面组成。
- 导航界面：APP 导航界面承载着用户获取所需内容的快速途径。它看似简单，却是设计中最需要考量的一部分。APP 导航界面的设计，会直接影响用户对 APP 的体验。所以导航菜单设计需要考虑周全，发挥导航的价值，为构筑“怦然心动”的产品打下基础。
- 个人中心界面：个人中心界面的主要内容包含了用户的个人信息以及 APP 的相关问题咨询等。
- 设置界面：设置界面主要是对 APP 进行各方面参数调整的界面。一般有两种设计：一种是设置图标与个人中心图标相对应，单击后展开设置界面；另一种是设置图标位于个人中心界面，单击后跳转到设置界面。
- 搜索界面：移动端的搜索往往都是跳转至单独的搜索页面。根据时间顺序可以分为 3 个阶段：搜索前、搜索输入中和搜索完成后。

9.1.3 屏幕尺寸

媒介的类型不同，屏幕大小就会有差别，按操作系统可分为 iPhone 系统和 Android 系统；就算同一操作系统，也有不同的分辨率、物理尺寸等。常见的操作系统的界面的设计尺寸如表 9-1～表 9-6 所示。

表 9-1 iPhone 屏幕尺寸

smartphone 设备名称	操作系统	尺寸 /in	PPI	纵横比	宽 × 高 / dp	宽 × 高 / px	密度 / dpi
iPhone 12 Pro Max	iOS	6.7	458	19：9	428×926	1284×2778	3.0 xxhdpi
iPhone 12 Pro	iOS	6.1	460	19：9	390×844	1170×2532	3.0 xxhdpi
iPhone 12 Mini	iOS	5.4	476	19：9	360×780	1080×2340	3.0 xxhdpi
iPhone 11 Pro	iOS	5.8	458	19：9	375×812	1125×2436	3.0 xxhdpi
iPhone 11 Pro Max	iOS	6.5	458	19：9	414×896	1242×2688	3.0 xxhdpi

续表

smartphone 设备名称	操作系统	尺寸 /in	PPI	纵横比	宽 × 高 / dp	宽 × 高 / px	密度 / dpi
iPhone 11（11，XR）	iOS	6.1	326	19∶9	414×896	828×1792	2.0 xhdpi
iPhone XS Max	iOS	6.5	458	19∶9	414×896	1242×2688	3.0 xxhdpi
iPhone X (X,XS)	iOS	5.8	458	19∶9	375×812	1125×2436	3.0 xxhdpi
iPhone 8+ (8+, 7+, 6S+, 6+)	iOS	5.5	401	16∶9	414×736	1242×2208	3.0 xxhdpi
iPhone 8 (8, 7, 6S, 6)	iOS	4.7	326	16∶9	375×667	750×1334	2.0 xhdpi
iPhone SE（SE, 5S, 5C）	iOS	4.0	326	16∶9	320×568	640×1136	2.0 xhdpi

表 9-2　iPad 屏幕尺寸

设备名称	操作系统	尺寸 / in	PPI	纵横比	宽 × 高 / dp	宽 × 高 /px	密度 /dpi
iPad Pro 12.9（第 4 代）	iPadOS	12.9	264	4∶3	1024×1366	2048×2732	2.0 xhdpi
iPad Pro 11（第 2 代）	iPadOS	11	264	4∶3	834×1194	1668×2388	2.0 xhdpi
iPad Pro 11（第 2 代）	iPadOS	11	264	4∶3	834×1194	1668×2388	2.0 xhdpi
iPad 10.2	iPadOS	10.2	264	4∶3	810×1080	1620×2160	2.0 xhdpi
iPad mini 4 (mini 4, mini 2)	iPadOS	7.9	326	4∶3	768×1024	1536×2048	2.0 xhdpi
iPad Air 10.5	iPadOS	10.5	264	4∶3	834×1112	1668×2224	2.0 xhdpi
iPad Air 2 (Air 2, Air)	iPadOS	9.7	264	4∶3	768×1024	1536×2048	2.0 xhdpi
iPad Pro 11	iPadOS	11	264	4∶3	834×1294	1668×2388	2.0 xhdpi
iPad Pro 9.7	iPadOS	9.7	264	4∶3	768×1024	1536×2048	2.0 xhdpi
iPad Pro 10.5	iPadOS	10.5	264	4∶3	834×1112	1668×2224	2.0 xhdpi
iPad Pro 12.9	iPadOS	12.9	264	4∶3	1024×1336	2048×2732	2.0 xhdpi

表 9-3　iPad 苹果穿戴设备尺寸

设备名称	操作系统	尺寸 / in	PPI	纵横比	宽 × 高 /dp	宽 × 高 /px	密度 /dpi
Apple Watch Series 6（44mm）	watch OS	1.78	326	23∶28	368×448	—	2.0 xhdpi
Apple Watch Series 6（40mm）	watch OS	1.57	326	162∶197	324×394	—	2.0 xhdpi
Apple Watch 44mm	watch OS	2.3	326	—	—	—	2.0 xhdpi
Apple Watch 40mm	watch OS	2	326	—	—	—	2.0 xhdpi
Apple Watch 38mm	watch OS	1.5	326	5∶4	136×170	272×340	2.0 xhdpi
Apple Watch 42mm	watch OS	1.7	326	5∶4	156×195	312×390	2.0 xhdpi

表 9-4　部分 Android 手机屏幕尺寸

设备名称	操作系统	尺寸 / in	PPI	纵横比	宽 × 高 / dp	宽 × 高 / px	密度 /dpi
Android One	Android	4.5	218	16∶9	320×569	480×854	1.5 hdpi
Google Pixel	Android	5.0	441	16∶9	411×731	1080×1920	2.6 xxhdpi
Google Pixel 3 (3,Lite)	Android	5.5	439	2∶1	360×720	1080×2160	3 xxhdpi
Google Pixel XL	Android	5.5	534	16∶9	411×731	1440×2560	3.5 xxxhdpi
HUAWEI Mate20	Android	6.53	381	—	360×748	1080×2244	3.0 xxhdpi
HUAWEI Mate20 Pro	Android	6.39	538	19.5∶9	360×780	1440×3120	4.0 xxxhdpi
HUAWEI Mate20 RS	Android	6.39	538	19.5∶9	360×780	1440×3120	4.0 xxxhdpi
HUAWEI Mate20 X (X,5G)	Android	7.2	345	—	360×748	1080×2244	3.0 xxhdpi
HUAWEI Mate30	Android	6.62	409	19.5∶9	360×780	1080×2340	3.0 xxhdpi
HUAWEI Mate30 Pro	Android	6.53	409	—	392×800	1176×2400	3.0 xxhdpi
Oppo A7	Android	6.2	271	19∶9	360×760	720×1520	2.0 xhdpi
Oppo A7x	Android	6.3	409	19.5∶9	360×780	1080×2340	3.0 xxhdpi

设备名称	操作系统	尺寸 / in	PPI	纵横比	宽 × 高 / dp	宽 × 高 / px	密度 /dpi
Oppo A9(A9,A9x)	Android	6.53	394	19.5：9	360×780	1080×2340	3.0 xxhdpi

表 9-5　部分 Android 平板屏幕尺寸

设备名称	操作系统	尺寸 / in	PPI	纵横比	宽 × 高 /dp	宽 × 高 /px	密度 /dpi
Google Pixel C	Android	10.2	308	4：3	900×1280	1800×2560	2.0 xhdpi
Nexus 9	Android	8.9	288	4：3	768×1024	1536×2048	2.0 xhdpi
Surface 3	Windows	10.8	214	16：9	720×1080	1080×1920	1.5 hdpi
小米平板 2	Android	7.9	326	16：9	768×1024	1536×2048	2.0 xhdpi

表 9-6　部分 Android 穿戴设备屏幕尺寸

设备名称	操作系统	尺寸 / in	PPI	纵横比	宽 × 高 /dp	宽 × 高 /px	密度 / dpi
Huawei Watch Fit	Huawei wearable platform	1.64	326	35：57	280×456	—	2.0 xhdpi
Huawei Watch GT 2 Pro	Huawei Lite OS	1.39	326	1：1	454×454	—	2.0 xhdpi
Huawei Watch GT 2e	Huawei Lite OS	1.39	326	1：1	454×454	—	2.0 xhdpi
Moto 360	Android	1.6	205	32：29	241×218	320×290	1.3 tvdpi
Moto 360 v2 42mm	Android	1.4	263	65：64	241×244	320×325	1.3 tvdpi
Moto 360 v2 46mm	Android	1.6	263	33：32	241×248	320×330	1.3 tvdpi
Xiaomi Mi Watch	MIUI For Watch	1.39	326	1：1	454×454	—	2.0 xhdpi
Xiaomi Mi Watch（Color 运动版）	MIUI For Watch	1.39	326	1：1	454×454	—	2.0 xhdpi

9.1.4　设计界面时需要注意的固定元素尺寸

以 iPhone 为例，APP 界面由状态栏、导航栏和标签栏组成，iPhone 7 到 iPhone 11 Pro Max 的固定区域大小及屏幕参数如表 9-7 所示。

表 9-7　部分 iPhone 手机的固定区域大小以及屏幕参数

手机型号	尺寸（对角线）	物理点	宽长比例	像素点	倍数	状态栏高度	底部安全距离	导航栏高度	标签栏高度
iPhone 7	4.7 英寸	375×667	0.562	750×1334	@2x	20	—	44	49
iPhone 7 Plus	5.5 英寸	414×736	0.563	1242×2208	@3x	20	—	44	49
iPhone 8	4.7 英寸	375×667	0.562	750×1334	@2x	20	—	44	49
iPhone 8 Plus	5.5 英寸	414×736	0.563	1242×2208	@3x	20	—	44	49
iPhone X	5.8 英寸	375×812	0.462	1125×2436	@3x	44	34	44	83
iPhone XS	5.8 英寸	375×812	0.462	1125×2436	@3x	44	34	44	83
iPhone XS Max	6.5 英寸	414×896	0.462	1242×2688	@3x	44	34	44	83
iPhone XR	6.1 英寸	414×896	0.462	828×1792	@2x	44	34	44	83
iPhone 11	6.1 英寸	414×896	0.462	828×1792	@2x	44	34	44	83
iPhone 11 Pro	5.8 英寸	375×812	0.462	1125×2436	@3x	44	34	44	83
iPhone 11 Pro Max	6.5 英寸	414×896	0.462	1242×2688	@3x	44	34	44	83

技巧：安卓手机有多种屏幕，到底依据哪种屏幕作图呢？没有必要为不同密度的手机都提供

一套素材，大部分情况下，一套就够了，如表 9-8 所示。

表 9-8 安卓手机固定区域高度

内容区域	Android（720 px × 1280 px）
状态栏	50 px
导航栏	96 px
标签栏	96 px

9.1.5 什么是好的界面设计

我们常说好的作品源于好的设计，那么到底什么才是好的设计呢？好的设计又有哪些特点呢？

1. 美观

美观的设计并不一定是优秀的设计，但是优秀的设计一定是美观的。

2. 实用

实用和美观是我们经常听到的词语，我们设计出的产品都是有其用户群的，因此要符合人机交互学，发挥它的一定功能。

3. 独特

现在，人们总是追求独特性，更有人追求并享受那种独一无二的感觉，因此不光在设计上，在工作和学习中我们也都在探索中前进。只有不一样才能脱颖而出，并且受到大家的关注，因此，好的设计是独特的。

4. 简单

好的设计是一看就懂、易于理解。用户群的跨度很大，无论从哪个角度来看，我们在设计的同时，都要考虑到用户的直接使用感受，因此要设计出直白的产品才能得到用户的青睐。

9.2 实战案例——扁平化风格登录界面

实例目的

- 掌握扁平化风格登录界面的制作方法。
- 了解粘贴图层样式的运用。

设计思路及流程

本次的 UI 设计是制作一个扁平化风格登录界面，利用绘制的正圆与背景作为登录界面的整体背景，绘制矩形调整圆角值并粘贴 AI 素材，调整布局后完成登录界面的效果制作。具体制作流程如图 9-1 所示。

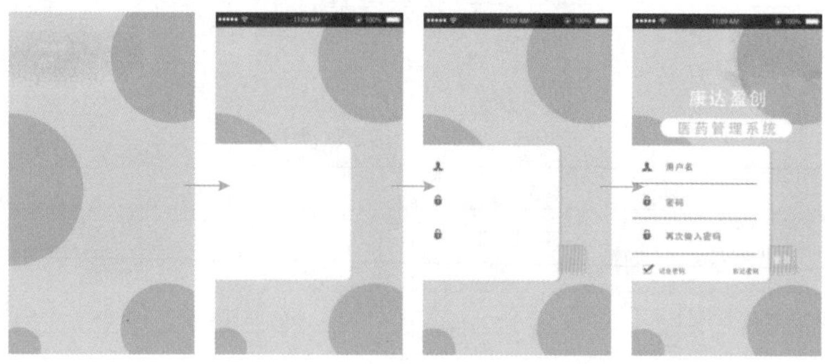

图 9-1

配色信息

本次扁平化风格登录界面设计时主要体现的是颜色之间的相互配合和点缀，让整个界面看起来生动活泼。配色信息如图 9-2 所示。

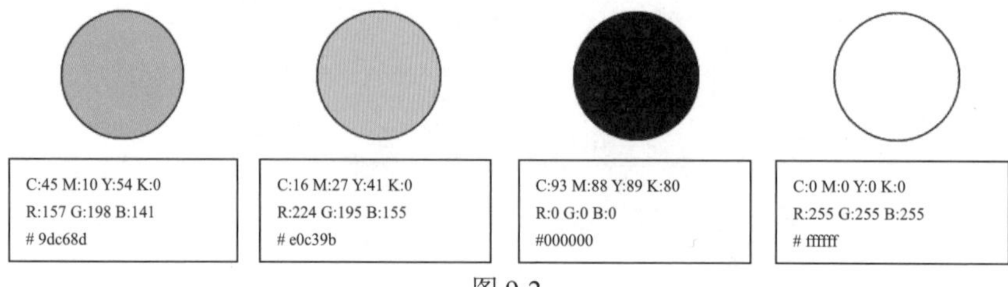

图 9-2

技术要点

- 新建文档，填充颜色
- 绘制正圆作为修饰
- 绘制矩形，设置“圆角值”
- 粘贴 Illustralor 素材为形状
- 复制与粘贴图层样式
- 输入文字

素材路径：**素材 \ 第 9 章 ** 状态图标 .png、图标 .ai
文件路径：**源文件 \ 第 9 章 ** 实战案例——扁平化风格登录界面 .psd
视频路径：**视频 \ 第 9 章 ** 实战案例——扁平化风格登录界面 .mp4

操作步骤

步骤 01 启动 Photoshop，执行菜单栏中的“文件”|“新建”命令或按 Ctrl+N 组合键，打开“新建”对话框，新建一个“宽度”为 640 像素、“高度”为 1136 像素的空白文档，将其填充为灰色，使用 （椭圆工具）绘制 4 个绿色的正圆，如图 9-3 所示。

步骤 02 新建一个图层，使用 （矩形工具）绘制一个黑色矩形，设置“不透明度”为 67%，效果如图 9-4 所示。

步骤 03 执行菜单栏中的“文件”|“打开”命令或按 Ctrl+O 组合键，打开附带的“状态图标 .png”素材，使用 （移动工具）将其拖曳到新建文档中，调整大小和位置，如图 9-5 所示。

步骤 04 使用 （矩形工具）绘制一个白色矩形，设置“圆角值”为 20 像素，效果如图 9-6 所示。

步骤 05 执行菜单栏中的“图层”|“图层样式”|“投影”命令，打开“图层样式”对话框，在右侧的面板中设置“投影”的参数如图 9-7 所示。

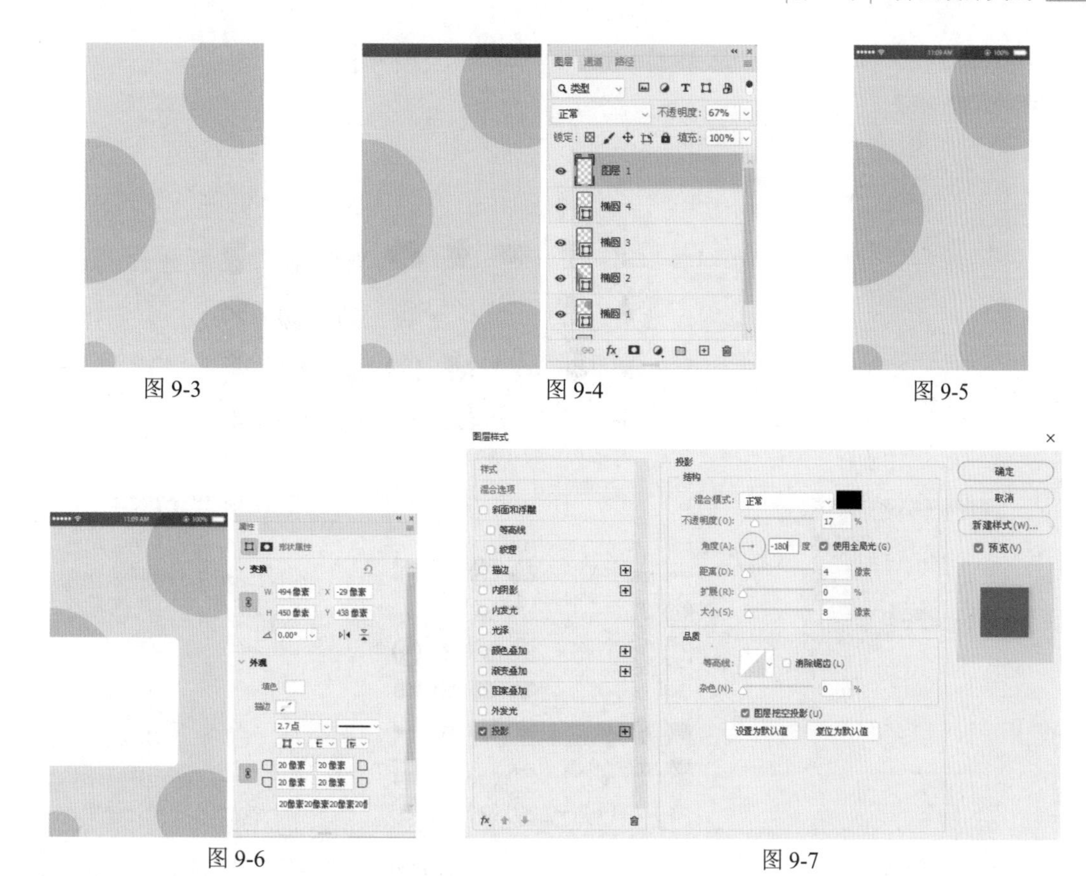

图 9-3 图 9-4 图 9-5

图 9-6 图 9-7

步骤 06 设置完毕，单击“确定”按钮，效果如图 9-8 所示。

步骤 07 使用（矩形工具）在白色圆角矩形下方绘制一个橘色矩形，设置“圆角值”为 10 像素，效果如图 9-9 所示。

步骤 08 在“矩形 1”图层上右击，在弹出的菜单中选择“拷贝图层样式”命令，在“矩形 2”图层上右击，在弹出的菜单中选择“粘贴图层样式”命令，如图 9-10 所示。

图 9-8 图 9-9 图 9-10

步骤 09 粘贴图层样式后，设置“填充”为 36%，效果如图 9-11 所示。

步骤 10 使用 Illustrator 打开附带的“图标 .ai”素材，选择其中的一个图标，按 Ctrl+C 组合键进行复制，转换到 Photoshop 中按 Ctrl+V 组合键，在弹出的“粘贴”对话框中选择“形状图层”单选按钮，如图 9-12 所示。

步骤 11 单击“确定”按钮，将“填充”设置为黑色、“描边”设置为无，按 Ctrl+T 组合键调出变换框，拖动控制点调整大小，效果如图 9-13 所示。

步骤 12 使用（自定形状工具）绘制一个“选中复选框”，如图 9-14 所示。

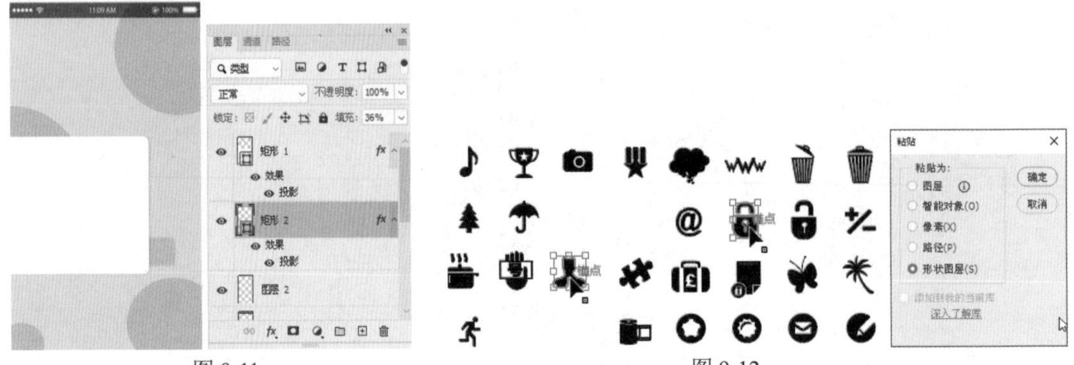

图 9-11　　　　图 9-12

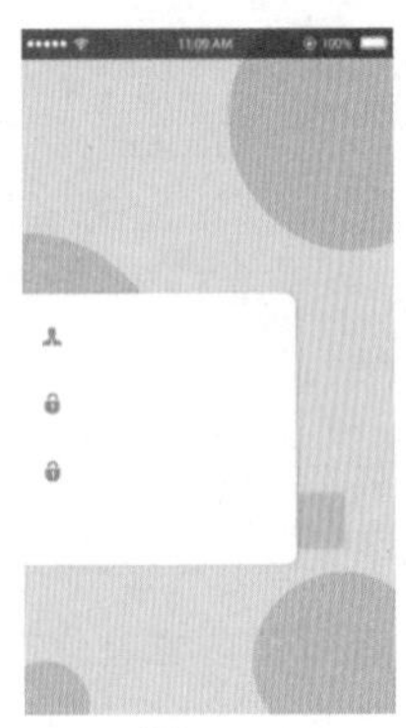

图 9-13

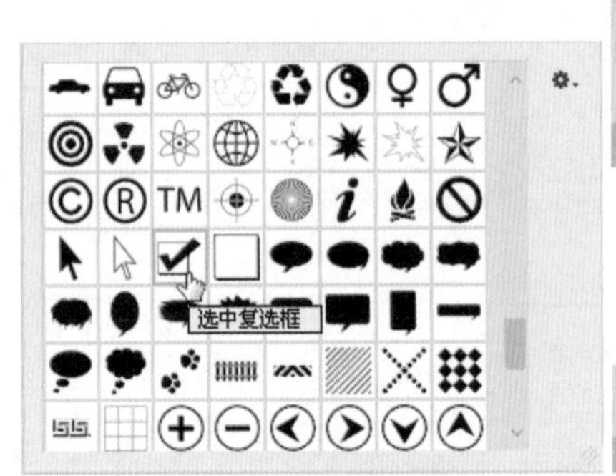

图 9-14

步骤 13 使用（直线工具）绘制 3 条灰色直线，效果如图 9-15 所示。

步骤 14 使用（矩形工具）绘制白色矩形，设置“圆角值”为 30 像素，效果如图 9-16 所示。

步骤 15 使用（横排文字工具）输入对应文字，至此本案例制作完毕，效果如图 9-17 所示。

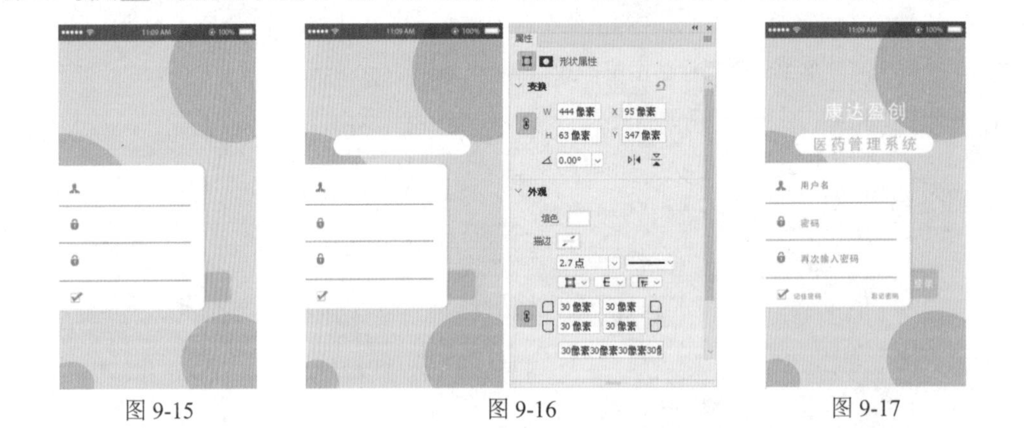

图 9-15　　　　图 9-16　　　　图 9-17

9.3 实战案例——会员登录界面

实例目的

- 掌握会员登录界面的绘制方法。
- 掌握阴影的制作方法。

设计思路及流程

本案例是制作一个会员登录界面，以图层的层面制作出主体部分的叠加效果，通过添加图层样式，将整个登录界面制作得更加有质感。具体的制作流程如图 9-18 所示。

图 9-18

配色信息

本案例制作的是一个会员登录界面，通过绿色的背景来衬托出主体黑色的神秘感，加上粉红色的点缀，完成整个界面的配色。具体配色信息如图 9-19 所示。

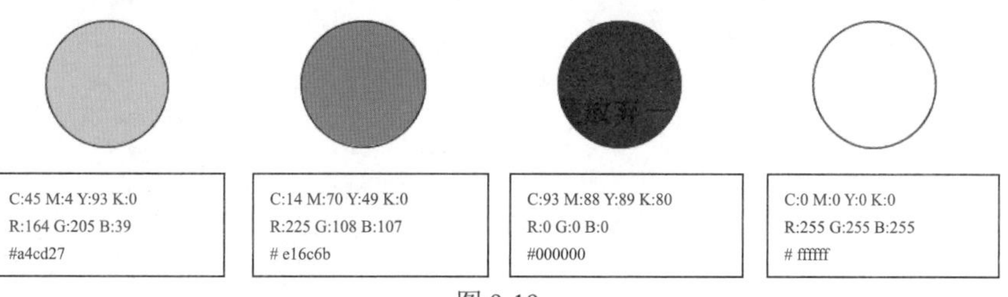

图 9-19

技术要点

- 新建文档，填充颜色
- 绘制矩形，设置“圆角值”
- 绘制正圆
- 添加图层样式
- 绘制自定义形状
- 粘贴 AI 素材
- 输入文字

素材路径：**素材 \ 第 9 章** \ 图标 .ai
文件路径：**源文件 \ 第 9 章** \ 实战案例——会员登录界面 .psd
视频路径：**视频 \ 第 9 章** \ 实战案例——会员登录界面 .mp4

操作步骤

步骤 01 启动 Photoshop，执行菜单栏中的“文件”|“新建”命令或按 Ctrl+N 组合键，打开“新建”对话框，新建一个“宽度”为 800 像素、“高度”为 600 像素的空白文档，将其填充为绿色，使用 （矩形工具）绘制一个白色的矩形 1，设置“圆角值”为 5 像素，设置“不透明度”为 49%，如图 9-20 所示。

图 9-20

步骤 02 执行菜单栏中的“图层”|“图层样式”|“混合选项”命令，打开“图层样式”对话框，在左侧的列表框中分别选中“内阴影”“内发光”“渐变叠加”和“投影”复选框，其中的参数设置如图 9-21 所示。

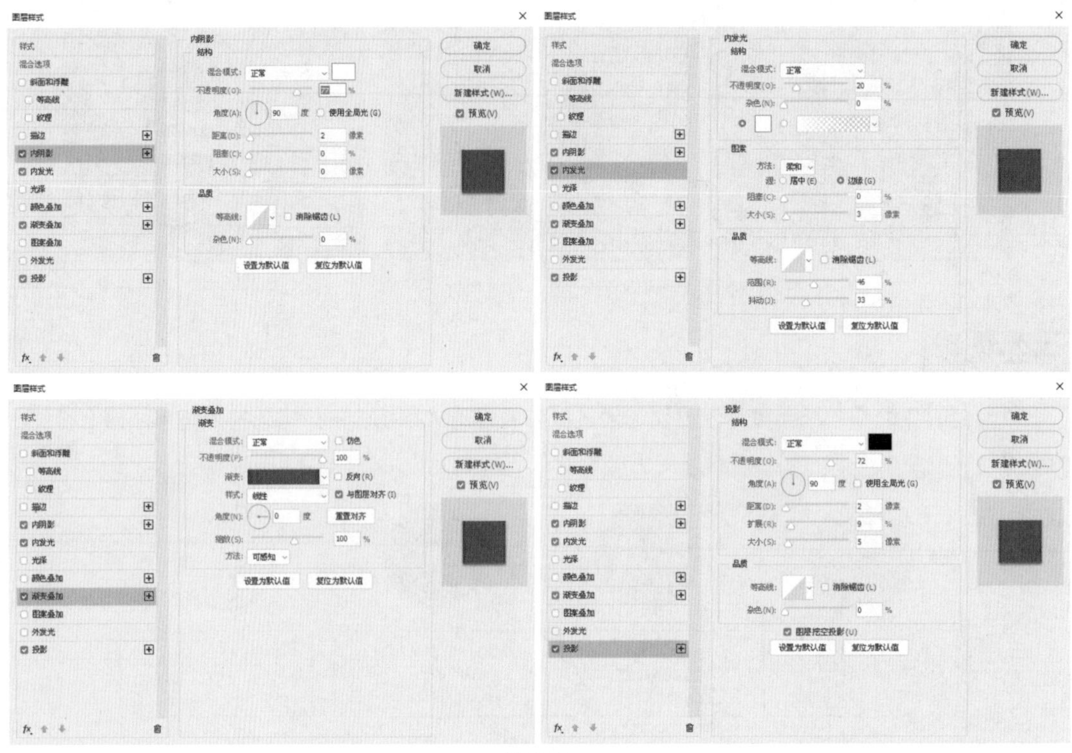

图 9-21

步骤 03 设置完毕，单击“确定”按钮，效果如图 9-22 所示。

步骤 04 复制两个矩形，将两个副本向上移动一点儿，效果如图 9-23 所示。

图 9-22

图 9-23

步骤 05 在“背景”图层上方新建一个“图层 1”图层，使用（椭圆选框工具）绘制一个“羽化”为 30 像素的椭圆选区，将其填充为黑色，设置“不透明度”为 73%，效果如图 9-24 所示。

步骤 06 按 Ctrl+D 组合键去掉选区，使用（椭圆工具）绘制一个正圆，如图 9-25 所示。

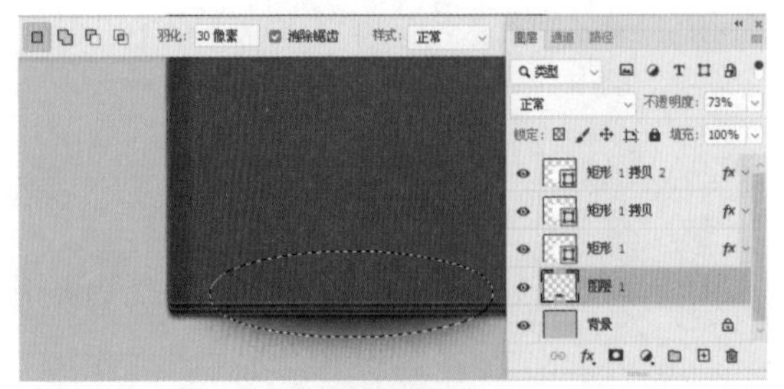

图 9-24

图 9-25

步骤 07 执行菜单栏中的“图层”|“图层样式”|“混合选项”命令，打开“图层样式”对话框，在左侧的列表框中分别选中“斜面和浮雕”和“渐变叠加”复选框，其中的参数设置如图 9-26 所示。

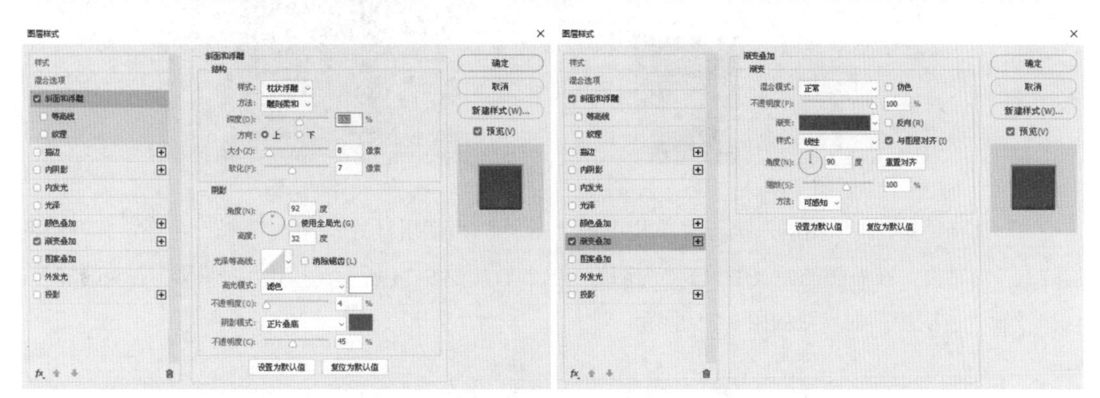

图 9-26

步骤 08 设置完毕，单击“确定”按钮，效果如图 9-27 所示。

步骤 09 新建一个图层，使用（椭圆工具）绘制一个白色正圆，效果如图 9-28 所示。

图 9-27

图 9-28

步骤 10 执行菜单栏中的“图层”|“图层样式”|“内阴影”命令，打开“图层样式”对话框，在右侧的面板中设置“内阴影”的参数如图 9-29 所示。

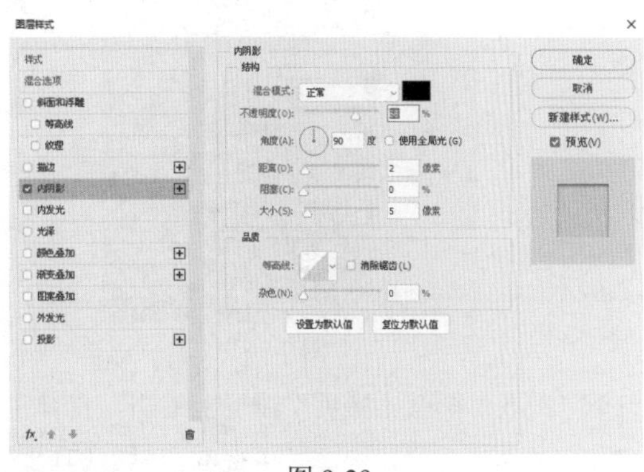

图 9-29

步骤 11 设置完毕，单击“确定”按钮，设置“填充”为 9%，将两个正圆都复制一个副本，并将其向右移动，效果如图 9-30 所示。

步骤 12 使用（矩形工具）绘制一个黑色的圆角矩形，效果如图 9-31 所示。

步骤 13 在“图层”面板中单击（创建新的填充或调整图层）按钮，在弹出的下拉菜单中选择“图案”命令，打开“图案填充”对话框，选择一个交叉图案，设置“缩放”为 60%，如图 9-32 所示。

步骤 14 设置完毕，单击“确定”按钮，执行菜单栏中的“图层”|“创建剪贴蒙版”命令，效果如图 9-33 所示。

图 9-30

图 9-31

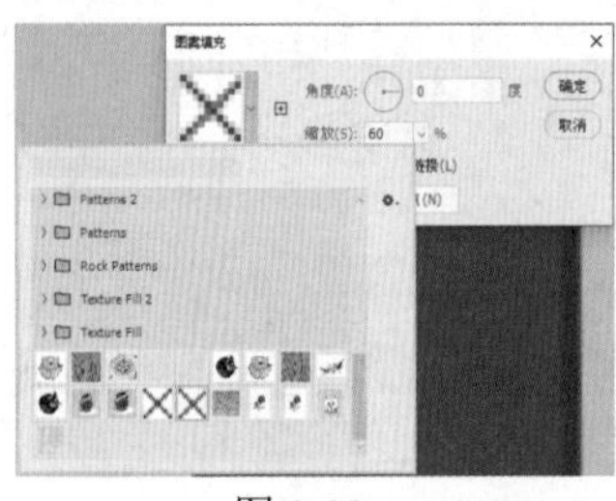
图 9-32

图 9-33

步骤 15 选择“矩形 3”图层，执行菜单栏中的“图层”|“图层样式”|“内阴影”命令，打开“图层样式”对话框，在右侧的面板中设置“内阴影”的参数如图 9-34 所示。单击“内阴影”右侧的加号，再次设置“内阴影”的参数如图 9-35 所示。

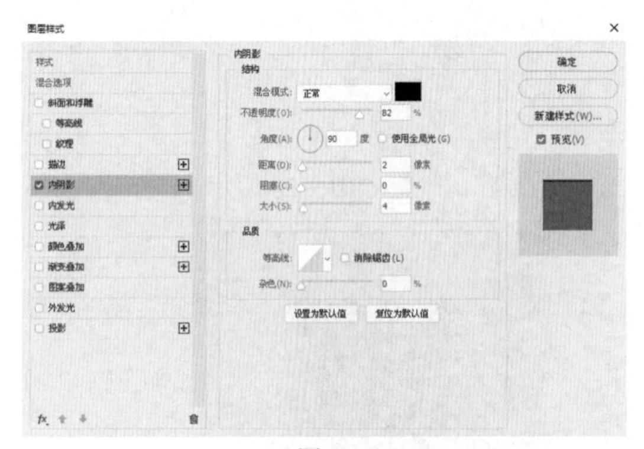
图 9-34

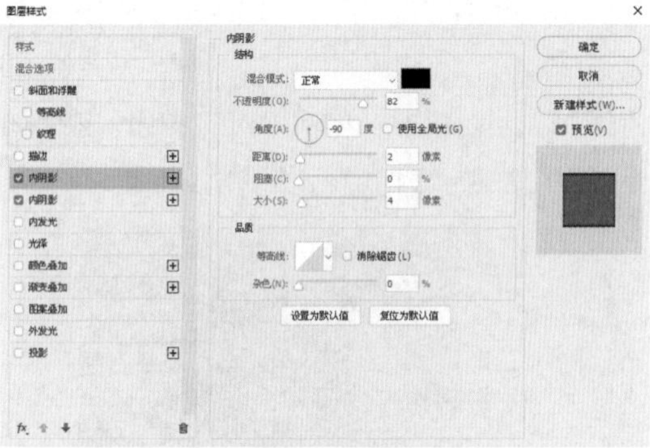

图 9-35

步骤 16 设置完毕，单击“确定”按钮，效果如图 9-36 所示。

步骤 17 使用（矩形工具）绘制一个灰色的圆角矩形，效果如图 9-37 所示。

图 9-36

图 9-37

步骤 18 在“椭圆 1 拷贝”图层上右击，在弹出的菜单中选择“拷贝图层样式”命令，在“矩形 2”图层上右击，在弹出的菜单中选择“粘贴图层样式”命令，如图 9-38 所示。

步骤 19 执行“粘贴图层样式”命令后，效果如图 9-39 所示。

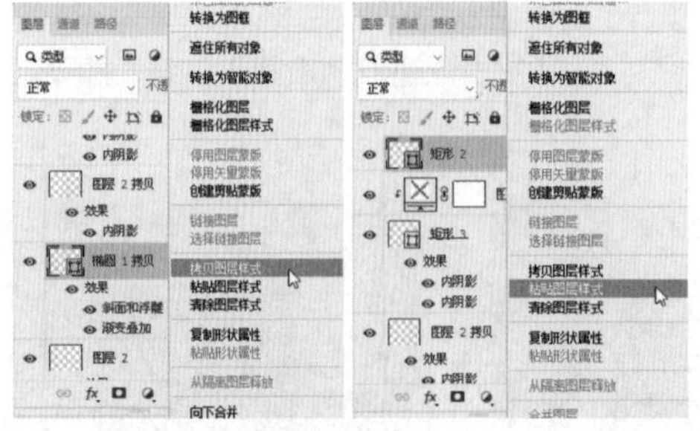
图 9-38

图 9-39

步骤 20 使用（矩形工具）绘制一个白色的圆角矩形，效果如图 9-40 所示。

步骤 21 执行菜单栏中的“图层”|“图层样式”|“内阴影”命令，打开“图层样式”对话框，在右侧的面板中设置“内阴影”的参数如图 9-41 所示。

步骤 22 设置完毕，单击“确定”按钮，效果如图 9-42 所示。

步骤 23 复制“矩形 2”图层和“矩形 3”图层得到两个副本，将副本向下移动，选择最下方的副本，按 Ctrl+T 组合键调出变换框，拖动控制点将其拉高，删除“矩形 3 拷贝 2”的图层样式，如图 9-43 所示。

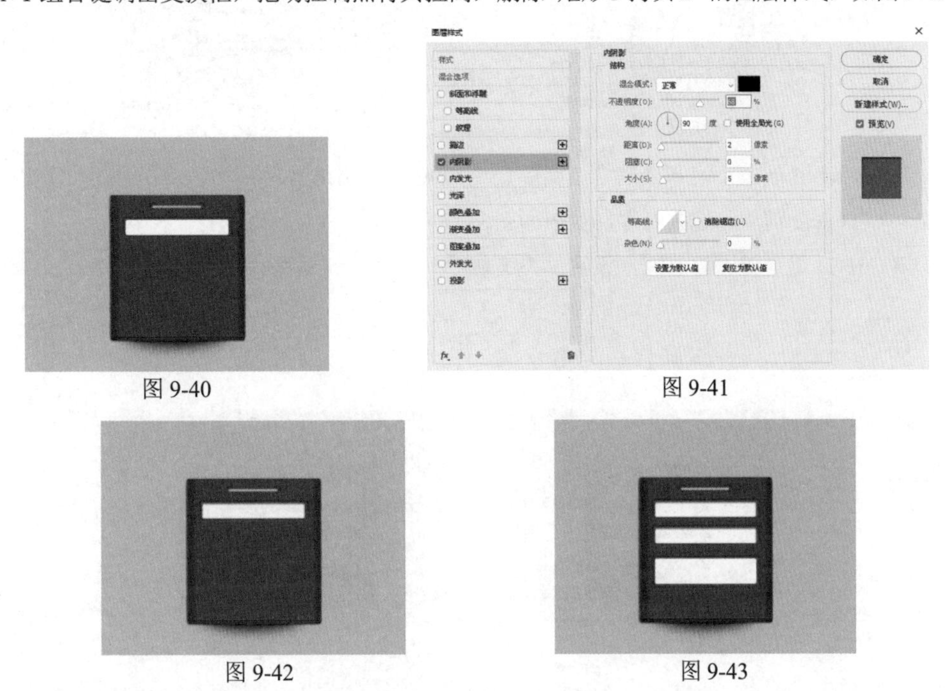

图 9-40　图 9-41

图 9-42　图 9-43

步骤 24 选择“矩形 3 拷贝 2”图层，执行菜单栏中的“图层”|“图层样式”|“混合选项”命令，打开“图层样式”对话框，在左侧的列表框中分别选中“内发光”“颜色叠加”和“投影”复选框，其中的参数设置如图 9-44 所示。

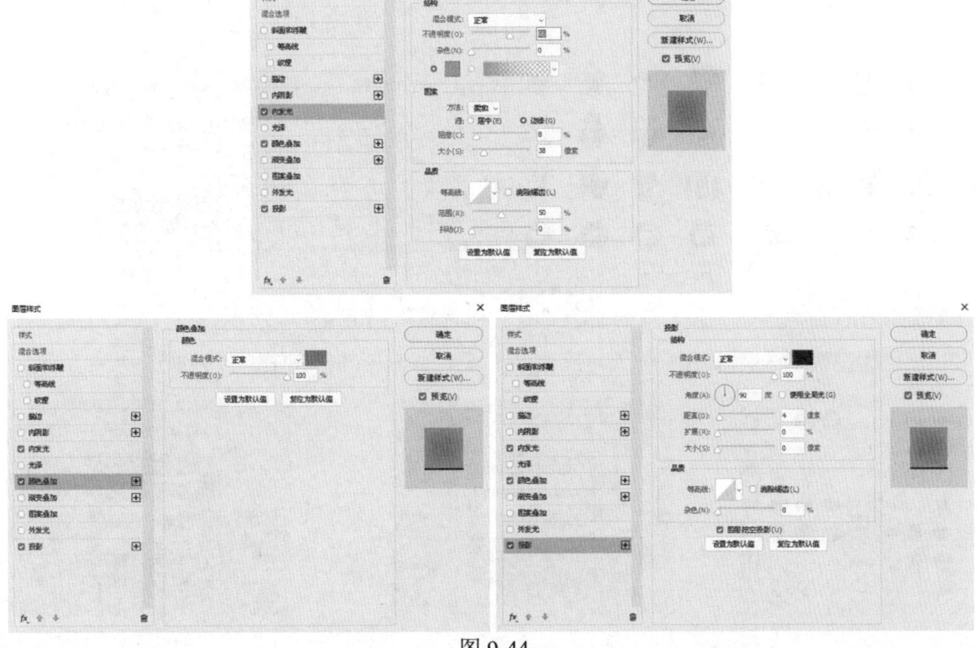

图 9-44

步骤 25 设置完毕，单击“确定”按钮，效果如图 9-45 所示。

步骤 26 新建一个图层，使用▭（矩形工具）绘制一个白色矩形，如图 9-46 所示。

图 9-45

图 9-46

步骤 27 按住 Ctrl 键单击“矩形 3 拷贝 2”图层的缩览图，调出选区后，按 Ctrl+Shift+I 组合键将选区反选，按 Delete 键清除选区内容，效果如图 9-47 所示。

步骤 28 按 Ctrl+D 组合键去掉选区，设置“不透明度”为 40%，效果如图 9-48 所示。

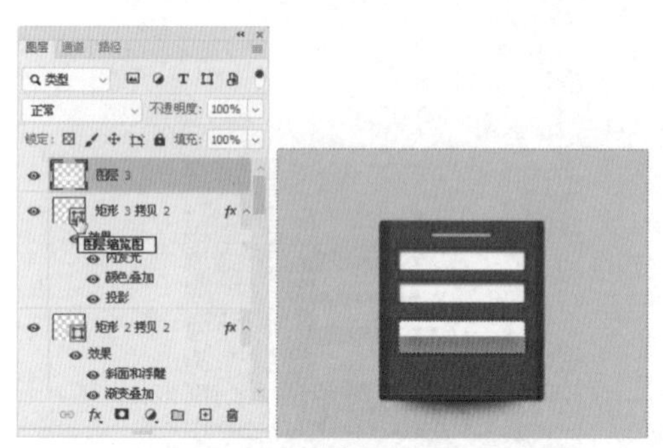

图 9-47

图 9-48

步骤 29 使用 Illustrator 打开附带的“图标 .ai”素材，选择其中的一个图标，按 Ctrl+C 组合键进行复制，转换到 Photoshop 中按 Ctrl+V 组合键，在弹出的对话框中选择“形状图层”单选按钮，如图 9-49 所示。

步骤 30 单击“确定”按钮，将“填充”设置为黑色、“描边”设置为无，按 Ctrl+T 组合键调出变换框，拖动控制点调整大小，效果如图 9-50 所示。

图 9-49

图 9-50

步骤 31 使用▨（自定形状工具）绘制一个“选中复选框”，如图 9-51 所示。

步骤 32 使用 T（横排文字工具）输入对应文字，至此本案例制作完毕，效果如图 9-52 所示。

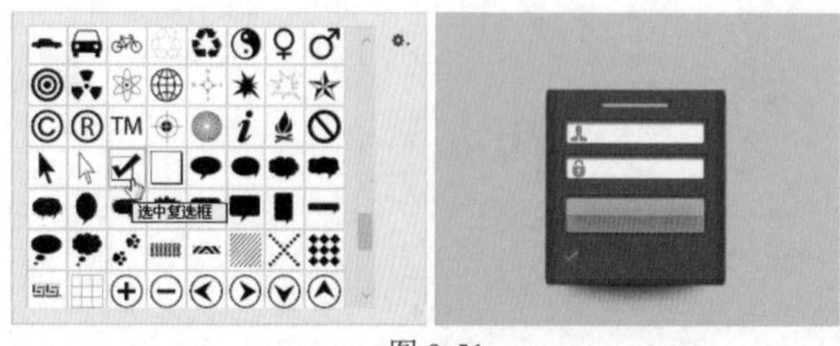

图 9-51

图 9-52

9.4 实战案例——数据下载界面

实例目的

- 了解数据下载界面的制作方法。
- 了解删除形状锚点的方法。

设计思路及流程

本案例是在新建的文档中制作一个扁平化风格数据下载界面，扁平化风格界面没有图层样式、纹理和 3D 效果，整个界面看起来淡雅而富有功能性。制作方法是新建文档填充“灰色”，使用（矩形工具）、（椭圆工具）绘制矩形、圆角矩形和正圆，使用（直接选择工具）将正圆描边删除锚点，使其出现一半的描边效果，复制粘贴图标并输入文字完成本案例的制作。具体制作流程如图 9-53 所示。

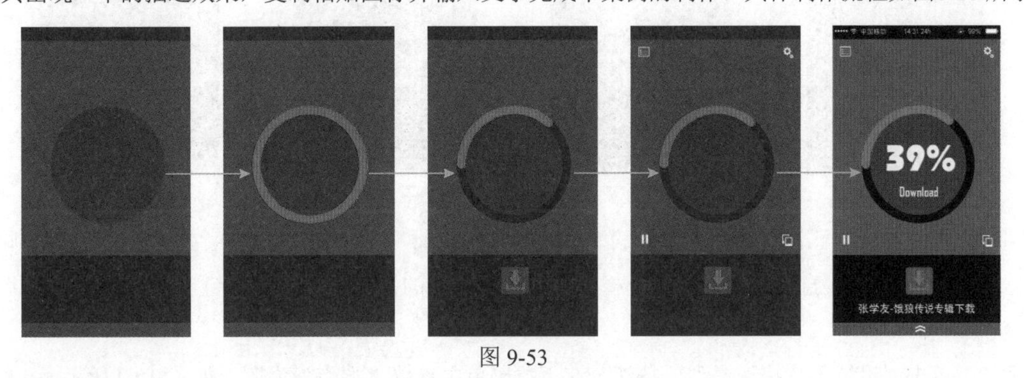

图 9-53

配色信息

本次制作的数据下载界面，用无色彩的黑色、白色、灰色作为主体色，用橘色作为界面的点缀色和辅助色。具体配色信息如图 9-54 所示。

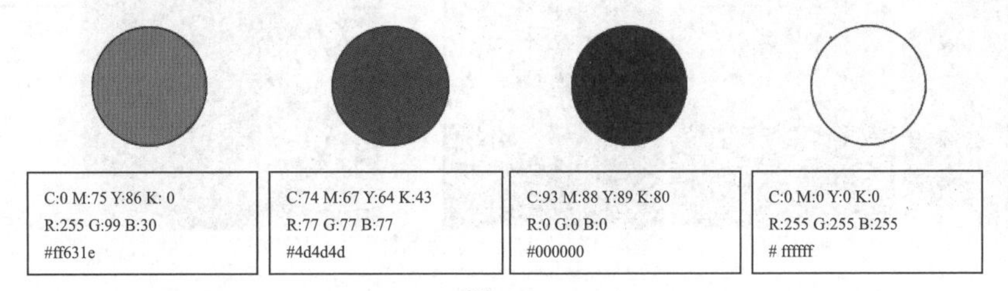

图 9-54

技术要点

- 新建文档，填充颜色
- 绘制矩形、圆角矩形、正圆
- 粘贴素材
- 输入文字

素材路径：**素材 \ 第 9 章** \ 状态图标 .png、图标 .ai
文件路径：**源文件 \ 第 9 章** \ 实战案例——数据下载界面 .psd
视频路径：**视频 \ 第 9 章** \ 实战案例——数据下载界面 .mp4

操作步骤

步骤 01 启动 Photoshop，执行菜单栏中的“文件”|“新建”命令或按 Ctrl+N 组合键，打开“新建”对话框，新建一个“宽度”为 640 像素、“高度”为 1136 像素的空白文档，将其填充为“灰色”，效果如图 9-55 所示。

步骤 02 使用▭（矩形工具）绘制两个黑色矩形、两个灰色矩形，如图 9-56 所示。

步骤 03 使用◯（椭圆工具）绘制一个深灰色正圆，如图 9-57 所示。

步骤 04 复制正圆，将“填充”设置为无、“描边”设置为黑色、“描边宽度”设置为 30.95 点，效果如图 9-58 所示。

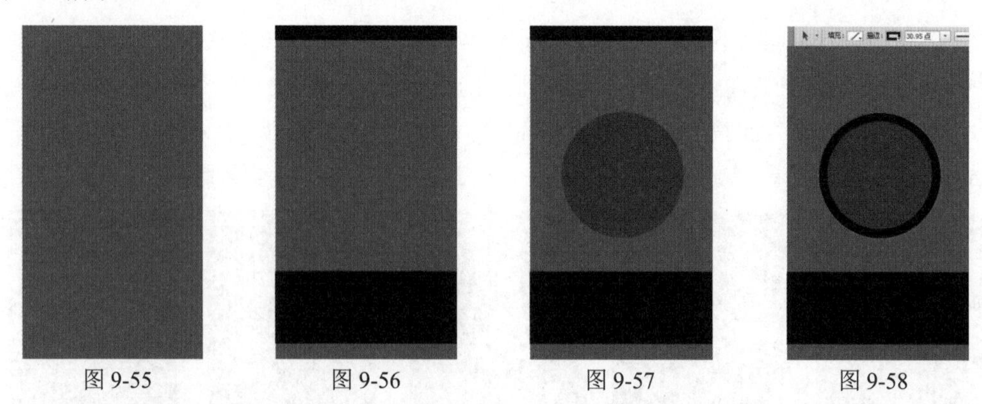

图 9-55　　图 9-56　　图 9-57　　图 9-58

步骤 05 再复制一个正圆，将“描边”设置为橘色，使用（添加锚点工具）在圆环上单击添加一个锚点，再使用（直接选择工具）选择圆环底部和右侧的锚点，按 Delete 键将锚点删除，效果如图 9-59 所示。

步骤 06 单击“设置形状描边类型”按钮，在下拉菜单中设置“端点”为圆，如图 9-60 所示。

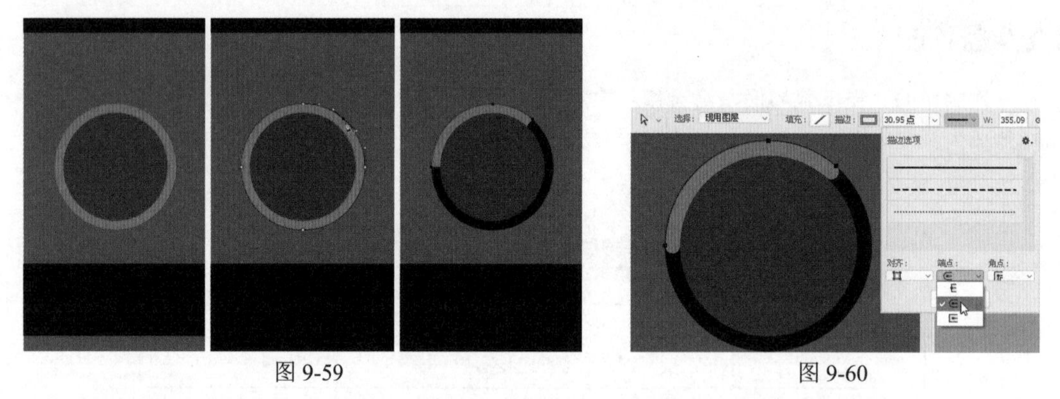

图 9-59　　图 9-60

步骤 07 使用▭（矩形工具）绘制一个灰色矩形，设置“圆角值”为 10 像素，效果如图 9-61 所示。

步骤 08 使用 Illustrator 打开附带的“图标 .ai”素材，选择其中的一个图标，按 Ctrl+C 组合键进行复制，转换到 Photoshop 中按 Ctrl+V 组合键，在弹出的“粘贴”对话框中选择“形状图层”单选按钮，如图 9-62 所示。

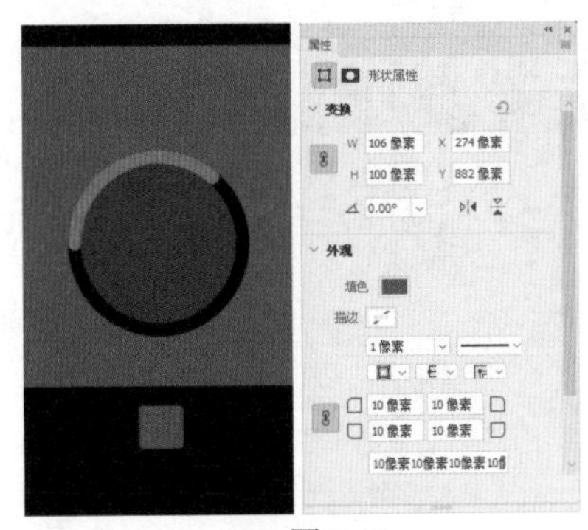

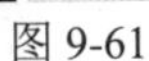

图 9-61

图 9-62

步骤 09 单击“确定”按钮，将“填充”设置为橘色、“描边”设置为无，按 Ctrl+T 组合键调出变换框，拖动控制点调整大小，按 Enter 键完成变换，效果如图 9-63 所示。

步骤 10 在 Illustrator 中选择图标，按 Ctrl+C 组合键进行复制，转换到 Photoshop 中按 Ctrl+V 组合键，在弹出的“粘贴”对话框中选择“形状图层”单选按钮，单击“确定”按钮，将“填充”设置为白色、“描边”设置为无，按 Ctrl+T 组合键调出变换框，拖动控制点调整大小，按 Enter 键完成变换，效果如图 9-64 所示。

步骤 11 使用 T（横排文字工具）输入白色文字，效果如图 9-65 所示。

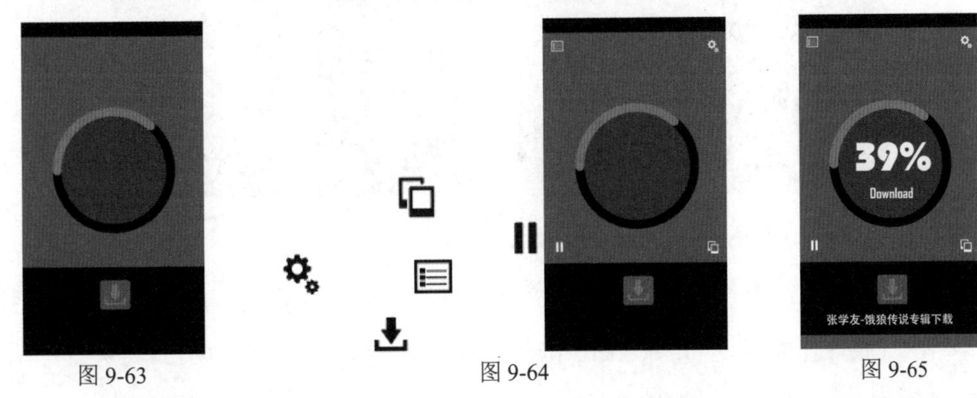

图 9-63　　图 9-64　　图 9-65

步骤 12 打开附带的“状态图标 .png”素材，将其拖曳到新建文档中，调整大小和位置，如图 9-66 所示。

步骤 13 使用（自定形状工具）绘制箭头形状，复制副本后将两个箭头进行旋转，完成本案例的制作，效果如图 9-67 所示。

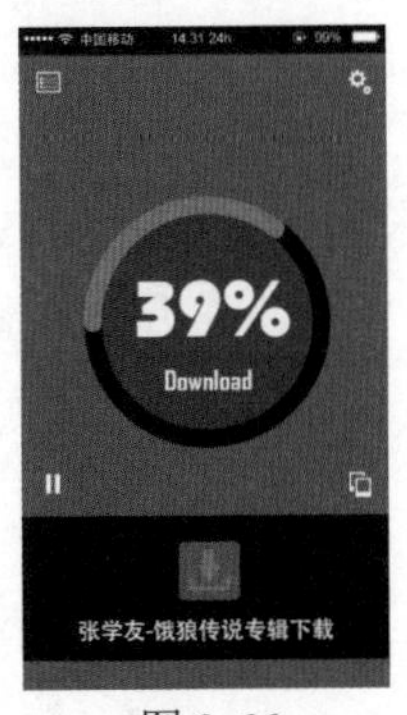

图 9-66

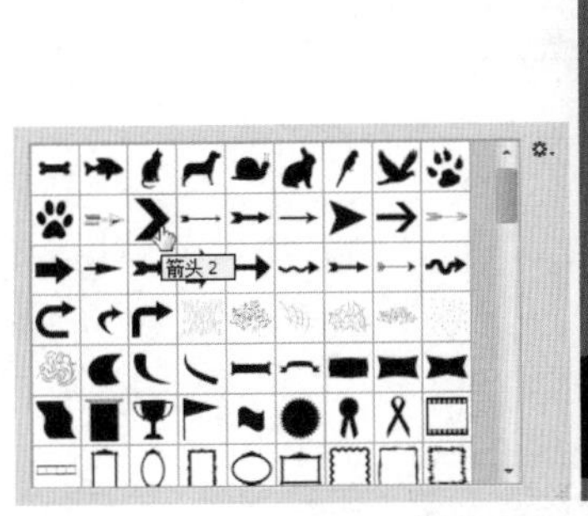

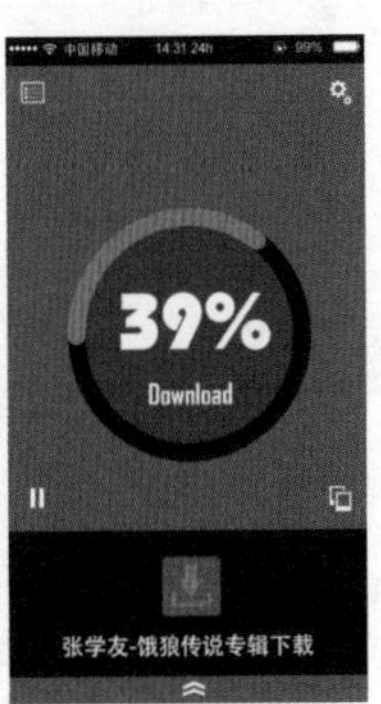

图 9-67

9.5 实战案例——手机开机界面

实例目的

- 了解手机开机界面的制作方法。
- 了解编辑图层组蒙版的方法。

设计思路及流程

本案例的思路是制作一个手机开机界面，用绿色星空来增加界面的神秘感，通过不同大小、不同透明度的正圆来体现滑动效果。方法是在文档中移入素材后创建“色相 / 饱和度”“亮度 / 对比度”调整图层来调整素材的色调，以此作为界面的背景，移入素材作为状态栏，使用 (椭圆工具) 绘制白色正圆、复制副本并调整大小和不透明度，输入代表时间的数字完成案例的制作。具体制作流程如图 9-68 所示。

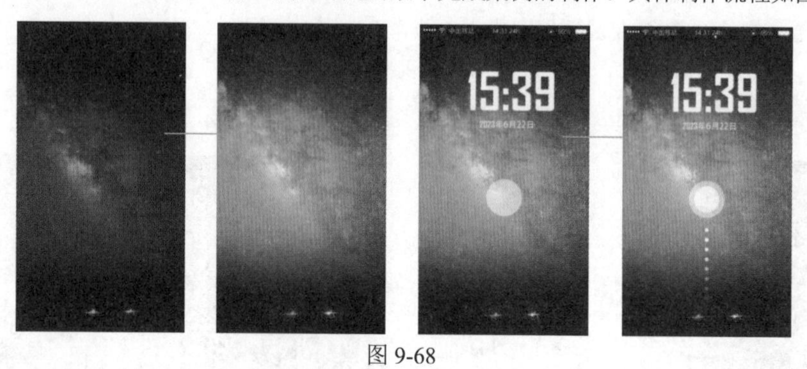

图 9-68

配色信息

本次制作的手机开机界面，用绿色图像作为屏幕的开机背景，用黑色和白色作为界面中的辅助色和点缀色。具体配色信息如图 9-69 所示。

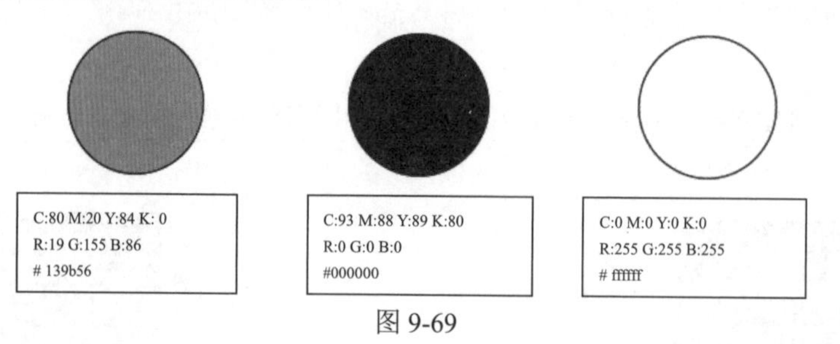

图 9-69

技术要点

- 新建文档，移入素材
- 调整素材色调
- 绘制形状
- 输入文字

素材路径：**素材 \ 第 9 章 ** 星空 .jpg、状态图标 .png
文件路径：**源文件 \ 第 9 章 ** 实战案例——手机开机界面 .psd
视频路径：**视频 \ 第 9 章 ** 实战案例——手机开机界面 .mp4

操作步骤

步骤 01 启动 Photoshop，执行菜单栏中的“文件”|“新建”命令或按 Ctrl+N 组合键，打开“新建”对话框，新建一个“宽度”为 640 像素、“高度”为 1136 像素的空白文档，打开附带的“星空 .jpg”素材，使用 (移动工具）将素材中的图像拖曳到新建文档中，调整大小和位置，效果如图 9-70 所示。

步骤 02 单击 (创建新的填充或调整图层）按钮，在弹出的菜单中选择“色相 / 饱和度”命令，在“属性”面板中设置“色相 / 饱和度”的各项参数，调整完毕效果如图 9-71 所示。

步骤 03 单击 (创建新的填充或调整图层）按钮，在弹出的菜单中选择“亮度 / 对比度”命令，在“属性”面板中设置“亮度 / 对比度”的各项参数，调整完毕效果如图 9-72 所示。

图 9-70　　图 9-71　　图 9-72

步骤 04 使用 (矩形工具）在顶端绘制一个黑色的矩形，设置“不透明度”为 49%，效果如图 9-73 所示。

步骤 05 打开附带的“状态图标 .png”素材，使用 (移动工具）将素材中的图像拖曳到新建文档中，将其调整到最顶端，效果如图 9-74 所示。

步骤 06 使用 (横排文字工具)，选择合适的文字字体和大小后，在页面的中上部输入文字，如图 9-75 所示。

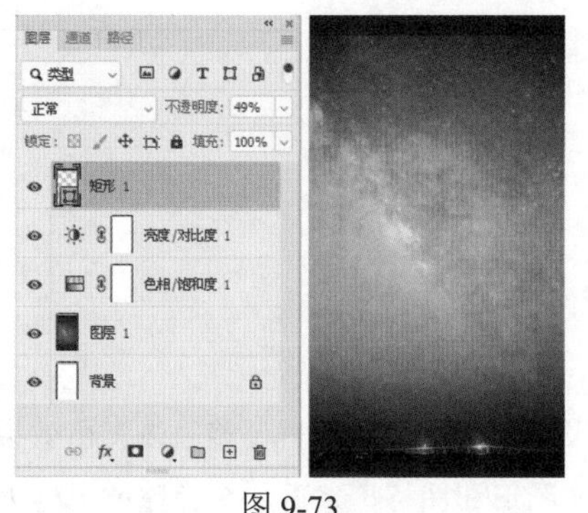

图 9-73

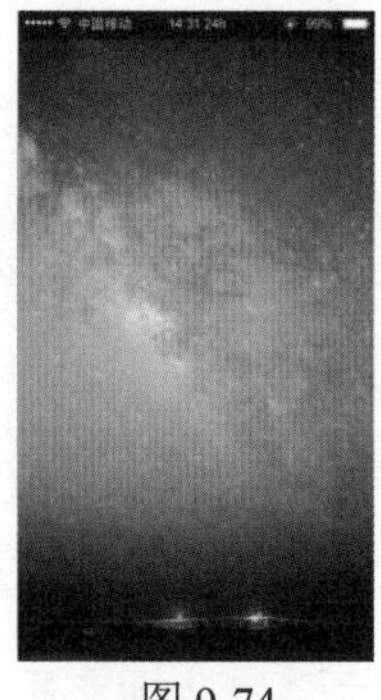

图 9-74

图 9-75

步骤 07 新建一个图层，使用 (椭圆工具）在页面中绘制一个白色正圆，设置“不透明度”为 60%，效果如图 9-76 所示。

步骤 08 复制“图层 3”图层，得到一个“图层 3 拷贝”图层，按 Ctrl+T 组合键调出变换框，拖动控制点将图像缩小，设置“不透明度”为 100%，效果如图 9-77 所示。

步骤 09 按 Enter 键完成变换，新建图层组，复制“图层 3 拷贝”图层，得到副本后，将其拖曳到图层组中，按 Ctrl+T 组合键调出变换框，拖动控制点将图像缩小，按 Enter 键完成变换，如图 9-78 所示。

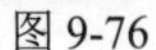
图 9-76

图 9-77

图 9-78

步骤 10 再复制 7 个副本并调整图像的位置，效果如图 9-79 所示。

步骤 11 选择“组 1”，单击（添加图层蒙版）按钮，为图层组添加一个蒙版，使用（渐变工具）在蒙版中从下向上拖曳鼠标指针，为其填充“从黑色到白色”的线性渐变，效果如图 9-80 所示。至此本案例制作完毕，效果如图 9-81 所示。

图 9-79

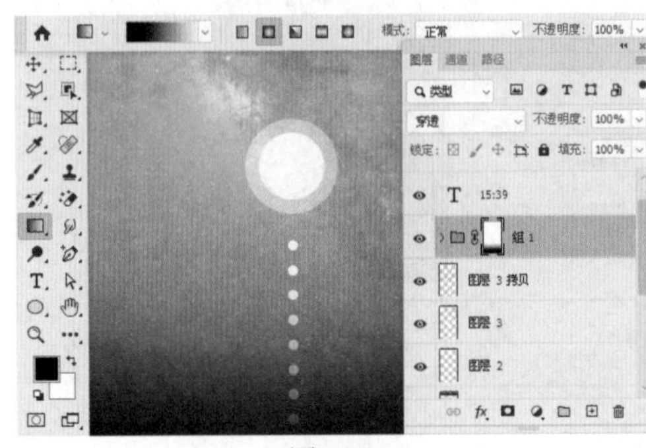

图 9-80

图 9-81

9.6 实战案例——天气预报界面

实例目的

- 了解天气预报界面的制作方法。
- 了解粘贴 AI 素材的方法。

设计思路及流程

本案例的思路是在新建的文档中制作一个天气预报界面，通过将素材调整成淡青色效果，使其与天气更加贴切，以此作为背景后，在上面布局文字、图形和图标，体现一个完整的当地天气预报显示效果。制作方法是新建文档后移入素材，新建一个图层通过调整不透明度来改变背景的显示色调，使用（矩形工具）绘制圆角矩形，添加“描边”“内阴影”图层样式，再通过调整“填充”“不透明度”，制作出半透明按钮效果，使用（直线工具）绘制直线并输入文字，复制粘贴图标图形完成本案例的制作。具体制作流程如图 9-82 所示。

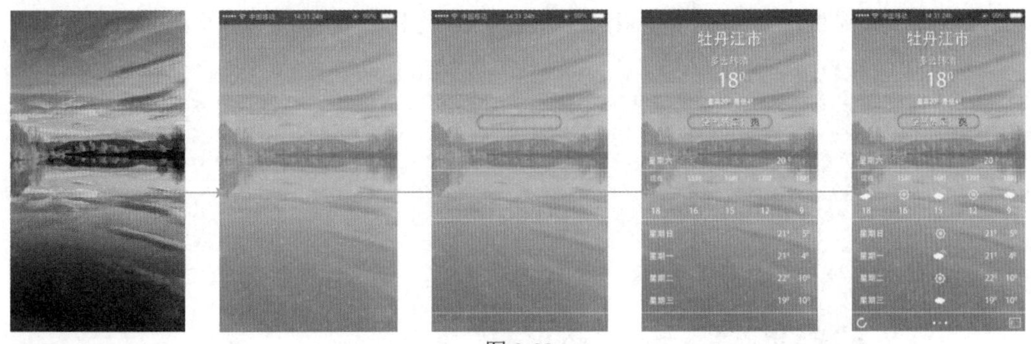

图 9-82

配色信息

本次制作的天气预报界面，用青色图像作为背景，用黑色和白色作为界面中的辅助色和点缀色。具体配色信息如图 9-83 所示。

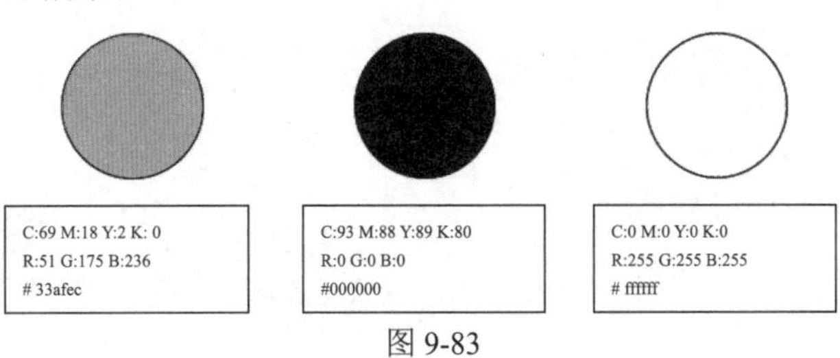

图 9-83

技术要点

- 新建文档，填充颜色
- 绘制矩形，设置“圆角值”
- 粘贴素材
- 绘制正圆
- 输入文字

素材路径：**素材 \ 第 9 章** \ 风景 .jpg、图标 .ai、状态图标 .png
文件路径：**源文件 \ 第 9 章** \ 实战案例——天气预报界面 .psd
视频路径：**视频 \ 第 9 章** \ 实战案例——天气预报界面 .mp4

操作步骤

步骤 01 启动 Photoshop，执行菜单栏中的“文件” | “新建”命令或按 Ctrl+N 组合键，打开“新建”对话框，新建一个“宽度”为 640 像素、“高度”为 1136 像素的空白文档，打开附带的“风景 .jpg”素材，使用（移动工具）将其拖曳到新建文档中并调整大小和位置，效果如图 9-84 所示。

步骤 02 新建一个图层，将其填充为青色，设置“不透明度”为 60%，效果如图 9-85 所示。

步骤 03 使用（矩形工具）在顶端绘制一个黑色矩形，设置“不透明度”为 49%，效果如图 9-86 所示。

步骤 04 打开附带的“状态图标 .png”素材，使用（移动工具）将其拖曳到新建文档中并调整大小和位置，效果如图 9-87 所示。

步骤 05 使用（矩形工具）在页面中上部绘制一个矩形，设置“圆角值”为“25 像素”，效果如图 9-88 所示。

步骤 06 执行菜单栏中的“图层” | “图层样式” | “混合选项”命令，打开“图层样式”对话框，在

左侧的列表框中分别选中“描边”和“内阴影”复选框，其中的参数设置如图 9-89 所示。

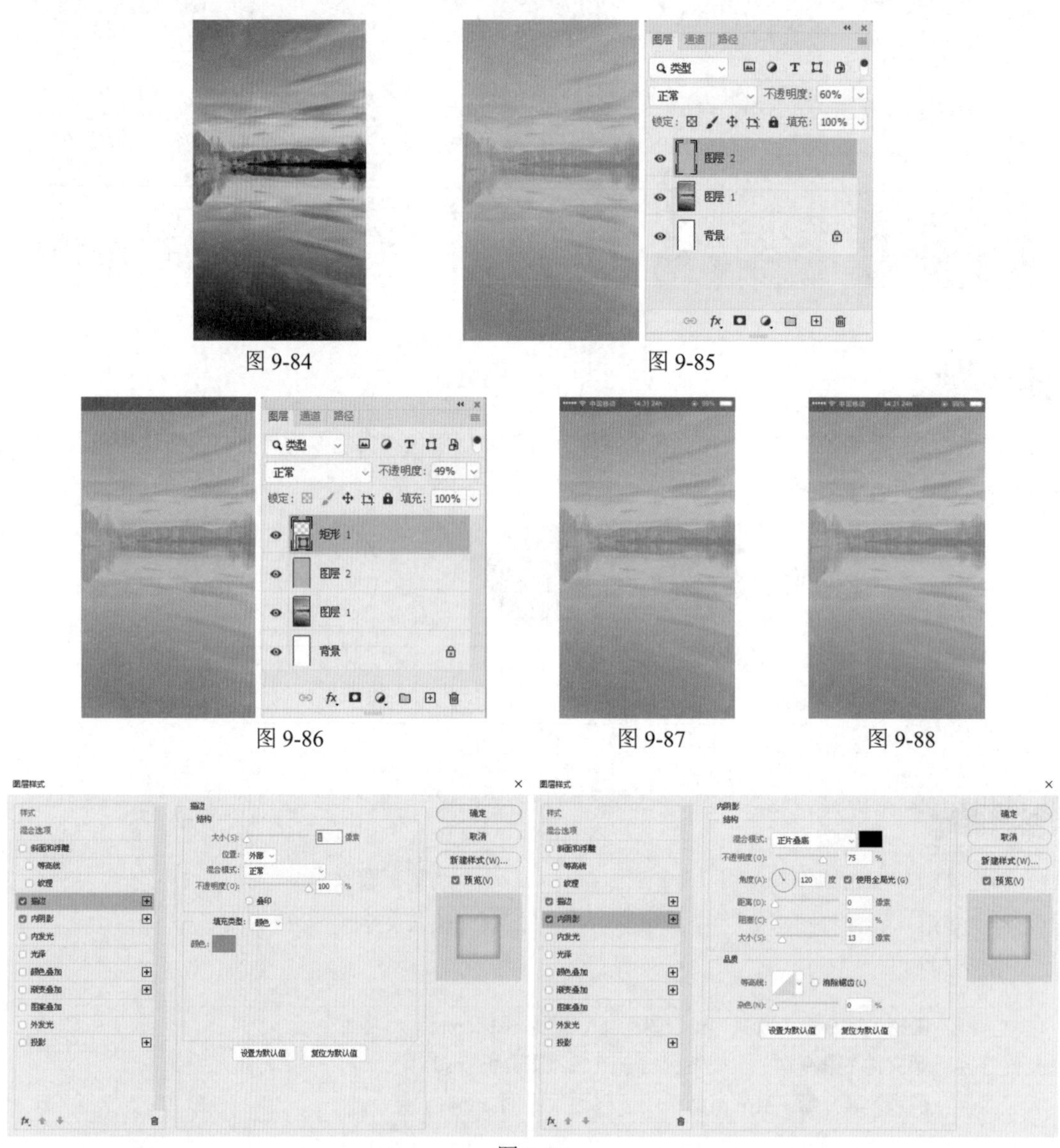

图 9-84

图 9-85

图 9-86

图 9-87

图 9-88

图 9-89

步骤 07 设置完毕，单击“确定”按钮，设置“填充”为 0、“不透明度”为 63%，效果如图 9-90 所示。

步骤 08 使用 （直线工具）绘制 3 条白色直线，效果如图 9-91 所示。

步骤 09 使用 T （横排文字工具）输入对应的文字，效果如图 9-92 所示。

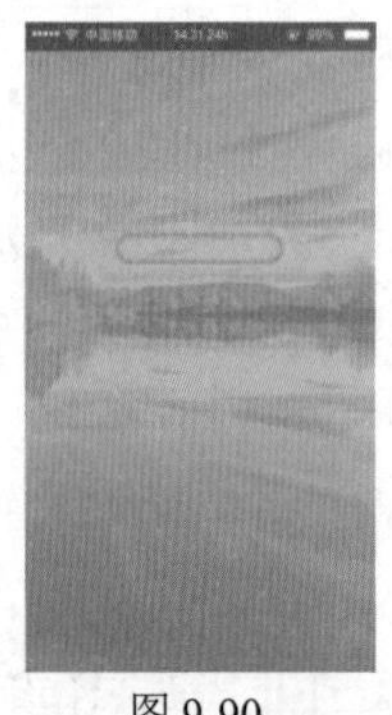

图 9-90

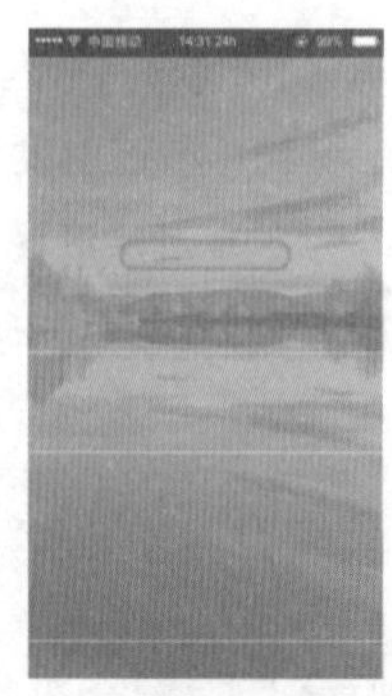

图 9-91

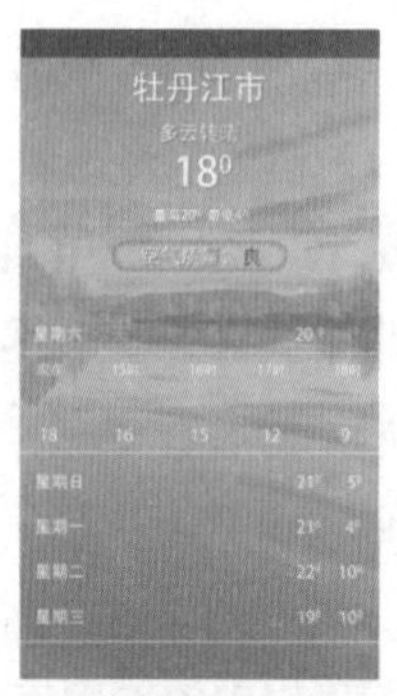

图 9-92

步骤 10 使用 Illustrator 打开附带的“图标 .ai”素材，选择其中的一个图标，按 Ctrl+C 组合键进行复制，转换到 Photoshop 中按 Ctrl+V 组合键，在弹出的“粘贴”对话框中选择“形状图层”单选按钮，单击“确定”按钮，将粘贴后的图形分别设置为黄色和白色，按 Ctrl+T 组合键调出变换框，拖动控制点调整大小，按 Enter 键完成变换，效果如图 9-93 所示。

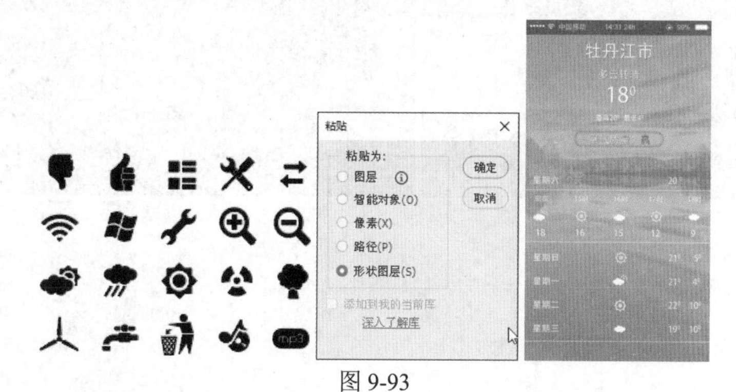

图 9-93

步骤 11 在 Illustrator 打开的“图标 .ai”素材中，再找到两个图形，将其粘贴到 Photoshop 新建文档中，并将其“填充”设置为白色，调整大小和位置，效果如图 9-94 所示。

步骤 12 使用 (椭圆工具) 在底部绘制一个白色小正圆，复制两个副本并调整位置，将其中的一个正圆“填充”设置为灰色，至此本案例制作完毕，效果如图 9-95 所示。

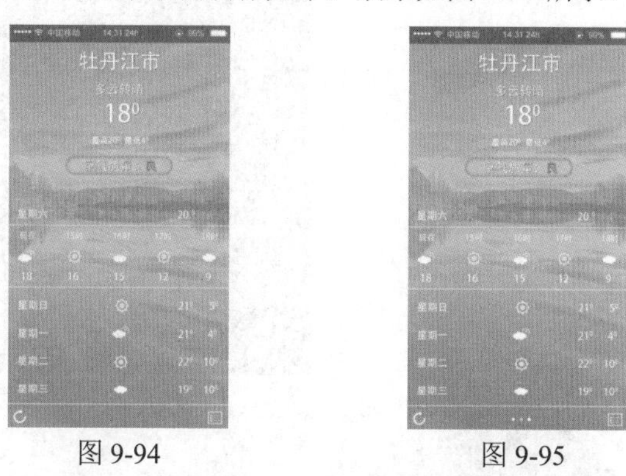

图 9-94　　　　图 9-95

9.7 优秀作品欣赏

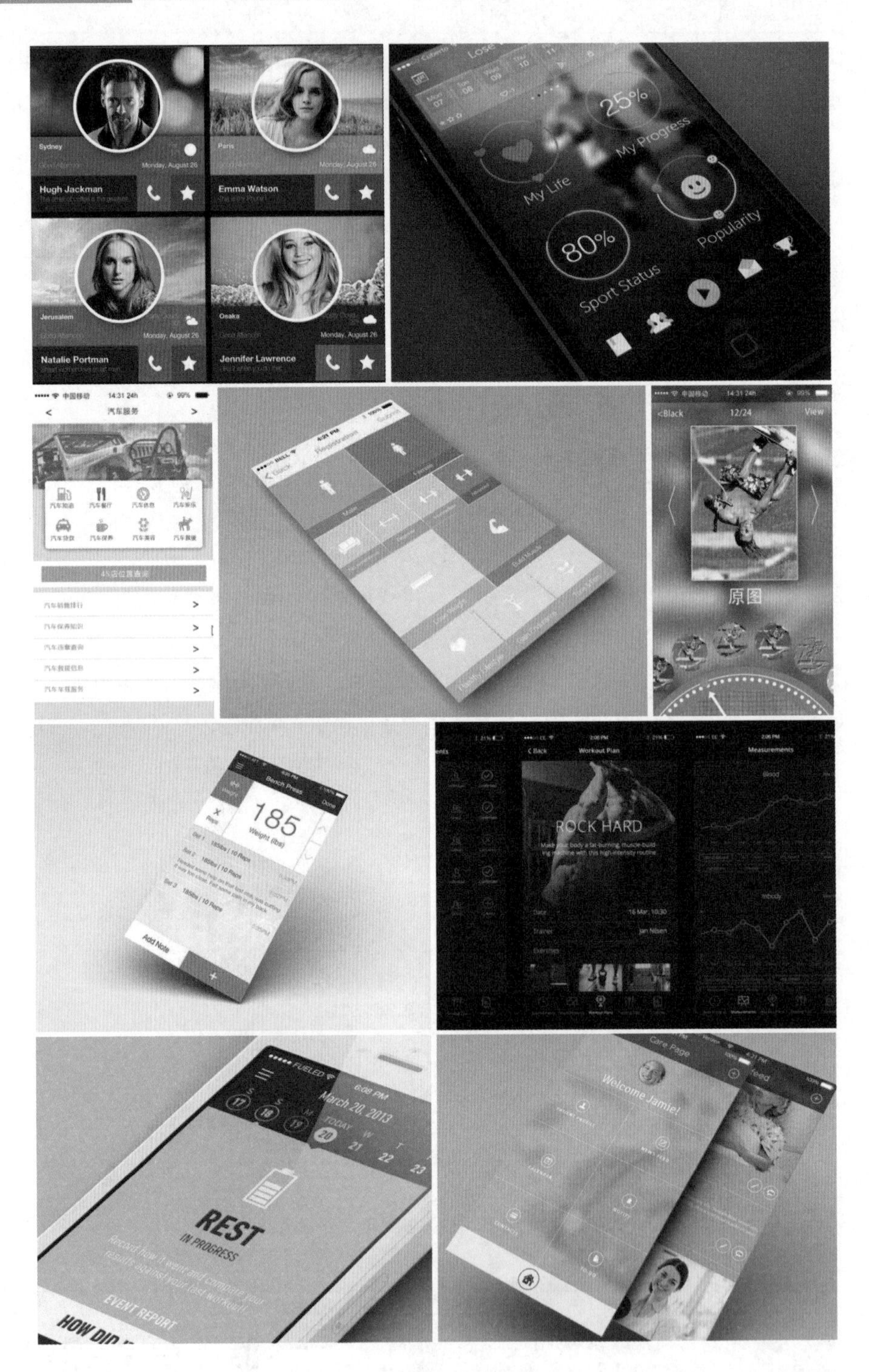
Hugh Jackman
Emma Watson
Natalie Portman
Jennifer Lawrence
25%
My Progress
My Life
80%
Sport Status
Popularity
汽车服务
原图
185
Weight (lbs)
Bench Press
Add Note
ROCK HARD
Workout Plan
Measurements
March 20, 2013
REST
IN PROGRESS
EVENT REPORT
Welcome Jamie!
Care Page